ZTV BEA-StB

Handbuch und Kommentar
für die Bauliche Erhaltung
von Verkehrsflächen in Asphaltbauweise

ZTV
BEA-StB

Handbuch und Kommentar
für die Bauliche Erhaltung von Verkehrsflächen in Asphaltbauweise

Herausgegeben von

Baudirektor a. D. Dipl.-Ing. Werner Bleßmann
Akademischer Direktor Dr.-Ing. Stefan Böhm
Dr.-Ing. Dipl.-Wirtsch.-Ing. Verena Rosauer
Dipl.-Ing. Volker Schäfer

2. Auflage

KIRSCHBAUM VERLAG BONN

25 000
LEBEN RETTEN
Europäische Charta
für die Straßenverkehrssicherheit

ISBN 978-3-7812-2040-9

Siegfriedstraße 28, 53179 Bonn
Telefon 02 28/9 54 53-0 · Internet www.kirschbaum.de

Satz und Lithographie: www.mom-digital.de
Druck: johnen-druck GmbH & Co. KG, Industriegebiet Bornwiese, 54470 Bernkastel-Kues
Mai 2019 · Best.-Nr. 2040

Einführung

Deutschland kann sich im europäischen Vergleich auf ein leistungsfähiges Straßennetz als integralen Teil eines gesamten – im Großen und Ganzen auch funktionierenden – Verkehrssystems stützen. Die weitere Modernisierung dieses Netzes, verbunden mit dem Ausbau an erkennbaren Schwachstellen, soll die Mobilität auf hohem Niveau auch weiterhin gewährleisten.

Genau um dieses hohe Niveau geht es, wenn man die Anstrengungen um den Erhalt der unabdingbar notwendigen und bestehenden Verkehrsflächen in den letzten Jahren verstärkt. Nicht ohne Grund werden seit 2005 mehr als 50 % des Gesamtinvestitionsvolumens „Straße" seitens des Bundes für die Erhaltung bereitgestellt.

Das beträchtliche Anlagevermögen des Bundes (ca. 239,6 Mrd. € brutto für Bundesfernstraßen zu Preisen von 2010, Stand 31.12.2016 (Radke, 2017)), der Länder und der Kommunen in Form von Straßenverkehrsanlagen zwingt faktisch alle Entscheidungsträger zu Folgendem: Erstens die absolute Wertgröße nicht dem Verfall preiszugeben und zweitens die Funktionssicherheit der Verkehrsanlagen auf Dauer zu gewährleisten.

Dem sich hier in den letzten Jahren besonders im kommunalen Bereich auftuenden und unbestrittenen Nachholbedarf versucht man durch vielfältige Methoden und Verfahren u. a. in Form der sogenannten systematischen Straßenerhaltung und in Verknüpfung mit einer netzweiten Optimierung zu begegnen. Das für den Nutzer sichtbare und spürbare Erfolgserlebnis im Hinblick auf eine durchgängige Verbesserung der Zustandsdaten und damit der Befahrbarkeit blieb bisher aus. Im Gegenteil ist im kommunalen Bereich sogar eine Verschlechterung der Befahrbarkeit festzustellen. Regionale Unterschiede in der Befahrbarkeit werden immer offensichtlicher.

Dies erkennend, setzte der Bund im Bundesverkehrswegeplan 2003–2015 und auch folgend im Bundesverkehrswegeplan 2030 deutliche Akzente für eine Verstärkung der Erhaltungsinvestitionen. Hier zeigen sich auch erste positive Ergebnisse. Im Verkehrsinvestitionsbericht des Bundesministeriums für Verkehr und digitale Infrastruktur wird aktuell dargestellt, dass im Jahr 2015 ein Betrag von 3,0 Mrd. € für die Fahrbahnerhaltung (Instandsetzung und Erneuerung) von Bundesfernstraßen aufgewendet wurden. Da zudem vom Steuerzahler berechtigterweise immer öfter die zweckmäßige und sinnvolle Verwendung der Haushaltsmittel des Verkehrsressorts hinterfragt wird, spielt die dauerhafte Wirksamkeit der jeweiligen Erhaltungsmaßnahmen eine immer größere Rolle. Genau an dieser Stelle kommen die „Technischen Regeln", die dafür die Gewährleistung geben sollen, ins Spiel.

Sicher ist, dass 1998 – d. h. vor mehr als 20 Jahren – mit den „Zusätzlichen Technischen Vertragsbedingungen und Richtlinien für die Bauliche Erhaltung von Verkehrsflächen – Asphaltbauweisen" (ZTV BEA-StB 98) ein Technisches Regelwerk in der Bundesrepublik eingeführt und wirksam geworden ist, das in komplexer Form nahezu sämtliche Aspekte der gegebenen technologischen und technischen Möglichkeiten im Hinblick auf eine zweckmäßige und auf Dauer angelegte Erhaltung der Asphaltbefestigungen darstellt.

Inzwischen trugen vielfältige Erfahrungen aus der breiten Anwendung in der Bundesrepublik, die Neu- und Weiterentwicklung von Instandsetzungsverfahren und die Einbeziehung des fortgeschrittenen europäischen Normungsprozesses dazu bei, eine neue Fassung in Form der ZTV BEA-StB 09/13 zur Verfügung zu stellen. Nicht nur der wachsende Bedarf an Erhaltungsleistungen machte es notwendig, neue Konzepte und Technologien angesichts der vorhandenen und zu erwartenden Verkehrsbeanspruchung in den ZTV BEA-StB zu reflektieren.

Die Dauerhaftigkeit der einzelnen Maßnahmen rückte immer mehr in den Vordergrund. Anders ausgedrückt: Qualitätssicherungsmaßnahmen stellen den Leitfaden für das Gesamtwerk ZTV BEA-StB dar.

Die hier sichtbare Vielfalt des Vorhabens ließ es sinnvoll erscheinen, aus der Sicht erfahrener Praktiker im Zusammenwirken mit anerkannten Wissenschaftlern die „Zusätzlichen Technischen Vertragsbedingungen und Richtlinien für die Bauliche Erhaltung von Verkehrsflächenbefestigungen – Asphaltbauweisen" (ZTV BEA-StB) u. a. auch in Form eines Handbuches und Kommentars zu erläutern. Grundlage des Handbuches und Kommentars ist die Ausgabe 2009, Fassung 2013 der ZTV BEA-StB.

In die ZTV BEA-StB 09/13 inhaltlich eingearbeitet und im Anhang abgedruckt sind die ATV DIN 18299 und die ATV DIN 18317 jeweils in der Ausgabe des Jahres 2012. Nach der Neuausgabe der VOB im Jahr 2016 wurden jedoch unmittelbar die aktualisierten ATV Vertragsbestandteil bei neu abzuschließenden Bauverträgen. In diesem Handbuch wurden für die Kommentierung daher die Ausgaben 2016 herangezogen. Die Verweise in den ZTV BEA-StB 09/13 auf die ATV DIN 18299 und ATV DIN 18317 behalten weiterhin Gültigkeit, da die Änderungen im Wesentlichen formaler Art waren. In dem vorliegenden Handbuch sind folglich auch die Ausgaben 2016 der ATV im Anhang zu den ZTV BEA-StB 09/13 abgedruckt.

Ein analoger Sachverhalt liegt für die Bezeichnungen der Bitumenemulsionen vor, die in den ZTV BEA-StB 09/13 noch den seinerzeit geltenden TL PmOB 97 und TL BE-StB 07 entsprechen, sich aber mit der Einführung der TL Sbit-StB 15 und TL BE-StB 15 änderten. Diese Änderungen betreffen unter anderem die in der Bezeichnung der Bitumenemulsion angegebene Klasse des Brechwertes. Weil diese Änderungen mit der Einführung der Regelwerke auch in der bauvertraglichen Anwendung umzusetzen sind, werden die geänderten Bezeichnungen in diesem Handbuch und Kommentar angewendet. In den abgedruckten Textpassagen der ZTV BEA-StB 09/13 sind die Änderungen in roter Schrift hervorgehoben.

Das Autorenteam dieses Handbuchs möchte die Bauliche Erhaltung mit den Teilgebieten

- Instandhaltung und
- Instandsetzung

ausführlich und das Teilgebiet Erneuerung zur Orientierung und als Einführung vorstellen.

Ziel ist es, mit diesem Handbuch einen Beitrag zur langfristigen und nachhaltigen Sicherung der Mobilität auf den Bundesfernstraßen, den Landesstraßen und Straßen in kommunaler Trägerschaft zu leisten. Mittelfristig sollte – u. a. auch mithilfe dieses Handbuches und Kommentars – versucht werden, die zurzeit noch vorhandene Lücke zwischen den PMS-gestützten Erhaltungsprogrammen und deren praktischer Umsetzung in Form konkreter und zweckmäßiger Erhaltungsmaßnahmen schrittweise zu schließen.

An dieser Stelle sei unser Dank allen Autoren, die uns aktiv bei der Überarbeitung des Kommentars unterstützt und begleitet haben, ausgesprochen. Sie haben mit Anregungen, Vorschlägen und ihren Erfahrungen dazu beigetragen, dass der Kommentar aktuell gestaltet, aber auch ergänzt werden konnte.

Bedanken möchten wir uns auch für die freundliche Bereitstellung von Bildmaterial und Hinweisen bei allen beteiligten Herstellern, Verbänden und Institutionen.

Bonn, im Mai 2019 Die Herausgeber

Autorenverzeichnis

Prof. Dr.-Ing.
J. Stefan Bald
Regierungsbaumeister
Technische Universität Darmstadt
Institut für Straßenwesen
Otto-Berndt-Straße 2
64287 Darmstadt

Dipl.-Ing.
Gerhard Bischof
IBB Bischof mbH
Königsborner Straße 19
39175 Heyrothsberge

BDir. a. D. Dipl.-Ing.
Werner Bleßmann
Hasselfelder Straße 26
38899 Trautenstein

Akad. Dir. Dr.-Ing.
Stefan Böhm
Technische Universität Darmstadt
Institut für Straßenwesen
Otto-Berndt-Straße 2
64287 Darmstadt

Oberingenieur
Axel Brambach
Ahornweg 1
06193 Petersberg

Dipl.-Ing.
Volker Bummel
Kutter Spezialstraßenbau GmbH & Co. KG
Ruhrstraße 14
63452 Hanau

Dipl.-Geol.
Bernd Dudenhöfer
Asphalta Prüf- und
Forschungslaboratorium GmbH
Halenseestraße Innenraum AVUS Nordkurve
14055 Berlin

Dipl.-Ing.
Osmar Eberhardt
Schwerstedter Straße 83 b
99955 Kutzleben

BDir. a. D. Dipl.-Ing.
Joachim Germann
Landskronstraße 26
64285 Darmstadt

Dipl.-Ing.
Dittmar Marquordt
Landesstraßenbaubehörde
Sachsen-Anhalt
Rabahne 4
38820 Halberstadt

Sebastian Miesem
Possehl Spezialbau GmbH
Gau-Bickelheimer Straße 72
55576 Sprendlingen

Dipl.-Ing. FH
Heribert Müssenich
Ingenieurgesellschaft Hart mbH
Robert-Bosch-Straße 7
56566 Neuwied

Dipl.-Ing. (FH)
Lars Prüfer
Thüringer Landesamt
für Bau und Verkehr
Region Ost
Hermann-Drechsler-Straße 1
07548 Gera

Prof. Dr.-Ing.
Steffen Riedl
Fachhochschule Erfurt
FG Straßenwesen
Altonaer Straße 25
99085 Erfurt

Autorenverzeichnis

Dipl.-Ing.
Ottmar Rienhoff-Gembus
Im Arensbitzchen 5a
56593 Horhausen

Dr.-Ing.
Viktor Root
ZuB Ingenieurgesellschaft für Zuschlag- und Baustofftechnologie mbH
Max-Planck-Straße 1
64859 Eppertshausen

Dr.-Ing. Dipl.-Wirtsch.-Ing.
Verena Rosauer
Rosauer – Gutachten und Beratung zum Straßenbau
Dümptener Straße 4 B
45359 Essen

Dipl.-Ing.
Volker Schäfer
Schäfer Consult
Ulmenstraße 42
26135 Oldenburg (Oldb)

Ltd. Akad. Dir. Dr.-Ing.
Thomas Wörner
Centrum Baustoffe und Materialprüfung
MPA BAU, Abteilung Baustoffe
Baumbachstraße 7
81245 München

Weitere Autoren der 1. Auflage

Dipl.-Ing.
Hans J. Hager
Alte Gärtnerei 29
55128 Mainz

Dipl.-Ing.
Matthias Schellenberger
Bayerische Asphalt-Mischwerke GmbH & Co. KG für Straßenbaustoffe
Ottostraße 7
85649 Hofolding

Dipl.-Ing.
Gerhard Schwab
Wartburgstraße 26
99094 Erfurt

Inhaltsverzeichnis

1 Allgemeines

1.1 Geltungsbereich

Die „Zusätzlichen Technischen Vertragsbedingungen und Richtlinien für die Bauliche Erhaltung von Verkehrsflächenbefestigungen – Asphaltbauweisen", Ausgabe 2009/Fassung 2013 (ZTV BEA-StB 09/13) behandeln Maßnahmen der Instandhaltung, der Instandsetzung und der Erneuerung von Verkehrsflächenbefestigungen mit Asphalt in Abhängigkeit von deren Zustand und dem angestrebten Erhaltungsziel.

Maßnahmen der Betrieblichen Erhaltung werden in den ZTV BEA-StB nicht behandelt.

Die ZTV BEA-StB sind in Verbindung mit den „Zusätzlichen Technischen Vertragsbedingungen und Richtlinien für den Bau von Verkehrsflächenbefestigungen aus Asphalt" (ZTV Asphalt-StB) anzuwenden.

Die ZTV BEA-StB sind darauf abgestellt, dass die Vergabe- und Vertragsordnung für Bauleistungen Teil C: Allgemeine Technische Vertragsbedingungen für Bauleistungen (ATV) und insbesondere die

ATV DIN 18299 „Allgemeine Regelungen für Bauarbeiten jeder Art",

ATV DIN 18317 „Verkehrswegebauarbeiten – Oberbauschichten aus Asphalt"

Bestandteil des Bauvertrages sind.

Diese ATV sind in den Anhängen B und C abgedruckt.

Die im Text mit Randstrich gekennzeichneten Absätze sind „Zusätzliche Technische Vertragsbedingungen" im Sinne von § 1, Absatz 2, Nummer 4 VOB Teil B – DIN 1961, wenn die ZTV BEA-StB Bestandteil des Bauvertrages sind.

Die im Text kursiv gedruckten und nicht mit Randstrich gekennzeichneten Absätze sind „Richtlinien"; sie sind vom Auftraggeber bei der Vorbereitung von Baulichen Erhaltungsmaßnahmen, bei der Aufstellung der Leistungsbeschreibung sowie bei der Überwachung und Abnahme der Bauleistungen zu beachten.

Absätze in Kleindruck verweisen auf §§ der VOB/B oder auf Abschnitte der ATV DIN 18299 und 18317.

Die Planung und Ausführung von Asphaltbauweisen im Rahmen der Baulichen Erhaltung von Verkehrsflächenbefestigungen erfordern besondere Kenntnisse und Erfahrung. Mit der Planung und Herstellung dürfen nur Fachkräfte und Fachunternehmen beauftragt werden.

Produkte und Ursprungswaren aus anderen Mitgliedsstaaten der Europäischen Gemeinschaft oder der Türkei und Ursprungswaren aus den Mitgliedsstaaten des Europäischen Wirtschaftsraumes, die diesen Technischen Vertragsbedingungen nicht entsprechen, werden einschließlich der im Herstellerstaat durchgeführten Prüfungen und Überwachungen als gleichwertig behandelt, wenn mit ihnen das geforderte Schutzniveau in Bezug auf Sicherheit, Gesundheit und Gebrauchstauglichkeit gleichermaßen dauerhaft erreicht wird.

Für besondere Anwendungsgebiete, wie z. B. Brückenbeläge, Ländliche Wege, Straßen für militärische Schwerstfahrzeuge und Flugplatzbefestigungen sind gegebenenfalls weitere einschlägige Technische Regelwerke zu beachten.

Die verwendeten Abkürzungen und die im Text angegebenen Technischen Regelwerke sind im Anhang E zusammengestellt.

Kommentar

(1) Verträge und Qualitätssicherung

(1.1) Einleitung

Der weit überwiegende Teil der Straßen wird direkt oder indirekt aus öffentlichen Mitteln finanziert und durch Firmen im Rahmen von Bauverträgen hergestellt. Diese Verträge sind im Allgemeinen so gestaltet, dass geeignete Firmen einen gleichmäßigen Zugang zum Markt haben und ein wirtschaftlicher und sparsamer Umgang mit Steuermitteln gesichert ist.

Der jeweilige Vertrag zum Bau einer Straße ist das grundlegende Dokument für die Bauausführung und die anschließende Abnahme. Er enthält diejenigen Rechte und Pflichten, die die beiden Vertragspartner aneinanderbinden, und legt Art, Umfang, Qualität und den dafür zu zahlenden Preis fest. Ein guter Vertrag enthält aber auch Regeln, wie das immer vorhandene Risiko angemessen aufzuteilen ist und wie unerwartete Situationen bewältigt werden können. Dabei sind Vertragsgestaltung, Vergabe und technische Ausführung eng miteinander verzahnt und beeinflussen sich gegenseitig.

Straßenbauwerke sind komplexe, individuelle und teure Bauwerke im öffentlichen Bereich. Ihre Komplexität und Individualität erfordern detaillierte und damit umfangreiche Verträge.

Nochmals deutlich detaillierter und komplizierter können solche Verträge werden, wenn nicht die Herstellung, sondern die Erhaltung einer Straße vertraglich zu regeln ist. Hier erhöht sich die Komplexität zusätzlich durch die häufig schwierigen Ausführungsbedingungen beim Bauen im Bestand und durch die notwendige, aber häufig schwierige Einschätzung, ob mit einer vertraglich vorgesehenen Bauweise der bauvertraglich geschuldete Erfolg überhaupt erreichbar ist.

Die erwartbare Komplexität für die Abwicklung von Erhaltungsmaßnahmen im Asphaltstraßenbau mag einer unter mehreren Gründen gewesen sein, warum die ZTV BEA-StB erst im Jahr 1998 erstmals erschienen sind (und im

Kommentar

ähnlichen Zeitraum auch das Regelwerk zur Erhaltung von Verkehrsflächen in Betonbauweise, die ZTV BEB-StB). Verglichen mit den übrigen Zusätzlichen Technischen Vertragsbedingungen und Richtlinien, wie den ZTV Beton-StB oder den ZTV Asphalt-StB lag damit eine erste ZTV BEA-StB recht spät vor.

Vor diesem Zeitpunkt waren Angaben zur Baulichen Erhaltung von Verkehrsflächenbefestigungen in Asphaltbauweise trotz ihrer großen und bereits Jahrzehnte alten Verbreitung weniger systematisch in verschiedenen Merkblättern, in Hinweisen und in der Fachliteratur zu finden (siehe Kommentar (2.1)).

Neben der Schwierigkeit, Erhaltungsmaßnahmen auf dem Niveau zusätzlicher Technischer Vertragsbedingungen zu beschreiben, haben sicher auch die recht heterogenen Erfahrungen mit verschiedenen Maßnahmen der Baulichen Erhaltung von Asphaltstraßen eine Rolle gespielt. Einheitliche Technische Regeln waren daher recht schwer herauszubilden.

Gleichzeitig wurden und werden gerade Instandhaltungsmaßnahmen an Asphaltstraßen häufig durch die Straßenbaubehörden (z. B. durch Mitarbeiter der Straßenmeisterei) vielfach selbst ausgeführt; für solche Maßnahmen mit kleinerem Aufwand wird dann formal kein Bauvertrag benötigt.

Die möglichst vollständige Beschreibung aller Asphaltbauweisen in den ZTV BEA-StB, mit denen langjährige positive Erfahrungen bestehen, hat aber unabhängig von der Frage, ob eine Instandhaltungsmaßnahme vergeben oder durch den Baulastträger selbst ausgeführt wird, zu einer Vereinheitlichung und insgesamt zu einer Erhöhung des Ausführungsniveaus geführt.

Trotz der hohen Bedeutung der Baulichen Erhaltung von Asphaltstraßen ist das mit den ZTV BEA-StB bereits länger vorhandene Technische Regelwerk noch nicht bei allen Praktikern im Bewusstsein. In der Folge werden Erhaltungsmaßnahmen fälschlicherweise allein auf Grundlage von DIN 18317 und den ZTV Asphalt-StB abgewickelt.

Inzwischen wird die Zusammenführung der ZTV BEA-StB und der ZTV Asphalt-StB in ein Gesamtregelwerk diskutiert. Dieser Gedanke geht nicht nur auf die deutlich gestiegene Bedeutung der ZTV BEA zurück, sondern ermöglicht es u. U. auch, zusätzlich Bauverfahren der Instandsetzung beim Neubau einzusetzen und so den Katalog der Möglichkeiten zu erweitern (siehe auch Kommentar (2) zu Abschnitt 1.1).

(1.2) Baubeschreibung bei Erhaltungsmaßnahmen

Die VOB/A geht davon aus, dass zur Durchführung einer Bauaufgabe ein privatrechtlicher Vertrag mit dem Unternehmer geschlossen wird, der sich im Wettbewerb unter allen interessierten fachkundigen, leistungsfähigen und zuverlässigen Bewerbern als derjenige erwiesen hat, der das zu erstellende Werk in der als richtig erachteten Qualität und unter Berücksichtigung aller anderen möglicherweise relevanten Gesichtspunkte zu einem angemessenen Preis am wirtschaftlichsten herstellen kann (z. B. weil er dafür im Moment die beste Mischung aus Ausrüstung, Organisation, freier Kapazität usw. zur Verfügung stellen kann).

Aus verschiedenen Gründen kommt dabei der Vertrag dadurch zustande, dass der Auftraggeber ein Angebotsmuster vorbereitet, auf dessen Grundlage die Anbieter ihre Angebote kalkulieren. Das Angebotsmuster kann i. d. R. auch mit einem Nebenangebot inhaltlich verändert oder ergänzt werden, wenn es

Kommentar

aus Sicht des bietenden Unternehmers gute Gründe dafür gibt, dass dann ein nach den Maßstäben des Auftragnehmers besseres Ergebnis erzielt wird. Da Nebenangebote jedoch seltener erstellt werden, wird durch die Vorgabe des Angebotsmusters erreicht, dass die verschiedenen Angebote der Firmen im Bereich der gewünschten Qualität liegen und untereinander vergleichbar sind.

Bei Maßnahmen nach ZTV BEA-StB ist die vollständige Beschreibung im Leistungsverzeichnis, insbesondere die Ermittlung der Mengen bei Instandhaltungsmaßnahmen, meist schwieriger als bei der Herstellung einer neuen Asphaltstraße nach ZTV Asphalt-StB. Die Abschätzung, ob eine vorgesehene Maßnahme auch bei mangelfreier Ausführung überhaupt zum Erfolg führt, kann wegen der großen Abhängigkeit von der Beschaffenheit der Unterlage problematisch sein. Insbesondere bei Innerortsstraßen ist die Beschaffenheit häufig so heterogen, dass es bereits bei der Baubeschreibung zu einer schwierigen Abwägung zwischen Notwendigkeit und Wirtschaftlichkeit kommt. Die Vertreter des Auftraggebers müssen beim Aufstellen eines Leistungsverzeichnisses und zur Wertung von Angeboten über gute Kenntnisse der örtlichen Verhältnisse und über große Erfahrungen mit Maßnahmen nach ZTV BEA-StB verfügen. Ansonsten sind Fehleinschätzungen über die Eignung von Maßnahmen sowohl bei der Erstellung als auch bei der Wertung der Angebote und vor allem der Nebenangebote sehr wahrscheinlich.

Die §§ 3, 6 und 12 der VOB/A schreiben grundsätzlich vor, dass die Ausschreibungen allgemein zugänglich sein sollen. Nur in Ausnahmefällen kann die Öffentlichkeit eingeschränkt werden, und auch dies nur insoweit, als es aus verschiedenen, klar aufgezählten Gründen erforderlich ist. Insbesondere einige Maßnahmen der Instandsetzung werden häufig durch stark spezialisierte Firmen ausgeführt, die über das erforderliche spezielle Einbaugerät verfügen. Daher ist der Markt für solche Maßnahmen auch bei öffentlicher Vergabe regional meist beschränkt. Trotzdem werden freihändige Vergaben oder beschränkte Ausschreibungen in der Praxis immer seltener. Umso mehr kommt es darauf an, dass sich die für eine Prüfung von Angeboten nach öffentlicher Ausschreibung notwendige detaillierte Sachkunde weiterverbreitet.

Auftragsvergabe

Um Manipulationen und Wettbewerbsverfälschungen zu vermeiden, schreibt die VOB/A ein klares Verfahren vor. Der Auftraggeber beschreibt die gewünschte Ausführung möglichst detailliert und gibt sie in den Wettbewerb. Die Angebote werden gesammelt und erst zum Eröffnungstermin geöffnet. Den Zuschlag erhält das Angebot, das nach Wertung als das Wirtschaftlichste erscheint.

Bei Durchführung dieses Verfahrens für Maßnahmen nach ZTV BEA-StB erscheint der Aufwand im Vergleich zum Umfang einer Erhaltungsmaßnahme gelegentlich recht hoch. Wenn gleichzeitig die Ausführung dringlich und die Anzahl der möglichen Bewerber beschränkt ist, werden auch heute noch gelegentlich freihändige Vergaben vorgenommen. Für solche Fälle ist eine lückenlose Dokumentation der Auftragsvergabe besonders wichtig, um dem Verdacht der Begünstigung einzelner Firmen entgegenzutreten.

Kommentar

In aller Regel sind jedoch Erhaltungsmaßnahmen nach ZTV BEA-StB nach VOB/A zu vergeben. Durch ihre meist begrenzte Größe sind diese Vergaben oft mittelstandsfreundlich und fördern durch die erforderlichen hohen Fachkenntnisse die Spezialisierung der ausführenden Firmen. Dadurch werden einerseits eine hohe Ausführungsqualität und andererseits ein angemessener Preis wahrscheinlicher.

■ Klare, eindeutige und gleichartige Verträge

Klare und eindeutige Verträge in dem erforderlichen Detaillierungsgrad helfen, Manipulationen und Streitigkeiten zu vermeiden und auf lange Sicht das Qualitätsniveau der Bauausführung zu halten oder gar zu steigern. Gleichartige Verträge helfen den ausschreibenden Stellen, Fehler bei der Ausschreibung zu vermeiden, und verhindern unangemessenen Aufwand bei der Angebotsbearbeitung.

VOB/A § 7 schreibt daher vor, dass die Leistung eindeutig und erschöpfend zu beschreiben und dem Auftragnehmer kein ungewöhnliches Wagnis aufzubürden ist (siehe insbesondere Absatz 3 und 4).

Mit Herausgabe der ZTV BEA-StB 98 und vor allem mit ihrer zunehmenden Anwendung wurde man diesen Gedanken gerecht, weil man Zusätzliche Technische Vertragsbedingungen als Ganzes vereinbaren kann und sich damit die Partner eines Bauvertrags auf nur wenige veränderliche Gegebenheiten einstellen müssen.

Trotzdem muss festgehalten werden, dass immer noch eine Vielzahl an Erhaltungsmaßnahmen mit Bauverfahren ausgeführt wird, die nicht in den ZTV BEA-StB beschrieben werden. Dies kann einerseits innovationsförderlich sein, schließlich wurden praktisch alle neuen Bauverfahren des Asphaltstraßenbaus aus der Praxis ohne Hintergrund von ZTVen entwickelt; andererseits entfallen bei einer Vergabe eines Verfahrens außerhalb der ZTV BEA-StB die bauvertraglichen Vorteile, die mit einem so umfassenden Regelwerk verbunden sind.

Auf Grundlage der ZTV BEA-StB können trotzdem neue Bauweisen, die dort nicht explizit genannt werden, vereinbart werden, denn beim Abschluss von Bauverträgen gilt der Grundsatz, dass die allgemeineren Teile eines Vertrags durch die spezielleren Vereinbarungen „überdeckt" werden. Dies bedeutet, dass weite Teile der ZTV BEA-StB angewendet werden können, auch wenn in der Leistungsbeschreibung ein Verfahren aufgeführt ist, das mit den ZTV BEA-StB nicht abgedeckt ist. Daher ist bei der Vergabe von Erhaltungsmaßnahmen das Vereinbaren der ZTV BEA-StB und des sonstigen bauvertraglichen Regelwerks stets sinnvoll.

Die Allgemeinen Regelungen der VOB/B und VOB/C gelten, sobald die VOB/B in den Vertrag eingeschlossen wurden, was zumindest bei öffentlichen Bauaufträgen die Regel ist.

Mögliche besondere Regelungen für einzelne Baumaßnahmen, die Leistungsbeschreibung (LB) und die Besonderen Vertragsbedingungen (BVB) sind unbedingt notwendig, um überhaupt zu beschreiben, was unter welchen Bedingungen gebaut werden soll.

Die Zusätzlichen Vertragsbedingungen (ZVB) und die Zusätzlichen Technischen Vertragsbedingungen (ZTV) stellen die Brücke zwischen dem Allgemeinen und dem Speziellen dar. Das Grundschema und die Einordnung der

Art der Vertragsbedingung	rechtlich	technisch
Allgemeine	**VOB/B, DIN 1961** Allgemeine Vertragsbedingungen für die Ausführung von Bauleistungen	**VOB/C, DIN 18299 – DIN 18451** Allgemeine Technische Vertragsbedingungen für Bauleistungen
Zusätzliche	**ZVB-StB** Zusätzliche Vertragsbedingungen für die Ausführung von Bauleistungen	**ZTV Asphalt-StB, ZTV BEA-StB, ...** Zusätzliche Technische Vertragsbedingungen ...
Besondere	**BV-StB** Besondere Vertragsbedingungen	**LB** Leistungsbeschreibung (§7 VOB/A)

Bild 1 Einordnung der Vertragsbedingungen

Vertragsbedingungen und Regelwerke geben *Bild 1* und *Bild 2* wieder. Das zweimalig in der Prioritätsreihung des § 1 Abs. 2 VOB/B auftauchende Wort „etwaige“ deutet darauf hin, dass es auch Verträge ohne ZVB und ZTV geben kann. Die als Vertragsbestandteil vorgesehenen ZVB und ZTV müssen daher ausdrücklich als solche erklärt werden, um ihre volle Bindungswirkung zu entfalten. I. d. R. geschieht dies durch eine Auflistung wie: „Die folgenden ZTV werden Bestandteil des Vertrags: …“.

Auch in den ZTV BEA-StB wird – wie in den übrigen Zusätzlichen Technischen Vertragsbedingungen des Straßenbaus üblich – darauf hingewiesen, dass im Regelwerk zwei Textteile zu unterscheiden sind. Die eigentlichen ZTV sind in gerader Schrift gesetzt und durch einen Randstrich gekennzeichnet. Dazwischen sind Richtlinien eingeflochten, die kursiv gesetzt sind. Diese Richtlinien werden nicht Vertragsbestandteil. Sie helfen der ausschreibenden Stelle, maßnahmenbezogen angemessene Entscheidungen zu treffen, die dann in den maßnahmenbezogenen Teilen des Vertrags, also in der Leistungsbeschreibung oder den Besonderen Vertragsbedingungen, aufgenommen und erst dadurch Vertragsbestandteil werden. Um Doppelregelungen zu vermeiden und weil im Baubereich auch zahlreiche, der europäischen Vereinheitlichung der Bauprodukten-Richtlinie unterliegenden Regelwerke vorliegen, verweisen die ZTV ihrerseits wieder auf weitere Regelwerke und Vertragsbedingungen und beziehen diese in das Vertragswerk ein.

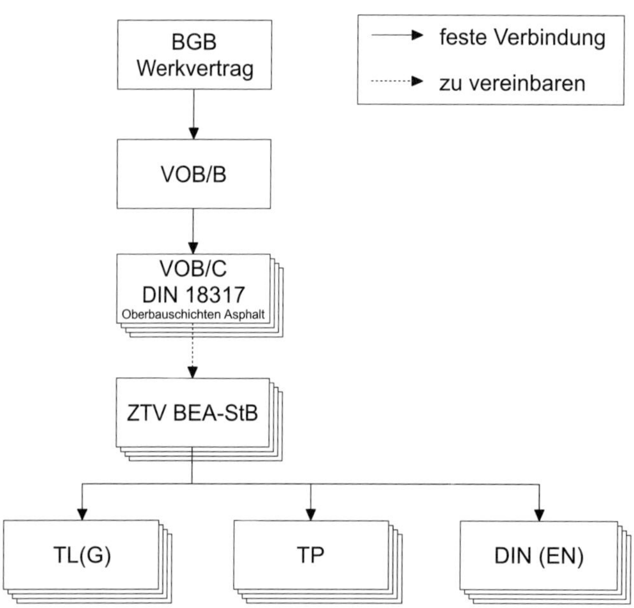

Bild 2 Grundschema der straßenbezogenen bauvertraglichen Regelwerke am Beispiel der ZTV BEA-StB

Nachdem auch die für den Straßenbau einschlägigen Teile der VOB/C ausgewählte Regelwerke und Normen einbeziehen, ergibt sich – ohne

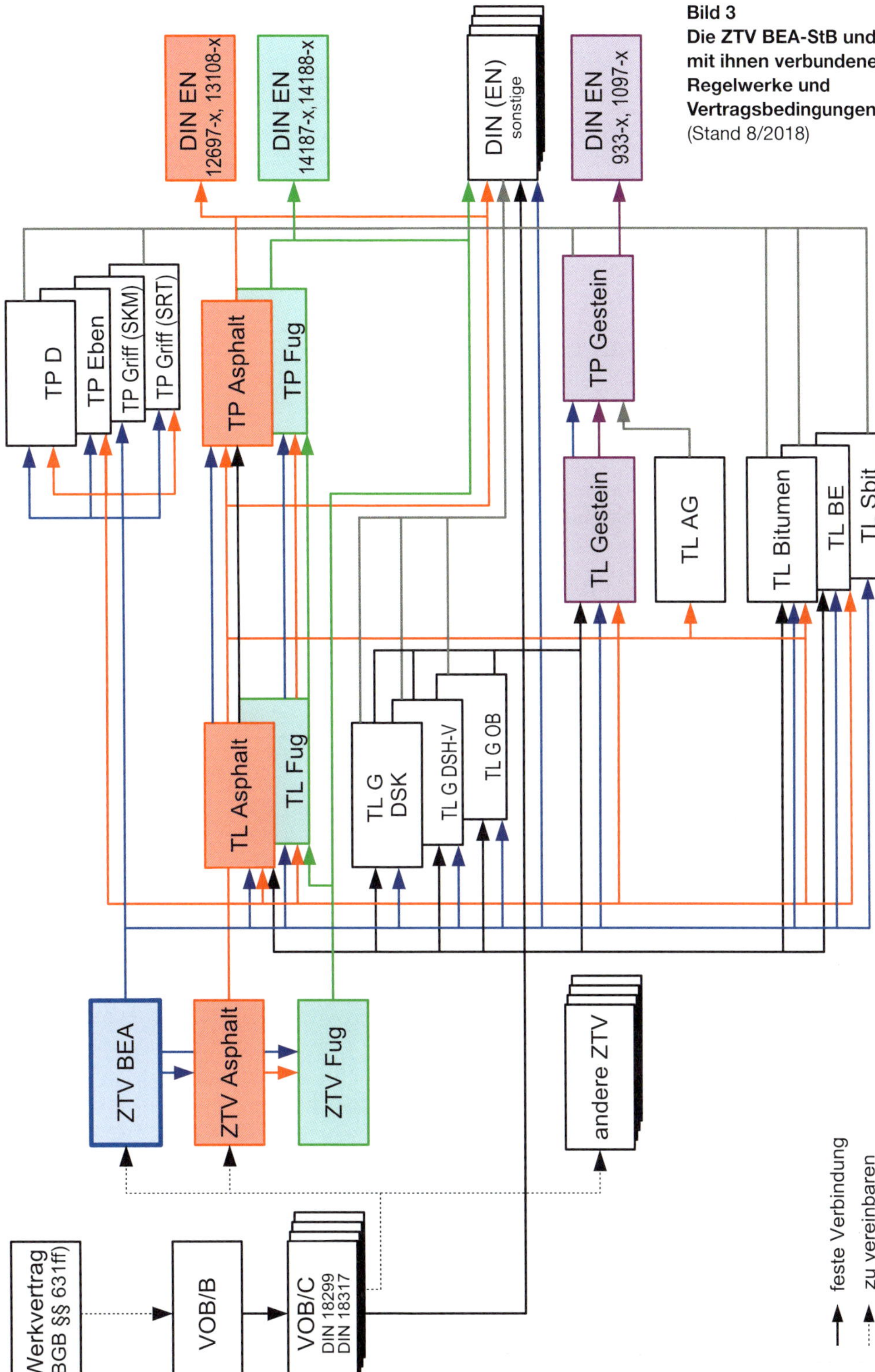

Bild 3
Die ZTV BEA-StB und mit ihnen verbundene Regelwerke und Vertragsbedingungen
(Stand 8/2018)

Kommentar

Anspruch auf Vollständigkeit – das in *Bild 3* wiedergegebene Abhängigkeitsgeflecht.

Dieses Bild mag zunächst etwas verwirrend aussehen. Die Erfahrung zeigt jedoch, dass es ein systematisches und zumindest für eine gewisse Zeit stabiles Geflecht der Regelungen und Zusammenhänge wiedergibt, das die dem Problem innewohnende Komplexität deutlich leichter erschließt. Ferner verdeutlicht das Bild, dass mit Vereinbarung der ZTV BEA-StB gleichzeitig ein umfangreiches Geflecht an weiteren Regelwerken gilt, die ansonsten bei einem für den Einzelfall zusammengestellten Vertrag separat in diesen einzuschließen sind.

(2) Inhalt der ZTV BEA-StB

Die ZTV BEA-StB behandeln Maßnahmen der Instandhaltung, der Instandsetzung und – orientierend – Maßnahmen der Erneuerung von Verkehrsflächenbefestigungen aus Asphalt. In Abhängigkeit von deren Zustand und dem angestrebten Erhaltungsziel können die einzelnen Maßnahmen/Verfahren ausgewählt werden. Maßnahmen der betrieblichen Erhaltung, d.h. Kontroll- und Wartungsaufgaben, werden in den ZTV BEA-StB nicht behandelt.

Für besondere Anwendungsgebiete sind neben den ZTV BEA-StB weitere einschlägige Technische Regelwerke zu beachten. Dies sind z. B. für Brückenbeläge u.a. die ZTV-ING Teil 7, ZTV BEL-ST, TL BEL-ST, ZTV BEL-B und TL BEL-B, für ländliche Wege die ZTV LW, RLW und M ELW, für Straßen für militärische Schwerstfahrzeuge die RABS und für Flugplatzbefestigungen das M BFA und M EFB.

Die ZTV BEA-StB sind zurzeit in Verbindung mit den „Technischen Lieferbedingungen für Asphaltmischgut für den Bau von Verkehrsflächenbefestigungen“ (TL Asphalt-StB) anzuwenden. Eine „TL BEA-StB“, wie sie zunächst mit der Erarbeitung der ZTV BEA-StB 09 noch angedacht war, ist mit der Herausgabe der EU-Verordnung Nr. 305/2011 vom 9.3.2011 zur Festlegung harmonisierter Bedingungen für die Vermarktung von Bauprodukten nicht mehr erforderlich. Mit Artikel 5 „Ausnahmen von der Pflicht zur Erstellung einer Leistungserklärung“ hebt die EU-Verordnung Nr. 305/2011 unter anderem die Pflicht auf, ein Verfahren zur CE-Kennzeichnung für die Bauweisen Oberflächenbehandlungen (OB) und Dünne Asphaltdeckschichten in Kaltbauweise (DSK) einzuführen. Das liegt vor allem daran, dass diese Bauweisen trotz Beschreibung in einer harmonisierten Norm nur auf der Baustelle zum Zweck des Einbaus in das jeweilige Bauwerk Straße im Einklang mit den geltenden nationalen Bestimmungen, d. h. hier den ZTV BEA-StB 09, gefertigt werden. Um diese neuen Regeln bzw. den Ausnahmetatbestand noch in das Technische Regelwerk einfließen zu lassen und sich an die aus der EU-Verordnung ergebenden Änderungen anzupassen, waren daher nur die TL G Asphalt-DSK-StB und die TL G Asphalt-OB-StB zu aktualisieren, was zwischenzeitlich mit den TL G DSK-StB und TL G OB-StB, jeweils Ausgabe 2015, erfolgte. Ergänzend wurde gleichermaßen für die Bauweise Dünne Asphaltdeckschichten in Heißbauweise auf Versiegelung (DSH-V) eine TL G DSH-V-StB erarbeitet. In den TL G wird die Güteüberwachung der jeweiligen Bauweise geregelt.

Kommentar

Werden, wie in den ZTV BEA-StB beschrieben, nur Fachkräfte und Fachunternehmen mit der Planung und Herstellung von Erhaltungsmaßnahmen beauftragt, ist dies aus Sicht der Autoren Gewähr dafür, dass die Technischen Regelwerke erfolgreich umgesetzt werden.

(2.1) Von den Merkblättern zu den ZTV BEA-StB

Seit den frühen 60er-Jahren des vorigen Jahrhunderts wurde – in der Regel im Zusammenhang und im Einklang mit den Technischen Vorschriften über die Grundsätze des Asphaltstraßenbaus (TV bit) – auch das Technische Regelwerk für die wichtigsten Erhaltungsleistungen erarbeitet, wie z. B. die TV bit 1/75 „Oberflächenschutzschichten".

Zur damaligen Zeit zählten die Oberflächenschutzschichten/Oberflächenbehandlungen noch zu einer Bauweise, die u. a. dem Neubau zugeordnet wurde. So schreibt Knoll (1975): „Wegen fehlender Haushaltsmittel sind die Länder von jeher gehalten, mit einem Minimum an Aufwand ein Maximum an Straßenlänge dem motorisierten Verkehr zur Verfügung zu stellen. Folgerichtig haben die weniger industrialisierten Regionen schon in erheblichem Umfang die maschinelle Oberflächenbehandlung Jahr für Jahr auf vielen Millionen Quadratmetern angewendet. Straßenbauverwaltungen, die stattdessen bisher nur Deckschichten ohne Dickenbegrenzung oder dünne Deckschichten ausgeschrieben haben, beginnen sich mehr und mehr auch für diese kostensparenden Oberflächenbehandlungen zu interessieren, die wegen ihrer Oberflächenrauheit mit hohen Gleitbeiwerten eine willkommene und wesentliche Verbesserung der Verkehrssicherheit bewirken."

Sicherlich trugen zu dieser Feststellung die Auswirkungen des ersten Ölpreisschocks 1974/1975 bei. Einige Aspekte haben auch heute noch ihre Bedeutung, andere müssten aus heutiger Sicht möglicherweise neu bewertet werden.

In der Reihenfolge der zunehmenden Haltbarkeit und des steigenden Gebrauchsverhaltens wurde den

- Oberflächenbehandlungen,
- Schlämmen,
- Mastixarbeiten,
- Dünn- bzw. Mikrobelägen und der
- Deckschichterneuerung (sog. Teppiche)

in den 70er-Jahren des vorigen Jahrhunderts, im Hinblick auf die Erhaltung des vorhandenen Straßennetzes, eine herausragende Rolle zugeordnet.

Als logische Konsequenz aus der breiten Anwendung der zuvor genannten Erhaltungsbauweisen und als wichtiges Ergebnis der Arbeit in den Gremien der FGSV erschien 1983 das **„Merkblatt für die Erhaltung von Asphaltstraßen (MEA) Teil: Allgemeine Ausführungen"**. Im gleichen Jahr und in den folgenden Jahren kam bis 1990 der Teil **„Bauliche Maßnahmen"** mit den folgenden Teilgebieten auf den Markt:

1. **Unterhaltung** (Ausgabe 1983)
2. **Instandsetzung**
   - 2.1 Aufrauen (Ausgabe 1989)
   - 2.2 Beschichtungen
     - – Oberflächenbehandlungen (Ausgaben 1983, 1989)

Kommentar

- Dünne Schichten im Kalteinbau (Ausgabe 1989)
- Dünne Schichten im Heißeinbau (Ausgabe 1987)

2.3 Profilverbesserungen (Ausgabe 1987)

2.4 Rückformen der Fahrbahnoberfläche (Ausgabe1983)

3. **Erneuerung** (Ausgabe 1985)
4. **Wiederverwenden von Asphalt** (Ausgabe 1985)
5. **Wiederherstellung bituminöser Befestigungen über Leitungsgräben** (Ausgabe 1983)
6. **Abtragen von Asphaltbefestigungen** (Ausgaben 1983, 1990) Schälen, Fräsen, Aufbrechen/Fräsen oder Aufbrechen.

In der ehemaligen DDR wurde u. a. ab 1977 nach der Empfehlung des Straßenwesens (Sw 12) des Ministeriums für Verkehrswesen und fortführend ab 1987 nach der Technischen Vorschrift Straßenwesen „Oberflächenbehandlung" (TV Sw 12) – als eine der damals wichtigsten Straßenerhaltungstechnologien – gearbeitet.

Innerhalb der Gremienarbeit der FGSV war es von Anfang an das Ziel, nach einer mehr oder weniger langen Anwendungsperiode der einzelnen Teile des Merkblattes für die Erhaltung von Asphaltstraßen (MEA) und der damit verbundenen Erfahrungssammlung im inzwischen wiedervereinigten Deutschland die Fortschreibung in den zusammenfassenden ZTV „Bauliche Erhaltung von Verkehrsflächen – Asphaltbauweisen" münden zu lassen.

Die hierfür notwendige Gremienarbeit wurde im FGSV-Arbeitsausschuss „Erhaltung von Asphaltstraßen" im Wesentlichen in den Jahren 1995 bis 1998 geleistet.

Das Ergebnis der Gemeinschaftsarbeit waren die mit dem Allgemeinen Rundschreiben Nr. 33/1998 des BMV vom 11.8.1998 für die Bundesfernstraßen eingeführten ZTV BEA-StB 98. Gleichzeitig erging – wie in solchen Fällen üblich – die Bitte an die Länder, die ZTV BEA-StB 98 auch für Erhaltungsmaßnahmen an den in ihrem Zuständigkeitsbereich liegenden Straßen einzuführen. Nach Kenntnis der Herausgeber geschah dies ohne Einschränkungen bzw. Ergänzungen der Bundesländer.

Einige Überschneidungen im Punkt „Oberflächenschutzschichten", die u. a. noch in den ZTV Asphalt-StB 94 und dann in den ZTV BEA-StB 98 offensichtlich wurden, führten aus heutiger Betrachtung in der Praxis zu keinen bautechnischen bzw. vertragsrechtlichen Widersprüchen. Das BMV hatte unter Berücksichtigung dieses unvermeidbaren Sachverhaltes bereits im Einführungsschreiben zu den ZTV BEA-StB 98 unmissverständlich darauf hingewiesen, dass abweichend von den ZTV Asphalt-StB 94 die Oberflächenschutzschichten/Oberflächenbehandlungen nur noch nach dem in den ZTV BEA-StB 98 dokumentierten neuesten Stand der Technik vorzubereiten, auszuschreiben und den Bauverträgen zugrunde zu legen sind.

Zur Anpassung an die in Bezug genommenen „Allgemeinen Technischen Vertragsbedingungen für Bauleistungen (ATV)" im Teil C der VOB und an die VOB Teil B – DIN 1961 – mussten die ZTV BEA-StB 98 im Jahr 2003 redaktionell überarbeitet werden. Dieser Umstand wurde gleichzeitig genutzt, um weitere in Bezug genommene und inzwischen aktualisierte ZTV, TL und TLG in der neuen Fassung 2003 zu berücksichtigen.

Die im Laufe der Zeit notwendigen Notifizierungsverfahren bei den Europäischen Gemeinschaften wurden jeweils auf der Grundlage der in Deutschland geltenden Fassung der ZTV BEA-StB durchgeführt.

Kommentar

Das gilt auch für die schließlich im Januar 2010 mit größeren Veränderungen veröffentlichten ZTV BEA-StB 09.

(2.2) Erstellung der ZTV BEA-StB 09 und Änderung zur ZTV BEA-StB 09/13

Warum war es aber überhaupt notwendig, die neuen ZTV BEA-StB mit dem Herausgabejahr 2009 zu erarbeiten, obwohl die Arbeit mit den ZTV BEA-StB 98/03 ohne Schwierigkeiten sowohl auf Auftraggeber- als auch auf Auftragnehmerseite möglich war?

Die Verpflichtung, das gesamte Regelwerk für den Straßenbau und damit auch für die Straßenerhaltung zu überarbeiten, ergab sich aus der Bauproduktenrichtlinie und den daraus entwickelten Europäischen Normen, u. a. auch für Asphalt. Die damit verbundene nationale Umsetzung der Europäischen Normen in Deutschland war seit 2004 die Hauptaufgabenstellung der dafür eingesetzten Gremien.

Ausgehend von dem bisher bestehenden „einteiligen" Regelwerk, dessen Kernstück die Zusätzlichen Technischen Vertragsbedingungen und Richtlinien sind, entschloss man sich zur Erstellung eines sogenannten **zweiteiligen** Regelwerkes. Mit anderen Worten: Die Anforderungen an Baustoffe/Baustoffgemische sind von den Anforderungen an die Bauausführung und an die fertige Leistung abzukoppeln.

Die Zweiteiligkeit drückt sich aus in der Erarbeitung von

- **Technischen Lieferbedingungen für Baustoffe und Baustoffgemische (TL)** und
- **Zusätzlichen Technischen Vertragsbedingungen und Richtlinien für den Bau und die Bauliche Erhaltung von Verkehrsflächenbefestigungen aus Asphalt (ZTV).**

Sämtliche Anforderungen an das Produkt – nach unserem bisherigen Verständnis an den Baustoff bzw. an das Baustoffgemisch gebunden – sind jetzt ausschließlich in den Technischen Lieferbedingungen (TL) beschrieben. D. h., Baustoffanforderungen dürfen nicht weiter in anderen Regelwerken, z. B. in Zusätzlichen Technischen Vertragsbedingungen und Richtlinien, festgelegt werden. Mit der Herausgabe der TL Asphalt-StB 07 sowie der ZTV Asphalt-StB 07 und deren verbindlicher Anwendung ab 1.1.2009 für den Bereich der Bundesfernstraßen wurde der wesentlichste Schritt im Hinblick auf die vollständige Anwendung der Bauproduktenrichtlinie im Asphaltstraßenbau in Deutschland gegangen.

Naturgemäß bilden die Regelwerke für den Straßenneubau und das folgende Gebrauchsverhalten einschließlich der damit verbundenen Zustandsentwicklung die Grundlage für das hier zu behandelnde Regelwerk „Erhaltung". Der chronologische Aufbau des Regelwerkes entspricht der Entstehung einer Straßenkonstruktion:

- Neubau,
- Erfahrungssammlung über das Gebrauchsverhalten,
- Auswahl von qualifizierten Erhaltungsmaßnahmen.

Insofern war die nahezu parallele Arbeit an den ZTV BEA-StB 09 und den ZTV Asphalt-StB 07 der Tatsache geschuldet, dass die seit vielen Jahren vorliegenden und fortgeschriebenen Erfahrungen mit Erhaltungsverfahren

Kommentar

äußerst vielschichtig sind. Innovationen wurden in diesem Zeitraum besonders auch über entsprechende Forschungsaufträge und deren Ergebnisse begleitet.

Im Zuge der Europäischen Normenarbeit hatte man sich darauf verständigt, dass **sämtliche Verfahren für die Bauliche Erhaltung** von Verkehrsflächenbefestigungen aus Asphalt **im Ergebnis als Produkte** beschrieben werden müssen. Das ist das wirklich Neue.

Für uns in Deutschland besonders gewöhnungsbedürftig ist jetzt, dass Baustoffe und Baustoffgemische erst im Zuge der Verarbeitung und als Einheit mit dem Aufbringen auf die Unterlage als Bauprodukte bezeichnet werden. Die Anforderungen werden damit an eine **fertige Straßenoberfläche gestellt.**

Konkret heißt das für die Anwendung in Deutschland, dass die Oberflächenbehandlungen (OB), die Dünnen Schichten in Kaltbauweise (DSK) und die Dünnen Schichten in Heißbauweise auf Versiegelung (DSH-V) in Zukunft als Ganzes, als nutzungsfähige Produkte auf der Straßenoberfläche betrachtet werden müssen.

Mit Datum vom 8.4.2011 erschien das Allgemeine Rundschreiben (ARS) Straßenbau Nr. 3/2011 des Bundesministeriums für Verkehr, Bau und Stadtentwicklung (BMVBS). Mit dem Rundschreiben wurden die ZTV BEA-StB 09 über ein Jahr nach ihrer Veröffentlichung für die Bundesfernstraßen als Ersatz für die ZTV BEA-StB 98/03 verbindlich eingeführt. Für die Straßen im Zuständigkeitsbereich der Länder wurden die ZTV BEA-StB 09 wie üblich im Sinne einer einheitlichen Handhabung zur Einführung empfohlen.

Im gleichen Zug wurden die ZTV BEA-StB 09 mit dem ARS Nr. 3/2011 an einzelnen Stellen ergänzt und geändert. Die Ergänzungen und Änderungen dienten der Anpassung an das zwischenzeitlich fortgeschriebene Regelwerk, der Klarstellung von missverständlichen Regelungen in den ZTV BEA-StB 09, dem Nachtrag von bisher nicht berücksichtigten Regelungen oder schlicht der Beseitigung von Druckfehlern.

Die im ARS Nr. 3/2011 enthaltenen Änderungen wurden in die Fassung 2013 der ZTV BEA-StB integriert. Zugleich wurden Anpassungen an die weiteren aktualisierten Technische Regelwerke, insbesondere die ZTV und TL Asphalt-StB Ausgabe 2007/Fassung 2013, die TL Bitumen-StB Ausgabe 2007/Fassung 2013 und die RStO 12, vorgenommen.

Im Herbst 2016 erschien eine Neuausgabe der VOB und damit auch der Normenteile der VOB Teil C in überarbeiteter Form (Stand: September 2016). Dabei sind in den DIN 18299 und DIN 18317 im Wesentlichen redaktionelle Änderungen zu verzeichnen wie die Aktualisierung des in Bezug genommen Regelwerks. Im Anhang der ZTV BEA-StB 09/13 sind beide Normen in den Fassungen des Jahres 2012 abgedruckt. Für die Kommentierung wurden allerdings bereits die neu erschienenen Fassungen 2016 herangezogen. Deshalb sind in dem vorliegenden Kommentar und Handbuch bei den zitierten Regelwerkstexten der ZTV BEA-StB in den Anhängen B und C ebenfalls die Fassungen September 2016 abgedruckt.

(2.3) Zukünftiges Regelwerk

Im Zuge der regelmäßigen Überarbeitung der Technischen Regelwerke und auch der Anpassung an neue Erkenntnisse und Anforderungen werden der-

Kommentar

zeit die ZTV BEA-StB 09/13 wieder überarbeitet. Unabhängig von diesem regelmäßigen Vorgang wurde bereits 2015 im zuständigen Gremium der Forschungsgesellschaft für Straßen- und Verkehrswesen, dem Lenkungsausschuss für Asphaltbauweisen (LA 7), diskutiert, ob die gegebene Trennung zwischen einerseits den ZTV Asphalt-StB für den Bereich des Neubaus und andererseits den ZTV BEA-StB für die Bauliche Erhaltung noch zweckmäßig ist. Hintergrund für diese Überlegung ist, dass Überschneidungen zwischen den Regelwerken und die Anwendung der Regelwerke in der Praxis diese Trennung zum Teil nur unzureichend widerspiegeln. Überschneidungen liegen beispielsweise in dem Ansprühen von gefrästen Flächen, was zwar in den ZTV Asphalt-StB geregelt ist, aber typischerweise im Rahmen der Erhaltung anfällt.

Ein weiteres Beispiel für ein Missverständnis in der Praxis ist die Ausschreibung von Asphaltschichten in gleichmäßiger Dicke im Rahmen der Erneuerung mit den nach ZTV BEA-StB für Profilverbesserungen – in ungleichmäßiger Dicke – gegebenen Mindest- oder Höchstdicken, obgleich bei gleichmäßiger Dicke die Mindest- und Höchstdicken nach ZTV Asphalt-StB gelten. Als Ergebnis der mehrere Jahre dauernden Diskussion wird derzeit die Variante der Erarbeitung eines zweiteiligen Regelwerks unter dem Titel „ZTV Asphalt-StB“ mit einerseits dem Teil „Neubau“ und andererseits dem Teil „Bauliche Erhaltung“ vorgesehen. Inhaltlich sollen die beiden Teile im strukturellen Aufbau weitgehend den aktuellen Regelwerken entsprechen, allerdings um die Überschneidungen bereinigt werden.

Vor diesem Hintergrund diente das hier vorliegende Handbuch, das erstmals zur ZTV BEA-StB 09 erarbeitet wurde, als erster Einstieg in die äußerst umfassende und vielschichtige Problematik der Erhaltung von Asphaltstraßen. Eine für mehrere Jahre geltende inhaltliche Statik wird es aus Sicht der Herausgeber nicht geben, was auch zukünftig die Fortschreibung des Handbuchs erfordert.

Die Veränderungsdynamik in den anzuwendenden Verfahren selbst ist inzwischen so groß, dass die Fortschreibung des gesamten Technischen Regelwerks, hier besonders im Zusammenhang mit der Baulichen Erhaltung, im Konsens mit den wachsenden Anforderungen an die Gebrauchseigenschaften und Dauerhaftigkeit erfolgen muss.

Bereits jetzt und zukünftig wird neben den Grundeigenschaften und Zielstellungen der Baulichen Erhaltung auch die Ausführung unter oftmals komplizierten und angespannten Verkehrsverhältnissen auf viel beanspruchten Straßenabschnitten eine große Rolle spielen.

Die bisher bei Erhaltungsmaßnahmen wenig beachtete Lärmproblematik wird zukünftig außerdem eine größere Beachtung finden müssen.

Die Akzeptanz für Verkehrseinschränkungen, die im Zuge von Erhaltungsmaßnahmen bisher unumgänglich sind, sinkt bei den Nutzern stetig. Bei der Wahl der Verfahren und auch dem Zeitpunkt der Ausführung muss diesem Umstand – insbesondere im Zuge der Planung und Vorbereitung in der Verantwortung der Straßenbaulastträger – Rechnung getragen werden. Nach Ansicht der Herausgeber muss an dieser Stelle auch der gezielten Öffentlichkeitsarbeit durch die Straßenbauverwaltungen wesentlich mehr Aufmerksamkeit geschenkt werden.

Kommentar

(3) Qualitätssicherung

(3.1) Einleitung

Üblicherweise werden Bauprodukte im Straßenbau durch eine Europäische Norm beschrieben, die, in einer Technischen Lieferbedingung (TL) umgesetzt, regelt, welche Anforderungen für den Gefahrenübergang zwischen Baustoffproduzent und seinem Abnehmer gelten sollen. Einfachstes Beispiel sind hier die TL Asphalt-StB. Sie benennen Anforderungen, die bei der Übergabe des Asphaltmischguts, z. B. auf der Baustelle, einzuhalten sind, damit das beauftragte Bauunternehmen daraus die bauvertraglich geschuldete Asphaltschicht herstellen kann.

Bei Oberflächenbehandlungen (OB), Dünnen Asphaltdeckschichten in Kaltbauweise (DSK) und Dünnen Asphaltdeckschichten in Heißbauweise auf Versiegelung (DSH-V) **entsteht das Bauprodukt allerdings direkt beim Einbau**, das heißt vor Ort, weil erst durch das Bauverfahren eine Mischung von einzelnen Baustoffen zu einem Baustoffgemisch entsteht. Somit wird bei diesen Instandsetzungsverfahren nicht allein aus einem Baustoff oder Baustoffgemisch ein Bauprodukt (z. B. Asphaltmischgut), sondern aus dem Zusammenführen von Baustoff oder Baustoffgemisch und Einbauverfahren das fertige Bauprodukt hergestellt. In unserem Fall heißt das: Es entsteht als Bauprodukt eine Dünne Schicht auf der Fahrbahnoberfläche als Oberflächenbehandlung (OB), eine Dünne Asphaltdeckschicht in Kaltbauweise (DSK) oder eine Dünne Asphaltdeckschicht in Heißbauweise auf Versiegelung (DSH-V).

Diese Überlegungen haben dazu geführt, dass für die Bauweisen OB und DSK Europäische Produktnormen entwickelt wurden, die verlangen, dass der Produzent, wie bei allen Bauprodukten, ein **Qualitätssicherungssystem** betreibt. Für die Bauweise DSH-V, wie sie in Deutschland ausgeführt wird, wurde dagegen in Europa keine Produktnorm entwickelt, weil die Bauweise außerhalb des deutschsprachigen Raumes recht wenig bekannt ist und im europäischen Ausland noch der Verbreitung bedarf.

Für OB gilt die Europäische Norm EN 12271, für die Bauweise DSK die Europäische Norm EN 12273. Bestandteil der dort beschriebenen Qualitätssicherungssysteme ist die Anlage einer Probestrecke für einen Leistungsfähigkeitsnachweis des Herstellers, die nach ihrer Herstellung ein Jahr betrieben werden muss und erst danach beurteilt werden kann.

Über das Vorgehen bei den Regelwerken, die begleitend zu den ZTV BEA-StB gelten sollen, war man in Deutschland lange Zeit unschlüssig. Sollte man sich der Europäischen Regelung vollständig anschließen, die als Eignungsnachweise die Anlage einer Probestrecke und ein an DIN EN ISO 9001 angelehntes Qualitätssicherungssystem vorsieht? Man hätte dann für die Bauweisen OB und DSK eine europäische Regelung, für die Bauweise DSH-V eine deutsche Regelung betreiben müssen. Außerdem wären die bisherigen positiven Erfahrungen mit der Güteüberwachung nach den Vorläufer-Regelwerken TL G Asphalt-OB-StB 04 und TL G Asphalt-DSK-StB 98/03 verloren gegangen.

Deshalb hat man sich im Einklang mit der Europäischen Bauproduktennorm entschlossen, den Nachweis einer ausreichenden Qualitätssicherung in drei Regelwerken zu beschreiben, die ein für jede der Bauweisen OB, DSK und DSH-V vergleichbares Vorgehen festlegen, das ohne die Anlage einer Probestrecke auskommt.

Kommentar

Für die Bauprodukte Oberflächenbehandlung (OB), Dünne Asphaltdeckschichten in Kaltbauweise (DSK) und Dünne Asphaltdeckschichten in Heißbauweise auf Versiegelung (DSH-V) wurden deshalb im Juli 2016 „Technische Lieferbedingungen für die Bauliche Erhaltung von Verkehrsflächenbefestigungen, Teil Güteüberwachung (TL G)“ mit Ausgabejahr 2015 neu herausgegeben. Für die Bauweise Oberflächenbehandlungen (OB) war die Qualitätssicherung bereits in den TL G Asphalt-OB-StB 04, für die Bauweise Dünne Asphaltdeckschichten in Kaltbauweise (DSK) in den TL G Asphalt-DSK-StB 98/03 beschrieben. Für die Bauweise DSH-V gibt es dagegen bezüglich der Qualitätssicherung kein Vorgängerregelwerk und keine Europäische Norm.

Firmen, die auch im europäischen Ausland OB oder DSK herstellen, können ihre Qualitätssicherung nach Europäischer Norm und/oder nach den TL G organisieren. Der Vergleich der jeweiligen Regelwerke zeigt jedoch, dass das Vorgehen sich nur an wenigen Stellen unterscheidet.

Die 1. Auflage zu diesem Kommentar zeigt den zuvor beschriebenen Übergang noch auf. Zur vorliegenden 2. Auflage dieses Kommentars ist die Entscheidung über die Gestaltung der weiteren Regelwerke zur Qualitätssicherung insoweit gefallen, sodass nachfolgend das Vorgehen beschrieben und kommentiert werden kann.

Für die Baustoffe und Baustoffgemische, die für die übrigen Instandsetzungsverfahren und weitgehend auch für die Instandhaltungsverfahren eingesetzt werden, gilt das bekannte System der europäischen Regelung oder nationalen Technischen Lieferbedingungen, worüber Anforderungen an die Eigenschaften und Qualität der Baustoffe und Baustoffgemische definiert sind. Eine „TL BEA-StB“, wie sie seinerzeit angedacht wurde, wird es nicht geben.

(3.2) Gliederung der TL G

Die Gliederung der TL G für OB, DSK und DSH-V ist genau gleich.

Im Abschnitt 1 „Allgemeines“ wird in den Kontext der jeweiligen Bauweise eingeführt und die Einbettung in das Regelwerk beschrieben. Es wird dabei vorausgesetzt, dass die ZTV BEA-StB bei Baumaßnahmen, die durch die in den TL G beschriebene Güteüberwachung vorbereitet und begleitet werden, jeweils bauvertraglich vereinbart sind und dass die Abwicklung der Maßnahme jeweils den VOB/B folgt. Somit behandeln die TL G auch keinerlei Prüfungen, die üblicherweise auf Baustellen vom Auftraggeber durchgeführt werden. Der Auftraggeber hat also weiterhin das Recht, Kontrollprüfungen durchzuführen. Anbieter aus dem europäischen Ausland oder der Türkei, die entweder als EU-Mitgliedsstaat oder das Abkommen zum Europäischen Wirtschaftsraum unterzeichnet haben und EFTA-Staaten sind (z. Zt. Island, Liechtenstein, Norwegen, Schweiz) müssen sich selbst organisierten Qualitätssicherungssystemen unterwerfen, die dem in den TL G beschriebenen gleichwertig sind.

In Abschnitt 2 „Nachweis der Eignung und Güteüberwachung“ wird jeweils beschrieben, wie die Güteüberwachung aufzubauen ist, welche Anforderungen an die Produktion und die Dokumentation zu beachten sind und welche Aufgaben dem jeweiligen Fremdüberwacher zufallen.

Abschnitt 3 „Maßnahmen bei Abweichungen und bei Mängeln“ führt aus, was bei Mängeln zu unternehmen ist. Abschnitt 4 „Kennzeichnung der Überwachung“ beschreibt, wie güteüberwachte Werke zu kennzeichnen sind.

Kommentar

Besondere Bedeutung haben die Anhänge der TL G, die umfangreicher als der Textteil sind und eine eigene Gliederung aufweisen. Die Anhänge bestehen in der Hauptsache aus Tabellen und Standardtexten, die die Arbeit und den Umgang mit den TL G vereinfachen und vereinheitlichen sollen.

(3.3) Nachweis der Eignung und Eigenüberwachung

Die Güteüberwachung nach den TL G besteht aus der Eigenüberwachung durch den Ausführenden und der Fremdüberwachung durch ein unabhängiges Labor, das nach den RAP Stra 15 für das Fachgebiet F2 (Fremdüberwachungsprüfungen bei Oberflächenbehandlungen, Dünne Asphaltdeckschichten in Kaltbauweise, Dünne Asphaltdeckschichten in Heißbauweise auf Versiegelung) anerkannt ist. Diese Überwachung betrifft die vom Ausführenden eingesetzten sogenannten Produktionseinheiten und die Baustoffe. Die **Produktionseinheit** unterscheidet sich in den verschiedenen Bauweisen und ist bei DSK die Misch- und Verlegemaschine und bei OB das Rampenspritzgerät mit separatem Streuer oder die OB-Verlegemaschine. Bei DSH-V besteht die Produktionseinheit aus dem Sprühfertiger und den Verdichtungsgeräten zur Herstellung der Schicht, wobei aber nur für den Sprühfertiger eine Güteüberwachung nach den TL G vorzunehmen ist.

Vor Aufnahme der Güteüberwachung ist ein Nachweis der Eignung zu führen, der in einer Überprüfung der Einbaumaschinen, aber auch in einer Überprüfung der Eignung des Betriebes besteht. Die Prüfungen zum Nachweis der Eignung sind wie die Fremdüberwachung durch eine nach den RAP Stra für das Fachgebiet F2 anerkannte Prüfstelle durchzuführen. Dabei muss beurteilt werden, ob der Betrieb organisatorisch und personell in der Lage ist, die notwendige Ausführungsqualität zu sichern und ob seine Eigenüberwachung so organisiert ist, dass dies kontinuierlich geschieht. Dies bedeutet letztlich, dass für einen Nachweis im Unternehmen bereits umfängliche Erfahrungen mit den jeweiligen Bauweisen vorliegen müssen, um eine Güteüberwachung nach den TL G zu organisieren.

Der Fremdüberwacher soll für einen Nachweis der Eignung die Einbaumaschine auch im laufenden Prozess augenscheinlich beurteilt haben. Dies kann gelegentlich schwierig zu organisieren sein, ist aber notwendig, damit ein Nachweis nicht auf die reine Durchsicht von vorgelegten Papieren zurückfällt.

Die nach Anerkennung der Eignung einzurichtende Güteüberwachung besteht dann aus der Eigenüberwachung sowie der zweimal im Jahr durchzuführenden Kontrolle durch den Fremdüberwacher. Die Güteüberwachung ist allein mit den Anhängen der TL G möglich, sie kann aber auch Bestandteil eines Qualitätsmanagementsystems sein, dem sich der Ausführende unterwirft und in das er die Aufzeichnungen nach den TL G als „Werkseigene Produktionskontrolle (WPK)“ einbindet.

Immer noch wenig bekannt ist, dass die Eigenüberwachung nicht nur aus den Laborprüfungen besteht, sondern auch die Organisation und Umsetzung eines Qualitätsmanagements umfasst, das sich weitgehend den Anforderungen an DIN EN ISO 9001 anpasst. Dementsprechend sind in den TL G einzelne Abschnitte beschrieben, wie die Lenkung der Dokumente, die Bereitstellung von Ressourcen, Verantwortlichkeiten, Planung der Ausführung, Prozesslenkung usw. Die Anhänge der TL G, auf die an geeigneter

Kommentar

Stelle jeweils verwiesen wird, sollen den Ausführenden helfen, die Arbeiten vollständig auszuführen. Dabei dient insbesondere die Pflicht im Eigenüberwachungsplan, festzulegen, wie mit Abweichungen umzugehen ist, dem Gedanken einer laufenden Qualitätsverbesserung. Auch die Benennung von Personen, die für die Qualität verantwortlich sind, und das i. d. R. mindestens jährliche Gespräch mit der Geschäftsleitung sollen zu einer kontinuierlichen Qualitätsverbesserung führen. Die Aufzeichnung von Korrekturmaßnahmen hilft auch, systematische Probleme aufzudecken und Schulungsbedarf zu erkennen, insbesondere wenn gleichartige Korrekturmaßnahmen immer wieder notwendig sind.

Die Dokumentation qualitätsrelevanter Aufzeichnungen wurde in der Vergangenheit häufig vernachlässigt. Durch Verweis auf verschiedene Anhänge wird in den TL G dafür gesorgt, dass die Aufzeichnungen systematisch und vollständig sind und der notwendige Aufwand auf akzeptiertem Niveau bleibt.

(3.4) Fremdüberwachung

Der Hersteller hat einen Überwachungsvertrag mit einer nach den RAP Stra 15 für das Fachgebiet F2 anerkannten Prüfstelle abzuschließen. Der Fremdüberwacher darf nicht gleichzeitig mit Untersuchungen, die Bestandteile der Eigenüberwachung sind, betraut sein. Art und Umfang der Fremdüberwachung sind in den TL G festgelegt. Dem Fremdüberwacher sind alle dort aufgelisteten Angaben schriftlich mitzuteilen.

Mindestens zweimal jährlich hat der Fremdüberwacher den im Regelwerk aufgelisteten Umfang der Prüfungen, der Dokumentation, der Ergebnisse der Laborprüfungen sowie die organisatorischen, personellen, geräte- und verfahrenstechnischen Voraussetzungen zu prüfen.

Werden von der Fremdüberwachung Beanstandungen festgestellt, so ist zunächst zwischen geringfügigen und schwerwiegenden Beanstandungen zu unterscheiden. Während es bei geringfügigen Beanstandungen genügt, sie kurzfristig zu beheben und bei der nächsten Regelprüfung zu überprüfen, wird bei schwerwiegenden Beanstandungen der Organisation oder an den Produktionseinheiten (Misch- und Verlegemaschine, Rampenspritzgerät und separate Streuer oder OB-Verlegemaschinen, Sprühfertiger) eine sogenannte Sonderprüfung fällig. Nach dem Bestehen der Sonderprüfung wird die Produktion durch den Fremdüberwacher wieder freigegeben. Sonderprüfungen finden statt, wenn eine Regelprüfung nicht bestanden wird (Wiederholungsprüfung) oder wenn der Ausführende oder der Auftraggeber (im Falle von bei Kontrollprüfungen festgestellten Mängeln und mit ausreichender Begründung) einen entsprechenden Antrag stellt.

Der Fremdüberwachungsbericht muss die in den TL G niedergeschriebenen Mindestangaben enthalten und dem Ausführenden sowie der Straßenbaubehörde des Bundeslandes, in dem der Ausführende seinen Firmensitz hat, mitgeteilt werden. Liegt eine positive Bescheinigung vor, gelten die fremdüberwachten Produktionseinheiten bundesweit als güteüberwacht.

Ist die Fremdüberwachung, egal ob erstmalige betriebliche Prüfung, Regelprüfung oder Sonderprüfung, positiv beurteilt, so können die Produktionseinheiten als überwacht gekennzeichnet werden. Die Überwachung muss jedoch in jedem Fall in den Vertragsunterlagen angegeben werden.

Kommentar

(3.5) Anhänge der TL G

Außer den Anhängen G und K bestehen alle Anhänge jeweils aus Tabellen, die ein systematisches Vorgehen bei den Eigen- und Fremdüberwachungen auf einem Niveau gewährleisten, das mit dem Niveau der Güteüberwachungssysteme für Gesteinskörnungen, Asphaltmischgut und Beton vergleichbar ist.

Der Anhang A behandelt die Prüfungen, die vor oder bei Anlieferung von Baustoffen notwendig sind. Dies entspricht weitgehend einer Wareneingangsprüfung, wie sie auch für Gesteinskörnungen nach Europäischer Norm gefordert wird. Für Dünne Asphaltdeckschichten in Kaltbauweise und für Oberflächenbehandlungen ist dies je eine Tabelle für Gesteinskörnungsgemische, Bindemittel und Zusätze. Für Dünne Asphaltdeckschichten in Heißbauweise auf Versiegelung sind solche Eingangsprüfungen für die Bitumenemulsion und das Asphaltmischgut vorzunehmen. Neben den jeweils genannten Prüfverfahren sind dort auch Augenscheinkontrollen oder die Kontrolle von Begleitpapieren als Bestandteil der Prüfung bei Anlieferung genannt. Gerade auf diesem Gebiet wird die Dokumentationspflicht häufig als lästig empfunden und deshalb vernachlässigt, was dazu führen kann, dass eine Rückverfolgbarkeit der Herstellung nur noch eingeschränkt oder gar nicht möglich ist. Für die Produzenten ist daher wichtig, diese Kontrollmöglichkeiten so zu organisieren, dass die notwendigen Prüfungen leicht durchzuführen sind. Um beispielsweise sicherzustellen, dass die aus den Vorratslagern entnommenen Baustoffe nicht so verändert wurden, dass ihre Konformität gefährdet ist, sind Lagerhalden täglich nach Augenschein auf Sauberkeit, Fremdkörnungen und Fremdstoffe zu kontrollieren. Die Sortenreinheit der angelieferten Gesteinskörnungsgemische ist für die gesamte Dauer der Baumaßnahme bzw. bis zur Verwendung sicherzustellen.

Der Anhang B behandelt Prüfungen bei der Ausführung, die meist arbeitstäglich oder kontinuierlich durchzuführen sind und deren Umfang je nach Bauweise sehr unterschiedlich sein kann. Auch hier gilt es, insbesondere bei den Augenscheinprüfungen der Dokumentationspflicht sinnvoll nachzukommen. Es ist somit nicht zielführend, wenn der Bauleiter nach einem Einbautag aus der Erinnerung heraus festhält, dass alles in Ordnung war. Gleichzeitig sind die augenscheinlichen Einschätzungen durch die Ausführenden von deren Erfahrung abhängig, sodass unerfahrenes Personal möglicherweise sogar zur Problematisierung üblicher Herstellungsschwankungen neigt. Hier ist den jeweiligen Unternehmen anzuraten, ein zweckmäßiges Vorgehen zu organisieren. Die TL G halten lediglich fest, welche Kontrollen notwendig sind. Für die Zeit von kurz vor Beginn der Arbeiten bis zur Verkehrsfreigabe sollten Aufzeichnungen über Störungen des Arbeitsablaufes auf der Baustelle geführt werden, wenn diese die Anforderungen an die Produkteigenschaften beeinträchtigen.

Augenscheinkontrollen können Laboruntersuchungen natürlich nicht ersetzen, daher ist der Umfang der Laboruntersuchungen in Anhang C geregelt. Wegen der dafür notwendigen Laborausstattung und des notwendigen Laborpersonals werden diese Untersuchungen häufig an unabhängige Labors weitergegeben, die auf die Untersuchung von Asphalt spezialisiert sind. Sinnvoll ist es dann, dass die Ergebnisse zeitnah vorliegen, wegen der hohen Flächenleistung der Verfahren OB, DSK und DSH-V kann sonst bei Vorliegen

Kommentar

einer qualitätsrelevanten Abweichung ein unnötig hohes Gewährleistungsrisiko entstehen. Für eine bessere Vergleichbarkeit der Ergebnisse sollten die Fremdlabors außerdem längerfristig an die jeweils ausführenden Firmen gebunden sein.

Der in Anhang B geforderte Baustellenbericht ist in Anhang D beschrieben. Die tabellarisch zusammengetragene „Checkliste" soll dabei vor allem dafür sorgen, dass alles dokumentiert wird, was die Ausführungsqualität beeinflusst.

In Anhang E sollen die entnommenen Baustellenproben systematisch zusammengestellt werden. In der Vergangenheit erschien gerade der Umgang mit Proben häufig unsystematisch. So wurden bei der Probenahme die Aufzeichnungen oft nur lückenhaft geführt, und die Flächenzuordnung war häufig schwer nachvollziehbar. Der Anhang soll helfen, die ausführenden Firmen dazu anzuhalten, eine spätere Zuordnung von Proben zu den repräsentierten Flächen zu ermöglichen und auch den Untersuchungsgang regelgerecht zu begleiten.

Wurde eine Reihe von Untersuchungen durchgeführt, ist es sinnvoll, die Ergebnisse tabellarisch zusammenzutragen, um systematische Abweichungen oder Verbesserungsbedarf erkennen zu können. Eine entsprechende Tabelle für diese Zusammenstellung ist in Anhang F der TL G für die jeweilige Bauweise abgedruckt.

Das Güteüberwachungssystem nach den TL G sieht vor, dass eine unabhängige Prüfstelle, die nach den RAP Stra 15 für das Fachgebiet F2 anerkannt ist, die Eigenüberwachung der Hersteller kontrolliert. Dazu muss ein Überwachungsvertrag nach Anhang G abgeschlossen werden.

Der Fremdüberwacher kontrolliert den Produzenten in der Regel zweimal im Jahr und fertigt darüber einen Bericht nach Anhang H an. Auch hier ist durch das stark formalisierte Vorgehen gewährleistet, dass kein Wettbewerbsvor- oder -nachteil entsteht, weil der jeweilige Fremdüberwacher besonders streng oder besonders großzügig handelt.

Zur Gewährleistung einer gleichmäßigen Einbauqualität ist natürlich der einwandfreie Zustand der Produktionseinheit besonders wichtig. Auch hier gab es in der Vergangenheit Nachholbedarf, weil beispielsweise die Bindemitteldosierung über die Einbaubreite durch nachlässige Reinigung oder Verschleiß teils recht unterschiedliche Sprühmengen ergeben hatte. Die Produktionseinheiten sind somit regelmäßig zu kalibrieren und ihr Zustand zu kontrollieren. Das Vorgehen ist je nach Bauweise in Anhang K beschrieben und systematisiert und daher für die Produzenten leicht umsetzbar. Das letzte Kalibrierzeugnis der zum Einsatz kommenden Produktionseinheit kann bereits im Zuge der Ausschreibung vom Auftraggeber verlangt werden. Die Kalibrierung ist mindestens einmal jährlich oder nach größeren Umbau-/Reparaturmaßnahmen durchzuführen.

Literatur (zu Abschnitt 1.1)

DIN EN 12271: Oberflächenbehandlung – Anforderungen, Ausgabe März 2007. Deutsches Institut für Normung e. V., Beuth Verlag, Berlin 2007.

DIN EN 12272-1: Oberflächenbehandlung – Prüfverfahren – Teil 1: Dosierung und Querverteilung von Bindemitteln und Splitt, Ausgabe September 2002. Deutsches Institut für Normung e. V., Beuth Verlag, Berlin 2002.

DIN EN 12272-2: Oberflächenbehandlung – Prüfverfahren – Teil 2: Visuelle Beurteilung von Inhomogenitäten, Ausgabe September 2003. Deutsches Institut für Normung e. V., Beuth Verlag, Berlin 2003.

DIN EN 12272-3: Oberflächenbehandlung – Prüfverfahren – Teil 3: Bestimmung des Adhäsionsvermögens von Bindemitteln und Gesteinskörnung mit dem Schlagprüfverfahren, Ausgabe April 2003, Deutsches Institut für Normung e. V., Beuth Verlag, Berlin 2003.

DIN EN 12273: Dünne Asphaltdeckschichten in Kaltbauweise – Anforderungen, Ausgabe August 2008. Deutsches Institut für Normung e. V., Beuth Verlag, Berlin 2008.

DIN EN 12274-1: Dünne Asphaltdeckschichten in Kaltbauweise – Prüfverfahren – Teil 1: Probenahme, Ausgabe Mai 2018. Deutsches Institut für Normung e. V., Beuth Verlag, Berlin 2018.

DIN EN 12274-2: Dünne Asphaltdeckschichten in Kaltbauweise – Prüfverfahren – Teil 2: Bestimmung des Bindemittelgehaltes einschließlich Probenvorbereitung, Ausgabe Mai 2018. Deutsches Institut für Normung e. V., Beuth Verlag, Berlin 2018.

DIN EN 12274-3: Dünne Asphaltdeckschichten in Kaltbauweise – Prüfverfahren – Teil 3: Konsistenz von Bitumenschlämmen, Ausgabe Mai 2018. Deutsches Institut für Normung e. V., Beuth Verlag, Berlin 2018.

DIN EN 12274-4: Dünne Asphaltdeckschichten in Kaltbauweise – Prüfverfahren – Teil 4: Bestimmung der Kohäsion von Bitumenschlämmen, Ausgabe Mai 2018. Deutsches Institut für Normung e. V., Beuth Verlag, Berlin 2018.

DIN EN 12274-5: Dünne Asphaltdeckschichten in Kaltbauweise – Prüfverfahren – Teil 5: Bestimmung des Mindestbindemittelgehaltes und der Verschleißfestigkeit von Bitumenschlämmen, Ausgabe Mai 2018. Deutsches Institut für Normung e. V., Beuth Verlag, Berlin 2018.

DIN EN 12274-6: Dünne Asphaltdeckschichten in Kaltbauweise – Prüfverfahren – Teil 6: Bestimmung der Einbaumasse, Ausgabe Mai 2018. Deutsches Institut für Normung e. V., Beuth Verlag, Berlin 2018.

DIN EN 12274-7: Dünne Asphaltdeckschichten in Kaltbauweise – Prüfverfahren – Teil 7: Schüttel-Abriebprüfung, Ausgabe August 2005. Deutsches Institut für Normung e. V., Beuth Verlag, Berlin 2005.

DIN EN 12274-8: Dünne Asphaltdeckschichten in Kaltbauweise – Prüfverfahren – Teil 8: Augenscheinliche Beurteilung, Ausgabe August 2005. Deutsches Institut für Normung e. V., Beuth Verlag, Berlin 2005.

DIN EN 13108-9: Asphaltmischgut – Mischgutanforderungen – Teil 9: Asphaltmischgut für ultradünne Schichten (AUTL), Ausgabe Dezember 2016. Deutsches Institut für Normung e. V., Beuth Verlag, Berlin 2016.

DIN EN ISO 9001: Qualitätsmanagementsysteme – Anforderungen, Ausgabe November 2015. Deutsches Institut für Normung e. V., Beuth Verlag, Berlin 2015.

Knoll, E.: Möglichkeiten der technischen Weiterentwicklung des Asphaltstraßenbaus. In: Bitumen 3/1975, S. 66–72.

M KEP: Merkblatt für die Konzeption und die Erstprüfung von Asphaltmischgut für den Bau von Verkehrsflächenbefestigungen, Ausgabe 2012. Forschungsgesellschaft für Straßen- und Verkehrswesen, FGSV Verlag, Köln 2013.

RAP Stra 15: Richtlinien für die Anerkennung von Prüfstellen für Baustoffe und Baustoffgemische im Straßenbau, Ausgabe 2015. Forschungsgesellschaft für Straßen- und Verkehrswesen, FGSV Verlag, Köln 2016.

TL G Asphalt-DSK-StB 98/03: Technische Lieferbedingungen für Asphalt im Straßenbau – Teil: Güteüberwachung, Teil: Mischgut für Dünne Schichten im Kalteinbau, Ausgabe 1998/Fassung 2003. Forschungsgesellschaft für Straßen- und Verkehrswesen, FGSV Verlag, Köln 2003.

TL G Asphalt-OB-StB 04: Technische Lieferbedingungen für Asphalt im Straßenbau – Teil: Güteüberwachung, Teil: Ausführung von Oberflächenbehandlungen, Ausgabe 2004. Forschungsgesellschaft für Straßen- und Verkehrswesen, FGSV Verlag, Köln 2004.

TL G DSK-StB 15: Technische Lieferbedingungen für die Bauliche Erhaltung von Verkehrsflächenbefestigungen – Teil: Güteüberwachung, Teil: Ausführung von Dünnen Asphaltdeckschichten in Kaltbauweise, Ausgabe 2015. Forschungsgesellschaft für Straßen- und Verkehrswesen, FGSV Verlag, Köln 2016.

TL G OB-StB 15: Technische Lieferbedingungen für die Bauliche Erhaltung von Verkehrsflächenbefestigungen – Teil: Güteüberwachung, Teil: Ausführung von Oberflächenbehandlungen, Ausgabe 2015. Forschungsgesellschaft für Straßen- und Verkehrswesen, FGSV Verlag, Köln 2016.

TL G DSH-V-StB 15: Technische Lieferbedingungen für die Bauliche Erhaltung von Verkehrsflächenbefestigungen – Teil: Güteüberwachung, Teil: Ausführung von Dünnen Asphaltdeckschichten in Heißbauweise auf Versiegelung, Ausgabe 2015. Forschungsgesellschaft für Straßen- und Verkehrswesen, FGSV Verlag, Köln 2016.

1.2 Begriffsbestimmungen

Die für die Erhaltung von Verkehrsflächenbefestigungen geltende Begriffssystematik ist im Bild 1 dargestellt.

Erhaltung	Betriebliche Erhaltung	Kontrolle
		Wartung
	Bauliche Erhaltung	**Instandhaltung**
		Instandsetzung
		Erneuerung

Bild 1: Übersicht zur Begriffssystematik

Erhaltung

Maßnahmen, die der Erhaltung der Substanz und des Gebrauchswertes von Verkehrsflächenbefestigungen einschließlich der Nebenflächen sowie der Umweltverträglichkeit dienen. Sie sind gegliedert in Betriebliche Erhaltung und Bauliche Erhaltung.

Betriebliche Erhaltung

Maßnahmen zur Betrieblichen Erhaltung von Verkehrsflächenbefestigungen. Sie sind gegliedert in Kontrolle und Wartung.

Bauliche Erhaltung

Maßnahmen zur Baulichen Erhaltung von Verkehrsflächenbefestigungen. Sie sind gegliedert in Instandhaltung, Instandsetzung und Erneuerung.

Instandhaltung

Bauliche Maßnahmen kleineren Umfangs zur Substanzerhaltung von Verkehrsflächenbefestigungen, die mit geringem Aufwand in der Regel sofort nach dem Auftreten eines örtlich begrenzten Schadens von Hand oder maschinell ausgeführt werden.

Hierzu zählen Bauverfahren wie z. B. das Verfüllen von Schlaglöchern oder einzelner Risse, Oberflächenbehandlungen einzelner Schadstellen, Verguss offener Fugen, Abfräsen von Verformungen in kleineren Bereichen.

Instandsetzung

Bauliche Maßnahmen zur Substanzerhaltung oder zur Verbesserung von Oberflächeneigenschaften von Verkehrsflächenbefestigungen, die auf zusammenhängenden Flächen in der Regel in Fahrstreifenbreite bis zu einer Dicke von 4 cm ausgeführt werden.

Hierzu zählen die Bauverfahren Oberflächenbehandlungen, Aufbringen dünner Asphaltdeckschichten, Rückformen, Ersatz einer Asphaltdeckschicht.

Erneuerung

Vollständige Wiederherstellung einer Verkehrsflächenbefestigung oder Teilen davon, sofern mehr als nur die Asphaltdeckschicht betroffen ist.

Hierzu zählen der vollständige Ersatz der vorhandenen Befestigung oder der teilweise Ersatz der vorhandenen Befestigung oder das Aufbringen neuer Schichten auf die vorhandene Befestigung.

Zustandserfassung

Durchführung von Messungen und/oder visuelle Aufnahme zur Ermittlung der Zustandsmerkmale von Verkehrsflächenbefestigungen.

Trockenmasse

Masse der festen Bestandteile eines wasserfreien Asphaltmischguts.

Kommentar

(1) Allgemeines

Bei der Erhaltung werden in der Begriffssystematik aus Sicht des Straßenbaus die Betriebliche Erhaltung und die Bauliche Erhaltung unterschieden. Dabei spielt die Verkehrssicherungspflicht des Straßenbaulastträgers die herausragende Rolle.

Zu der Betrieblichen Erhaltung zählen die Maßnahmen des Straßenbetriebs, wie die Kontrolle und die Wartung der Verkehrsflächen. Im Rahmen der Kontrolle wird der Zustand der Straße einschließlich der Nebenanlagen und dem angrenzenden Pflanzenbestand laufend beobachtet und periodisch erfasst. Zu der Wartung zählen die Straßenreinigung, der Winterdienst und sonstige Pflegearbeiten (z. B. Grünschnitt, Reinigung der Entwässerungseinrichtungen). Diese Maßnahmen sind nicht Inhalt der ZTV BEA-StB und somit auch nicht Inhalt dieses Kommentars.

Die Bauliche Erhaltung, Inhalt der ZTV BEA-StB, umfasst nach der aktuellen Begriffssystematik die Maßnahmen der Instandhaltung, der Instandsetzung und der Erneuerung. In älteren Veröffentlichungen und Regelwerken wurde die Instandhaltung auch als Bauliche Unterhaltung bezeichnet (siehe z. B. Pingel 1982, ZTV BEA-StB 98/03). Der Begriff „Unterhaltung" fand allgemein für Maßnahmen kleineren Umfangs Anwendung, sodass auch die heutige Wartung im Rahmen der Betrieblichen Erhaltung mit Betrieblicher Unterhaltung bezeichnet wird.

In der Begriffssystematik des Straßenbetriebs hingegen wird der Begriff der Baulichen Unterhaltung noch heute verwendet, und zwar für die baulichen Maßnahmen kleineren Umfangs zur Verkehrssicherung und Substanzerhaltung, welche in den ZTV BEA-StB 09/13 unter dem Begriff der Instandhaltung gefasst sind. Damit bildet in diesem Rahmen die Bauliche Unterhaltung praktisch die Schnittstelle zwischen Straßenbetrieb und Straßenerhaltung. Die Betriebliche Unterhaltung steht hierzu und auch zu der Wartung und der Kontrolle parallel und ist teilweise abweichend belegt. So zählen aus Sicht des

Kommentar

Straßenbetriebs zu der Betrieblichen Unterhaltung die Gesamtheit der Maßnahmen nicht baulicher Art zur Gewährleistung der bestimmungsgemäßen und sicheren Nutzung von Straßen, wie beispielsweise Bankett mähen und Fahrbahn reinigen. Die Wartung ist die systematische, turnusmäßige Pflege von Straßen, Straßenausstattung und Nebenanlagen zur Sicherstellung des Gebrauchszustands. Die Kontrolle ist – vergleichbar zur Auffassung aus Sicht des Straßenbaus – die systematische, turnusmäßige visuelle Überwachung und Feststellung des Zustands der Straße und ihrer Bestandteile zur Wahrnehmung der Verkehrssicherungspflicht.

(2) Begriffe der Zustandserfassung und -bewertung

Bevor die Begriffe der Baulichen Erhaltung weiter erläutert werden, wird zunächst für das Verständnis kurz auf die Zustandserfassung und -bewertung und die damit verbundene Begriffssystematik eingegangen.

Die nachfolgende Kommentierung bezieht sich auf die ZTV ZEB-StB 06, die auch die ZTV BEA-StB 09/13 voraussetzen. Die mit dem ARS Nr. 06/2018 vom 11.04.2018 eingeführten Änderungen, unter anderem die Einführung des Zustandsmerkmals „Restschadensfläche (Asphalt)“, findet in diesem Kommentar und Handbuch daher keine Berücksichtigung.

Im Rahmen der Zustandserfassung und -bewertung werden die Oberflächeneigenschaften der Verkehrsfläche aus Asphalt mit den Merkmalsgruppen

- Ebenheit im Längsprofil,
- Ebenheit im Querprofil,
- Rauheit und Substanzmerkmale Netzrisse,
- Einzelrisse sowie
- Flickstellen

aufgenommen und beurteilt. Diesen Zustandsmerkmalen sind zur Bewertung und Planung der Erhaltungsmaßnahmen die bewertungsrelevanten Zustandsgrößen

- Allgemeine Unebenheit,
- Spurrinnentiefe,
- fiktive Wassertiefe,
- Griffigkeit,
- Netzrisse/Risshäufungen und
- Flickstellen

zugeordnet (siehe *Tabelle 1*).

Die Zustandserfassung erfolgt visuell und/oder mit einer geeigneten Messtechnik. Mit der Bewertung werden die Zustandsgrößen nach einem bestimmten System der Normierung, Gewichtung und Verrechnung in den Gebrauchswert und den Substanzwert der betrachteten Fläche überführt. Welches Zustandsmerkmal in den Gebrauchswert bzw. den Substanzwert bei ihrer Berechnung einfließt, ist *Tabelle 1* zu entnehmen. Der Gebrauchswert steht für die Verkehrssicherheit und den Fahrkomfort der Straße. Der Substanzwert beschreibt den strukturellen Zustand der Asphaltdeckschicht und kann gegebenenfalls auch Rückschlüsse auf die Substanz der unteren Schichten zulassen. Der höhere (und damit schlechtere) dieser beiden Werte bildet den Gesamtwert der Straße. Aufbauend auf diesen Ergebnissen der Zustands-

Tabelle 1 Einfluss der Zustandsgrößen auf den Gebrauchswert bzw. Substanzwert für Asphaltdeckschichten

Merkmalsgruppe (nach ZTV ZEB-StB)	Bewertungs-relevante Zustandsgrößen (nach RPE-Stra)	Einfluss auf die Berechnung des	
		Gebrauchswertes	Substanzwertes
Ebenheit im Längsprofil	Allgemeine Unebenheit	×	×
Ebenheit im Querprofil	Spurrinnentiefe	×	×
	Fiktive Wassertiefe	×	–
Rauheit	Griffigkeit	×	–
Substanzmerkmal	Netzrisse, Risshäufungen	–	×
	Flickstellen	–	×

× hat Einfluss – ohne Einfluss

Kommentar

bewertung werden die Maßnahmen der Erhaltung gewählt und idealerweise unter Betrachtung eines größeren Netzabschnittes aufeinander abgestimmt und optimiert (siehe im Detail z. B. ZTV ZEB-StB, RPE-Stra, E EMI, AP 9).

Werden ZTV BEA-StB und ZTV ZEB-StB gleichzeitig betrachtet, fallen vereinzelt Unterschiede in der Bezeichnung und der Strukturierung auf (vgl. *Tabelle 2* und *Tabelle 3*). In den ZTV BEA-StB werden nur drei Merkmalsgruppen definiert: die Ebenheit, die Rauheit und Substanzmängel. In den ZTV ZEB-StB werden die Ebenheit im Längsprofil und die Ebenheit im Querprofil, die im Rahmen der ZTV BEA-StB als Zustandsmerkmale betrachtet werden, als zwei separate Merkmalsgruppen betrachtet. Dementsprechend existieren in den ZTV ZEB-StB vier Merkmalsgruppen; die Zustandsmerkmale zur Ebenheit unterscheiden sich ebenfalls. Weiterhin unterscheidet sich die Merkmalsgruppe Substanzmängel (ZTV BEA-StB) von der Merkmalsgruppe Substanzmerkmal (ZTV ZEB-StB), wobei der Begriff nach ZTV BEA-StB durch die Bezeichnung „Mangel" eine negative Ausprägung des Merkmals impliziert.

Die in den ZTV BEA-StB enthaltenen Zustandsmerkmale Ausmagerung und Kornausbruch werden nicht im Rahmen der Zustandserfassung und -bewertung aufgeführt und erfasst. Dies kann einerseits auf die technische Machbarkeit

Tabelle 2 Begriffsdefinition der ZTV BEA-StB

Merkmalsgruppe	Zustandsmerkmal
Ebenheit	Ebenheit im Längsprofil
	Ebenheit im Querprofil
Rauheit	Griffigkeit
Substanzmängel	Netzrisse
	Ausmagerung
	Flickstellen
	Kornausbrüche
	Einzelrisse

Tabelle 3 Begriffsdefinition der ZTV ZEB-StB

Merkmalsgruppe	Zustandsmerkmal
Ebenheit im Längsprofil	Allgemeine Unebenheit
Ebenheit im Querprofil	Spurrinnen
Rauheit	Griffigkeit
Substanzmerkmale	Netzrisse, Risshäufungen und Einzelrisse
	Flickstellen

Kommentar

bzw. den damit verbundenen Aufwand zurückgeführt werden, andererseits sind diese Zustandsmerkmale weniger bedeutend für die sichere Nutzung der Straße, sodass deren Erfassung im Rahmen der ZTV ZEB-StB wirtschaftlich nicht im Verhältnis zum Nutzen steht. Diese Zustandsmerkmale sind daher richtigerweise im konkreten Fall zur Planung einer Erhaltungsmaßnahme ergänzend zu erfassen. Nach Angaben der RPE-Stra 01 wurden diese beiden Zustandsmerkmale bis zur Zustandserfassung auf Bundesautobahnen im Jahr 1991/92 erfasst.

Da die in den ZTV BEA-StB enthaltene Begriffssystematik als maßgebend vereinbart wurde und bei den konkreten Fällen in der Praxis Anwendung findet bzw. sich darauf konzentriert, wird diese auch in den ZTV BEA-StB beibehalten und nicht an die in den ZTV ZEB-StB enthaltene Systematik angepasst. Dementsprechend folgt auch dieser Kommentar der Begriffssystematik der ZTV BEA-StB.

(3) Begriffe der Baulichen Erhaltung

Maßnahmen der Instandhaltung dienen dazu, den Zustand bzw. das Befahrbarkeitsniveau der Verkehrsfläche aufrechtzuerhalten und die Substanz zu erhalten. Die Maßnahmen begrenzen sich auf einen lokalen Schaden und haben somit meist nur einen geringen Umfang. Ihr Aufwand ist ebenfalls relativ gering und sie können – teilweise in Abhängigkeit von der gewählten Maßnahme – entweder manuell oder maschinell, stets jedoch kurz nach dem Erkennen des Schadens ausgeführt werden. Dementsprechend werden sie teilweise auch mit „akuten Kleinstreparaturen" umschrieben und führen nur zu einer geringen Erhöhung des Gebrauchswertes der Asphaltbefestigung. Da mit ihnen der Anteil der Flickstellen steigt, wirkt sich eine Instandhaltungsmaßnahme nur bedingt auf den Substanzwert aus. Die in den ZTV BEA-StB 09/13, Abschnitt 3.3 enthaltenen Maßnahmen der Instandhaltung sind

- Anspritzen und Abstreuen,
- Ausbessern mit Asphaltmischgut,
- Aufbringen von bitumenhaltigen Schlämmen und Porenfüllmassen (bei Ausmagerungen),
- Verfüllen und Vergießen (bei Einzelrissen) sowie
- Aufrauen (bei unzureichender Griffigkeit).

Ihr Anteil an der gesamten Oberfläche sollte auf 10 % begrenzt werden. Das Anspritzen und Abstreuen stellt eine kleinflächige Oberflächenbehandlung dar und eignet sich zum Abdichten von Netzrissen und zum Beseitigen von Ausmagerungen. Schlaglöcher, Kornausbrüche und auch lokal begrenzt unzu-

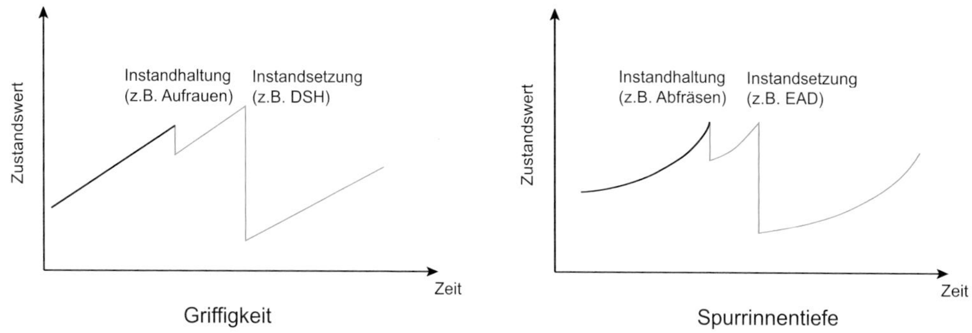

Bild 1 Entwicklung der Zustandswerte für die Griffigkeit (links) und die Spurrinnentiefe (rechts) in Abhängigkeit von Maßnahmen der Instandhaltung und Instandsetzung

Kommentar

reichende Griffigkeiten können mit Asphaltmischgut ausgebessert werden. Seit der Ausgabe der ZTV BEA-StB 09 ist ferner das Abfräsen zum kurzfristigen Beseitigen von sicherheitsgefährdenden Verformungen vorgesehen.

Maßnahmen der Instandsetzung sind weiterführender als jene der Instandhaltung und dienen teilweise dem Substanzerhalt, aber insbesondere der Wiederherstellung und Verbesserung bestimmter Oberflächeneigenschaften, um – korrigierend – die Verkehrsfläche wieder in einen vorherigen, besseren Zustand zu setzen (vgl. *Bild 1*). Der Gebrauchswert der Fläche wird dadurch deutlich erhöht, auch der Substanzwert steigt. Der Aufwand zur Durchführung der Maßnahmen der Instandsetzung ist verglichen mit den Maßnahmen der Instandhaltung höher, da sie meist in zusammenhängenden Flächen über die gesamte Breite des Fahrstreifens in einer Dicke von bis zu 4 cm ausgeführt werden. Die Begrenzung der Dicke zeigt, dass diese Maßnahmen nur die Asphaltdeckschicht betreffen. Zu den Maßnahmen der Instandsetzung nach den ZTV BEA-StB 09/13, Abschnitt 3.4 zählen

- Oberflächenbehandlung (OB),
- Dünne Asphaltdeckschichten in Kaltbauweise (DSK),
- Dünne Asphaltdeckschichten in Heißbauweise (DSH),
- Dünne Asphaltdeckschichten in Heißbauweise auf Versiegelung (DSH-V),
- Rückformen (RF) und
- der Ersatz der Asphaltdeckschicht (EAD).

Alle Maßnahmen eignen sich allgemein bei Substanzmängeln wie Rissen, Kornausbrüchen und Ausmagerungen, bei Problemen der unzureichenden Griffigkeit, sowie teilweise bei Unebenheiten infolge von Verformungen im Quer- und Längsprofil.

Bei der Anwendung von Dünnen Asphaltdeckschichten in Kaltbauweise (siehe Abschnitt 3.4.2) tritt der Begriff der „Trockenmasse" auf. Mit ihr wird die Masse der festen Bestandteile eines Gesteinskörnungsgemischs, das heißt die Masse der groben und feinen Gesteinskörnung sowie der Zusätze (z. B. Zement oder Kalk), bezeichnet. Der Bindemittelgehalt des Asphaltmischguts ist bezogen auf die Masse aus Bindemittel und Trockenmasse anzugeben; hierbei ist zu berücksichtigen, dass der Bindemittelgehalt nicht der zugegebenen Menge der Bitumenemulsion entspricht. Der Mindest- und Höchstbindemittelgehalt ist ähnlich wie beim Heißasphaltmischgut abhängig von der Rohdichte der Gesteinskörnung.

Kommentar

Mit der Erneuerung wird die gesamte Substanz und Gebrauchsfähigkeit der Verkehrsflächenbefestigung wieder hergestellt, somit der Substanzwert und der Gebrauchswert der betroffenen Fläche und Schichten auf das Niveau eines Neubaus gesetzt. Die Erneuerung wird mindestens über die gesamte Fahrstreifenbreite ausgeführt und betrifft mehr als nur die Asphaltdeckschicht. So kann die Erneuerung – je nach Ursache der Schäden – nur die Asphaltdecke (Asphaltdeckschicht und Asphaltbinderschicht) oder mehrere Asphaltschichten bis hin zu dem gesamten Asphaltoberbau umfassen (siehe Abschnitt 3.5). Früher wurde die Ausführung der Erneuerung im Hocheinbau oder im Tiefeinbau unterschieden. Heute wird von der Erneuerung bei vollständigem Ersatz der vorhandenen Befestigung, bei teilweisem Ersatz der vorhandenen Befestigung oder auf der vorhandenen Befestigung gesprochen (vgl. RStO 12).

1.3 Baugrundsätze

1.3.1 Allgemeines

Die ZTV BEA-StB werden bei der Auswahl der Erhaltungsverfahren, der Aufstellung der Leistungsbeschreibung und der Ausführung von Maßnahmen angewendet, die der Erhaltung von Verkehrsflächenbefestigungen aus Asphalt, in besonderen Fällen auch von Verkehrsflächenbefestigungen aus Beton oder aus Pflaster, mit Asphaltbauweisen dienen.

Voraussetzung für die Auswahl von Erhaltungsverfahren ist die Erfassung des Zustandes der jeweiligen Verkehrsflächenbefestigung und die Ermittlung der Schadensursache.

Für die Bauliche Erhaltung von Asphaltdeckschichten aus Offenporigem Asphalt ist das „Merkblatt für Asphaltdeckschichten aus Offenporigem Asphalt" (M OPA) zu beachten.

Ziele der Baulichen Erhaltung sind:

- *Verbesserung der Oberflächeneigenschaften:*
  - *Rauheit,*
    - *Griffigkeit,*
    - *Dränagevermögen,*
  - *Ebenheit,*
    - *Längsebenheit (Fahrdynamische Auswirkungen),*

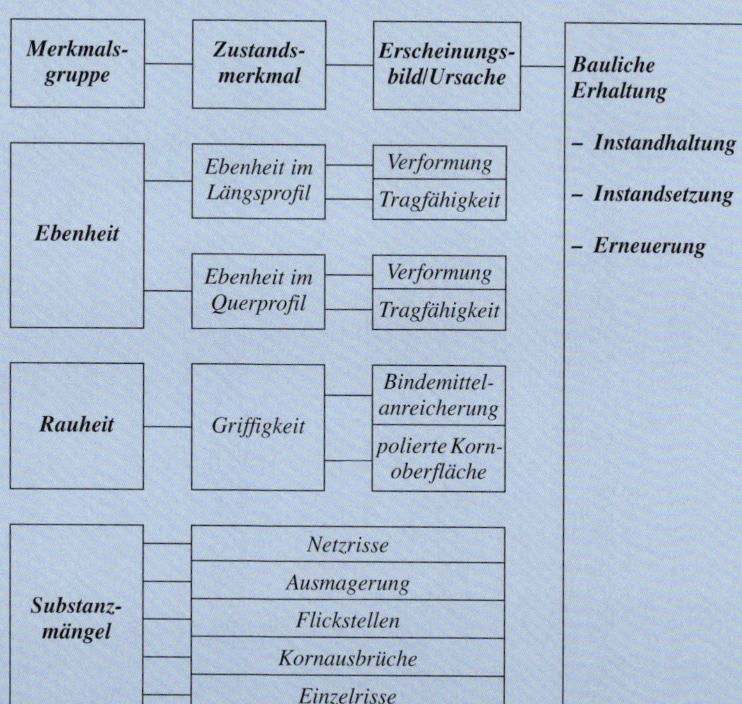

Bild 2: Merkmalsgruppen von Asphaltbefestigungen

  - *Querebenheit (Fahrdynamische Auswirkungen, Wasserabfluss),*
  - *Helligkeit (Reflexion),*
- *Verbesserung der Eigenschaften des Oberbaus:*
  - *Verformungsbeständigkeit,*
  - *Tragfähigkeit,*
  - *Frostsicherheit,*
  - *Entwässerung.*

Eine schematische Übersicht von Merkmalsgruppen als Voraussetzung für die Wahl eines geeigneten Verfahrens zur Baulichen Erhaltung ist im Bild 2 dargestellt. Die aufgeführten Zustandsmerkmale gelten für Asphaltbefestigungen.

Bei Befestigungen aus Beton oder Pflaster gelten weitere Zustandsmerkmale. Die für die Erhaltung der Befestigungen aus Beton oder aus Pflaster geeigneten Asphaltbauweisen sind in den Abschnitten 1.3.2 und 3.2.3 gesondert angegeben.

1.3.2 Unterlage

Siehe DIN 18317, Abschnitte 3.2 und 4.2.1.

Unterlage ist der Bereich unter der jeweils herzustellenden bzw. zu behandelnden Schicht.

Die Herstellung und die Behandlung der Schichten setzen voraus, dass die Unterlage geeignet ist. Dies gilt als erfüllt, wenn die Unterlage den Anforderungen der jeweils dafür maßgebenden Technischen Regelwerke entspricht.

Sofern die Unterlage nicht geeignet ist, sind besondere Maßnahmen anzuordnen, wie z. B. das Entfernen nicht standfester Schichten, das Beseitigen von überfetteten Reparaturstellen, von Schlaglöchern, von größeren Unebenheiten in Längs- und Querrichtung sowie von wulstartigen Verformungen und das Verfüllen offener Fugen und Risse.

Wenn beim Abfräsen der Asphaltdeckschicht aufgrund unterschiedlicher Dicke und/oder mangelndem Verbund keine ausreichende Ebenheit erreicht wird, ist gegebenenfalls ein zusätzlicher Frägsgang, sowie gegebenenfalls eine Anpassung der Asphaltmischgutart an die größere Einbaudicke anzuordnen.

Maßnahmen der Baulichen Erhaltung dürfen nicht durchgeführt werden, wenn sich bei Niederschlägen ein geschlossener Wasserfilm bildet oder wenn Frost herrscht. Außerdem muss die Unterlage sauber sowie schnee- und eisfrei sein.

In besonderen Fällen kann die Unterlage mit geeigneten Heißluft- oder Wärmestrahlgeräten getrocknet werden.

Fahrbahnmarkierungen aus Farbe können überbaut werden, wenn Verbund und Überdeckung durch die neue Asphaltdeckschicht bzw. Oberflächenbehandlung gewährleistet sind und sofern in den nachfolgenden Abschnitten aus bau- oder verfahrenstechnischen Gründen keine abweichenden Regelungen getroffen werden. Sollen Markierungen erhalten bleiben, sind entsprechende Maßnahmen anzuordnen. Fahrbahnmarkierungen aus Folien, Plastikmassen und optischen Fahrstreifentrennungen wie Markierungsnägel sind vor dem Aufbringen der Asphaltdeckschicht zu entfernen.

Wird in Ausnahmefällen eine Überbauung von Pflasterdecken mit Asphaltschichten angeordnet, ist im Vorwege die Reinigung der Fugen erforderlich. Hierfür ist eine entsprechende Ordnungszahl in das Leistungsverzeichnis aufzunehmen.

1.3.3 Dicke und Anordnung der Schichten

Für die Wahl der Dicke und Anordnung der Schichten beim Rückformen, beim Ersatz einer Asphaltdeckschicht und bei der Erneuerung sind die „Richtlinien für die Standardisierung des Oberbaus von Verkehrsflächen" (RStO) und/oder die ZTV Asphalt-StB 07/13, Abschnitt 1.3 zu beachten, sofern in den nachfolgenden Abschnitten aus bau- und/oder verfahrenstechnischen Gründen keine abweichenden Regelungen getroffen werden.

Kommentar

(1) Grundsätze und Hinweise zur Verfahrenswahl

(1.1) Grundsätze

■ Zustandsmerkmale und Zustandserfassung

Der Straßenbaulastträger von Bundesfernstraßen hat gemäß § 3 Bundesfernstraßengesetz (FStrG) „die Bundesfernstraßen in einem dem regelmäßigen Verkehrsbedürfnis genügenden Zustand zu bauen, zu unterhalten, zu erweitern oder sonst zu verbessern" und gemäß § 4 FStrG „dafür einzustehen, dass […] (seine) Bauten allen Anforderungen der Sicherheit und Ordnung genügen". Daraus resultiert für den Straßenbaulastträger, dass er (oder ein von ihm Beauftragter) die Straße baulich und betrieblich zu erhalten hat.

In der Praxis und hier insbesondere aus Sicht des Straßennutzers ist es für die Nutzung der Straße bedeutend, dass sich die Oberfläche der Straße in einem griffigen, ebenen, hellen (erkennbaren) und lärmarmen Zustand befindet. Aus Sicht des Straßenbaulastträgers sind ferner die Wasserundurchlässigkeit und Verwitterungsbeständigkeit der Asphaltdeckschicht, die Standfestigkeit und die Tragfähigkeit der gesamten Befestigung wesentlich, um eine möglichst lange Nutzungsdauer zu erreichen und die Maßnahmen der Erhaltung weitestgehend reduzieren zu können. Die Standfestigkeit ist der Widerstand der Straßenbefestigung gegen bleibende Verformungen. Die Tragfähigkeit beschreibt ihren Widerstand gegen kurzzeitige Verformungen.

Um den Anforderungen nach Sicherheit und Ordnung und insbesondere der Forderung nach Unterhaltung (begrifflich passender wäre Erhaltung, vgl. Kommentar (1) zu Abschnitt 1.2) gerecht zu werden, wird der Zustand der Bundesfernstraßen in einem 4-Jahres-Rhythmus erfasst und bewertet. Aufbauend auf

Bild 1 Straßennetz in Deutschland (Stand 31.12.2016, 229976 km gesamt) (Radke, 2017)

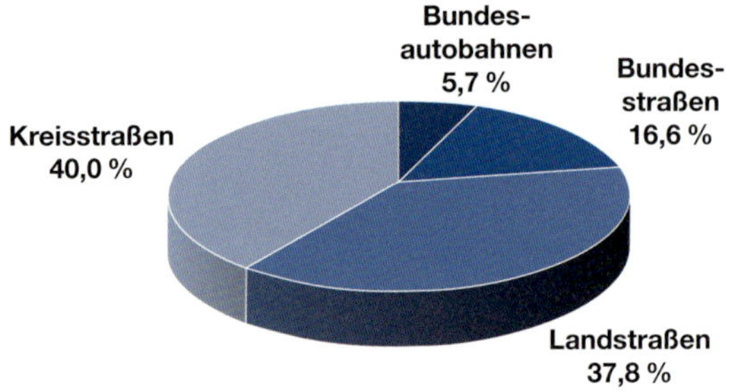

Kommentar

diesen Ergebnissen und unter Berücksichtigung des verfügbaren Finanzmittelrahmens werden dann geeignete Maßnahmen untersucht und das Erhaltungsprogramm definiert. Dabei können Pavement-Management-Systeme (PMS) unterstützend eingesetzt werden, um die Maßnahmen unter Betrachtung des gesamten bzw. eines größeren Teils des Straßennetzes zum richtigen Zeitpunkt für eine möglichst lange Nutzungsdauer und unter möglichst geringem finanziellen Aufwand zu planen und durchzuführen. Der Planung liegen verschiedene Annahmen zur Änderung der Zustandsmerkmale in Abhängigkeit von der Zeit zugrunde, die sogenannten Verhaltensfunktionen (vgl. RPE-Stra 01). Sie wurden aus empirischen Untersuchungen gewonnen.

Für die bei der Zustandserfassung erfassten Merkmale siehe den Kommentar (2) zu Abschnitt 1.2.

Zustand der Bundesfernstraßen in Deutschland

Das Straßennetz in Deutschland besteht aus insgesamt 229976 km Straßen (Stand 31.12.2016), davon sind 51066 km (22,2 %) den Bundesfernstraßen zuzuordnen (vgl. *Bild 1*). Dies entspricht bei den Bundesfernstraßen einem Brutto-Anlagevermögen von rund 239,6 Mrd. € (Preise 2010) und somit einem Anteil von 41,8 % des Brutto-Anlagevermögens für die gesamten Straßen und Brücken in Deutschland (573,2 Mrd. €). Das Netto-Anlagevermögen der Bundesfernstraßen beträgt 161,0 Mrd. €, was 43,0 % des Netto-Anlagevermögens für die gesamten Straßen und Brücken in Deutschland (375,1 Mrd. €) (Radke 2017) entspricht. Das Brutto-Anlagevermögen umfasst die Brutto-

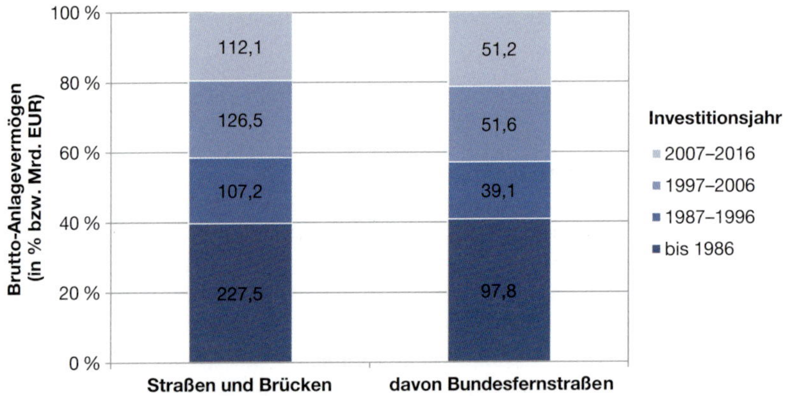

Bild 2 Altersstruktur des Straßennetzes anhand des Brutto-Anlagevermögens (in Mrd. €, zu Preisen von 2010) (Radke, 2017)

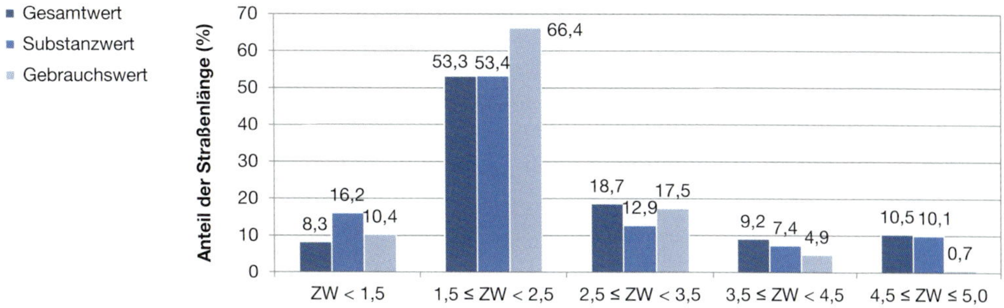

Bild 3 **Bewertung der Bundesautobahnen im Rahmen der ZEB 2013/2014** (BMVI, 2016; BMVI 2017)

Kommentar

Anlageinvestitionen für die Käufe sämtlicher neuer und gebrauchter Anlagen und beschreibt damit den Wiederbeschaffungswert, während das Netto-Anlagevermögen den Zeitwert der Verkehrsanlagen charakterisiert. Im betrachteten Bereich zählen zu diesen Anlagen die Bauten an sich (Straßen) und die an ihnen durchgeführten Großreparaturen und Umbauten, die zur Wertsteigerung oder Erhöhung der Nutzungsdauer führen (d. h. Instandsetzung und Erneuerung), aber nicht ihre laufende Unterhaltung (d. h. Instandhaltung).

Die Altersstruktur der Bundesfernstraßen kann somit anhand der Verteilung der Investitionszeitpunkte, die dem Brutto-Anlagevermögen zugeordnet sind, bestimmt werden. In *Bild 2* ist die Verteilung des Brutto-Anlagevermögens einerseits des gesamten Straßennetzes einschließlich Brücken und andererseits nur des Bundesfernstraßennetzes dargestellt. Es ist zu erkennen, dass ungefähr 40 % des Brutto-Anlagevermögens der Bundesfernstraßen vor mehr als 30 Jahren (vor 1986) investiert wurden. Verglichen mit dem Brutto-Anlagevermögen über das gesamte Straßennetz einschließlich Brücken ist der Anteil der neueren, zwischen 2007 und 2016 gebauten Strecken bei den Bundesfernstraßen geringfügig höher (rund 2 Prozentpunkte); insgesamt zeigt sich aber eine ähnliche Verteilung (Radke, 2017).

Angesichts einer Nutzungsdauer von 30 Jahren, die bei der Bemessung der Straßen nach den RStO angesetzt wird, ist es insofern verwunderlich, dass „nur“ 19,7 % der Bundesautobahnen einen Gesamtwert bei der Zustandsbewertung (Zustandserfassung 2013/2014) von größer 3,5 aufweisen, d.h. über dem Warnwert liegen (vgl. *Bild 3*). Für 10,5 % der Bundesautobahnen wurden Gesamtwerte oberhalb des Schwellenwertes von 4,5 ermittelt, d.h. an rund 1 365 km Bundesautobahnen waren Erhaltungsmaßnahmen durchzuführen. Für die Bundesstraßen sind aus der Zustandserfassung im Jahr 2015/2016 derzeit nur der Substanzwert und der Gebrauchswert verfügbar (vgl. *Bild 4*); hiernach liegen insgesamt 31,1 % bzw. 15,2 % über dem Warnwert. (Daten: BMVI 2016, BMVI 2017) Der verhältnismäßig geringe Anteil schlechter Straßenzustände im Vergleich zur Altersstruktur des Straßennetzes kann damit zusammenhängen, dass im Rahmen der ZEB nur die Oberflächen bewertet werden, die älteren Investitionen aber primär den darunter liegenden Schichten zuzuordnen sind, die in der (oberflächlichen) Bewertung keinen Eingang finden.

Alle diese Zahlen sollen verdeutlichen, dass die Erhaltung der Straßen eine besondere und auch zunehmende Bedeutung hat – sowohl technisch als auch finanziell. So gilt seit einigen Jahren die Vorgabe „Erhaltung vor Neubau“. Im Jahr 2015 wurden für die Erhaltung (ohne Erhaltungsanteile bei Um-

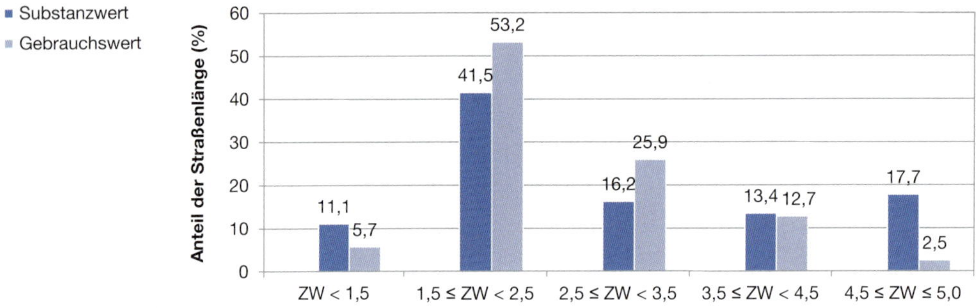

Bild 4 Bewertung der Bundesstraßen im Rahmen der ZEB 2015/2016 (BMVI, 2017)

Kommentar

und Ausbau sowie ÖPP) der Bundesfernstraßen insgesamt 2,94 Mrd. € vom Bund aufgewendet, davon etwa 2,0 Mrd. € (68 %) auf die Fahrbahnbefestigung, 0,6 Mrd. € (22 %) für Brücken- und Ingenieurbauwerke und 0,3 Mrd. € (10 %) für sonstige Anlagenteile. Die Mittel für die Fahrbahnbefestigung sind zu 30 % (0,6 Mrd. €) in oberflächennahe Deckschichtmaßnahmen bis 4 cm Tiefe bzw. Dicke und zu 70 % (1,4 Mrd. €) in grundhafte Erhaltungsmaßnahmen investiert worden. Auf die Bundesautobahnen entfielen etwa 63 % der Erhaltungsausgaben. (BMVI, 2017)

Um die Erhaltungsmaßnahmen sorgfältig und unter zusätzlichen Kosten-Nutzen-Betrachtungen mittelfristig planen zu können, müssen der Zustand und die Zustandsänderungen der Straßen regelmäßig analysiert werden. Für die konkrete Planung und eine optimale Wahl der Erhaltungsmaßnahme ist allerdings eine umfassende Bestimmung der Ursachen für das Schadensbild notwendig und unumgänglich. Gleichzeitig sind bei der finanziellen Betrachtung nicht nur die Investitionskosten zu berücksichtigen, sondern auch die zusätzlichen Kosten, die z. B. dem Nutzer durch Stau, Verspätung und zusätzlichen Kraftstoffverbrauch entstehen oder die Belastung der Umwelt widerspiegeln.

Ziele der Baulichen Erhaltung

Wie aus den Definitionen und der Eignung der einzelnen Maßnahmen der Instandhaltung und der Instandsetzung ersichtlich ist, liegen die Ziele der Baulichen Erhaltung im Wesentlichen in der Verbesserung der Oberflächeneigenschaften, die aus Sicht des Straßennutzers gefordert werden:

- Rauheit (Griffigkeit und Dränagevermögen),
- Ebenheit (in Längs- und Querrichtung) und
- Helligkeit.

Die **Griffigkeit** ist ein Maß für den Kraftschluss zwischen Fahrzeugreifen und Fahrbahn unter festgelegten Bedingungen infolge der Einflüsse der stofflichen Beschaffenheit und der Textur der Fahrbahnoberfläche (Begriff VSS 2012). Die Textur der Fahrbahnoberfläche ist somit für die sichere Befahrbarkeit der Straße bedeutend, da sie den Kraftschluss, d. h. die Übertragung der Kräfte in der Reifenaufstandsfläche durch Reibung, mit beeinflusst. Sie wird bei der Fahrbahnoberfläche aus Asphalt stark durch die Zusammensetzung der Asphaltdeckschicht bestimmt. Seitens der Asphaltdeckschicht verfügt insbesondere die Polierresistenz der Gesteinskörnung über einen hohen Einfluss, aber auch zwischen der Korngröße des Größtkorns und dem Griffig-

Kommentar

keitsmesswert sowie dem Bindemittelgehalt und dem Griffigkeitsmesswert konnten Abhängigkeiten nachgewiesen werden. Der Kraftschluss ist ferner von der Adhäsion von Reifen und Fahrbahnoberfläche, der Geschwindigkeit des Fahrzeugs und etwaigen Zwischenmedien wie Schmutz oder Wasser abhängig. Die Adhäsion von Reifen und Fahrbahnoberfläche wird einerseits von den Gummi-Eigenschaften und dem Profil des Reifens und andererseits von der Mikrotextur der Fahrbahnoberfläche bestimmt. Die Mikrotextur umfasst die Rauheitselemente mit einer horizontalen Ausdehnung bis 0,5 mm, wobei jene bis 0,01 mm einen besonders hohen Einfluss auf die Griffigkeit ausüben (M BGriff 2012).

Die Ansammlung von Wasser auf der Fahrbahn steht in Zusammenhang mit ihrem **Dränagevermögen**, der Querneigung und den Unebenheiten im Querprofil und reduziert den möglichen Kraftschluss erheblich. Das Dränagevermögen hängt von der Makrotextur der Fahrbahnoberfläche ab. Die Makrotextur umfasst die Rauheitselemente mit einer horizontalen Ausdehnung von 0,5 mm bis 50 mm. Eine Auswirkung auf das Dränagevermögen wird vorrangig den Rauheitselementen von 0,5 mm bis 10 mm zugesprochen (M BGriff 2012). Sie bilden kleine „Kanäle" in der Oberfläche, in die das Wasser beim Überrollen der Fahrbahnoberfläche mit dem Fahrzeugreifen verdrängt werden kann und über die das Wasser entsprechend der Neigung der Fahrbahn zur Seite geführt wird.

Überschreiten die **Unebenheiten im Querprofil** – sie können auch als Megatextur mit Rauheitselementen von 50 mm bis 500 mm ausgedrückt werden – jedoch ein bestimmtes Maß und ist gleichzeitig die Querneigung zu gering, können die Ränder der Spurrinnen den Abfluss des Wassers behindern. So kann trotz guter Dränagewirkung der Fahrbahnoberfläche Wasser in oder zwischen den Spurrinnen stehen und dadurch die Griffigkeit (zusätzlich) beeinträchtigt werden (vgl. *Bild 5*). Die theoretisch höchstens mögliche Wassertiefe des anstehenden Wassers wird in der sogenannten fiktiven Wassertiefe ausgedrückt; sie wird lotrecht zur Horizontalen berechnet.

Spurrinnen können das Fahrverhalten der Fahrzeuge zusätzlich beeinträchtigen. Sind die Spurrinnen deutlich ausgeprägt, wird das Fahrzeug „automatisch" in die Spurrinnen geführt. Liegen die Spurrinnen weiter auseinander als der Radstand des Fahrzeugs (hier besteht meist ein deutlicher Unterschied zwischen Lkw und Pkw), pendelt das Fahrzeug in den Spurrinnen, wenn nicht deutlich gegengelenkt wird. Für Zweiradfahrzeuge sind stark ausgeprägte Spurrinnen ebenfalls sehr gefährlich und erfordern eine erhöhte Aufmerksamkeit des Fahrers. Die Spurrinnen werden nach den ZTV ZEB-StB und

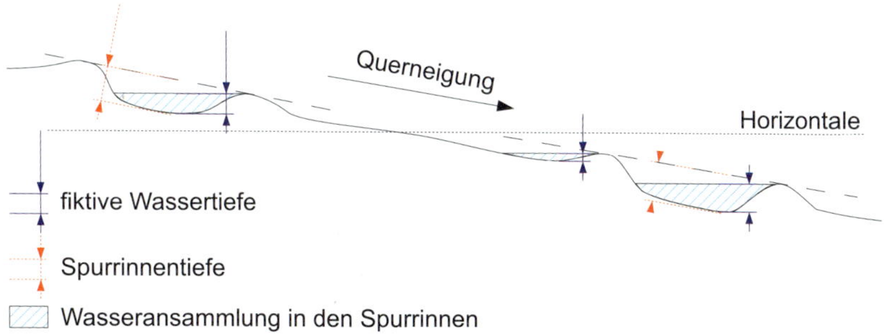

Bild 5 Schematische Darstellung der fiktiven Wassertiefe und der Spurrinnentiefe

Kommentar

AP 9 für die linke und die rechte Rollspur lotrecht zu einer 2-m-Bezugsbasis (2-m-Latte) ermittelt (vgl. *Bild 5*).

Die **Ebenheit in Längsrichtung** wirkt sich einerseits auf den Fahrkomfort und die Fahrsicherheit der Fahrzeuginsassen und andererseits auf die Belastung des Fahrzeugs und die Belastung der Straßenbefestigung selbst aus. Dies gilt hinsichtlich der Fahrsicherheit insbesondere für große, lange Fahrzeuge (z. B. Lkw mit Anhänger, Auflieger), da sie infolge der Unebenheiten im Längsprofil derart ins Schwanken geraten können, dass der Fahrer schließlich das Fahrzeug nicht mehr beherrschen kann und es zum Unfall kommt (Granlund, Lindström 2008). Die Belastung der Straßenbefestigung kann infolge der Unebenheit bei Betrachtung der dynamischen Radlasten steigen, da die Unebenheiten das Fahrzeug zu Schwingungen mit entsprechend vertikaler Beschleunigung anregen (Becker 1995). Weiterhin können höhere Fahrzeuggeräusche, ein höherer Kraftstoffverbrauch und ein höherer Reifenverschleiß als Auswirkungen der Unebenheit in Längsrichtung genannt werden. In den letzten Jahren hat in diesem Zusammenhang das sogenannte Bewertete Längsprofil (engl. weighted longitudinal profile, WLP) zur Bewertung der Ebenheit in Längsrichtung zunehmend an Bedeutung gewonnen. Hierbei wird auch die Auswirkung der Unebenheit auf Mensch, Fahrzeug und Ladegut sowie die Straße selbst bewertet, wobei aber allgemeine Unebenheiten, Einzelhindernisse und periodische Unebenheiten gleichermaßen berücksichtigt werden (siehe z. B. Steinauer, 2009).

Die **Helligkeit** der Fahrbahnoberfläche wird mit ihrem Reflexionsvermögen beschrieben, das von den Gesteinskörnungen, der Ebenheit und der Rauheit beeinflusst wird (siehe z. B. Meyer, Gundert, 1994). Eine helle Fahrbahnoberfläche verbessert die Erkennbarkeit

- der Straße,
- von auf der Straße vorhandenen Hindernissen und
- des Straßenverlaufs,

insbesondere bei ungünstigen Lichtverhältnissen (bei Dämmerung und Nacht). Zudem erwärmen sich die Asphaltdeckschichten mit einem hohen Reflexionsvermögen weniger infolge der Sonneneinstrahlung, sodass sie im Vergleich mit der gleichen Asphaltdeckschicht mit einem geringen Reflexionsvermögen etwas weniger anfällig gegen Verformungen bei Wärme sind.

Zusammenfassend wird folglich mit der Verfügbarkeit der Eigenschaften Rauheit, Ebenheit in Längs- und Querrichtung und Helligkeit die sichere und auch komfortable Befahrbarkeit der Straße gesichert oder wiederhergestellt.

Gleichzeitig kann mit den Maßnahmen der Erhaltung (hier insbesondere den Maßnahmen der Instandsetzung) auch die Verbesserung der Verformungsbeständigkeit, der Tragfähigkeit, der Frostsicherheit und der Entwässerung der Befestigung erzielt werden. Diese Anforderungen an die Straßenoberfläche liegen primär im Interesse des Straßenbaulastträgers und dienen dem Schutz bzw. der Sicherung der Substanz und somit der Sicherung der langfristigen Verfügbarkeit und Befahrbarkeit der Straßenbefestigung.

Beispielsweise kann mit dem Einbau einer neuen Asphaltdeckschicht gleichzeitig die Wasserundurchlässigkeit der Asphaltdeckschicht wiederhergestellt oder verbessert werden. So kann das Regenwasser wieder über die Straßenoberfläche abgeführt werden und die unteren Schichten vor eindrin-

Kommentar

gendem Wasser, das zu Frostschäden führen und die Adhäsion zwischen Bitumen und Gestein stören könnte, geschützt werden.

War die Befestigung zu gering dimensioniert oder ist die Verkehrsbelastung höher als prognostiziert, kann eine Erhaltungsmaßnahme auf der vorhandenen Befestigung die Tragfähigkeit zumindest geringfügig verbessern und dadurch eine umfassendere Maßnahme hinausgezögert werden. In diesem Fall sind jedoch die Eigenschaften der zu überbauenden Schichten sorgfältig zu untersuchen und es ist zu prüfen, ob die Schichten die dann auf sie wirkenden Kräfte schadlos aufnehmen können.

(1.2) Randbedingungen und Verfahrenswahl

Erscheinungsbilder und mögliche Ursachen

Im Rahmen der Zustandserfassung und -bewertung führt das Maß einer positiven oder negativen Ausprägung der Zustandsmerkmale zu der Entscheidung, ob eine Erhaltungsmaßnahme erforderlich ist. Die Wahl der geeigneten Erhaltungsmaßnahme kann sich jedoch nur bedingt auf die erfassten Zustandsmerkmale stützen, da eine negative Ausprägung der Zustandsmerkmale vor Ort unterschiedliche Erscheinungsbilder aufweisen und aus unterschiedlichen Ursachen resultieren kann. Dementsprechend muss der für die Erhaltungsmaßnahme Zuständige die Straße vor Ort nochmals begutachten und untersuchen. Um Klarheit über die Ursache der Ausprägung des Zustandsmerkmals zu erhalten, kann es sinnvoll sein, Proben zu entnehmen und diese im Labor prüfen zu lassen.

Ein Überblick über die verschiedenen Erscheinungsbilder der Asphaltdeckschicht und die möglichen Ursachen ist in *Tabelle 1* gegeben. In der Praxis können die verschiedenen Erscheinungsbilder auch in Kombination auftreten. Da die Ursachen jedoch sehr vielfältig sein und auch in Zusammenhang stehen können, ist diese Aufzählung nicht als vollständig zu betrachten.

In der Regel wird eine unzureichende Griffigkeit auf polierte Kornoberflächen oder eine Bindemittelanreicherung zurückgeführt. Ersteres kann wiederum aus einer hohen Verkehrsbelastung und/oder wenig polierresistentem Gestein resultieren, Letzteres aus der Wahl eines ungeeigneten Bitumens (z. B. zu weich, ohne Polymermodifizierung), aus einer strukturellen Entmischung des Asphaltmischguts beim Einbau, einem zu geringen Hohlraumgehalt und/oder ebenfalls einer hohen Verkehrsbelastung. Würde zur Griffigkeitsverbesserung das Instandsetzungsverfahren Anspritzen und Abstreuen angewendet, wiese das Griffigkeitsniveau in beiden Fällen zwar kurzfristig ein ausreichendes Maß auf, aber nur im Falle der polierten Kornoberflächen auch längerfristig. Die Bindemittelanreicherung würde sich infolge der Verkehrsbelastung durch die aufgebrachte „Schicht“ durchdrücken, an der Fahrbahnoberfläche erneut auftreten und die Griffigkeit wieder mindern. Allerdings muss bei einer unzureichenden Griffigkeit, die auf eine Bindemittelanreicherung zurückzuführen ist, nicht sofort die gesamte Asphaltdeckschicht ersetzt werden. Hier sind die vergleichsweise hohen Kosten dem Nutzen gegenüberzustellen; „kleine Maßnahmen“ wie das Aufrauen (siehe Abschnitt 3.3.2.5) können ebenso wirkungsvoll und zur Anwendung geeignet sein.

Unebenheiten im Querprofil, als weiteres Beispiel, können mit der Schubverformung der Asphaltdeckschicht, der vertikalen Verformung der Schichten

Tabelle 1 Mögliche Ursachen für Erscheinungsbilder der verschiedenen Zustandsmerkmale

Zustandsmerkmal	Erscheinungsbild	Mögliche Ursachen
Ebenheit im Längsprofil	langwellige, großflächige Verformung	– Inhomogenität der Verdichtung – ungleichmäßige Schichtdicke – unzureichende Tragfähigkeit der unteren Schichten – Stillstand des Fertigers – Stoß beim Abladen des Lkw – Unebenheit der Unterlage
	lokale, vertikale Verformung	– Setzung des Untergrunds – Frostschäden der unteren Schichten
Ebenheit im Querprofil	Schubverformung (mit seitlichen Aufwölbungen)	– Verkehrsbelastung (mit hohen Scherkräften) – zu geringe Steifigkeit der Asphaltdeckschicht – zu weiches Bindemittel – Überverdichtung, zu geringer Hohlraumgehalt – Belastung stark erwärmter Oberfläche
	vertikale Verformung	– Nachverdichtung der Asphaltdeckschicht oder der unteren Schichten – unzureichende Tragfähigkeit der unteren Schichten
	Abrieb/Verschleiß	– zu hohe mechanische Belastung – geringer Widerstand des Gesteins gegen Verschleiß
Griffigkeit	polierte Kornoberfläche	– hohe Verkehrsbelastung – unzureichende Polierresistenz des Gesteins
	Bindemittel-/ Mörtelanreicherung	– ungeeignetes Bitumen – strukturelle Entmischung beim Einbau – hoher Bindemittelgehalt im Asphalt – hohe Verkehrsbelastung
Netzrisse	Netzrisse	– fehlender Schichtenverbund – unzureichende Tragfähigkeit der unteren Schichten – Verdichtungsmangel – Tieftemperaturrisse – Walzrisse – Risse infolge von Alterung und Verwitterung
Ausmagerung	Mörtelverlust	– unzureichendes Haftvermögen zwischen Bitumen und Gestein – ungeeignetes Feinkorn/Füller
Kornausbrüche	Kornausbrüche/ Splittverlust (häufig in Verbindung mit Ausmagerung)	– unzureichendes Haftvermögen zwischen Bitumen und Gestein – starke Scherbeanspruchung der Oberfläche – unzureichende Verdichtung – verwitterungsempfindliches Gestein
Einzelrisse	Einzelrisse	– Reflexionsriss – Ermüdung – offene Arbeitsnaht
Flickstellen	Flickstellen	– Instandhaltungsmaßnahmen (Ausbrüche/ Schlaglöcher, offene Nähte oder Anschlüsse, ...) – Straßenaufbrüche (innerorts)

Unebenheit im Längsprofil

Unebenheit im Querprofil

Unebenheit im Querprofil

Einzelriss

Unzureichende Griffigkeit

Unzureichende Griffigkeit

Netzrisse

Flickstellen

Ausmagerung

Kommentar

oder dem Abrieb der Asphaltdeckschicht zusammenhängen, wobei Abrieb inzwischen höchst selten die Ursache darstellt. Die Schubverformung zeigt sich meist mit seitlichen Aufwölbungen, die parallel zu den Spurrinnen verlaufen, und kann aus der Wahl eines zu weichen Bindemittels, der Konzeption eines nicht ausreichend steifen Asphaltmischguts, der hohen Verkehrsbelastung (insbesondere auf Stellflächen und in Bereichen mit hohen Scherkräften, z. B. Kurvenbereiche, Steigungen), der Überverdichtung und/ oder der Belastung der stark erwärmten Oberfläche resultieren. Die vertikale Verformung der Schichten kann durch eine nicht ausreichende Verdichtung der Asphaltdeckschicht oder einer der unteren Schichten und/oder durch eine unzureichende Tragfähigkeit der unteren Schicht entstehen. Somit ist bei der Wahl des Verfahrens zur Behebung einer Verformung zunächst zu untersuchen, ob die Verformungen aus einer Nachverdichtung stammen oder aus der fehlenden Eignung des Asphaltmischguts für die vorhandene Belastung. Liegt der Grund beispielsweise in der Nachverdichtung der Asphaltdeckschicht, dann ist abzuschätzen, ob sich mit der Zeit ein stabiler Zustand einstellt und keine weitere Nachverdichtung mehr stattfindet, d. h. die Asphaltdeckschicht sich konsolidiert und ein Grenzwert der Verformung erreicht wird bzw. werden kann. Wenn ein derartiger Grenzwert absehbar ist, können die Spurrinnen z. B. mit Asphaltmischgut ausgebessert werden oder Dünne Asphaltdeckschichten eingebaut werden. Ist jedoch weiterhin mit einer Nachverdichtung zu rechnen, die schließlich aufgrund eines zu geringen Hohlraumgehalts auch zu Schubverformungen führen kann, oder ist ohnehin die Schubverformung das Erscheinungsbild, so muss die Asphaltdeckschicht ersetzt werden, da die Ursache konzeptionell bedingt ist. Aufgebrachte Dünne Asphaltdeckschichten z. B. würden nach einer begrenzten Zeit ebenfalls verformt sein, da sich die mangelhafte, dann darunterliegende Schicht weiter verformt. Das Abfräsen der Verformung hilft kurzfristig zur schnellen Beseitigung oder Reduzierung der Verformung; die Asphaltdeckschicht wird sich bei einer ungeeigneten Konzeption des Asphaltmischguts oder infolge der hohen Belastung aber weiter verformen.

■ Verfahrenswahl

In den ZTV BEA-StB 09/13, Tabelle 4 und Tabelle 7 werden, abhängig vom Erscheinungsbild bzw. der Ursache der Merkmalsgruppe, Hinweise zur Wahl geeigneter Instandhaltungsmaßnahmen bzw. Instandsetzungsmaßnahmen gegeben. (Die Tabellen werden in den Kommentaren zu Abschnitt 3.3.1 und 3.4 erläutert.) Damit wird die Auswahl geeigneter Verfahren unterstützt, und die bisher in der Praxis immer wieder erkennbaren Unsicherheiten bei der Auswahl geeigneter Verfahren, insbesondere der Instandsetzungsverfahren, können so weitgehend eingegrenzt werden.

Wie bereits in der Erläuterung der Erscheinungsbilder und der Ursachen angedeutet, ist die Kenntnis über die Ursache entscheidend für die Vorauswahl der geeigneten Verfahren und schließlich die endgültige Wahl des richtigen Verfahrens. Die Kenntnis des Erscheinungsbilds und der Ursache kann durch weitere Informationen (z. B. Liegedauer, Verkehrsbelastung, bereits durchgeführte Maßnahmen der Erhaltung, sonstige Besonderheiten) ergänzt werden und bei der Entscheidungsfindung unterstützen. Neben diesen Bestandsdaten sind weiterhin der Zeitpunkt der Ausführung und damit verbunden die Durchführbarkeit der Verfahren und sonstige Randbedingungen für die Ausführung zu beachten (siehe hierzu die entsprechenden Kommen-

Kommentar

tierungen der Verfahren in diesem Buch). Soll die gewählte Maßnahme auf der vorhandenen Befestigung oder bei teilweisem Ersatz der vorhandenen Befestigung erfolgen, ist außerdem u. a. zu prüfen, ob das verbleibende Lichtraumprofil bei Unterquerungen und sonstigen Durchfahrten ausreichend ist, ob die Anschlüsse an bestehende Einbauten und Randbebauungen möglich sind und wie sie umgesetzt werden sollen, ob die Entwässerungseinrichtungen angepasst werden müssen und ob die Höhenanpassungen zu den nicht betroffenen Bereichen der Fahrdynamik nicht zu abrupt geschehen.

Grundsätzlich gilt, wie stets bei der Durchführung von Baumaßnahmen mit Asphalt, dass bei der Ausführung der Maßnahmen der Baulichen Erhaltung auf der zu behandelnden Oberfläche bzw. der zu überbauenden Unterlage kein geschlossener Wasserfilm oder Eisfilm vorhanden sein darf. In besonderen Fällen kann die Oberfläche vor dem Überbauen mit Hochdruckluftgeräten getrocknet werden. Dies ist jedoch nur sinnvoll und zielführend, wenn kein Niederschlag während der Bauausführung fällt. Über diese Möglichkeit darf zudem nicht in Vergessenheit geraten, dass die Asphaltbefestigung gegebenenfalls dennoch kalt ist und daher den aufgebrachten Materialien schnell die Wärme entzieht. Das Asphaltmischgut kann folglich deutlich schwerer zu verarbeiten bzw. die Dauer zu dessen Verarbeitung verkürzt sein. Die zulässige Lufttemperatur ist verfahrensspezifisch zu beurteilen und teilweise auch in den entsprechenden Abschnitten der ZTV BEA-StB 09/13 definiert.

Die Eignung der vorhandenen und in der Regel geschädigten Unterlage für das gewählte Instandsetzungsverfahren ist bereits in der Vorbereitungsphase ausreichend genau zu ermitteln. Die Unterlage „ist der Bereich unter der jeweils herzustellenden bzw. zu behandelnden Schicht“ (ZTV BEA-StB). Je nach Verfahrenswahl ist dies entweder die schadhafte Oberfläche selbst oder die entsprechend vorbehandelte Schicht. Die Vorbehandlung kann aus verschiedenen Maßnahmen der Instandhaltung bestehen, beispielsweise dem Entfernen von für die Überbauung ungeeigneten (z. B. überfetteten) Bereichen durch Aufrauen, das Abfräsen von größeren Verformungen, das Vergießen von Rissen und offenen Fugen oder das Verfüllen von Schlaglöchern. Die Vorbehandlung dient dazu, die Eignung der Unterlage zum Überbauen, das heißt die Anforderungen an ihre Beschaffenheit (Ebenheit, Sauberkeit usw.), herzustellen.

Fahrbahnmarkierungen sind in der Regel zu entfernen, da auf ihnen die aufgebrachte Schicht meist nicht bzw. schlecht haftet. Wird von der Entfernung der Fahrbahnmarkierung abgesehen, sollte dies explizit begründet werden.

Stellt die vorhandene Straßenbefestigung keine ausreichend tragfähige Konstruktion mehr dar oder sind Verformungen im Längs- oder Querprofil und sonstige Schäden auf diese Ursache zurückzuführen, sind Maßnahmen der Instandsetzung auszuschließen. In diesem Fall sind die geschwächten Schichten zu identifizieren und zu erneuern. Die Tragfähigkeit der Straßenbefestigung lässt sich zerstörungsfrei mit beispielsweise dem „Falling Weight Deflectometer“ (FWD) oder dem „Benkelman-Balken“ bestimmen. Das FWD ist ein dynamisches Messverfahren, bei dem ein Kraftimpuls auf die Fahrbahnbefestigung mit einer Fallmasse aufgebracht wird. Die sich dabei einstellende kurzzeitige vertikale Verformung der Fahrbahnbefestigung wird im Lastzentrum sowie in verschiedenen Abständen von diesem mit Geophonen gemessen. Die Auswertung der Verformungsmulde erlaubt eine Aussage zur Tragfähigkeit (siehe z. B. Grätz, 2009).

Kommentar

Aus verschiedenen Gründen kann gewünscht werden, die Maßnahme der Baulichen Erhaltung zeitlich zu verschieben oder gegebenenfalls auf ein Mindestmaß zu reduzieren. Dies kann beispielsweise der Fall sein, wenn

- der Ausbau einer Straße diskutiert wird,
- innerorts Baumaßnahmen an darunterliegenden Leitungen anstehen,
- baubetrieblich eine Kombination mit oder die Zeitnähe zu einer anderen Baustelle günstig wäre,
- das Wetter für die gewählte Maßnahme nicht günstig ist,
- in bestimmten Zeiten (z. B. Reisezeit) keine Baustelle auf der Straße vorhanden sein soll oder
- schlicht die finanziellen Mittel fehlen.

Hierzu ist anzumerken, dass sich der Zustand der Oberflächenmerkmale meist progressiv verschlechtert. Das bedeutet einerseits, dass im Laufe der Zeit das Maß der Verschlechterung steigt und die Verschlechterung schneller eintritt (vgl. *Bild 1*, Kommentar zu Abschnitt 1.2). Demzufolge kann der Aufschub von Erhaltungsmaßnahmen später einen erheblichen Mehraufwand bedeuten, weil dann der Zustand deutlich schlechter ist und eine umfassendere Maßnahme notwendig wird (siehe z. B. Oertelt 2007, Hinsch u. a. 2005, Scazziga 2008). Andererseits verschlechtert sich der Zustand auf einem relativ guten Niveau deutlich langsamer als auf einem schlechteren Niveau. Je höher nun das mit der gewählten Maßnahme erreichbare oder gesicherte Niveau ist, desto länger wird daher auch die Dauer bis zur nächsten erforderlichen Erhaltungsmaßnahme sein.

Sollen alle diese Aspekte und Zusammenhänge bei der Wahl der Maßnahme zur Baulichen Erhaltung berücksichtigt werden, stellt die Entscheidung für eine Maßnahme in der Regel einen Kompromiss dar. Den für die Situation optimalen Kompromiss zu treffen, ist schwierig. Die Regelungen und Hinweise in den ZTV BEA-StB sind als eine Grundlage für die Wahl und Umsetzung der Verfahren zu betrachten. Im Detail aber müssen die Situation und die Umstände mit dem gebotenen Fachwissen beurteilt und gegebenenfalls die Maßnahme geeignet angepasst werden. Zur Vorbereitung und zum Sicherstellen der Anforderungen an die Unterlage können durchaus die Maßnahmen der Instandhaltung auch mit den Maßnahmen der Instandsetzung kombiniert angewendet werden.

Bei der Verfahrenswahl muss außerdem bedacht werden, ob die ehemals gewählte Ausführung der Asphaltdeckschicht auf bestimmte Anforderungen zurückzuführen ist und inwieweit diese Anforderungen weiterhin berücksichtigt werden müssen. Bestanden beispielsweise Anforderungen an die Griffigkeit, an die Verformungsresistenz oder die Lärmreduzierung? Und wie ist derzeit die Situation hinsichtlich dieser Aspekte? Hat sich die Beanspruchung geändert, sodass nun andere Anforderungen bestehen? Besonders zu beachten ist der Lärm bzw. die Lärmentwicklung, da sich mit vielen Verfahren zur Griffigkeitserhöhung (zumindest anfänglich) das Reifenabroll-Geräusch auf der Fahrbahn erhöhen kann.

Die Hinweise und Regelungen in den ZTV BEA-StB sind grundsätzlich für die Erhaltung von Verkehrsflächen in Asphaltbauweise gedacht. Es ist jedoch auch möglich, Verkehrsflächen aus Beton oder Pflaster mit Asphalt zu erhalten. Hierzu sind vereinzelt Hinweise in den ZTV BEA-StB enthalten. Weitere Hinweise sind in diesem Handbuch in Abschnitt 8.1 zu Beton und in Abschnitt 8.3 zu Pflaster zu finden.

Kommentar

Bei Brückenbauwerken ist besonderes Augenmerk auf die sorgfältige Ausführung und Pflege der Fugen zu legen. In der Praxis hat sich gezeigt, dass spätestens nach zehn Jahren die Fugen instand zu halten sind. Bei der Erhaltung der Fahrbahnbefestigung auf Brückenbauwerken sind die Baugrundsätze und Regelwerke, die für Brückenbauwerke für die Herstellung der Asphaltschichten gelten (z. B. die maßgebenden Teile der ZTV-ING und der ZTV-BEL-ST), ebenso einzuhalten.

(2) Bauvertragliche Umsetzung in der Praxis

Wie im Kommentar zu Abschnitt 1.1 beschrieben, sind wesentliche Bestandteile eines Bauvertrags die Leistungsbeschreibung und die ZTV BEA-StB in der jeweils gültigen Fassung. (Die ZTV BEA-StB sollten im Bauvertrag stets vereinbart werden.) Dadurch sind viele Anforderungen an die Baustoffe, die Zusammensetzung des Asphalts und die Ausführung bzw. die fertige Schicht bereits bestimmt. Im Detail können aber weitere Regelungen erforderlich sein, z. B. zu gültigen Prüfverfahren, besonderen Anforderungen an die Griffigkeit, lärmtechnischen Anforderungen und insbesondere zur Zusammensetzung und Entsorgung des Ausbaumaterials.

Grundsätzlich können Einbaudicken oder Einbaumengen vorgegeben und abgerechnet werden. Bei kleineren Baumaßnahmen unter 6 000 m^2 oder bei Schichten, deren vorgesehene Einbaudicke weniger als 3,5 cm beträgt, was bei den Erhaltungsmaßnahmen überwiegend der Fall ist, ist in der Regel der Einbau nach Menge vorzusehen. Soll aber die Abrechnung nach Einbaudicke angewendet werden, ist die Art des Messverfahrens (z. B. elektromagnetisches Messverfahren) in der Leistungsbeschreibung anzugeben. Auch für andere Eigenschaften sind die Prüfverfahren festzulegen, sofern sie nicht eindeutig bestimmt sind, z. B. für die Gesteinskörnung in den TL Gestein-StB.

Die Prüfung der Griffigkeit kann stationär mit dem SRT-Pendelgerät oder kontinuierlich über eine Strecke mit einem schnellfahrenden Griffigkeitsmesssystem (üblicherweise SKM) erfolgen. Die Randbedingungen für die Messungen sind im Bauvertrag zu dokumentieren und an die Gegebenheiten der Straße und der Erhaltungsmaßnahme anzupassen. Beim schnellfahrenden Griffigkeitsmesssystem sind diese Randbedingungen z. B. die Länge der Messstrecke, der Abstand zum Fahrbahnrand und die Messgeschwindigkeit.

Sind lärmtechnische Anforderungen einzuhalten, ist dies auch bei der Wahl des Größtkorns des Abstreumaterials zu berücksichtigen und ebenfalls entsprechend in der Leistungsbeschreibung anzugeben. Die Korngruppe 2/5 ist in diesem Fall nicht zu empfehlen. In der Praxis hat sich für diesen Fall die Korngruppe 1/3 durchgesetzt, da die Lärmentstehung am Reifen aufgrund der günstigeren Oberflächentextur geringer ist und sich der Bindemittelfilm an der Oberfläche der Gesteinskörner des Asphalts dennoch für die erforderliche Griffigkeit ausreichend entfernen lässt. Die empfohlene Abstreumenge für die Korngruppe 1/3 beträgt 0,5 bis 1,0 kg/m^2, für die Korngruppe 2/5 beträgt sie 1,0 bis 2,0 kg/m^2.

Durch Abfräsen von Unebenheiten oder durch Herausfräsen der bestehenden Schicht(en) fallen Ausbaustoffe bzw. Asphaltgranulat an. In der Leistungs-

Kommentar

beschreibung sind Hinweise zu dessen Zusammensetzung und dem Gehalt von Gefahrstoffen zu geben sowie die Verwertung oder Entsorgung eindeutig zu klären. Insbesondere bei älteren Befestigungen können teerhaltige Bestandteile in den mit Bindemitteln gebundenen Schichten enthalten sein. Dabei ist problematisch, dass die Mengen in der Regel nur schwer abzuschätzen sind und der Oberbau in Schichtdicke und Zusammensetzung der Schichten über eine größere Fläche variieren kann. Dadurch kann auch das anfallende Asphaltgranulat sehr heterogen sein.

Ist die Straßenbefestigung „geöffnet" oder die obere Schicht abgefräst, kann der Zustand der Unterlage für die neue Schicht von den Erwartungen abweichen. In diesem Fall ist zu prüfen, ob die vorgesehene Maßnahme weiterhin geeignet ist oder eine Änderung vorgenommen werden muss. Für den Bauvertrag hieße dies theoretisch, dass der Bauvertrag aufgehoben und ein neuer Bauvertrag über die tatsächlich erforderliche Maßnahme geschlossen werden müsste. In der Praxis ist dies jedoch nicht üblich, da der Auftragnehmer bei Vertragsauflösung einen Anspruch auf den entgangenen Gewinn besitzt und der Zeitverlust bei einer erforderlichen Neuausschreibung erheblich sein kann. Stattdessen besteht die Lösung meistens in der Vertragsänderung oder dem Erstellen von Nachträgen.

Zeigt sich bei der Durchführung der Erhaltungsmaßnahme nur eine leicht veränderte Situation gegenüber den Erwartungen aus den Voruntersuchungen, können die zusätzlich erforderlichen Maßnahmen durch Nachträge berücksichtigt und abgegolten werden. Bei den Erhaltungsarbeiten sind Nachträge nur selten vermeidbar; durch eine entsprechende Vorbereitung bei der Ausschreibung lassen sie sich aber reduzieren. Eventualpositionen dürfen im Leistungsverzeichnis jedoch nicht aufgenommen werden.

Für die Maßnahmen der Instandhaltung werden teilweise Jahresverträge an Unternehmen vergeben. Aufgrund der Unvorhersehbarkeit der erforderlichen Leistung erfolgt dies ohne detaillierte Leistungsbeschreibung. Im Leistungsverzeichnis sind die möglichen Leistungen mit geeigneter Abrechnungseinheit und beispielsweise gestaffelt nach der Größe der zu bearbeitenden Fläche aufzuführen.

Für die Verkehrssicherheit ist u. a. auf eine gute Ebenheit und die Gestaltung des Übergangs zwischen der Erhaltungsmaßnahme und dem Altbestand zu achten. Die (zulässigen) Anforderungen an die Ebenheit unterscheiden sich in Abhängigkeit von der Ebenheit der Unterlage und der durchgeführten Maßnahme und sind daher auch bei der Herstellung der Unterlage zu beachten. Bei den Instandhaltungsmaßnahmen sind in den ZTV BEA-StB 09/13 grundsätzlich keine Anforderungen an die Ebenheit enthalten. (Die Verfüllung von Spurrinnen zählt zu den Maßnahmen der Instandsetzung; es gelten je nach verwendetem Asphaltmischgut die Regelungen zu Dünnen Asphaltdeckschichten in Kalt- oder Heißbauweise.) Für die Instandsetzungsmaßnahmen sind grundsätzlich die Regelungen der ZTV Asphalt-StB 07/13 anzuwenden, sofern in den ZTV BEA-StB 09/13, Abschnitt 4.2.4 keine abweichenden Regelungen getroffen sind. Beim Übergang zwischen dem Altbestand und der Erhaltungsmaßnahme ist zu berücksichtigen, dass keine deutlichen Unterschiede in der Griffigkeit und der Höhenlage vorhanden sind und dass der Straßennutzer nicht optisch irritiert werden kann, z. B. durch deutlich unterschiedliche Färbung.

Literatur (zu Abschnitt 1.2–1.3.3)

AP 9: Arbeitspapiere zur Zustandserfassung und -bewertung der Fahrbahnoberfläche von Straßen (ZEB) – Reihe M: Messtechnische Zustandserfassung, Reihe V: Visuelle Zustandserfassung, Reihe A: Auswertung – Erhaltungsplanung, Reihe K: Kommunale Belange, Reihe R: Rechnergestützte Erhaltungsplanung für Fahrbahnbefestigungen, Reihe S: Substanzwert. Forschungsgesellschaft für Straßen- und Verkehrswesen, FGSV Verlag, Köln 2001 bis 2018.

AP Trag B1: Arbeitspapier Tragfähigkeit von Verkehrsflächenbefestigungen, Teil B1: Benkelman-Balken, Gerätebeschreibung, Messdurchführung, Ausgabe 2014. Forschungsgesellschaft für Straßen- und Verkehrswesen, FGSV Verlag, Köln 2014.

AP Trag B2.1: Arbeitspapier Tragfähigkeit von Verkehrsflächenbefestigungen, Teil B2.1: Falling Weight Deflectometer (FWD), Gerätebeschreibung, Messdurchführung – Asphaltbauweisen, Ausgabe 2008. Forschungsgesellschaft für Straßen- und Verkehrswesen, FGSV Verlag, Köln 2008.

AP Trag C1: Arbeitspapier Tragfähigkeit von Verkehrsflächenbefestigungen, Teil C1: Benkelman-Balken, Auswertung und Bewertung von Einsenkungsmessungen, Ausgabe 2014. Forschungsgesellschaft für Straßen- und Verkehrswesen, FGSV Verlag, Köln 2014.

AP Trag C2.1: Arbeitspapier Tragfähigkeit von Verkehrsflächenbefestigungen, Teil C2.1: Falling Weight Deflectometer (FWD), Auswertung und Bewertung von Einsenkungsmessungen – Asphaltbauweise, Ausgabe 2014. Forschungsgesellschaft für Straßen- und Verkehrswesen, FGSV Verlag, Köln 2014.

Arbeitspapier für die Verwendung von Vliesstoffen, Gittern und Verbundstoffen im Asphaltstraßenbau, Ausgabe 2006/Fassung 2013. Forschungsgesellschaft für Straßen- und Verkehrswesen, FGSV Verlag, Köln 2013.

ATV DIN 18299: Allgemeine Technische Vertragsbedingungen für Bauleistungen (ATV) – Allgemeine Regelungen für Bauarbeiten jeder Art, Ausgabe September 2016. Deutsches Institut für Normung e. V., Beuth Verlag, Berlin 2016.

ATV DIN 18317: Allgemeine Technische Vertragsbedingungen für Bauleistungen (ATV) – Verkehrswegebauarbeiten – Oberbauschichten aus Asphalt, Ausgabe September 2016. Deutsches Institut für Normung e. V., Beuth Verlag, Berlin 2016.

Becker, W.: Die Spektrale Dichte – ein Maß für die Fahrbahnunebenheit im Längsprofil. In: Straße und Autobahn 10/1995, S. 583–592.

Begriff VSS 2012: Begriffsbestimmungen – Teil Verkehrsplanung, Straßenentwurf und Straßenbetrieb, Ausgabe 2012. Forschungsgesellschaft für Straßen- und Verkehrswesen, FGSV Verlag, Köln 2012.

BMVI: Entwicklungen im Bereich Zustandserfassung und -bewertung (ZEB). Bundesministerium für Verkehr und digitale Infrastruktur, Berlin 2016.

BMVI: Verkehrsinvestitionsbericht 2015. Bundesministerium für Verkehr und digitale Infrastruktur, Berlin 2017.

DIN 1961: Vergabe- und Vertragsordnung für Bauleistungen, Teil B: Allgemeine Vertragsbedingungen für die Ausführung von Bauleistungen (VOB/B), Ausgabe September 2016. Deutsches Institut für Normung e. V., Beuth Verlag, Berlin 2016.

E EMI 03: Empfehlungen für das Erhaltungsmanagement von Innerortsstraßen, Ausgabe 2003. Forschungsgesellschaft für Straßen- und Verkehrswesen, FGSV Verlag, Köln 2003.

FStrG: Bundesfernstraßengesetz in der Fassung der Bekanntmachung vom 28. Juni 2007 (BGBl. I S. 1206), das zuletzt durch Artikel 17 des Gesetzes vom 14. August 2017 (BGBl. I S. 3122) geändert worden ist.

Granlund, J., Lindström, F.: Roadex III: Health Issues Raised by Poorly Maintained Road Networks. 6th Symposium on Pavement Surface Characteristics, Portoroz, 20.–22.10.2008.

Grätz, B.: Bewertung der Tragfähigkeit und der Standfestigkeit bestehender Asphaltstraßen zur Wahl zweckmäßiger Erhaltungsmaßnahmearten, Habilitationsschrift. Fachgebiet Straßenwesen mit Versuchsanstalt der Technischen Universität Darmstadt 2009.

Hinsch, K., Krause, G., Maerschalk, G., Rübensam, J.: Katalogisierung von beschreibenden Größen für das Gebrauchsverhalten von Fahrbahnbefestigungen und die Wirkung von Erhaltungsmaßnahmen. Schriftenreihe Forschung Straßenbau und Straßenverkehrstechnik, Heft 915. Bonn 2005.

Meyer, G., Gundert, L.: Einfluss der Rauheit von Fahrbahnoberflächen auf deren Reflexionsverhalten. Schriftenreihe Forschung Straßenbau und Straßenverkehrstechnik, Heft 709. Bonn 1994.

M BGriff 2012: Merkblatt zur Bewertung der Straßengriffigkeit bei Nässe, Ausgabe 2012. Forschungsgesellschaft für Straßen- und Verkehrswesen, FGSV Verlag, Köln 2012.

Oertelt, S.: Empirische Absicherung der Verhaltensfunktion für Wirtschaftlichkeitsrechnungen und PMS-Anwendungen. Schriftenreihe Forschung Straßenbau und Straßenverkehrstechnik, Heft 965. Bonn 2007.

Pingel, C.: Begriffsbestimmungen im Bereich „Management der Straßenbefestigung“. In: Straße und Autobahn 6/1982, S. 215–217.

Radke, S.: Verkehr in Zahlen 2017/18. Deutsches Institut für Wirtschaftsforschung, Bundesministerium für Verkehr und digitale Infrastruktur (Hrsg.). DVV Media Group GmbH, Hamburg 2017.

RPE-Stra 01: Richtlinie für die Planung von Erhaltungsmaßnahmen an Straßenbefestigungen, Ausgabe 2001. Forschungsgesellschaft für Straßen- und Verkehrswesen, FGSV Verlag, Köln 2001.

RStO 12: Richtlinien für die Standardisierung des Oberbaues von Verkehrsflächen, Ausgabe 2012. Forschungsgesellschaft für Straßen- und Verkehrswesen, FGSV Verlag, Köln 2012.

Scazziga, I.: Massnahmenplanung im Erhaltungsmanagement von Fahrbahnen, Schadensprozesse und Zustandsverläufe. Eidgenössisches Departement für Umwelt, Verkehr, Energie und Kommunikation, Bundesamt für Strassen, Band 1304, Zürich 2008.

STLK 113: Standardleistungskatalog für den Straßen- und Brückenbau, Leistungsbereich 113 – Asphaltbauweisen, Ausgabe August 2016. Forschungsgesellschaft für Straßen- und Verkehrswesen, FGSV Verlag, Köln 2016.

Steinauer, B.: Moderne Bewertung der Straßenlängsebenheit. In: Straße und Autobahn 8/2009, S. 485–489.

TL Asphalt-StB 07/13: Technische Lieferbedingungen für Asphaltmischgut für den Bau von Verkehrsflächenbefestigungen, Ausgabe 2007/Fassung 2013. Forschungsgesellschaft für Straßen- und Verkehrswesen, FGSV Verlag, Köln 2014.

ZTV Asphalt-StB 07/13: Zusätzliche Technische Vertragsbedingungen und Richtlinien für den Bau von Verkehrsflächenbefestigungen aus Asphalt, Ausgabe 2007/Fassung 2013. Forschungsgesellschaft für Straßen- und Verkehrswesen, FGSV Verlag, Köln 2014.

ZTV BEA-StB 09/13: Zusätzliche Technische Vertragsbedingungen und Richtlinien für die Bauliche Erhaltung von Verkehrsflächen – Asphaltbauweisen, Ausgabe 2009/Fassung 2013. Forschungsgesellschaft für Straßen- und Verkehrswesen, FGSV Verlag, Köln 2014.

ZTV Fug-StB 15: Zusätzliche Technische Vertragsbedingungen und Richtlinien für Fugen in Verkehrsflächen, Ausgabe 2015. Forschungsgesellschaft für Straßen- und Verkehrswesen, FGSV Verlag, Köln 2016.

ZTV-ING, Teil 7: Zusätzliche Technische Vertragsbedingungen und Richtlinien für Ingenieurbauten, Teil 7: Brückenbeläge. Forschungsgesellschaft für Straßen- und Verkehrswesen, FGSV Verlag, Köln 2003 bis 2018.

ZTV ZEB-StB 06: Zusätzliche Technische Vertragsbedingungen und Richtlinien zur Zustandserfassung und -bewertung von Straßen, Ausgabe 2006. Forschungsgesellschaft für Straßen- und Verkehrswesen, FGSV Verlag, Köln 2006.

ZVB/E-StB 2018: Zusätzliche Vertragsbedingungen für die Ausführung von Bauleistungen im Straßen- und Brückenbau, Ausgabe 2018. Bundesministerium für Verkehr und digitale Infrastruktur, Bonn 2018.

Weiterführende Literatur

Bald, J. S., Grätz, B., Riedl, S.: Langzeitwirkungen von Dünnen Schichten bezüglich der Erhaltung relevanter Oberflächenmerkmale – Langzeitbeobachtungen an der BAB A 659. Schriftenreihe Forschung Straßenbau und Straßenverkehrstechnik, Heft 929. Bundesministerium für Verkehr, Bau und Stadtentwicklung. Bonn 2006.

H FA: Hinweise für das Fräsen von Asphaltbefestigungen und Befestigungen mit teer-/pechtypischen Bestandteilen, Ausgabe 2010. Forschungsgesellschaft für Straßen- und Verkehrswesen, FGSV Verlag, Köln 2010.

H SR: Hinweise für das Schließen von Rissen sowie schadhaften Nähten und Anschlüssen in Verkehrsflächen aus Asphalt, Ausgabe 2003. Forschungsgesellschaft für Straßen- und Verkehrswesen, FGSV Verlag, Köln 2003.

HVA-B StB: Handbuch für die Vergabe und Ausführung von Bauleistungen im Straßen- und Brückenbau, Ausgabe 4/2016. Bundesministerium für Verkehr und digitale Infrastruktur, Bonn 2016.

M BEB: Merkblatt für die Bauliche Erhaltung von Verkehrsflächen aus Beton, Ausgabe 2009. Forschungsgesellschaft für Straßen- und Verkehrswesen, FGSV Verlag, Köln 2009.

M RF: Merkblatt für das Rückformen von Asphaltschichten. Forschungsgesellschaft für Straßen- und Verkehrswesen, Ausgabe 2002, FGSV Verlag, Köln 2002.

Maerschalk, G., Ueckermann, A., Heller, S.: Längsebenheitsauswerteverfahren „Bewertetes Längsprofil". Schriftenreihe Berichte der Bundesanstalt für Straßenwesen, Heft S 73. Bergisch Gladbach 2011.

Schäfer, V.: Leitfaden Ausschreibung von Asphaltarbeiten – Der Leitfaden durch die Asphalttechnik. Deutscher Asphaltverband (Hrsg.), Bonn 2013.

VgV: Verordnung über die Vergabe öffentlicher Aufträge, Vergabeverordnung vom 12. April 2016 (BGBl. I S. 624), die durch Artikel 8 des Gesetzes vom 18. Juli 2017 (BGBl. I S. 2745) geändert worden ist.

2 Baustoffe, Baustoffgemische

2.1 Gesteinskörnungen

Siehe DIN 18317, Abschnitt 2.1.1.

Es gelten die „Technischen Lieferbedingungen für Gesteinskörnungen im Straßenbau" (TL Gestein-StB) und die darin angegebenen Prüfverfahren.

Gesteinskörnungen für Asphaltmischgut und Abstreumaterial müssen den Kategorien der TL Asphalt-StB 07/13, Anhang A, für den jeweiligen Verwendungszweck entsprechen. Darüber hinaus gelten auch die Angaben der ZTV Asphalt-StB 07/13, Abschnitt 2.1. Kesselasche aus Steinkohlekraftwerken (SKA) darf nicht verwendet werden.

Gesteinskörnungen für das Instandhaltungsverfahren Anspritzen und Abstreuen sowie für Oberflächenbehandlungen, für Asphaltmischgut für Dünne Asphaltdeckschichten in Kaltbauweise und für Asphaltmischgut für Dünne Asphaltdeckschichten in Heißbauweise auf Versiegelung müssen der ZTV BEA-StB 09/13, Anhang A, für den jeweiligen Verwendungszweck entsprechen. Hausmüllverbrennungsasche (HMVA), Recycling-Baustoffe (RC) mit Inhaltsstoffen nach Anhang B der TL Gestein-StB 04 (Ausgabe 2004/Fassung 2007), Lavaschlacke, Hochofenstückschlacke (HOS), Gießereirestsand (GRS), Gießerei-Kupolofenstückschlacke (GKOS), Kesselasche aus Steinkohlekraftwerken (SKA) und Steinkohlenflugasche (SFA) dürfen nicht verwendet werden.

Die Gesteinskörnungen für das Instandhaltungsverfahren Anspritzen und Abstreuen und Oberflächenbehandlungen, Dünne Asphaltdeckschichten in Kaltbauweise und in Heißbauweise auf Versiegelung müssen in Abhängigkeit vom jeweiligen Verwendungszweck einen hohen Widerstand gegen Polieren (PSV) aufweisen; dieser muss

- für Verkehrsflächenbefestigungen der Belastungsklassen BK100 bis BK3,2 der Kategorie $PSV_{\text{angegeben}}(51)$,
- für Verkehrsflächenbefestigungen der Belastungsklassen BK1,8 bis BK0,3 der Kategorie $PSV_{\text{angegeben}}(48)$

entsprechen.

Kommentar

(1) Allgemeines

Asphaltmischgut für alle Erhaltungsbauweisen besteht wie beim Neubau zu mehr als 90 M.-% aus Gesteinskörnungen und Füller. Die Bedeutung von Gesteinskörnungen für Asphaltbauweisen liegt aber nicht allein in ihrem großen Anteil; vielmehr trägt das Gestein durch seine verschiedenen Eigenschaften auch zur Dauerhaftigkeit und Tragfähigkeit aller Asphaltschichten und zu den Oberflächeneigenschaften von Deckschichten entscheidend bei.

Bei der Baulichen Erhaltung von Verkehrsflächenbefestigungen in Asphaltbauweise spielt vor allem der Einfluss der Gesteinskörnungen auf die Oberflächeneigenschaften eine besondere Rolle. Diese Schichten sind dem Wetter und der Verkehrsbelastung unmittelbar ausgesetzt; daher müssen alle Baustoffe, die für solche Schichten verwendet werden, höchsten Anforderungen an die Qualität und die Gleichmäßigkeit genügen. So überrascht es fast, dass die ZTV BEA-StB in der Vorgängerausgabe von 1998/2003 im Abschnitt Gesteinskörnungen lediglich auf die ZTV Asphalt-StB und die DIN 18317 der damaligen Ausgaben verweisen.

Mit der Ausgabe von 2009 wurde den Gesteinskörnungen ein längerer Abschnitt gewidmet und damit auch die umfängliche Umstellung des Technischen Regelwerkes berücksichtigt, wie sie seit Beginn des Jahrtausends stattgefunden hat.

(2) Verweis auf andere Regelwerke

Wie im gesamten Technischen Regelwerk des Straßenbaus wird zunächst auf den zugehörigen Teil der VOB C verwiesen, vorliegend DIN 18317, Abschnitt 2.1.1, der wiederum auf die allgemeine Gültigkeit der TL Gestein-StB verweist. Insoweit findet sich in den ZTV BEA-StB, wie im entsprechenden Abschnitt der ZTV Asphalt-StB, ein doppelter und letztlich unnötiger Verweis auf dieses Regelwerk, wenn in den ZTV BEA-StB 09/13, Abschnitt 2.1 direkt im Anschluss an den Hinweis auf DIN 18317 erneut auf die TL Gestein-StB verwiesen wird. Dies ist der Tatsache geschuldet, dass angesichts der herausragenden Bedeutung Zusätzlicher Technischer Vertragsbedingungen im Straßenbau den Allgemeinen Technischen Vertragsbedingungen für Bauleistungen (ATV) und damit der DIN 18317 „Verkehrswegebauarbeiten – Oberbauschichten aus Asphalt" häufig nur geringe Beachtung geschenkt wird. Dieses Problem ist bei den Erhaltungsbauweisen besonders bedeutend, da in der Praxis vielfach erst auf den zweiten Blick erkannt wird, dass angesichts der häufig recht speziellen Regelungen der ZTV BEA-StB auch noch für allgemeine Angaben aus der DIN 18317 eine gewisse Bedeutung verbleibt.

Die ZTV BEA-StB verweisen aber nicht nur allgemein auf die TL Gestein-StB, sondern auch auf die dort angegebenen Prüfverfahren. Dies deckt sich genau mit einer entsprechenden Formulierung in den ZTV Asphalt-StB. Die erwähnten Prüfverfahren basieren zunächst auf verschiedenen europäisch geregelten Verfahren, die für die Anwendung in Deutschland in den TP Gestein-StB konkretisiert wurden. In den TL Gestein-StB wird das europäische Prüfverfahren genannt; für die Praxis ist es aus Gründen der Vergleichbarkeit von Ergebnissen verschiedener Prüfstellen, aber auch aus Gründen der Erfahrungssammlung mit den noch jungen TP Gestein-StB wichtig, sich genau

Kommentar

an die dort genannten Konkretisierungen zu halten. Dabei ist auch die Fortschreibung und Überarbeitung sowohl der TL Gestein-StB als auch der TP Gestein-StB mit gegebenenfalls Änderungen oder Ergänzungen zu beachten.

Anschließend wird für Asphaltmischgut und Abstreumaterial auf die TL Asphalt-StB 07/13, Anhang A verwiesen, der die Eigenschaften und geforderten Kategorien der Gesteinskörnungen für Asphalt zusammenfasst. Für die ZTV BEA-StB sind dabei im Wesentlichen die Spalten 4 und 6 der TL Asphalt-StB 07/13, Anhang A interessant, welche die Eigenschaften von Gesteinskörnungen für Asphaltmischgut der Asphaltdeckschichten aus Asphaltbeton, Splittmastixasphalt und Gussasphalt sowie die Eigenschaften von Abstreumaterial regeln. Dies ist das Asphaltmischgut, das in den ZTV BEA-StB für die Bauweisen „Dünne Asphaltdeckschichten in Heißbauweise – DSH" sowie „Ersatz einer Asphaltdeckschicht – EAD" verwendet wird. Weiterhin gelten diese Anforderungen letztlich auch beim Rückformen an das gegebenenfalls verwendete Ergänzungsmischgut oder die neu eingebaute Asphaltschicht. Im Rahmen von Profilverbesserungen nach den ZTV BEA-StB 09/13, Abschnitt 3.2.4 mit dem Einbau von Asphaltschichten in ungleichmäßiger Schichtdicke sind darüber hinaus je nach gewähltem Asphaltmischgut auch die Anforderungen an Asphalttragschichtmischgut oder Asphaltbinder in den Spalten 1 und 3 der TL Asphalt-StB 07/13, Anhang A von Bedeutung. Für die übrigen Bauweisen der Instandsetzung nach den ZTV BEA-StB wurden eigene Regelungen für die Gesteinskörnungen erstellt; sie sind in den ZTV BEA-StB 09/13, Anhang A zusammengefasst.

Mit dem weiteren Verweis auf die ZTV Asphalt-StB 07/13, Abschnitt 2.1 gelten unter anderem auch die dortigen weiteren Regelungen zum Abstreumaterial, welche die Anforderungen z. B. an den Polierwiderstand des Abstreumaterials in Abhängigkeit der Belastungsklasse und an die Zusammensetzung der Lieferkörnung konkretisieren.

(3) Art der Gesteinskörnungen

Die ZTV BEA-StB gestatten für Asphaltmischgut nach TL Asphalt-StB 07/13 die Verwendung natürlicher Gesteinskörnungen und die Verwendung der für Heißmischgut erlaubten, industriell hergestellten Gesteinskörnungen (außer Kesselaschen aus Steinkohlekraftwerken – SKA); für die übrigen Bauweisen sind lediglich natürliche Gesteinskörnungen vorgesehen.

Natürliche Gesteinskörnungen entstammen einem mineralischen Vorkommen und wurden lediglich mechanisch, beispielsweise mit Brechern, aufbereitet; zu ihnen zählen z. B. Kies aus Flussläufen und Kiesgruben in gebrochener und ungebrochener Form oder gebrochenes Festgestein aus Steinbrüchen. In der Praxis ist bei Erhaltungsmaßnahmen die Verwendung von Kies inzwischen noch weniger üblich als dies bei Neubaumaßnahmen in Asphaltbauweise der Fall ist.

Industriell hergestellte Gesteinskörnungen sind zwar auch mineralischen Ursprungs, wurden aber aus einem industriellen, meist thermischen Prozess gewonnen. Zu ihnen zählen z. B. Hüttensand, Schlacke und Schlackengranulat aus der Kupfererzeugung sowie Stahlwerkschlacke. Die Anwendung industriell hergestellter Gesteinskörnungen in Asphaltdeckschichten ist sehr stark eingeschränkt (siehe im Detail TL Asphalt-StB 07/13, Tabelle 1).

Kommentar

Über die Verwendung der meisten industriell hergestellten Gesteinskörnungen in Erhaltungsverfahren wie Anspritzen und Abstreuen, Oberflächenbehandlungen, Dünne Asphaltdeckschichten in Kaltbauweise und Dünne Asphaltdeckschichten in Heißbauweise auf Versiegelung gab es zum Zeitpunkt der Herausgabe der ZTV BEA-StB noch keine ausreichenden Erfahrungen. Industriell hergestellte Gesteinskörnungen sind zwar mit Erfolg im Asphaltmischgut eingesetzt worden, doch sind die Erfahrungen mit solchen Gesteinskörnungen häufig regional begrenzt.

Bei einigen industriell hergestellten Gesteinskörnungen werden verschiedentlich Zweifel an der Gleichmäßigkeit und Raumbeständigkeit ihrer für die jeweilige Asphaltbauweise wichtigen Eigenschaften geäußert. Dies dürfte zu der Einschätzung geführt haben, dass die bisherigen Erfahrungen für die Aufnahme in ein R1-Regelwerk noch nicht ausreichen. Ausreichende Erfahrungen bestehen lediglich bei der Verwendung von Stahlwerkschlacken, für die deshalb kein Ausschluss besteht. Für die Bauweise DSK wird die Verwendung von Stahlwerkschlacken erfahrungsgemäß jedoch nicht empfohlen.

Rezyklierte Gesteinskörnungen, d. h. aufbereitete anorganische Materialien, die zuvor als Baustoff eingesetzt wurden, dürfen bei der Erhaltung wie grundsätzlich im Asphaltstraßenbau nicht verwendet werden, sofern sie Stoffe nach den TL Gestein-StB 04/18, Anhang B enthalten.

(4) Qualitätssicherung der Gesteinskörnungen

Mit den Regelungen der Technischen Lieferbedingungen für Gesteinskörnungen ist die Produktqualität nachzuweisen. Hierzu wurde mit den TL Gestein-StB in Deutschland das europäische Konformitätsnachweisverfahren im System 2+ eingeführt. Danach muss der Produzent eine Typprüfung und eine zertifizierte Werkseigene Produktionskontrolle (WPK) durchführen, die neben dem Erstellen und Betreiben eines Handbuchs zur Qualitätssicherung auch eigene Produktprüfungen vorsieht. Eine notifizierte Überwachungs- und Zertifizierungsstelle (ÜZ-Stelle, notified body) führt die Erstinspektion des Werkes, die erste und die laufende Überwachung der WPK durch. Die notifizierte Stelle beurteilt die WPK und erstellt ein Zertifikat, in dem die Konformität der WPK mit den Vorgaben und Vorschriften der jeweiligen Europäischen Normen festgestellt wird. Der Produzent ist dann berechtigt, auf seinem Lieferschein das CE-Zeichen anzubringen. Die zugesicherten Eigenschaften der Gesteinskörnungen gehen aus der Leistungserklärung hervor.

Über diese Regelung hinaus unterwirft sich der weit überwiegende Teil der Produzenten einer freiwilligen Produktprüfung durch eine unabhängige Prüfstelle, die i.d.R. für die Prüfung von Gesteinskörnungen nach RAP Stra anerkannt ist. Der Umfang dieser Prüfungen geht aus einer Empfehlung des Bundesverband Mineralische Rohstoffe e. V. hervor (MIRO, 2004).

Die Empfehlungen der MIRO lehnen sich deutlich erkennbar an die frühere Fremdüberwachung nach RG Min-StB 93/96 an und sehen deshalb vor, dass ein Teil der WPK, inkl. Probenahmen und Prüfungen, die der Hersteller im Rahmen der WPK halbjährlich oder jährlich durchführen muss, von dieser externen Prüfstelle vorgenommen wird.

Hersteller, die diese Verbandsempfehlung umsetzen, können ihr Produkt zusätzlich mit einem Produktqualitätszeichen kennzeichnen.

Kommentar

(5) Größe von Gesteinskörnungen

Die Bezeichnung der verschiedenen Korngrößen ist mit der Umstellung des Technischen Regelwerks und der Berücksichtigung europäischer Normen, hier insbesondere der Normen für Gestein, stark im Wandel. Im Anwendungsbereich Asphalt werden seit der Fassung 2013 der ZTV Asphalt-StB und ZTV BEA-StB Gesteinskörnungen > 2 mm und Gesteinskörnungen ≤ 2 mm unterschieden. Erstere wurden im Anwendungsbereich Asphalt, begrenzt bis zu einer Korngröße von 45 mm, mit der Einführung der TL Gestein-StB 04 als „grobe Gesteinskörnung" bezeichnet; zuvor war der geläufige Begriff – je nach Bruchflächigkeit der Körner – noch „Splitt" oder „Kies".

Gesteinskörnungen mit Korngruppen von bis zu 2 mm wurden seit der Einführung der TL Gestein-StB 04 im Anwendungsbereich Asphalt als „feine Gesteinskörnung" bezeichnet; zuvor galt hierfür der Begriff „Sand". Im Anwendungsbereich Beton lag die Grenzsiebgröße (Siebschnitt) zur Unterscheidung zwischen feiner und grober Gesteinskörnung hingegen bei 4 mm. Zur Vereinheitlichung der europäischen Gesteinskörnungsnormen wurde die Grenze zwischen feiner und grober Gesteinskörnung nun für alle Anwendungsgebiete auf 4 mm festgelegt, sodass im Anwendungsbereich Asphalt die charakterisierende Siebgröße von 2 mm jetzt zahlenmäßig genannt werden muss.

Der in Korngruppen enthaltene Anteil, der kleiner ist als 0,063 mm, ist der „Feinanteil". „Füller" hingegen ist definiert als Gesteinskörnung, deren überwiegender Teil kleiner als 0,063 mm ist und im Regelfall als Korngruppe dem Asphalt hinzugefügt wird. Er beeinflusst vor allem den Mörtelanteil eines Asphaltmischguts, muss aus einer natürlichen Gesteinskörnung bestehen und darf keine organischen und/oder quellfähigen Bestandteile in schädlichen Mengen enthalten. Eine Korngruppe umfasst Gesteinskörnungen mit einem Anteil an Über- und Unterkorn. Bei einer Kornklasse hingegen weisen die Gesteinskörner nur Korngrößen zwischen der unteren und der oberen Siebgröße auf.

Der Umgang mit diesen Begriffen ist der Baubranche auch mehr als ein Jahrzehnt nach Einführung der TL Gestein-StB 04 schwergefallen. Die früheren Begriffe, die mehrere relevante Eigenschaften von Gesteinskörnungen in einzelnen Wörtern bezeichneten, wurden in der Praxis nach wie vor verwendet. Um eine definierte Anwendung dieser Begriffe auch zukünftig zu ermöglichen, wurden in die Neufassung 2018 der TL Gestein-StB 04 diese Begriffe als „Weiterführende Begriffe (national)" wieder aufgenommen. Dort ist nun wieder beschrieben, was unter „Brechsand", „Natursand", „Kies", „Splitt", „Abstreusplitt", „Schotter", „RC-Baustoff" und „RC-Gemisch" zu verstehen ist.

Besonders relevant für die Bauliche Erhaltung sind Korngruppen mit einer oberen Siebgröße bis 8 mm; nur für den Ersatz der Asphaltdeckschicht, für die Erneuerung, zur Profilverbesserung der Asphaltdeckschicht und für die untere Lage der Oberflächenbehandlung mit doppelter Abstreuung sowie bei doppelten Oberflächenbehandlungen kann auch die Korngruppe 8/11 verwendet werden. Allerdings ist bei einer Oberflächenbehandlung darauf zu achten, wie gut sich die größeren Gesteinskörner miteinander und in der Unterlage verkeilen und ob eine dann ggf. erforderliche höhere Bindemittelmenge problemlos aufgebracht werden kann (Schäfer, 1991). Bei den DSK und DSH ist der Größtkorndurchmesser (5 mm oder 8 mm) in Abhängigkeit von der Schichtdicke zu wählen.

Kommentar

(6) Eigenschaften und Anforderungen

Nicht alle Arten von Gesteinskörnungen sind für die Herstellung von Asphaltmischgut oder für die Asphaltbauweise in gleichem Maß geeignet. Dies gilt in besonderem Maße für die Bauweisen der ZTV BEA-StB, die im Vergleich zu denen der ZTV Asphalt-StB meist dünner sind und sich häufig auf einer heterogenen Unterlage mit oft unbekannter Tragfähigkeit bewähren müssen.

Die Formulierung von notwendigen Eigenschaften war in früheren Regelwerken deutlich konzentrierter und einfacher zu handhaben, weil eine Vielzahl von Eigenschaften bereits mit der Bezeichnung der Gesteinskörnung verbunden war. So war beispielsweise mit der Bezeichnung „Edelsplitt" bereits eine Sammlung von Anforderungen verbunden, die sich deutlich von den Eigenschaften von „Splitt" unterschieden. Mit den Bezeichnungen „Brechsand" und „Natursand" war nicht nur die Art der Gewinnung beschrieben, sondern auch eine Sammlung von Eigenschaften, die mit dieser Gewinnung in der Regel verbunden war. Mit Umsetzung der EN 13043 ins Deutsche Regelwerk, hier die TL Gestein-StB im Jahre 2004, sind diese Sammelbezeichnungen nicht mehr definiert und führen zu einer deutlich umfangreicheren Beschreibung der notwendigen Eigenschaften von Gesteinskörnungen für Asphaltmischgut und Asphaltbauweisen. In die Fassung 2018 der TL Gestein wurden einige, aber nicht alle der früheren Begriffe wieder aufgenommen, ohne dass dies die Tabellen zu den Anforderungen an Gesteinskörnungen beeinflusst hat. In der aktuellen Fassung 2013 der ZTV BEA-StB, die vor der Fassung 2018 der TL Gestein-StB erschienen sind, sind sie ohnehin nicht zu finden.

Daher war es aus Gründen der Klarheit notwendig, die Anforderungen an Gesteinskörnungen übersichtlich in einer Tabelle zusammenzutragen und nicht lediglich auf entsprechende Abschnitte in den TL Gestein-StB zu verweisen. Dies hat bereits zu der in den TL Asphalt-StB, Anhang A enthaltenen Zusammenstellung geführt und wurde deshalb konsequenterweise auch für die Instandsetzungsverfahren in den ZTV BEA-StB vorgenommen, die nicht mit Asphaltmischgut nach TL Asphalt-StB ausgeführt werden.

In den genannten Anhängen sind die Fundstellen in den seinerzeit geltenden TL Gestein-StB 04/07 zusätzlich aufgeführt, sodass eine Kategorie jederzeit auch in diesem Regelwerk nachgelesen werden kann. Die Zusammenstellung hat dabei vor allem den Zweck, auf die verschiedenen Eigenschaften aufmerksam zu machen. Zugleich können die notwendigen Eigenschaften relativ schnell mit der Leistungserklärung eines Anbieters verglichen werden und es entfällt eine relativ fehleranfällige Suche im Text der ZTV BEA-StB, bei der die Gefahr groß wäre, dass eine wichtige Eigenschaft übersehen wird.

Die notwendigen Kategorien für die Bauverfahren Anspritzen und Abstreuen, OB, DSK und DSH-V enthalten die ZTV BEA-StB 09/13, Anhang A. Die notwendigen Kategorien für die Instandsetzungsverfahren DSH und EAD gehen dann aus den TL Asphalt-StB 07/13, Anhang A hervor.

Für die in den ZTV BEA-StB 09/13, Anhang A aufgeführten Bauverfahren sind allgemein Gesteinskörnungen bis 11,2 mm von Interesse. Die Gesteinskörnung 1/3 wird im Regelwerk nach wie vor als Ausnahme behandelt, deshalb wird sie in den ZTV BEA-StB 09/13, Anhang A und auch in den TL Gestein gesondert genannt.

Kommentar

In aller Regel sind für Bauverfahren der ZTV BEA-StB, die nicht in den TL Asphalt-StB geregelt sind, mindestens die Regelanforderungen für Asphaltmischgut, häufig auch anspruchsvollere Kategorien erforderlich. Die Zusammenstellung unterscheidet in Abhängigkeit vom Bauverfahren relativ differenziert, welche Kategorien benannt werden können.

Der **Anteil gebrochener Kornoberflächen** ist für Abstreumaterial entsprechend den TL Asphalt-StB 07/13, Anhang A an der Lieferkörnung 5/8 zu bestimmen und nicht wie für die in den verschiedenen Asphaltmischgutarten verwendeten Gesteinskörnungen an der gesamten groben Körnung. Grobe Gesteinskörnung bedeutet nach dem Prüfverfahren entsprechend der aktuellen Begriffsverwendung eine Gesteinskörnung größer 4 mm. Die Anforderung an das Abstreumaterial entspricht dem Mindestmaß für die in den Asphaltmischungen verwendete Gesteinskörnung: Es müssen mindestens 30 % der Körner vollständig gebrochen, mindestens 90 % der Körner vollständig oder teilweise gebrochen und bis zu 1 % der Körner dürfen vollständig gerundet sein ($C_{90/1}$). Ein teilweise gebrochenes Korn, nach Norm auch als gebrochenes Korn bezeichnet, weist an mehr als der Hälfte der Oberfläche Bruchflächen auf. Vollständig gebrochen bzw. gerundet sind die Gesteinskörner, wenn diese Eigenschaft an mehr als 90 % der Oberfläche des Korns festzustellen ist. Für die in den Asphaltdeckschichten und in den Dünnen Asphaltdeckschichten verwendeten Gesteinskörner ist die geforderte Kategorie der Bruchflächigkeit aus den ZTV BEA-StB (diese gleicht hier den TL Asphalt-StB) zu wählen und in der Leistungsbeschreibung anzugeben.

Anforderungen an die **Kornform** des Abstreumaterials werden in den TL Asphalt-StB nicht gestellt (SI_{NR}/FI_{NR}), da in dem Abstreusplitt meist ohnehin nur wenig Gesteinskörner größer 4 mm enthalten sind. Für eine Oberflächenbehandlung und das Anspritzen und Abstreuen, wo ein größerer Anteil an grober Gesteinskörnung eingesetzt wird, sind jedoch entsprechende Anforderungen festgelegt; in der Praxis hat sich die Verwendung möglichst kubischer Körner bewährt (Schäfer, 1991). Die Kornform der Gesteinskörnung für DSK und DSH-V muss abweichend von den TL Asphalt-StB mindestens der Kategorie SI_{15}/FI_{15} entsprechen, d. h., nur 15 % der Gesteinskörner einer Kornklasse dürfen eine ungünstige Kornform aufweisen und das entsprechende Stabsieb passieren. Nur wenn regional gute Erfahrungen mit Gesteinskörnungen der Kategorie SI_{20}/FI_{20} vorliegen, kann bei den DSK auch eine Gesteinskörnung mit dieser Kategorie verwendet werden.

Der **Widerstand gegen Zertrümmerung** muss bei den für die Dünnen Asphaltdeckschichten verwendeten Gesteinskörnungen so hoch sein wie beim Abstreumaterial. Das bedeutet, die Gesteinskörnung muss der Kategorie SZ_{18} genügen.

(7) Polierresistenz

Die Forderung nach einer bestimmten Polierresistenz der Gesteinskörnungen ist vor allem von der Beanspruchung abhängig. Bei hohen Verkehrslasten und/oder ungünstiger Lage einer Asphaltdeckschicht, z. B. in engen Kurven oder in Gefälle/Bremsbereichen, ist die Polierbeanspruchung einer Gesteinskörnung besonders hoch; somit ist die Polierresistenz der Gesteinskörnungen besonders bedeutend. Außerdem ist bekannt, dass bei Asphalten mit hohem

Kommentar

Anteil an groben Gesteinskörnungen, wie Splittmastixasphalt, bei geringer Polierresistenz der Gesteinskörner die Gefahr geringer Griffigkeiten größer ist als bei Asphalten mit stetiger Korngrößenverteilung und höherem Anteil der Körnung 0,063/2, wie z. B. Asphaltbeton.

Die **Polierresistenz** kann auf mehrere Arten geprüft werden; im Technischen Regelwerk wird sie durchgehend durch den **Polish-Stone-Value** (PSV) angesprochen.

In den früheren Ausgaben der ZTV BEA-StB wurden abhängig von der Verkehrsmenge, der Lage einer Deckschicht und der Art der Deckschicht verschiedene PSV als Mindestanforderungen genannt. Für Straßen der Bauklassen SV, I bis III und bei besonderen Beanspruchungen wurde ein PSV von 50, bei besonderer Lage der Deckschicht oder bei feinsplittarmen Mischungen ein PSV von 53 empfohlen. Für alle anderen Deckschichten genügte ein PSV von 43.

Seit der Ausgabe 2009 der ZTV BEA-StB ist im Anhang A der Widerstand gegen Polieren unabhängig vom Bauverfahren mit $PSV_{angegeben}$(48) und $PSV_{angegeben}$(51) zwar genannt, im Text der ZTV BEA-StB 09/13, Abschnitt 2.1 „Gesteinskörnungen" ist aber genau erläutert, wann die jeweilige Kategorie auszuwählen ist.

Für Verkehrsflächenbefestigungen mit mäßiger und geringer Belastung (Belastungsklasse Bk1,8 bis Bk0,3) genügt die Kategorie $PSV_{angegeben}$(48), bei höheren Belastungen (Belastungsklasse Bk100 bis Bk3,2) ist die Kategorie $PSV_{angegeben}$(51) zu erfüllen. Mit dieser Regelung, die gleichlautend zu den ZTV Asphalt-StB eingeführt wurde, wird somit die Differenzierung nach der Art und der Lage der Deckschicht vollständig aufgegeben. Allein maßgebend ist somit die Verkehrsbelastung; die in alten Ausgaben der ZTV BEA-StB beschriebene Abwägung hatte sich für die Praxis als zu schwierig und letztlich nicht durchsetzbar erwiesen, was schließlich dazu führte, dass bei höheren Bauklassen (heute Belastungsklassen) praktisch immer ein PSV von 53 gefordert wurde.

Die Anforderungen an die Polierresistenz in früheren Ausgaben der ZTV Asphalt-StB und der ZTV BEA-StB gingen von einem durchschnittlichen Wert aus der damaligen Güteüberwachung nach RG Min-StB aus. In den meisten Bundesländern wurde der für den Bauvertrag angegebene PSV dabei als Mittelwert aus drei Prüfungen im Rahmen dieser Güteüberwachung gebildet. Mit Umstellung der früheren Güteüberwachung auf die Überwachung und Zertifizierung (ÜZ) nach europäischem Bauproduktengesetz ist auch eine Deklaration des Lieferanten erforderlich. Dies bedeutet, dass die Präzision des Verfahrens als Vorhaltemaß von diesen Durchschnittswerten berücksichtigt werden muss. Somit wurde ein Vorhaltemaß von zwei Punkten berücksichtigt, das die Reduzierung der Anforderungswerte erklärt. Tatsächlich ist daher aber das ursprüngliche Niveau aus dem Jahre 1998 für höhere Polierbeanspruchungen beibehalten worden (Näheres siehe z. B. im Handbuch und Kommentar zu den ZTV/TL Beton-StB „Gesteinskörnungen"). Die früheren Anforderungen für normale Beanspruchungen und niedrigere Bauklassen (heute Belastungsklassen) sind entfallen.

Der PSV wird üblicherweise an einer Körnung 8/10 ermittelt, die beim überwiegenden Teil der Verkehrsflächenbefestigungen nach ZTV BEA-StB nicht verwendet wird. Die Prüfung hat für das Regelwerk trotzdem hohe Relevanz, weil die an der Körnung 8/10 festgestellten Eigenschaften stellvertretend

Kommentar

für alle groben Gesteinskörnungen sind. Dieses Prinzip findet man bei der Prüfung grober Gesteinskörnungen auch bei Prüfung der Schlagfestigkeit und des Frostwiderstands. Prüfungen des PSV an der Körnung 5,6/8 sind regional durchaus verbreitet und auch in bundesweiter Forschung angewendet worden; in den TP Gestein-StB, Teil 5.4.1 ist die PSV-Prüfung an der Körnung 5,6/8 in der Ausgabe 2010 aufgenommen worden. Über den Bewertungshintergrund der Polierwerte an der kleineren Körnung im Vergleich zu den Polierwerten an der Körnung 8/10 liegen allerdings unterschiedliche Ansichten vor. In der Praxis werden häufig höhere Polierwerte an der kleineren Körnung beobachtet; in einem Forschungsprojekt konnte dies jedoch nicht belegt werden (Krass, Koller, 2007).

Um die Relevanz des PSV hat es in den letzten Jahren immer wieder Diskussionen gegeben. Kritiker werfen dem Verfahren seine vergleichsweise geringe Präzision bei gleichzeitig enger Kategorisierung vor. Befürworter verweisen auf die große internationale Verbreitung, die Bedeutung der Polierresistenz allgemein und auf das Fehlen von Alternativen.

Für zusätzliche Diskussionen hat die Information gesorgt, dass die für die Prüfung notwendigen Prüfmittel erschöpft sind und daher eine Umstellung bei der Durchführung des Verfahrens erforderlich wird. Dies ist für das Kontrollgestein auf nationaler Ebene nach umfangreicher Forschung mit der Einführung eines alternativen Kontrollgesteins, dem Herrnholzer Granit, in den TP Gestein-StB, Teil 5.4.1 im Jahr 2010 erfolgt. In die europäische Norm wurde das aus Deutschland stammende Kontrollgestein im Jahr 2015 aufgenommen, nachdem hierzu zusätzlich ein europäischer Ringversuch durchgeführt wurde.

Ein weiteres Verfahren zur Prüfung des Polierwiderstands von Gesteinskörnungen ist das **Polierverfahren nach Wehner/Schulze** (PWS). Mit ihm ist es möglich, neben der Prüfung des Polierwertes grober Gesteinskörnung auch den Polierwert von feiner Gesteinskörnung zu ermitteln und eine Griffigkeitsprognose für das eingebaute Gemisch durchzuführen. Bisher existieren in Deutschland lediglich für den PWS feiner Gesteinskörnungen für die Betonbauweise Richtwerte. Im benachbarten Ausland findet es auch für die Griffigkeitsprüfung feiner Gesteinskörnungen und bei offenporigen Asphaltdeckschichten zur Griffigkeitsprognose Anwendung (Rosauer, Schulze, 2012).

(8) Sonstige Eigenschaften

Neben den technisch geforderten Eigenschaften sollten bei der Wahl der Gesteinskörnung auch die Gleichmäßigkeit und die optische Wirkung der Oberfläche berücksichtigt werden. Deutliche Differenzen in der Griffigkeit zwischen einer neu hergestellten Oberfläche und ihrer benachbarten Oberfläche sollten aus Gründen der Fahrsicherheit, insbesondere für Zweiradfahrer, vermieden werden. Die Helligkeit und Farbe der Gesteinskörnung sollte ebenfalls jenen der Nachbarfläche angepasst sein. Am einfachsten lassen sich diese Aspekte umsetzen, wenn die gleichen Gesteine verwendet werden, es sei denn, die Notwendigkeit einer Erhaltungsmaßnahme nach ZTV BEA-StB geht auf ungünstige Eigenschaften des in einer vorhandenen Deckschicht enthaltenen Gesteins zurück.

Kommentar

Bei der Wahl einer Korngruppe zum Abstreuen oder bei der Wahl des Größtkorns einer neuen Schicht sollten auch lärmtechnische Anforderungen nicht unbeachtet bleiben (siehe hierzu auch den Kommentar in Abschnitt 8.4 dieses Handbuchs). Gerade bei Oberflächenbehandlungen auf Innerortsstraßen kann dies letztlich maßgebend für die Akzeptanz einer Maßnahme nach ZTV BEA-StB sein, weil eine Erhöhung eines bestehenden Lärmpegels von den Anwohnern häufig nicht akzeptiert wird.

Im Zuge der Diskussion um die Stickoxid-Belastung in Innenstädten wurden in der jüngeren Zeit auch künstlich hergestellte Gesteinskörnungen mit photokatalytischen Eigenschaften entwickelt. Im Asphaltstraßenbau können sie beispielsweise als Abstreumaterial eingesetzt werden. Forschungen (Böhm et al., 2016) zeigen, dass solche Gesteinskörnungen auf dem Anforderungsniveau der TL Gestein-StB herstellbar sind und gute Gebrauchseigenschaften aufweisen. Eine Reduzierung der Stickoxid-Belastung wurde insbesondere bei den Spitzenwerten erreicht. Die Erfahrungen mit diesen Gesteinskörnungen sind noch begrenzt, sodass sich ihre Anwendung bei Erhaltungsmaßnahmen in den nächsten Jahren noch auf Versuchsstrecken beschränken dürfte.

Literatur (zu Abschnitt 2.1)

Böhm, S., Blumenfeld, T., Rott, D., Günther-Plönes, A.: Reduzierung der urbanen NO_2-Werte, Photokatalytisch wirkende Asphaltflächen. In: Asphalt 4/2016, S. 12–17.

Bull-Wasser, R., Eger, W., Fuchs, W., Ritter H.-J.: Das neue Regelwerk für Gesteinskörnungen, Asphalt und Beton – Teil 1: Gesteinskörnungen und Schichten ohne Bindemittel. In: Straße und Autobahn 9/2005, S. 501–507.

Claros, E., Pös, J.: Mischguteigenschaften von Dünnen Schichten im Kalteinbau – Teil 1: Kohäsionsentwicklung. In: Bitumen 2/2000, S. 58–63.

DIN EN 13043: Gesteinskörnungen für Asphalt und Oberflächenbehandlungen für Straßen, Flugplätze und andere Verkehrsflächen, Ausgabe Dezember 2002 mit Berichtung 1, Dezember 2004. Deutsches Institut für Normung e. V., Beuth Verlag, Berlin 2004.

Krass, K., Koller, J.: Auswirkungen der Extraktion von Gesteinskörnungen aus Asphalt sowie der Porosität von Gesteinen des PSV. Schriftenreihe Forschung Straßenbau und Straßenverkehrstechnik, Heft 961. Bonn 2007.

MIRO: Empfehlung für die Durchführung der Überwachung und Zertifizierung von Gesteinskörnungen nach dem europäischen Konformitätsnachweisverfahren System 2+. Deutscher Gesteinsverband e. V., Bundesverband der Deutschen Kies- und Sandindustrie e. V., Oktober 2004. Verfügbar: http://www.gesteinsbaustoffe.de/doc/Verbaende-Empfehlung-2004-rev2_22-10-04.pdf (abgerufen am 23.2.2019).

RG Min-StB 93/96: Richtlinien für Güteüberwachung von Mineralstoffen im Straßenbau, Ausgabe 1993/Fassung 1996. Forschungsgesellschaft für Straßen- und Verkehrswesen, FGSV Verlag, Köln 1996.

Rosauer, V., Schulze, C.: Widerstand gegen Polieren – Kritische Bewertung PSV/PWS. In: Straße und Autobahn 9/2012, S. 588–597.

Schäfer, V.: Oberflächenbehandlung unter besonderer Berücksichtigung modifizierter Bindemittel – Stand der Bautechnik. In: Bitumen 1/1991, S. 120–125.

Schellenberger, M.: Praxiserfahrungen – Einsatz von Dünnen Schichten im Heißeinbau. In: Bitumen 3/2004, S. 109–111.

TL Asphalt-StB 07/13: Technische Lieferbedingungen für Asphaltmischgut für den Bau von Verkehrsflächenbefestigungen, Ausgabe 2007/Fassung 2013. Forschungsgesellschaft für Straßen- und Verkehrswesen, FGSV Verlag, Köln 2014.

TL Gestein-StB 04/18: Technische Lieferbedingungen für Gesteinskörnungen im Straßenbau, Ausgabe 2004/Fassung 2018. Forschungsgesellschaft für Straßen- und Verkehrswesen, FGSV Verlag, Köln 2018.

TP Gestein-StB: Technische Prüfvorschriften für Gesteinskörnungen im Straßenbau, Ausgabe 2008, zuletzt ergänzt und aktualisiert März 2018. Forschungsgesellschaft für Straßen- und Verkehrswesen, FGSV Verlag, Köln 2018.

ZTV Asphalt-StB 07/13: Zusätzliche Technische Vertragsbedingungen und Richtlinien für den Bau von Verkehrsflächenbefestigungen aus Asphalt, Ausgabe 2007/Fassung 2013. Forschungsgesellschaft für Straßen- und Verkehrswesen, FGSV Verlag, Köln 2014.

2.2 Bindemittel

Siehe DIN 18317, Abschnitt 2.1.2.

Es gelten:

- Technische Lieferbedingungen für Asphaltmischgut für den Bau von Verkehrsflächenbefestigungen (TL Asphalt-StB 07/13, Abschnitt 2.2),
- Technische Lieferbedingungen für Fugenfüllstoffe in Verkehrsflächen (TL Fug-StB) mit den Technischen Prüfvorschriften für Fugenfüllstoffe in Verkehrsflächen (TP Fug-StB).

Die zu verwendende Bindemittelart und -sorte sind in der Leistungsbeschreibung festzulegen.

Für Straßenbaubitumen und Polymermodifizierte Bitumen gelten die in den TL Asphalt-StB 07/13, Tabelle 2, angegebenen Höchsttemperaturen im Lagertank.

Für die übrigen Bindemittel gelten die Abfüll-, Lager- und Verarbeitungstemperaturen gemäß der Tabelle 1.

Bitumenemulsionen sind gegen Frost geschützt zu lagern.

Tabelle 1: Abfüll-, Lager- und Verarbeitungstemperaturen von Bitumenemulsionen und Fluxbitumen

Bindemittelart	Bindemittelsorte	Abfüll- und Lagertemperatur °C		Verarbeitungstemperatur °C	
		mindestens	höchstens	mindestens	höchstens
Bitumenemulsion	C40B5-S C60B4-REP	5	70	20	70
	C67B3-REP C67B3-OB	5	70	50	80
polymermodifizierte Bitumenemulsion	C60BP4-S C60BP4-REP C67BP3-REP	5	80	50	80
	C69BP3-OB-1 C69BP3-OB-2 C70BP3-OB-1 C70BP3-OB-2 C67BP4-DSH-V	5	80	60	80
polymermodifiziertes Fluxbitumen für OB	Fm9BP2 Fv9BP3	130	160	160	180
polymermodifizierte Bitumenemulsion für DSK	C65BP6-DSK	5	30	5	30

Kommentar

(1) Bitumen, Polymermodifizierte Bitumen und Bitumenemulsionen

(1.1) Bitumenproduktion

In der Geschichte der Menschheit haben mit bitumenhaltigen Bindemitteln gebundene Baustoffgemische – Asphalte – seit über 5 000 Jahren eine wechselnd große Rolle gespielt (Nüssel, 1958; Hutschenreuther, Wörner, 2017). Ausgangsstoff für die bitumenhaltigen Bindemittel sind die Rohöle, die verteilt über den Erdball in zahlreichen Lagerstätten zu finden sind.

Rohöle sind Gemische aus verschiedenen Kohlenwasserstoffen. Das Rohöl wird in den verschiedensten Regionen der Erde gefördert. Die wichtigsten Vorkommen lagern im Nahen Osten, von den bestätigten Rohölreserven alleine ca. zwei Drittel in Saudi-Arabien. Das Land verfügt über 35 Milliarden Tonnen Rohöl, was ungefähr einem Viertel der Weltrohölreserven gleichkommt. Obwohl die weltweite Ölförderung ansteigt, ist gleichzeitig eine Zunahme der bestätigten Erdölreserven zu erkennen (MWV, 2010).

Der Überlandtransport des Erdöls findet fast ausschließlich in Pipelines statt. Deutschland wird durch Pipelines versorgt, die ihren Einspeisungsort in der Nordsee, dem Mittelmeer und in der Ostsee haben. Zudem gibt es einen Anschluss an die „Drushba"-Pipeline, die aus verschiedenen Ölfeldern Asiens und Osteuropas gespeist wird.

Am Einspeisungsort befinden sich Tanklager, von denen die Rohölpartien (Batches) in die Pipelines eingepumpt werden. Von einem Einspeisungsort aus werden mehrere Raffinerien versorgt. Die von den verschiedenen Empfängern bestellten Rohöle der verschiedensten Provenienzen werden direkt hintereinander in verschiedenen Batchgrößen transportiert. Die Vermischung zwischen den verschiedenen Batches ist sehr gering, sie liegt bei Batchgrößen um 30 000 m³ bei weniger als 1 %. Die Parameter Viskosität, Stockpunkt und Wachsgehalt haben eine große Bedeutung für den Transport des Öls (Fließverhalten) in der Pipeline. Bei sinkenden Temperaturen erhöht sich die Viskosität und somit auch der Energieverbrauch. Sind die Temperaturen zu niedrig, abhängig vom zu transportierenden Öl, kann es bei Überschreitung des Stockpunktes zum Verstopfen der Pipeline kommen. Am Empfangsort, der Raffinerie, angekommen, wird das Erdöl zur Verarbeitung in Tanklagern gelagert. Die Rohöle werden ihrer Provenienz entsprechend in getrennten Tanks gelagert.

Bevor der Destillationsprozess (*Bild 1*) beginnt, werden die Rohöle entsalzt und entwässert. Dann findet eine Vorwärmung in Wärmetauschern statt. In dem darauffolgenden Röhrenofen erfolgt eine Aufheizung auf 350 bis 400 °C. Die Rohöle liegen nun als Dampf-Flüssigkeitsgemisch vor. In diesem Zustand werden sie in den ersten Fraktionierturm mit atmosphärischem Druck geleitet. Die Dämpfe steigen in dem bis zu 50 m hohen Turm hinauf. Je nach ihrem spezifischen Gewicht verflüssigen sie sich wieder. Da aber ein intensiver Austausch zwischen den neu aufsteigenden Dämpfen und den sich schon wieder verflüssigenden Bestandteilen stattfindet, werden die schweren Bestandteile auf den Destillationsböden zurückgehalten und die leichteren, die noch in der flüssigen Schicht sind, werden von den aufsteigenden Dämpfen mitgerissen und steigen weiter auf.

Kommentar

Der Destillationsturm (Destillationskolonne) besteht aus einer größeren Anzahl von Böden, von denen einige als Trennböden mit der gleichzeitigen Funktion der Fraktionsableitung dienen.

Die leichtesten Produkte, wie Methan, Ethan, Butan und Propan, durchströmen den Fraktionierturm und werden am oberen Ende des Turmes aufgefangen. Je nach Siedebereich werden die Produkte (von oben nach unten) am Fraktionierturm abgezogen: Flüssiggas und Benzin, Kerosin bzw. Petroleum, leichtes Mitteldestillat und schweres Mitteldestillat. Am Boden der Kolonne wird der sogenannte atmosphärische Rückstand aufgefangen. Die prozentuale Zusammensetzung der Produkte ist immer von den eingesetzten Rohölen und deren Provenienzen abhängig.

Der atmosphärische Rückstand aus der Rohöldestillation wird wieder in einem Röhrenofen erhitzt und in einen Fraktionierturm mit vermindertem Druck geleitet. In der Vakuumdestillationsanlage wird bei einem Druck von ca. 50 Millibar der Rückstand nochmals destilliert. Produkte hierbei sind: Vakuumgasöl (wird dem Mitteldestillat zugemischt), verschiedene Destillate für verschiedene andere Verwendungszwecke, wie z. B. für Schmieröle, und Vakuumrückstand zur Verarbeitung zu Heizöl oder Bitumen. Bei entsprechender Einstellung der Vakuumkolonne und entsprechender Rohölauswahl kann auch direkt Destillationsbitumen für den Straßenbau gebrauchsfertig hergestellt werden.

Voraussetzung dafür ist, dass die Vakuumrückstände im Wesentlichen aus ausgewählten naphthenischen und gemischt naphthenisch-paraffinischen Rohölen entstanden sind. Der geringe Anteil an kristallisationsfähigen Makroparaffinen im Vakuumrückstand über 500 °C oder 550 °C sowie der Gehalt an Harzen und Asphaltenen sind für die Bitumenfähigkeit entscheidend.

Zur Herstellung sehr harter Bitumensorten wird eine besondere Hochvakuum-Destillationstechnik benötigt. Hierbei werden weitere schwere Schmieröldestillate bei besonders geringem Druck abdestilliert. Dazu wird eine der normalen Vakuumdestillation nachgeschaltete, separate Anlage benötigt.

Polymermodifizierte Bitumen und Bitumenemulsionen werden in nachfolgenden Produktionsschritten aus Destillationsbitumen hergestellt. Bei der Herstellung Polymermodifizierter Bitumen werden dem Ausgangsbitumen Polymere beigegeben (*Bild 2*). Die homogene Einmischung der Polymere

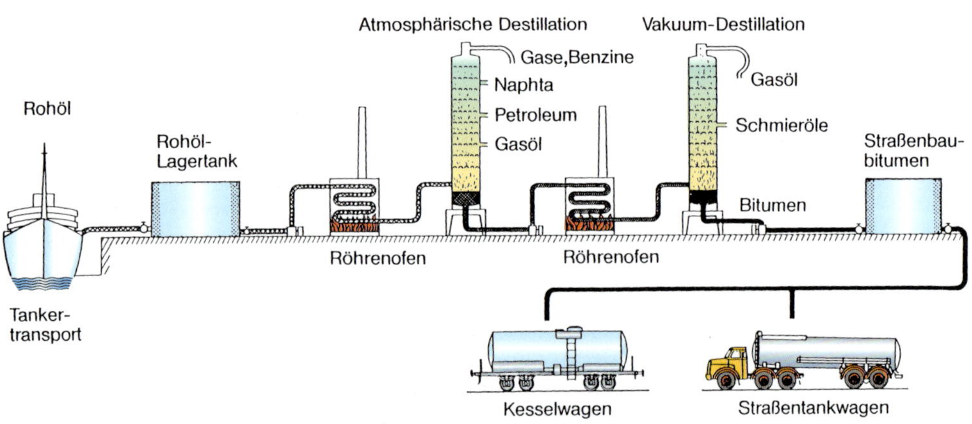

Bild 1 Bitumenherstellung in der Raffinerie (ARBIT, 1991)

Kommentar

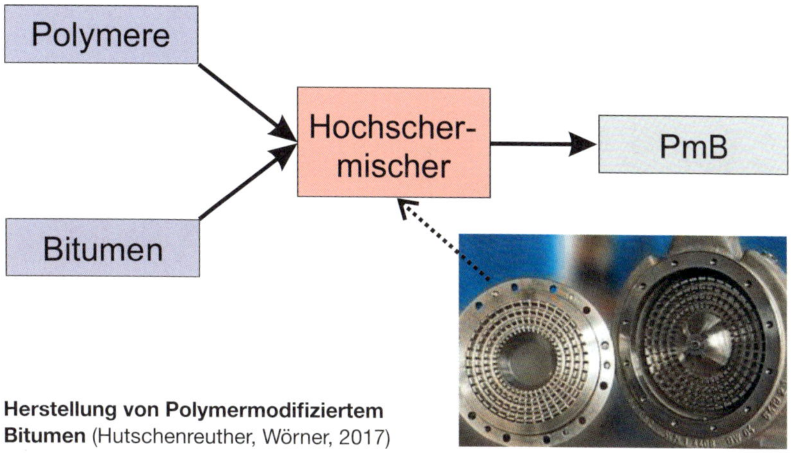

Bild 2 Herstellung von Polymermodifiziertem Bitumen (Hutschenreuther, Wörner, 2017)

erfolgt in einem Hochschermischer (Vondenhof, Schmeisser, 2008). Teilweise werden mehrere Polymere beigegeben, um die Eigenschaften des resultierenden Bindemittels weiter zu optimieren.

Für die Herstellung von Bitumenemulsionen (*Bild 3*) werden aufseiten der Bitumenphase Destillationsbitumen oder Polymermodifizierte Bitumen sowie ggf. Fluxmittel zugegeben. In der Wasserphase sind Wasser, der Emulgator und Säure enthalten. In Kolloidmühlen werden die Bitumen- und Wasserphase zusammengeführt und intensiv vermischt. Bei dieser Vermischung tragen die Emulgatoren dazu bei, dass einerseits eine ausreichende Dispersion (feine Verteilung der Bitumenteilchen) auftritt und andererseits die Koagulation (Zusammenfließen) der Bitumenteilchen durch die Emulgatorhülle um die Bitumenteilchen verhindert wird (Glet, 2000).

Wie bei den Straßenbaubitumen ist es auch bei Bitumenemulsionen möglich, eine Polymermodifizierung vorzunehmen. Es bieten sich hierbei zwei Möglichkeiten der Modifizierung an:

- Emulgieren eines Polymermodifizierten Bitumens
- Modifizierung einer Bitumenemulsion.

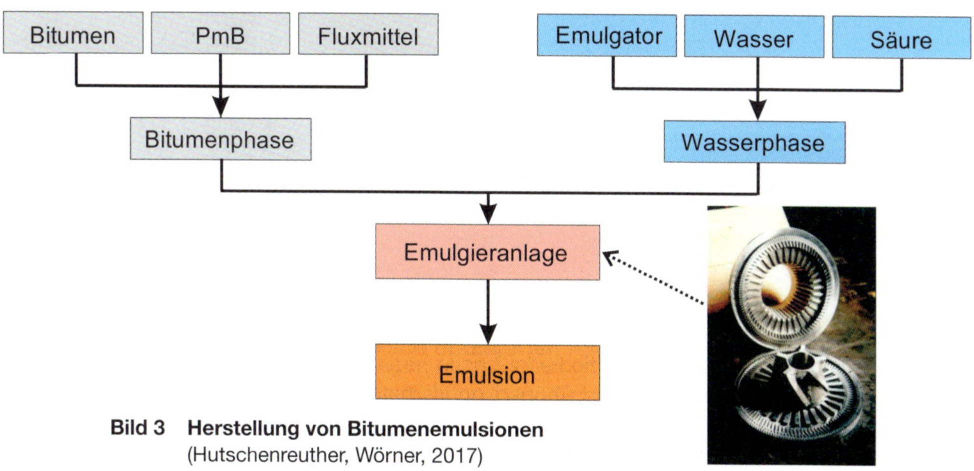

Bild 3 Herstellung von Bitumenemulsionen (Hutschenreuther, Wörner, 2017)

Kommentar

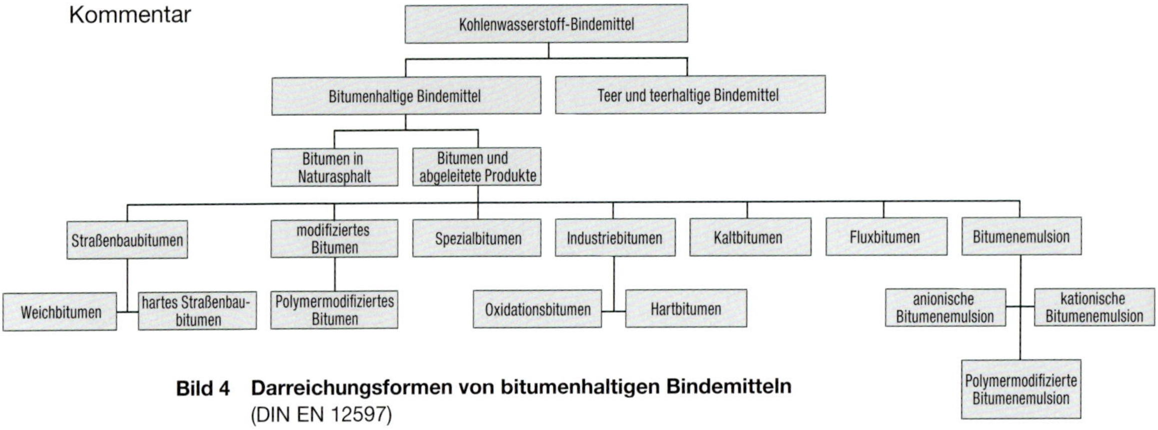

Bild 4 Darreichungsformen von bitumenhaltigen Bindemitteln
(DIN EN 12597)

Die Modifizierung einer fertigen Bitumenemulsion erfolgt in der Regel durch Zugabe von Polymeren in Latexform (wässrige Dispersion von Natur- oder Kunstkautschuk).

Bitumenemulsionen und Polymermodifizierte Bitumenemulsionen können durch Fluxen weiter verändert werden, wodurch das Fließverhalten und die anfängliche Klebekraft am Gestein beeinflusst werden. Die zum Fluxen eingesetzten Mittel dunsten relativ kurzfristig ab.

(1.2) Verarbeitungsformen

Bitumen und bitumenhaltige Bindemittel sind in *Bild 4* nach ihrer Darreichungsform entsprechend DIN EN 12597 dargestellt.

Im Rahmen der baulichen Erhaltung von Asphaltstraßen stehen die Straßenbaubitumen, die Polymermodifizierten Bitumen und die Bitumenemulsionen im Fokus.

(1.3) Grundlegende Eigenschaften des Bitumens

Bitumen sind schwer-flüchtige dunkelfarbige Vielstoffgemische, bestehend aus Kohlenwasserstoffen und Kohlenwasserstoffderivaten, die außerdem noch Schwefel, Sauerstoff, Stickstoff und im Wesentlichen Spuren von Vanadium, Nickel und Chrom enthalten können. Bitumen wird bei der Aufarbeitung geeigneter Rohöle gewonnen (vgl. Abschnitt (1.1) dieses Kommentars und (Hutschenreuther, Wörner, 2017)).

Die Alterung des Bitumens lässt sich in drei Gruppen, die miteinander kommunizieren, einteilen:

- Verdunstungsalterung (destillative Alterung),
- oxidative Alterung sowie
- Strukturalterung.

Die **Verdunstungsalterung** beruht auf physikalischen Vorgängen. Es werden leichtflüchtige Ölanteile durch thermisch-destillative Vorgänge abgedampft. Mit zunehmender Bitumenhärte nimmt dabei die Neigung zu diesem Vorgang ab. Eine Temperaturerhöhung, Vergrößerung der Oberfläche und die Verlängerung der Verweilzeit während der Heißlagerung z. B. in einem Tank haben eine Steigerung der Verhärtungsneigung zur Folge. Diese Art der Alterung

Kommentar

hat besondere Bedeutung für das Heißlagerungsverhalten von Bitumen in Tankanlagen.

Die **oxidative Alterung** ist eine chemische Alterung. Der wesentliche Auslöser dieser Alterungsform ist der Luftsauerstoff. Die Alterung erfolgt hauptsächlich photochemisch. Durch Licht im sichtbaren Wellenlängenbereich werden die Sauerstoffbindungen aufgespalten und durch UV-Strahlung werden die Kohlenwasserstoff-Bindungen sowie die Kohlenstoff-Kohlenstoff-Bindungen gebrochen. Durch diese Oxidations- und Dehydrierungsreaktionen entstehen Asphaltene aus den Erdölharzen. Durch die im Gegensatz zur Asphaltenbildung langsamer verlaufende Bildung der Erdölharze kommt es zu einem Ungleichgewicht in dem zuvor vorhandenen System. Die stabilisierende Wirkung der Harze wird verringert.

Werden die Asphaltene und die Erdöl-Harze vergrößert, kommt es zu einer **Strukturveränderung** und zu einer **Strukturalterung**. Es liegt, wie auch bei den anderen Alterungsformen, ein irreversibler Prozess vor.

Im Verlauf der Alterung gewinnt das Bitumen immer mehr an Härte und innerer Festigkeit. Dieses ist gepaart mit gleichzeitigem Verlust an Elastizität und Plastizität. Es kann auch zu einer geringfügigen Volumenabnahme kommen. Bei weit fortgeschrittener Alterung kann es zu einem Verspröden kommen. Polymermodifizierte Bindemittel unterliegen ebenfalls einem Alterungsprozess.

Während des Gebrauchszustandes des Asphaltmischgutes (im Straßenaufbau – unter Verkehr) sind die Einflüsse im Wesentlichen auf die Fahrbahnoberfläche begrenzt. Die Oxidation über Jahre hängt vom Hohlraumgehalt der Asphaltschicht ab. Je größer die Möglichkeit des Luftzutrittes ist, desto stärker ist die Neigung zur Oxidation innerhalb der Asphaltschicht. Die Bindemittelverhärtung in Asphaltbefestigungen ist in *Bild 5* dargestellt (Jensen,

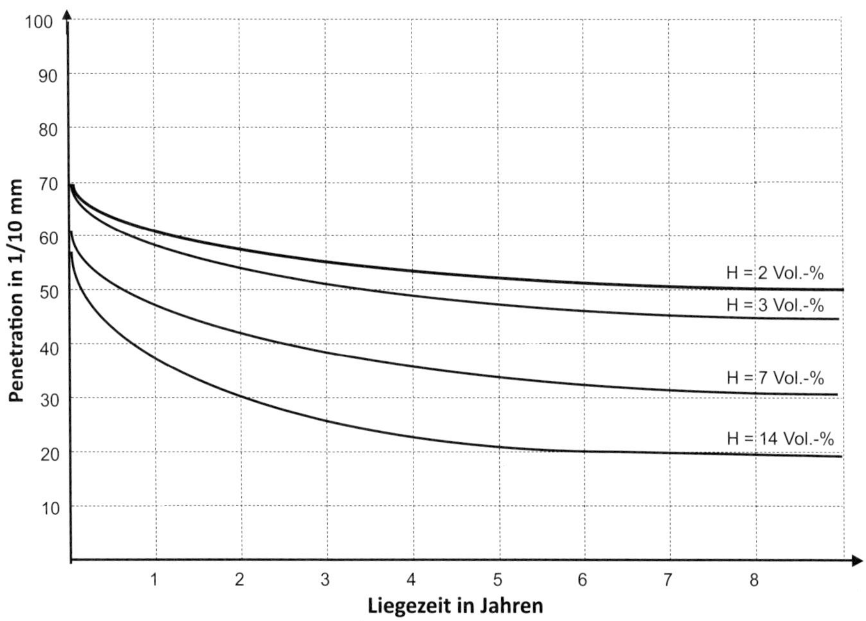

Bild 5 Bitumenverhärtung in Asphaltbefestigungen in Abhängigkeit von Liegezeit und Hohlraumgehalt (Jensen, Kast, 1977)

Kommentar

Kast, 1977). Bislang ist es nicht gelungen, eine entsprechende Laborprüfung zu entwickeln, mit der die Verhältnisse in der Praxis nachgestellt werden können.

„Viskosität (Zähigkeit) ist die Eigenschaft einer Flüssigkeit, der gegenseitigen laminaren Verschiebung zweier benachbarter Schichten infolge innerer Reibung einen Widerstand entgegenzusetzen". (DIN 1342)

In *Bild 6* sind die Viskositäten und Gebrauchstemperaturen verschiedener Bitumensorten dargestellt. Diese Werte können nur als Näherungswerte betrachtet werden, da es durch die Verwendung von Rohölen verschiedener Provenienzen und durch Unterschiede in der Herstellungstechnologie zu geringfügigen Verschiebungen der Viskositätslinien kommen kann.

Für die Praxis bedeutet dies, dass härtere Bitumen höheren Temperaturen ausgesetzt werden können als weiche Bitumen. Der Einbau des Asphaltmischgutes unter Verwendung harter Bitumen muss bei höheren Temperaturen erfolgen als bei weichen Bindemitteln (hohe Penetration). Das Gleiche trifft beim Verdichten des Asphaltmischgutes zu.

Bitumen ist gegen die Einwirkung der meisten anorganischen Säuren, Salze, aggressiver Gewässer, Kohlensäure und Alkalien widerstandsfähig. Allerdings gibt es bei der Widerstandsfähigkeit gegenüber starken Säuren neben einer Temperaturabhängigkeit (bei Temperaturerhöhung vermindert sich die Resistenz von Bitumen) auch eine Abhängigkeit von der oxidierenden Wirkung von Säuren. In der Regel kann man sagen, dass mit zunehmender Bitumenhärte die Widerstandsfähigkeit gegenüber Chemikalien wächst. Chemikalien in flüssiger Konsistenz sind dem Bitumen gegenüber aggressiver als in fester oder gasförmiger Form. Gegenüber Kraftstoffen (Benzin, Diesel), Ölen, Fetten und vielen organischen Substanzen oder Lösemitteln ist Bitumen nicht beständig.

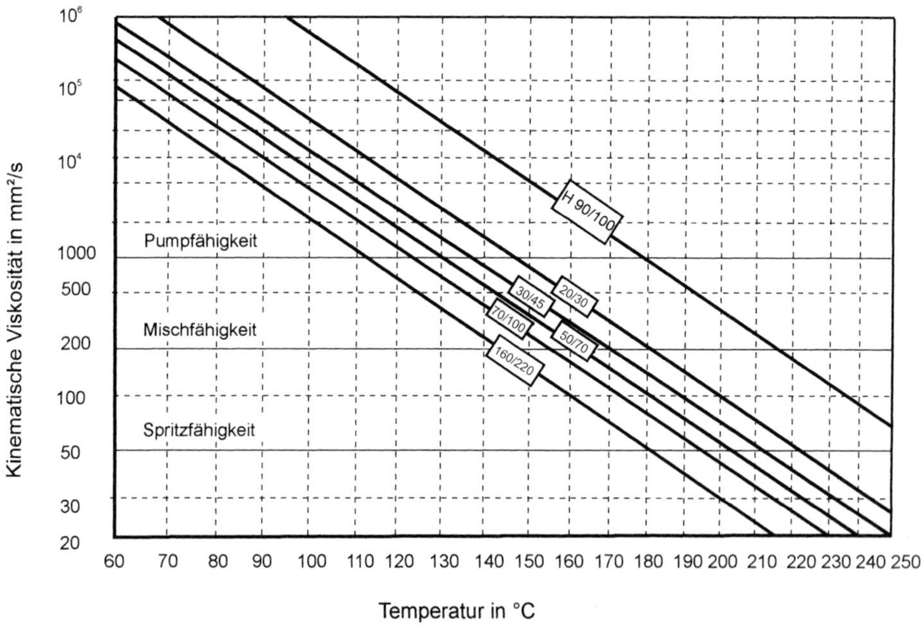

Bild 6 Viskositäten und Gebrauchstemperaturen von Bitumen (Esso, 1992)

Kommentar

(1.4) Prüfverfahren für Bitumen

Nachfolgend werden nur die wesentlichen Prüfverfahren für Bitumen und Polymermodifizierte Bitumen kurz dargestellt. Auf eine detaillierte Beschreibung aller Prüfverfahren wird bewusst verzichtet.

Durch die **Nadelpenetration** werden die Bitumensorten auf ihre Härte untersucht (*Bild 7*). Das Maß der Bitumenhärte wird mittels Penetrometer bestimmt. Eine Nadel (Gewicht und Form sind definiert) dringt innerhalb einer bestimmten Zeit und unter bestimmten Temperaturbedingungen in einen Bitumenkörper ein. Der dabei zurückgelegte Weg wird registriert. Der Messwert, ausgedrückt in 1/10 mm, ist eine Grundlage zur Einordnung des Bindemittels in die im Straßenbau verwendeten Bitumensorten. Das Prüfverfahren kann bis zu einer Nadelpenetration von 330 1/10 mm angewendet werden. Bei der Klassifizierung von Bitumen und Polymermodifizierten Bitumen werden immer die Grenzen der Nadelpenetration mit angegeben:

Straßenbaubitumen **50/70**	Nadelpenetration **50** bis **70** 1/10 mm
Polymermodifiziertes Bitumen **25/55**-55	Nadelpenetration **25** bis **55** 1/10 mm.

Durch die Bestimmung des **Erweichungspunktes Ring und Kugel (EP RuK)** nach DIN EN 1427 ist eine zweite Möglichkeit gegeben, das zu untersuchende Bindemittel zu klassifizieren (*Bild 8*). Das Prüfverfahren ist auch sehr gut geeignet, die thermische Beanspruchung des Bitumens beim Mischprozess in der Asphaltmischanlage zu kontrollieren. Durch das Prüfverfahren EP RuK wird ein definierter Temperaturpunkt ermittelt, der im fließenden Übergangsbereich vom festen zum flüssigen Aggregatzustand des Bitumens liegt. Der EP RuK ist der Temperaturwert, der erreicht ist, wenn eine in einem Messingring befindliche Bitumenschicht durch das Gewicht einer Kugel eine bestimmte Verformung erfährt. Je höher der Erweichungspunkt liegt, desto härter ist das Bitumen. Dieses Prüfverfahren ist für Straßenbaubitumen anwendbar, deren Erweichungspunkte Ring und Kugel zwischen 28 und 150 °C liegen. Bei der Klassifizierung von Polymermodifizierten Bitumen wird immer der minimale Erweichungspunkt Ring und Kugel mit angegeben:

Polymermodifiziertes Bitumen 25/55-**55**	EP RuK mindestens **55** °C.

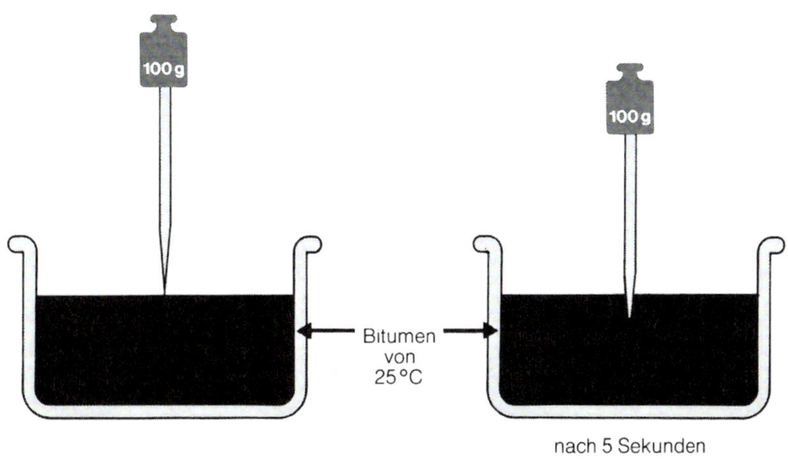

Bild 7 Nadelpenetration nach DIN EN 1426 (ARBIT, 2010)

Kommentar

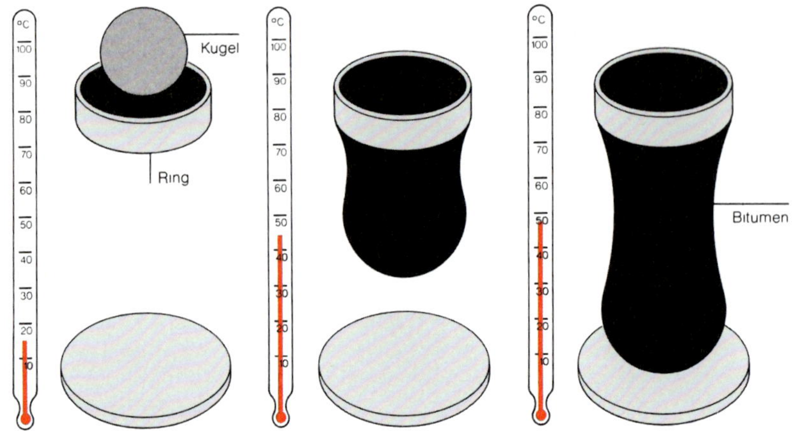

Bild 8 Erweichungspunkt Ring und Kugel nach DIN EN 1427 (ARBIT, 2010)

Der Übergang des Bitumens vom zähplastischen zum festen Zustand lässt sich mit dem **Brechpunkt nach Fraaß** ermitteln (*Bild 9*). Ein dünner Bitumenfilm wird auf Metallplättchen aufgeschmolzen oder aufgepresst. Im Gegensatz zur Ermittlung des Erweichungspunktes Ring und Kugel wird die Probe (Metallplättchen mit Bitumenüberzug) von einer bestimmten Ausgangstemperatur her allmählich abgekühlt und dabei dynamisch (Biegen der Plättchen) belastet. Es wird der Temperaturwert bestimmt, bei der der Bitumenfilm reißt bzw. bricht.

Durch die Differenzenbildung aus dem Erweichungspunkt Ring und Kugel und dem Brechpunkt nach Fraaß ermittelt man die Plastizitätsspanne von Bitumen.

Zur Nachahmung der Kurz- und Langzeitalterung an Straßenbitumen und Polymermodifizierten Bitumen existieren verschiedene Laborverfahren. Diese versuchen jeweils eine der beiden Alterungsstufen, Kurz- bzw. Langzeitalterung, zeitgerafft zu simulieren. Die Verfahren sind also keine Prüfverfahren im eigentlichen Sinne, sondern Probenkonditionierungsverfahren, welche (bis auf die Masseänderung) keine Prüfwerte ergeben.

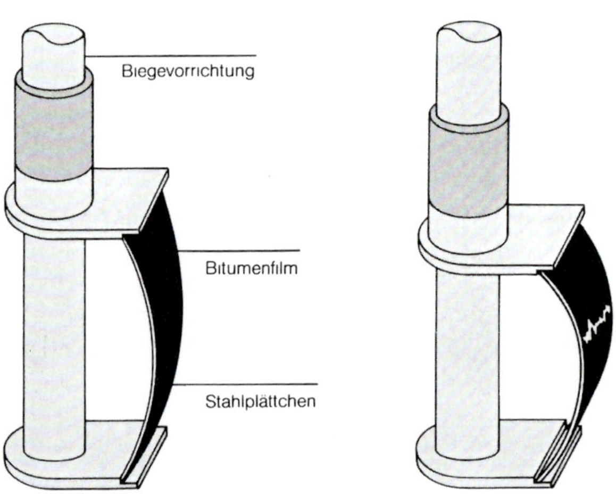

Bild 9 Brechpunkt nach Fraaß nach DIN EN 12593 (ARBIT, 2010)

Tabelle 1 Übersicht über verbreitete Laboralterungsverfahren

Kurzzeitalterung			Langzeitalterung		
Kurz-bezeichnung	**Bezeichnung**	**Norm**	**Kurz-bezeichung**	**Bezeichnung**	**Norm**
RTFOT	Rolling Thin Film Oven Test	DIN EN 12607-1	PAV	Pressure Ageing Vessel	DIN EN 14769
TFOT	Thin Film Oven Test	DIN EN 12607-2	RCAT	Rotating Cylinder Ageing Test	DIN EN 15323
RFT	Rotating Flask Test	DIN EN 12607-3	LTRFT	Long Term Rotating Flask Test	

Kommentar

Die **Kurzzeitalterung** umfasst sämtliche Alterungsvorgänge während der Verarbeitung eines Bitumens im Mischwerk sowie während des Transports und des Einbaus von Asphalt. Die Kurzzeitalterung ist gekennzeichnet durch hohe Temperaturen bei vergleichsweise kurzen Einwirkungszeiten. Während des Mischens bzw. vor der Verdichtung des Mischgutes sind sowohl die Angriffsfläche als auch das Sauerstoffangebot für die Alterung sehr hoch.

Unter **Langzeitalterung** wird die Veränderung der Eigenschaften eines Bitumens während der Liegedauer einer Straßenbefestigung verstanden. Sie ist gekennzeichnet durch Alterungsvorgänge bei niedrigen Temperaturen mit langen Einwirkungszeiten. Die Angriffsfläche ist durch den Verdichtungszustand des Mischgutes deutlich reduziert. Hauptaspekte der Langzeitalterung sind jahreszeitliche Schwankungen der Umweltbedingungen, UV-Licht-Beanspruchung an der Oberseite der Deckschichten und der vorhandene Luftsauerstoff.

Tabelle 1 zeigt die genormten bzw. verbreiteten Laboralterungsverfahren, gegliedert nach der damit zu erreichenden Alterungsstufe.

Der Pressure Ageing Vessel (PAV) nach DIN EN 14769 wird als Langzeitalterungsverfahren für Bitumen, Polymermodifizierte Bitumen und Bitumenemulsionen eingesetzt.

Die rheologischen Prüfverfahren dienen der Untersuchung des Fließverhaltens von Bitumen und Polymermodifizierten Bitumen unter „performance-orientierten“ Gesichtspunkten. Mit diesen Prüfverfahren wird versucht, das Gebrauchsverhalten bitumenhaltiger Bindemittel umfassender zu beurteilen, als dies mit den bereits dargestellten konventionellen Bindemittelprüfungen möglich ist.

Bei der Bestimmung der **Formänderungsarbeit/Kraftduktilität** wird ein Probekörper (*Bild 10*) bei bestimmten Prüftemperaturen mit einer konstanten Geschwindigkeit von 50 mm/min bis zum Riss oder bis zu einem festgelegten Punkt ausgezogen. Dabei werden der Ausziehweg und die aufgewendete Kraft kontinuierlich gemessen und aufgezeichnet. In der sich daraus ergebenden Kraft-Weg-Kurve wird die Kraft über einen festgelegten Bereich des Ausziehweges numerisch integriert und somit die für diesen Teil der Probenverformung notwendige Arbeit, die Formänderungsarbeit, berechnet.

In der Regel ist die geleistete Arbeit während des Kraft-Duktilitätsversuches bei Polymermodifizierten Bitumen größer als bei Destillationsbitumen. Deut-

Kommentar

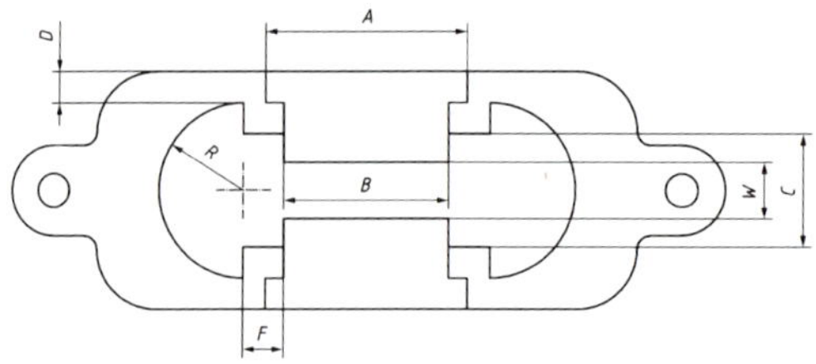

A	36,5 mm ± 2,0 mm
B	30,0 mm ± 0,1 mm
C	20,0 mm ± 0,2 mm
D	≥ 5,5 mm
W	10,0 ± 0,1 mm
F	7,3 mm ± 0,1 mm
R	15,5 mm ± 0,1 mm
Dicke	10,0 mm ± 0,1 mm

Bild 10 Probekörper zur Ermittlung der Kraftduktilität nach DIN EN 13589 (Maße in mm)

lich wird diese Tatsache an der Ausbildung eines Plateaus in der Kraft-Weg-Kurve von Polymermodifizierten Bitumen. Das PmB 40/100-65 A in *Bild 11* zeigt sogar einen Anstieg der Kraft nach dem Plateau.

Bild 12 zeigt eine Zuordnung zwischen einigen ausgewählten Gebrauchseigenschaften und den entsprechenden Prüfgrößen. Die zugehörigen Prüfverfahren werden im Anschluss kurz erläutert.

Das rheologische Gebrauchsverhalten eines Bindemittels kann mit dem **dynamischen Scherrheometer (DSR)** unter sinusförmiger Belastung bei verschiedenen Temperaturen (Temperatursweep) geprüft werden. Mit Hilfe der Prüfergebnisse werden nach DIN EN 14770 Werte errechnet, die die „Weichheit" eines Asphaltes beim Einbau, den Widerstand gegen bleibende Verformungen bei Sommertemperaturen und den Widerstand gegen Ermüdungsrisse bei mittleren Temperaturen kennzeichnen. Diese Eigenschaften können u. a. durch die folgenden, temperaturabhängigen Kennwerte quantifiziert werden:

- **Komplexer Schermodul G***

  Gesamtwiderstand des Bindemittels gegen Verformung, vektoriell zusammengesetzt aus Speichermodul G' (elastische Komponente) und Verlustmodul G" (viskose Komponente). Der Betrag des Komplexen Schubmoduls ergibt sich als Quotient aus maximaler Scherspannung und maximaler Scherdehnung.

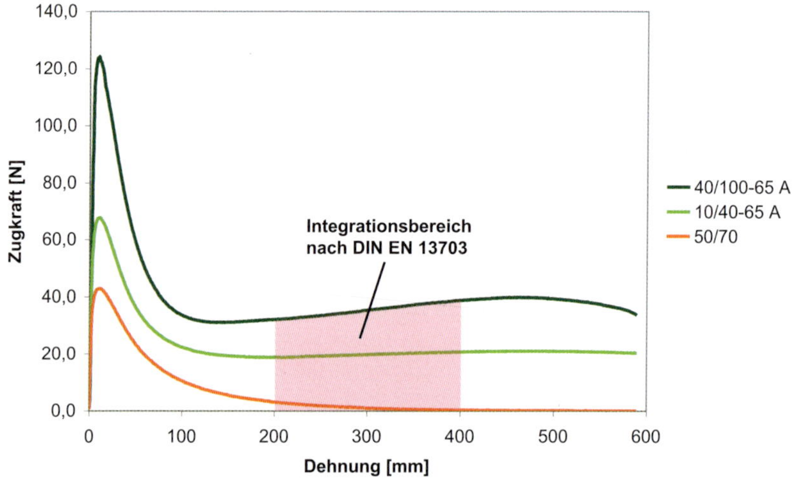

Bild 11 Beispiele für Kraft-Weg-Kurven unterschiedlicher Bitumenproben
(Hutschenreuther, Wörner, 2017)

Kommentar

	Gebrauchseigenschaft							
	Tieftemperaturverhalten			Ermüdungs-	Verformungs-		Verarbeitbarkeit
				verhalten			
Prüfverfahren/-gerät	Direkter Zugversuch	Biegebalkenrheometer		Dynamisches Scherrheometer Ø 8 mm	Ø 25 mm		Rotationsviskosimeter
Prüfwert	Bruchdehnung	Kriechfestigkeit		Komplexer Schermodul			Viskosität
Bindemittel	PAV-RTFOT-Bindemittel			PAV-RTFOT-	RTFOT-	PAV-	Original-Bindemittel
				Bindemittel			
Prüftemperatur	–35 °C bis 0 °C			5 °C bis 40 °C	40 °C bis 100 °C		135 °C
Anforderung	ε	S	m	G* • sin δ	G* / sin δ		≤ 3 Pa • s
	≥ 1 %	≤ 300 MPa	≥ 0,3	≤ 5000 kPa	≥ 2,20 kPa	≥ 1,00 kPA	
Prüfprinzip		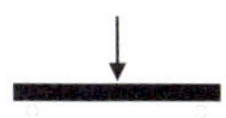					

Bild 12 Zusammenhang zwischen ausgewählten Gebrauchseigenschaften und Prüfgrößen von Polymermodifizierten Bitumen (Litzka u. a., 1998)

Phasenwinkel δ

Phasenverschiebung zwischen der oszillierenden aufgebrachten sinusförmigen Spannung und der resultierenden sinusförmigen Dehnung. Der Phasenwinkel δ kennzeichnet die Verzögerung der resultierenden Dehnung gegenüber der aufgebrachten Spannung und ist ein Maß für die elastischen und viskosen Anteile. Bei hohen Temperaturen überwiegt der viskose Anteil. Bei tiefen Temperaturen dagegen überwiegt der elastische Anteil, das Bindemittel reagiert spontan bei Belastungen und der Winkel δ strebt nach 0°.

Die Polymermodifizierten Bitumen zeigen im Vergleich zu den Destillationsbitumen im Gebrauchstemperaturbereich zwischen 35 °C und 60 °C eine geringere Zunahme des viskosen Anteils. Dieser Aspekt ist in *Bild 13* am Beispiel der Phasenwinkel-Temperatur-Kurven unterschiedlicher Bindemittelproben dargestellt.

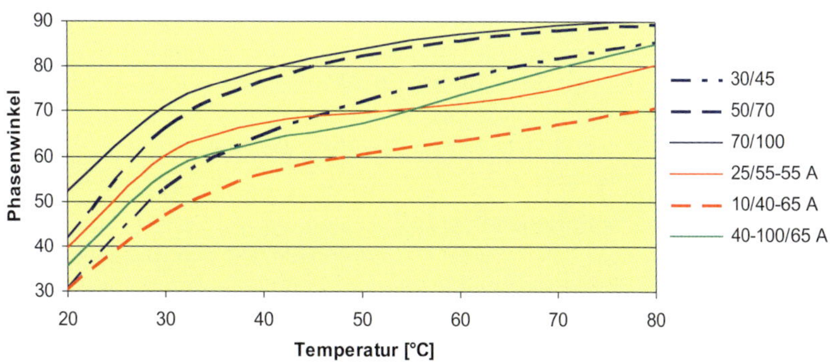

Bild 13 Phasenwinkel bei unterschiedlichen Bindemitteln (Hutschenreuther, Wörner, 2017)

Kommentar

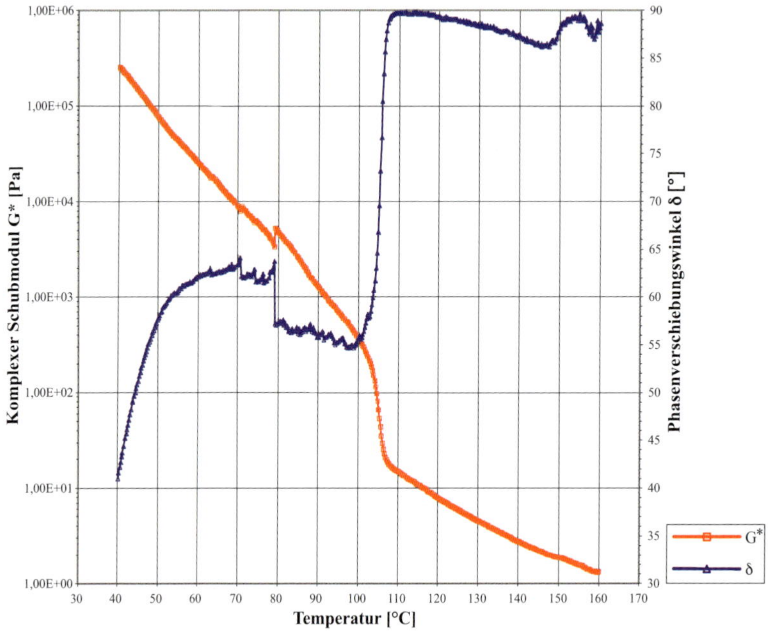

Bild 14 Temperatursweep an einem viskositätsveränderten Bindemittel (Hutschenreuther, Wörner, 2017)

Bild 14 zeigt den komplexen Schubmodul und den Phasenverschiebungswinkel bei einem viskositätsveränderten Bindemittel. Auffällig ist hier der Sprung im Temperaturbereich um 110 °C, in dem das hier eingesetzte Wachs verflüssigt.

Bei der Prüfung mit konstanter Scherrate im DSR kann die Phasenübergangstemperatur, ab der viskositätsveränderte Bindemittel ein erkennbar abweichendes Materialverhalten infolge Scherbeanspruchung aufweisen, ermittelt werden. In *Bild 15* sind die an zwei viskositätsveränderten Bindemitteln eruierten Ergebnisse wiedergegeben. Die Phasenübergangstemperatur beeinflusst das Verdichtungsverhalten des mit viskositätsveränderten Bindemitteln hergestellten Asphaltes und ist daher für die Einbauenden von besonderer Bedeutung.

Bei tiefen Temperaturen schrumpft ein Bindemittel und reißt, wenn die Zugspannung größer als die Zugfestigkeit ist. Das Entstehen eines Risses ist umso wahrscheinlicher, je größer die Kriechsteifigkeit, d. h. je spröder das Bindemittel und je stärker der Kriechsteifigkeitsabfall, sind. Mit dem **Biegebalken-Rheometer (BBR)** nach DIN EN 14771 wird, das Kriechverhalten eines Bindemittels unter einer konstanten Last gemessen und daraus die Kriechsteifigkeit und der Abfall der Kriechsteifigkeit bei tiefen Temperaturen errechnet.

Zur Ermittlung der Biegekriechsteifigkeit wird ein Bindemittelbalken in einem Kältebad mit einer konstanten Einzellast in Balkenmitte belastet und die sich einstellende Durchbiegung d kontinuierlich gemessen. Die Kriechsteifigkeit wird nach einer Belastungszeit von 60 Sekunden berechnet.

Der m-Wert ist der Logarithmus der Steifigkeit über dem Logarithmus der Zeit. Wenn die Temperatur sinkt und das Bindemittel schrumpft, sinken dessen

Kommentar

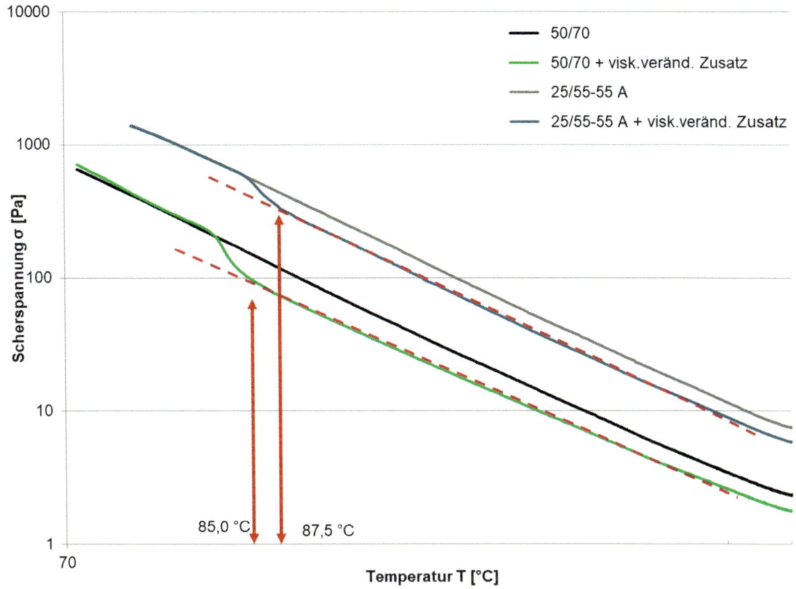

Bild 15 Ermittlung der Phasenübergangstemperatur an zwei viskositätsveränderten Bindemitteln (blaue und grüne Linie) im Vergleich zum Ausgangsbindemittel (graue und schwarze Linie) (Alisov, 2018)

Steifigkeit und die aufnehmbaren Zugkräfte. Ein möglichst hoher m-Wert wird als ein Kriterium für ein ausreichendes Tieftemperaturverhalten angesehen.

Polymermodifiziertes Bindemittel wird heiß angeliefert und mit einer Temperatur von 150 bis 170 °C in den Bitumentanks beim Verbraucher (Asphaltmischanlage) gelagert. In der Regel wird das Bitumen kurz nach der Anlieferung seinem Verwendungszweck zugeführt. Bleibt aber das Bindemittel längere Zeit im Vorratstank, ohne dass es bewegt (z. B. umgepumpt) wird, besteht die Gefahr der Entmischung des gebrauchsfertigen Polymermodifizierten Bitumens.

Um nachzuweisen, dass das Polymermodifizierte Bitumen eine **Stabilität gegen die Entmischung** bei Heißlagerung (DIN EN 13399) besitzt, wurde als zusätzliches Prüfverfahren der sogenannte „Tubentest" (Tubenverfahren) eingeführt. Mit diesem Test wird das Verhalten des Bindemittels im Lagertank simuliert. Bei dieser Prüfung wird das Bitumen in eine Tube gefüllt und die Tube senkrecht im Wärmeschrank gelagert. Nach der Lagerung wird je eine Probe aus dem oberen und dem unteren Drittel der Tuben entnommen und daran der Erweichungspunkt Ring und Kugel bestimmt. Wenn der Unterschied der Erweichungspunkte mehr als 5 K beträgt, wird von einer Entmischung und somit einer nicht ausreichenden Stabilität ausgegangen. *Bild 16* zeigt, dass bereits die optische Ansprache eine Beurteilung zulässt. So ist einzig die Probe links im Bild als stabil anzusehen.

Die Prüfung der **Elastischen Rückstellung** nach DIN EN 13398 des Polymermodifizierten Bitumens ist eine Ergänzung der Duktilitätsprüfung nach DIN 52013 und wurde ursprünglich eingeführt, um Straßenbaubitumen und Polymermodifizierte Bitumen zu unterscheiden. Die Prüfung der Elastischen Rückstellung nach dem Halbfadenverfahren erfolgt im Duktilometer. Zur

Kommentar

Bild 16 Stabilität gegen Entmischung – augenscheinliche Ansprache (Reiter, 2005)

Ermittlung der Elastischen Rückstellung werden die Probekörper bis zu einer Fadenlänge von 20 cm ausgezogen, dann der Vorschub ausgestellt und die Probe in der Mitte des Fadens (10 cm Länge) mit einer Schere innerhalb von 10 Sekunden getrennt. Nach 30 Minuten wird der Abstand, der sich zwischen den beiden Fadenenden gebildet hat, gemessen. Der Verhältniswert der Fadenlängen in Prozent, bezogen auf die ursprünglich gezogene Fadenlänge von 20 cm, stellt das Ergebnis dar. Bei der Anwendung des Prüfverfahrens bei aus Asphalt zurückgewonnenen Bindemitteln kann die Ausziehlänge reduziert sein. In *Bild 17* ist der Prüfvorgang schematisch dargestellt.

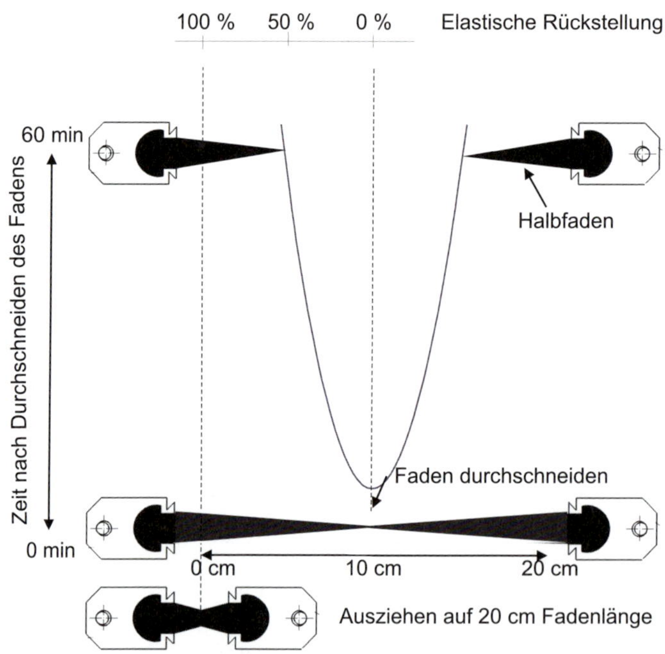

Bild 17 Elastische Rückstellung nach der Halbfadenmethode
(Hutschenreuther, Wörner, 2017)

Kommentar

(1.5) Sonderbindemittel

Neben den Straßenbaubitumen und den Polymermodifizierten Bitumen finden zunehmend auch andere modifizierte Bitumen Anwendung im Straßenbau. Mit diesen Modifikationen soll die chemische Zusammensetzung von Bitumen durch die Zugabe von zwei oder mehr Zusatzstoffen gezielt an die straßenbautechnischen Anforderungen angepasst werden. Diese Modifikationen zeichnen sich durch ein hohes Entwicklungspotenzial aus, zu dem jedoch in vielen Fällen Grundlagenuntersuchungen erforderlich sind, um Fehlschläge zu vermeiden. *Bild 18* gibt einen Überblick über die Modifizierungsmöglichkeiten (Schmidt u. a.).

<table>
<tr><td>Destillation
Anblasen
Blenden
Asphaltenfällung</td><td>Technischer Stand</td><td rowspan="2">Intrinsisch</td><td rowspan="13">Multimodifiziertes Bitumen</td></tr>
<tr><td>Bitumendesign</td><td>Mögliche Entwicklung</td></tr>
<tr><td>Styrol-Butadien-Styrol (SBS)
Styrol-Butadien-Kautschuk (SBR)
Ethylvinylacetat (EVA)
Recycling-Gummi
Polyoctenamer Kautschuk (TOR)
Natur-Kautschuk (NR)
Isopren-Kautschuk (IR)
Polychloropren-Kautschuk (CR)
Acrylat-Kautschuk (ACM)
Ethylen-Acrylester-Kautschuk (AECM)
Ethylen-Propylen-Dien-Copolymere (EPDM)</td><td>Elastomere</td><td rowspan="11">Extrinsisch</td></tr>
<tr><td>Polyethylen (PE)
Polypropylen (PP)</td><td>Plastomere</td></tr>
<tr><td>Polyepoxide
Polyester
Polyurethane (PU)</td><td>Duroplaste</td></tr>
<tr><td>Paraffine
Amide
(Zeolithe)</td><td>Temperaturabsenkung</td></tr>
<tr><td>Amine
Amide
Calciumhydroxid</td><td>Haftverbesserer</td></tr>
<tr><td>Polyphosphorsäure
Schwefel
Synthetische Harze
Nano-Clay
Natürliche Harze
Kieselsäure</td><td>Sonstige</td></tr>
<tr><td></td><td>Anti-Ageing-Agent</td></tr>
<tr><td></td><td>Fasern</td></tr>
<tr><td></td><td>Naturasphalt</td></tr>
</table>

Bild 18 Modifikationsmöglichkeiten von Bitumen (Schmidt u. a.)

Kommentar

Neben den gummimodifizierten Bindemitteln finden derzeit vor allem Bindemittel zur Temperaturabsenkung und Bindemittel mit Haftverbesserern verstärkt Verwendung.

Zur Temperaturabsenkung werden dem Bitumen oder dem Polymermodifizierten Bitumen Zusätze zugegeben, die das Bitumen so verflüssigen, dass eine niedrige Einbautemperatur des Heißasphaltes (Temperaturdifferenz gegenüber konventionellem Asphalt ca. 20 K) möglich ist. Diese Bindemittel sind in den „Empfehlungen zur Klassifikation von viskositätsveränderten Bindemitteln (Ausgabe 2016)“ beschrieben. Neben der Zugabe von viskositätsverändernden Zusätzen zum Bindemittel können dem Asphaltmischgut auch Feuchtigkeit enthaltende mineralische Zusätze zugegeben werden, mit denen ein vergleichbarer Effekt erreicht wird.

Aufgrund aufgetretener Schadensfälle mit einzelnen Gesteinskörnungen finden auch Haftverbesserer Verwendung, mit denen der Verbund zwischen Bitumen und Gesteinskörnung optimiert wird. Bei diesen Produkten ist der Arbeits- und Gesundheitsschutz zu beachten.

Beim Einsatz von Bindemitteln in Asphalten nach EN 13108 ist auf das Erfordernis der CE-Kennzeichnung zu achten. Eine CE-Kennzeichnung ist für Straßenbaubitumen nach EN 12591, für Polymermodifizierte Bitumen nach EN 14023 und für kationische Bitumenemulsionen nach EN 13808 möglich. Bei anderen modifizierten Bindemitteln ist zu prüfen, ob das Grundbindemittel über eine CE-Kennzeichnung verfügt und die Zusatzstoffe getrennt als solche aufgeführt werden können. Grundsätzlich ist davon auszugehen, dass nur bei Verwendung CE-gekennzeichneter Bindemittel eine entsprechende Kennzeichnung des Asphaltes nach EN 13108 möglich ist.

(1.6) Bitumenemulsionen

(1.6.1) Eigenschaften von Bitumenemulsionen

Bitumenemulsionen sind Dispersionen von Bitumen in Wasser. Das aufgeteilte Bitumen bildet die sogenannte „innere Phase“ der Emulsion. Die „äußere Phase“ besteht aus Wasser. Sie bestimmt damit auch den „wässrigen Charakter“ der Bitumenemulsion, da sie zusammenhängend ausgebildet ist und die innere Phase einschließt (*Bild 19*). Der Emulsionszustand wird aufrechterhalten durch eine Emulgatorhülle um die Bitumenteilchen.

Bild 19 Bitumenemulsion (schematische Darstellung) (Holl, 2003)

Kommentar

Das entstehende flüssig/flüssig-System ist aber häufig nicht sehr stabil, da die kleinen Tröpfchen dazu neigen, sich zu größeren zusammenzulagern. Deshalb fügt man Emulsionen zu ihrer Stabilisierung Emulgatoren zu. Emulgatoren sind grenzflächenaktive Stoffe, die eine polare, wasserlösliche (hydrophile) und eine unpolare, fettlösliche (lipophile) Seite besitzen. Die Emulgatormoleküle lagern sich an der Oberfläche an – der wasserfreundliche Teil in der Wasserphase, der fettfreundliche Teil in der Bitumenphase – und bewirken ein Absinken der Grenzflächenspannung (Oberflächenspannung) und damit eine Stabilisierung der Emulsion. Die Emulgatorhüllen um die Bitumenkügelchen verhindern, dass die Bitumenkügelchen schnell zusammenfließen.

Je nach Charakter der **Teilchenpolarität** (elektrische Ladung) unterscheidet man zwischen kationischen, anionischen und nicht-ionischen Bitumenemulsionen.

Bei anionischen Bitumenemulsionen tragen die Emulsionströpfchen negative Ladung. In einem elektrischen Feld wandern die Partikel daher zur positiv geladenen Anode. Bei kationischen Bitumenemulsionen tragen die Emulsionströpfchen positive Ladung. In einem elektrischen Feld wandern die Partikel daher zur negativ geladenen Kathode. Anionische Emulsionen mit negativ geladenen Tröpfchen werden stets in einer alkalischen wässrigen Phase (Laugen, pH-Wert 7–14), kationische Emulsionen mit positiv geladenen Tröpfchen hingegen in einer sauren wässrigen Phase (Säuren, pH-Wert 1–7) emulgiert.

Die **Feinheit der Bitumenaufteilung** in der „äußeren Phase" ist außerordentlich hoch (*Bild 20*). Die im Straßenbau eingesetzten Bitumenemulsionen besitzen Partikelverteilungen im Bereich von 1 µm bis 10 µm. Mittlere Aufteilungsgrade mit Schwerpunkt um oder etwas unter 5 µm haben sich für die praktische Anwendung im mitteleuropäischen Raum bewährt und tragen zu dem homogenen Erscheinungsbild der Emulsion und der bräunlichen Färbung bei.

Die Teilchengröße ist bestimmend für die Emulsionsstabilität, das Brech- und Abbindeverhalten und die Gesteinsumhüllung. Die Tröpfchengröße und die Tröpfchengrößenverteilung sind wichtige Variablen und durch Zusammensetzung, Rohstoffe und Einrichtungen zur Herstellung der Emulsionen kontrollierbar. Die einzelnen Tröpfchen sind in ihrer Größe recht unterschiedlich. Die Ursachen dafür liegen im Erzeugungsverfahren sowie in der Chemie der Emulsionsinhaltsstoffe, also den Bitumen- und Emulgatorqualitäten sowie deren Mengenverhältnissen.

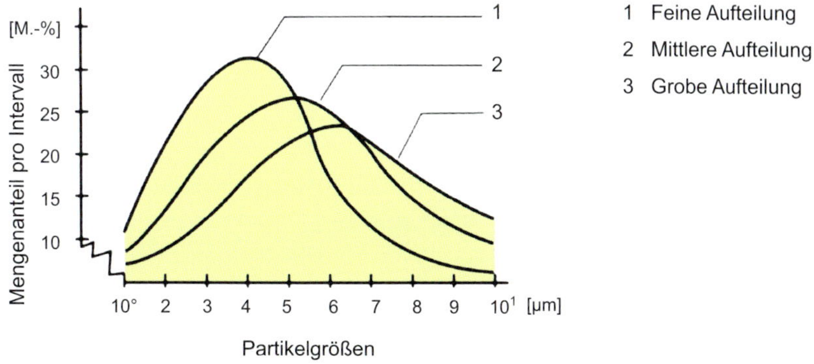

Bild 20 Größenverteilungen von Bitumenpartikeln in Bitumenemulsionen (Holl, 2003)

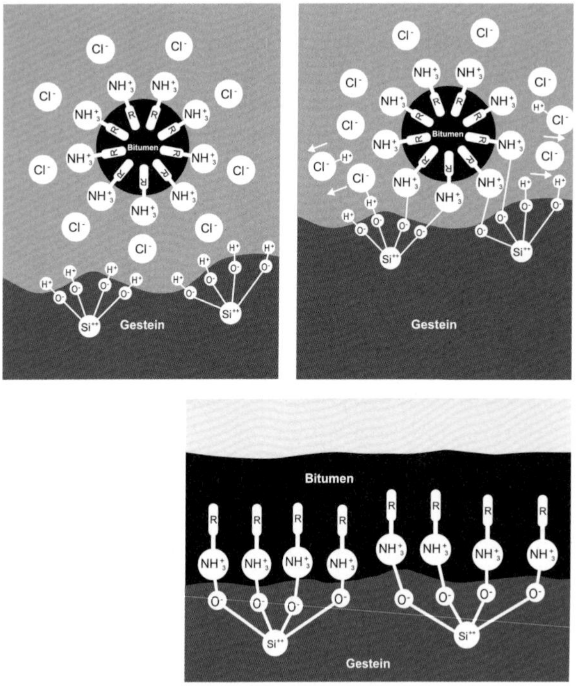

Bild 21 Brechvorgang bei einer kationischen Bitumenemulsion (Fachverband der Kaltasphaltindustrie, 1983)

Der Ausscheidevorgang des Bindemittelanteils aus der Emulsion bei Kontakt mit dem Gestein wird als **Brechen** bezeichnet. Der Ablauf des Brechvorganges ist eine fundamentale Emulsionseigenschaft und bestimmt in erster Linie die Einsetzbarkeit einer Sorte für einen bestimmten Einsatzzweck.

Der anwendungstechnische Zweck der Bitumenemulsion ist erfüllt, wenn das Bitumen aus der Emulsion ausgefällt ist und einen fest haftenden und zusammenhängenden Film auf der Gesteinsoberfläche bildet. Dieser Vorgang spielt sich in zwei Schritten ab, dem Brechen der Bitumenemulsion und dem Verfilmen des Bitumens am Gestein.

Der Brechvorgang unterscheidet sich bei kationischen und anionischen Bitumenemulsionen. Bei kationischen Bitumenemulsionen erfolgt der Brechvorgang durch Ladungsaustausch der elektropositiv geladenen Bitumenkügelchen mit elektronegativen Ladungen an der Gesteinsoberfläche. Dies führt zu einer unmittelbaren Adhäsion (Haftung) des Bitumens am Gestein unter gleichzeitiger Verdrängung des Wassers von der Gesteinsoberfläche (*Bild 21*). Da jedes Gestein elektronegative Ladungen trägt, erfolgt bei kationischen Bitumenemulsionen immer, selbst in Gegenwart von Wasser, eine Bitumenausscheidung am Gestein. Dieses Verhalten erklärt die große Bedeutung kationischer Bitumenemulsionen für den Straßenbau.

Mit dicker werdendem Bitumenfilm verlangsamt sich zwar das spontan ausgelöste Brechen der Emulsion zunehmend, da der Ladungsausgleich immer schwieriger wird. Diese Verlangsamung des Anlagerungsprozesses bietet aber wiederum Gewähr, dass die ausflockenden Bitumenteilchen richtig verfilmen können.

Die Hauptmasse der Bitumenausscheidung, die mit der Abscheidung eines Großteils des Emulsionswassers verbunden ist, erfolgt anschließend. Diese Vorstellung ist idealisiert. In Wirklichkeit laufen verschiedene Vorgänge gleichzeitig ab:

- Ladungsaustausch läuft (wenn auch verlangsamt) weiter,
- Kapillarkräfte führen zur Absorption von Emulsionswasser,
- Verdunstung von Emulsionswasser.

Das Auspressen von Emulsionswasser durch mechanischen Druck (Abwalzen, moderater Verkehr) bringt Bitumenpartikel in eine molekulare Nachbarschaft. Unter Verfestigung versteht man das Ausbilden eines massiven, völlig wasser- und verschnittmittelfreien Bitumenfilms. Bei reinen Bitumenemul-

Kommentar

sionen liegt am Ende der Verfestigung das eingesetzte Bitumen in seiner ursprünglichen Form vor. Das Verfestigen beschränkt sich in diesem Fall somit auf ein Abdunsten eingeschlossener geringfügiger Restwasseranteile, die allerdings fein verteilt vorliegen.

Bei anionischen Bitumenemulsionen wird der Brechvorgang durch Adsorption von Emulsionswasser an der Gesteinsoberfläche eingeleitet und nicht durch Ladungsausgleich. Im Gegensatz zu den kationischen Bitumenemulsionen, bei denen das ausgefällte Bitumen das Emulsionswasser von der Gesteinsoberfläche verdrängt, verbleibt beim Brechen anionischer Bitumenemulsionen zunächst ein Wasserfilm um die Gesteinsoberfläche erhalten, der den Anlagerungsprozess des Bitumens am Gestein bis zum völligen Verdunsten des Wassers hinauszögert. Der Anlagerungsvorgang ist erst nach völligem Verdunsten bzw. Verdrängen des Emulsionswassers beendet. Anionische Emulsionen spielen daher in Ländern mit warmem Klima und/oder mit großen karbonatischen Gesteinsvorkommen noch eine Rolle. Der Brechvorgang z. B. an Kalkgestein kann bei diesen Gegebenheiten durch Mitverwendung bestimmter Haftmittel in der Emulsion ebenfalls zügig eingestellt werden.

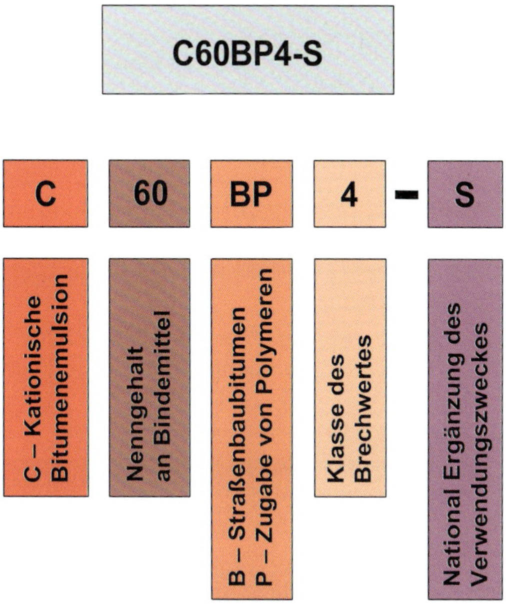

Kationische Bitumenemulsion der Brechklasse 4 zur Herstellung des Schichtenverbundes mit einem Gehalt von 60 M.-% an Polymermodifiziertem Bitumen

Bild 22 Beispiel für die Bezeichung einer Bitumenemulsion

Bitumenemulsionen müssen eine ausreichende **Lagerbeständigkeit** besitzen, um technisch brauchbar zu sein.

Der ursprüngliche, homogene Emulsionszustand unmittelbar nach der Herstellung bleibt nicht auf Dauer erhalten. Unter Einfluss von verschiedenen Kräften finden langsam (über Wochen) ablaufende innere Vorgänge statt, die den ursprünglichen Emulsionszustand verändern. Dabei laufen langsame innere Vorgänge, wie Absetzen (Sedimentation), Zusammenballung (Flokkulation) und Zusammenfließen (Koagulation) von Bitumenteilchen ab.

Die **Sedimentation** erfolgt unter dem Einfluss der Schwerkraft. Wasser besitzt die Dichte 1,0 g/cm^3, die Bitumendichte liegt im Allgemeinen etwas über 1,0 g/cm^3. Damit verfügt die Bitumenemulsion über eine Tendenz zum Absetzen des Bitumenanteils. Die Sedimentationsgeschwindigkeit hängt aber nach dem STOKEschen Gesetz noch von weiteren Faktoren ab. Sie wird größer

- bei höherer spezifischer Dichte der Bitumenpartikel,
- bei größeren Bitumenpartikeln sowie
- bei geringer Viskosität der Bitumenemulsion.

Die **Flokkulation** von Bitumenteilchen erfolgt durch „Verhakung" während innerer Bewegungsvorgänge. Bei der Sedimentationsbewegung kommen die einzelnen Partikel zu immer größerer Annäherung, wobei sich dann Flocken,

Kommentar

größere Aggregate, bilden. Diese bewegen sich mit erhöhter Sedimentationsgeschwindigkeit und bilden schließlich ein lockeres, aber noch aufrührbares Sediment, wobei das eine oder andere Kügelchen schon mit Nachbarn koaguliert sein mag, ohne dass es jedoch bei der technischen Anwendung stört.

Schließlich findet eine **Koagulation** statt, da die in molekulare Nachbarschaft gebrachten Partikel der Tendenz zur Verkleinerung der Oberflächen unterliegen und verschmelzen. Das ergibt dann ein festes, nicht mehr aufrührbares Sediment.

Das Zusammenfließen von Bitumenteilchen erfolgt bei langzeitlicher engster Annäherung unter dem Einfluss zwischenmolekularer Kräfte.

Eine normgerechte Emulsion lässt sich innerhalb der zugesicherten Lagerungszeit durch einfaches Aufrühren/Umpumpen wieder in einen technisch brauchbaren Zustand bringen, da die Bitumenpartikel noch nicht zusammengeflossen sind.

Die Bezeichnung von Bitumenemulsionen wird an dem Beispiel in *Bild 22* erläutert.

(1.6.2) Prüfung von Bitumenemulsionen

Bei der Prüfung von Bitumenemulsionen ist zu unterscheiden zwischen Prüfungen an der Bitumenemulsion im Anlieferungszustand, der Prüfung am aus der Bitumenemulsion zurückgewonnenen Bitumen und der Prüfungen an dem stabilisierten und gealterten Bitumen. Die einzelnen zu bestimmenden Kennwerte sind in *Tabelle 2* wiedergegeben.

Die Prüfungen an dem Bitumen wurden – mit Ausnahme der Pendelprüfung – bereits bei den Straßenbaubitumen bzw. Polymermodifizierten Bitumen

Tabelle 2 Prüfungen an Bitumenemulsionen und dem daraus gewonnenen Bitumen

Prüfung	Kennwert
an der Bitumenemulsion im Anlieferungszustand	Äußere Beschaffenheit Teilchenpolarität Brechverhalten Bindemittelgehalt Ausflusszeit Siebrückstand Haftverhalten
an dem aus der Bitumenemulsion zurückgewonnenen Bitumen	Nadelpenetration Erweichungspunkt Ring und Kugel zusätzlich bei Polymermodifizierten Bitumen: Prüfungen zur Kohäsion Elastische Rückstellung Pendelprüfung Kraftduktilität
an dem stabilisierten und gealterten Bitumen	Nadelpenetration Erweichungspunkt Ring und Kugel zusätzlich bei Polymermodifizierten Bitumen: Prüfungen zur Kohäsion Elastische Rückstellung Pendelprüfung Kraftduktilität

Kommentar

behandelt, so dass im Folgenden lediglich auf die Emulsionsprüfungen und die Alterung einzugehen ist.

Bei der Prüfung der **Teilchenpolarität** (DIN EN 1430) wird ein Gleich- oder gleichgerichteter Strom durch eine Bitumenemulsion zwischen zwei parallelen Plattenelektroden geschickt. Die Abscheidung einer Bitumenschicht an der Anode zeigt eine negative Polarität an, die Emulsion ist dann anionisch. Die Abscheidung von Teilchen an der Kathode zeigt eine positive Polarität an, diese Emulsion ist dann kationisch.

Bei der Bestimmung des **Brechverhaltens** (DIN EN 13075) wird einer festgelegten Menge an gerührter kationischer Bitumenemulsion in einem Becher mit Rührwerk ein Referenzfüller mit gleichbleibender Zuführmenge zugefügt. Wenn die Emulsion vollständig gebrochen ist, wird die Menge an zugeführtem Füller durch Wägen bestimmt. Die Masse des Füllers (in Gramm) multipliziert mit 100 und dividiert durch die Menge an Emulsion (in Gramm) ergibt den Brechwert. Durch die Zugabe von Füller verdickt sich die Mischung; die Emulsion ist als gebrochen zu bezeichnen, wenn sich die Mischung von selbst von der Becherwandung löst.

Neben der Bindemittelhärte unterscheiden sich die einzelnen Bitumenemulsionen vor allem in ihrem Brechverhalten. So sollten Bitumenemulsionen für Oberflächenbehandlungen oder das Verfahren „Anspritzen und Absplitten" möglichst schnell brechen, bei anderen Anwendungsbereichen ist ein langsames Brechen wünschenswert. Da die erforderliche Brechzeit auch von den Wetterbedingungen abhängig ist, werden bei einigen Anwendungsbereichen keine Anforderungen gestellt, um spezielle Einstellungen der Bitumenemulsion zu ermöglichen.

Der **Bindemittelgehalt** (DIN EN 1428) wird durch Bestimmung des Wassergehaltes ermittelt.

Die **Ausflusszeit** (DIN EN 12846) wird als die Zeit bestimmt, die eine vorgegebene Emulsionsmenge benötigt, um bei einer vorgegebenen Temperatur durch die Auslauföffnung des Ausflussviskosimeters zu fließen. Die Ausflusszeit ist ein Maß für die Viskosität der Bitumenemulsion.

Zur Bestimmung der **Lagerbeständigkeit** (DIN EN 1429) wird der Siebrückstand auf dem 5 mm-Sieb bestimmt. Je nach Anwendungsgebiet der Bitumenemulsion variiert die Lagerzeit der Bitumenemulsion vor Versuchsdurchführung.

Zur Bestimmung des **Haftverhaltens** (DIN EN 13614) wird die Bitumenemulsion gründlich mit einer Referenz-Gesteinskörnung gemischt. Nachdem die Emulsion unter festgelegten Bedingungen vollständig gebrochen ist, wird das Gemisch in einen mit Wasser gefüllten Glasbecher gegeben. Nach einer vorgegebenen Zeit und unter festgelegten Bedingungen wird der prozentuale Oberflächenanteil der mit dem Bindemittel bedeckten Gesteinskörnung mit einer Sichtprüfung festgestellt.

Für Bindemittel zum Einsatz in Oberflächenbehandlungen fordern die europäischen Normen die Durchführung der **Pendelprüfung** (DIN EN 13588). Bei diesem Versuch wird ein Stahlwürfel (Kantenlänge 1 cm) mit einem Bindemittelfilm (Dicke 1 mm) auf eine Stahlaufnahme geklebt. Aufnahme und aufgeklebter Würfel werden temperiert und der Würfel durch den Schlag eines schwingenden Pendels von der Aufnahme getrennt (*Bild 23*). Die zum Abtrennen des Würfels aufgebrachte Arbeit wird aus dem Schwingungswinkel des Pendels berechnet. Die Bestimmung wird sechsmal in dem Temperaturbereich durchgeführt, in dem der Spitzenwert der Kohäsion des Bindemittels enthalten ist.

Bild 23 Pendelprüfung (links: Prüfgerät; mittig: Stahlwürfel mit Aufnahme; rechts: Pendel) (MPA BAU der TU München)

Kommentar

Für die **Stabilisierung** (DIN EN 14895) und **PAV-Alterung** (DIN EN 14769) wird zuerst eine dünne Schicht der Bitumenemulsion auf einen nicht haftenden Untergrund aufgebracht und für 24 Stunden bei Umgebungstemperatur gelagert. Danach wird die Probe für weitere 24 Stunden in einer Wärmekammer mit Umluft bei 50 °C gelagert. An dem so gewonnenen Bindemittel erfolgt die Stabilisierung durch 24-stündige Lagerung in einer Wärmekammer mit Umluft bei 85 °C. Die Alterung erfolgt anschließend über 20 Stunden bei 100 °C im Pressure Ageing Vessel.

(1.7) Anforderungen an die Bindemittel

Die Anforderungen an Straßenbaubitumen und elastomermodifizierte Bitumen (PmB A) sind in den „Technischen Lieferbedingungen für Straßenbaubitumen und gebrauchsfertige Polymermodifizierte Bitumen" (TL Bitumen-StB) enthalten. Darin sind auch plastomermodifizierte Bitumen (PmB C) enthalten, auf die hier nicht eingegangen wird. In den *Tabellen 3* und *4* sind die Anforderungen wiedergegeben. Die TL Bitumen-StB stellen das Umsetzungsdokument für die EN 12591 (Straßenbaubitumen) und die EN 14023 (Polymermodifizierte Bitumen) dar.

Bei der Umsetzung der EN 13808 (Kationische Bitumenemulsionen) wurden die in Deutschland üblichen Einsatzbereiche in den Vordergrund gestellt. Die „Technischen Lieferbedingungen für Bitumenemulsionen" (TL BE-StB) unterschieden die nachfolgenden Einsatzbereiche für Bitumenemulsionen:

- S Herstellung des Schichtenverbundes,
- DSH-V Dünne Asphaltdeckschichten in Heißbauweise auf Versiegelung,
- REP Anspritzen und Absplitten (Reparaturzug),
- OB Oberflächenbehandlung,
- DSK Dünne Asphaltdeckschichten in Kaltbauweise.

Die Anforderungen an die jeweiligen Bitumenemulsionen sind in den *Tabellen 5* bis *9* wiedergegeben.

Die *Tabellen 10* und *11* zeigen die Anforderungen an gebrauchsfertige viskositätsveränderte Bindemittel, wie sie in den „Empfehlungen zur Klassifikation von viskositätsveränderten Bindemittel (E KvB)" beschrieben sind.

Tabelle 3 Anforderungen an Straßenbaubitumen nach TL Bitumen-StB 07/13

Merkmal oder Eigenschaft	Einheit	Prüfmethode	Sorten				
			20/30	30/45	50/70	70/100	160/220
Penetration bei 25 °C	0,1 mm	DIN EN 1426	20–30	30–45	50–70	70–100	160–220
Erweichungspunkt Ring und Kugel	°C	DIN EN 1427	55–63	52–60	46–54	43–51	35–43
Flammpunkt	°C	DIN EN ISO 2592	≥ 240	≥ 240	≥ 230	≥ 230	≥ 220
Löslichkeit	%	DIN EN 12592	≥ 99,0	≥ 99,0	≥ 99,0	≥ 99,0	≥ 99,0
Penetrationsindex		DIN EN 12591, Annex A	NR	NR	NR	NR	NR
Kinematische Viskosität bei 135 °C	mm^2/s	DIN EN 12595	NR	NR	NR	NR	NR
Dynamische Viskosität bei 60 °C	Pa · s	DIN EN 12596	NR	NR	NR	NR	NR
Brechpunkt nach Fraaß	°C	DIN EN 12593	–	≤ –5	≤ –8	≤ –10	≤ –15
Beständigkeit gegen Verhärtung unter Einfluss von Wärme und Luft nach DIN EN 12607-1 bei 163 °C:							
Verbleibende Penetration	%	DIN EN 1426	≥ 55	≥ 53	≥ 50	≥ 46	≥ 37
Zunahme des Erweichungspunktes Ring und Kugel	°C	DIN EN 1427	≤ 8	≤ 8	≤ 9	≤ 9	≤ 11
Massenänderung*)	%	DIN EN 12607-1	≤ 0,5	≤ 0,5	≤ 0,5	≤ 0,8	≤ 1,0
Zusätzliche Prüfverfahren zur Erfahrungssammlung							
Kraftduktilität bzw. Formänderungsarbeit	–	Abschnitt 5.2 TL Bitumen-StB	IA	IA	IA	IA	IA
Verformungsverhalten im dynamischen Scherrheometer (DSR)	–	Abschnitt 5.3 TL Bitumen-StB	IA	IA	IA	IA	IA
Verhalten bei tiefen Temperaturen Biegebalkenrheometer (BBR)	–	Abschnitt 5.4 TL Bitumen-StB	IA	IA	IA	IA	IA

NR = keine Anforderung
IA = ist anzugeben
*) Die Massenänderung kann positiv oder negativ sein

Tabelle 4 Anforderungen an Elastomermodifizierte Bitumen (PmB A) nach TL Bitumen-StB 07/13

Merkmal oder Eigenschaft	Einheit	Prüfmethode	Sorten									
			Kl.	120/200-40 A	Kl.	45/80-50 A	Kl.	25/55-55 A	Kl.	10/40-65 A	Kl.	40/100-65 A
Penetration bei 25 °C	0,1 mm	DIN EN 1426	9	120–200	4	45–80	3	25–55	2	10–40	5	40–100
Erweichungspunkt Ring und Kugel	°C	DIN EN 1427	10	≥ 40	8	≥ 50	7	≥ 55	5	≥ 65	5	≥ 65
Kraftduktilität: Formänderungsarbeit bei der angegebenen Temperatur*)	J/cm²	DIN EN 13589 DIN EN 13703	5	≥ 2 (bei 0 °C)	3	≥ 2 (bei 5 °C)	6	≥ 2 (bei 10 °C)	6	≥ 2 (bei 10 °C)	2	≥ 3 (bei 5 °C)
Flammpunkt	°C	DIN EN ISO 2592	4	≥ 220	3	≥ 235	3	≥ 235	3	≥ 235	3	≥ 235
Brechpunkt nach Fraaß	°C	DIN EN 12593	9	≤ –20	7	≤ –15	5	≤ –10	3	≤ –5	7	≤ –15
Elastische Rückstellung bei 25 °C	%	DIN EN 13398	5	≥ 50	5	≥ 50	5	≥ 50	5	≥ 50	3	≥ 70
Elastische Rückstellung bei 10 °C	%	DIN EN 13398	0	NR	0	NR	0	NR	0	NR	0	NR
Plastizitätsbereich	°C	DIN EN 14023 Abschnitt 5.1.9 TL Bitumen-StB	0	NR	0	NR	0	NR	0	NR	0	NR
Lagerbeständigkeit Differenz der Erweichungspunkte	°C	DIN EN 13399 DIN EN 1427	2	≤ 5	2	≤ 5	2	≤ 5	2	≤ 5	2	≤ 5
Lagerbeständigkeit Differenz der Penetrationen	0,1 mm	DIN EN 13399 DIN EN 1427	0	NR	0	NR	0	NR	0	NR	0	NR
Beständigkeit gegen Verhärtung unter Einfluss von Wärme und Luft nach DIN EN 12607-1 bei 163 °C:												
Massenänderung	%	DIN EN 12607-1	3	≤ 0,5	3	≤ 0,5	3	≤ 0,5	3	≤ 0,5	2	≤ 0,3
Verbleibende Penetration	%	DIN EN 1426	7	≥ 60	7	≥ 60	7	≥ 60	7	≥ 60	7	≥ 60
Zunahme des Erweichungspunktes Ring und Kugel	°C	DIN EN 1427	2	≤ 8	2	≤ 8	2	≤ 8	2	≤ 8	2	≤ 8
Abfall des Erweichungspunktes Ring und Kugel	°C	DIN EN 1427	2	≤ 2	2	≤ 2	2	≤ 2	2	≤ 2	3	≤ 5
Elastische Rückstellung bei 25 °C	%	DIN EN 13398	4	≥ 50	4	≥ 50	4	≥ 50	4	≥ 50	4	≥ 50
Elastische Rückstellung bei 10 °C	%	DIN EN 13398	0	NR	0	NR	0	NR	0	NR	0	NR
Zusätzliche Prüfverfahren zur Erfahrungssammlung												
Verformungsverhalten im dynamischen Scherrheometer (DSR)	–	Abschnitt 5.3 TL Bitumen-StB	1	IA	1	IA	1	IA	1	IA	1	IA
Verhalten bei tiefen Temperaturen Biegebalkenrheometer (BBR)	–	Abschnitt 5.4 TL Bitumen-StB	1	IA	1	IA	1	IA	1	IA	1	IA

*) siehe Abschnitt 5.2 TL Bitumen-StB NR = keine Anforderung IA = ist anzugeben

Tabelle 5 Anforderungen an Bitumenemulsionen zur Herstellung des Schichtenverbundes nach TL BE-StB 15

Merkmal		DIN EN	Einheit	C60BP4-S		C40B5-S		C60B4-S	
				Kl.	Anforderung	Kl.	Anforderung	Kl.	Anforderung
Bestimmungen an der Bitumenemulsion									
Brechverhalten: Brechwert (Forshammer Füller)*)		13075-1	keine	4	110–195	5	> 170	4	110–195
Eindringfähigkeit		12849	min	0	KA	1	DS	0	KA
Bindemittelgehalt		1428	M.-%	6	58–62	3	38–42	6	58–62
Ausflusszeit, 2 mm bei 40 °C*)		12846-1	s	3	15–70	2	≤ 20	3	15–70
Siebrückstand	0,5-mm-Sieb	1429	M.-%	4	≤ 0,5	4	≤ 0,5	4	≤ 0,5
Siebrückstand nach 7 Tagen	0,5-mm-Sieb			4	≤ 0,5	4	≤ 0,5	4	≤ 0,5
Haftverhalten mit Referenzgesteinskörnung*)		13614	%	3	≥ 90	2	≥ 75	2	≥ 75
Bestimmungen am rückgewonnenen Bindemittel (Rückgewinnung nach DIN EN 13074-1)									
Penetration bei 25 °C*)		1426	0,1 mm	3	≤ 100	5	≤ 220	5	≤ 220
Erweichungspunkt Ring und Kugel*)		1427	°C	4	≥ 50	8	≥ 35	8	≥ 35
Kohäsion (nur Typ BP)									
Kraftduktilität*)		13589, 13703	J/cm²	4	≥ 1 (bei 5 °C)		–		–
Brechpunkt nach Fraaß		12593	°C	5	≤ –10		–		–
elastische Rückstellung bei 10 °C		13398	%	3	≥ 50		–		–
Bestimmungen am rückgewonnenen und stabilisierten Bindemittel (Bindemittelstabilisierung nach DIN EN 13074-2)									
Penetration bei 25 °C*)		1426	0,1 mm	1	DS	1	DS	1	DS
Erweichungspunkt Ring und Kugel*)		1427	°C	1	DS	1	DS	1	DS
Kohäsion (nur Typ BP)									
Kraftduktilität*)		13589, 13703	J/cm²	1	DS		–		–
elastische Rückstellung bei 10 °C		13398	%	1	DS		–		–

*) Wesentliche Merkmale nach DIN EN 13808:2013

Tabelle 6 Anforderungen an Bitumenemulsionen zur Herstellung von Dünnen Asphaltdeckschichten in Heißbauweise auf Versiegelung nach TL BE-StB 15

Merkmal		DIN EN	Einheit	C67BP4-DSH-V	
				Kl.	Anforderung
Bestimmungen an der Bitumenemulsion					
Brechverhalten: Brechwert (Forshammer Füller)*)		13075-1	keine	4	110–195
Bindemittelgehalt		1428	M.-%	8	65–69
Auflusszeit, 4 mm bei 40 °C*)		12846-1	s	5	5–70
Siebrückstand	0,5-mm-Sieb	1429	M.-%	4	≤ 0,5
Siebrückstand nach 7 Tagen	0,5-mm-Sieb			4	≤ 0,5
Haftverhalten mit Referenzgesteinskörnung*)		13614	%	3	≥ 90
Bestimmungen am rückgewonnenen Bindemittel (Rückgewinnung nach DIN EN 13074-1)					
Penetration bei 25 °C*)		1426	0,1 mm	3	≤ 100
Erweichungspunkt Ring und Kugel*)		1427	°C	4	≥ 50
Kohäsion					
Kraftduktilität*)		13589, 13703	J/cm²	4	≥ 1 (bei 5 °C)
Brechpunkt nach Fraaß		12593	°C	5	≤ −10
elastische Rückstellung bei 10 °C		13398	%	3	≥ 50
Bestimmungen am rückgewonnenen und stabilisierten Bindemittel (Bindemittelstabilisierung nach DIN EN 13074-2)					
Penetration bei 25 °C*)		1426	0,1 mm	1	DS
Erweichungspunkt Ring und Kugel*)		1427	°C	1	DS
Kohäsion					
Kraftduktilität*)		13589, 13703	J/cm²	1	DS
elastische Rückstellung bei 10 °C		13398	%	1	DS

*) Wesentliche Merkmale nach DIN EN 13808:2013

Tabelle 7 Anforderungen an Bitumenemulsionenen zur Herstellung von Dünnen Asphaltdeckschichten in Kaltbauweise nach TL BE-StB 15

Merkmal		DIN EN	Einheit	C65BP6-DSK	
				Kl.	Anforderung
Bestimmungen an der Bitumenemulsion					
Brechverhalten: Mischzeit der Feinanteile*)		13075-2	s	6	≥ 90
Bindemittelgehalt		1428	M.-%	7	63–67
Auflusszeit, 4 mm bei 40 °C*)		12846-1	s	5	5–70
Siebrückstand	0,5-mm-Sieb	1429	M.-%	4	≤ 0,5
Siebrückstand nach 7 Tagen	0,5-mm-Sieb			4	≤ 0,5
Haftverhalten mit Referenzgesteinskörnung*)		13614	%	3	≥ 90
Bestimmungen am rückgewonnenen Bindemittel (Rückgewinnung nach DIN EN 13074-1)					
Penetration bei 25 °C*)		1426	0,1 mm	4	≤ 150
Erweichungspunkt Ring und Kugel*)		1427	°C	4	≥ 50
Kohäsion					
Kraftduktilität*)		13589, 13703	J/cm²	4	≥ 1 (bei 5 °C)
Brechpunkt nach Fraaß		12593	°C	4	≤ –15
elastische Rückstellung bei 25 °C		13398	%	5	≥ 50
Bestimmungen am rückgewonnenen und stabilisierten Bindemittel (Bindemittelstabilisierung nach DIN EN 13074-2)					
Penetration bei 25 °C*)		1426	0,1 mm	1	DS
Erweichungspunkt Ring und Kugel*)		1427	°C	1	DS
Kohäsion					
Kraftduktilität*)		13589, 13703	J/cm²	1	DS
elastische Rückstellung bei 25 °C		13398	%	1	DS

*) Wesentliche Merkmale nach DIN EN 13808:2013

Tabelle 8 Anforderungen an Bitumenemulsionen zur Herstellung von Oberflächenbehandlungen nach TL BE-StB 15

Merkmal	DIN EN	Einheit	C67B3-OB		C69BP3-OB-1		C70BP3-OB-1		C69BP3-OB-2		C70BP3-OB-2	
			Kl.	Anforderung	Kl.	Anforderung	Kl.	Anforderung	Kl.	Anforderung	Kl.	Anforderung
Bestimmungen an der Bitumenemulsion												
Brechverhalten: Brechwert (Forshammer Füller)*)	13075-1	keine	3	70–155	3	70–155	3	70–155	3	70–155	3	70–155
Bindemittelgehalt	1428	M.-%	8	65–69	9	67–71	10	≥ 69	9	67–71	10	≥ 69
Ausflusszeit, 4 mm bei 40 °C*)	12846-1	s	5	5–70	5	5–70	5	5–70	5	5–70	5	5–70
Siebrückstand 0,5 mm-Sieb	1429	M.-%	4	≤ 0,5	4	≤ 0,5	4	≤ 0,5	4	≤ 0,5	4	≤ 0,5
Siebrückstand nach 7 Tagen 0,5 mm-Sieb			4	≤ 0,5	4	≤ 0,5	4	≤ 0,5	4	≤ 0,5	4	≤ 0,5
Haftverhalten mit Referenzgesteinskörnung*)	13614	%	2	≥ 75	3	≥ 90	3	≥ 90	3	≥ 90	3	≥ 90
Bestimmungen am rückgewonnenen Bindemittel (Rückgewinnung nach DIN EN 13074-1)												
Penetration bei 25 °C	1426	0,1 mm	5	≤ 220	5	≤ 220	5	≤ 220	4	≤ 150	4	≤ 150
Erweichungspunkt Ring und Kugel*)	1427	°C	8	≥ 35	7	≥ 39	7	≥ 39	4	≥ 50	4	≥ 50
Kohäsion (nur Typ BP)												
Pendelprüfung*)	13588	J/cm²		–	5	≥ 0,7	5	≥ 0,7	5	≥ 0,7	5	≥ 0,7
Brechpunkt nach Fraaß	12593	°C		–	4	≤ –15	4	≤ –15	5	≤ –10	5	≤ –10
elastische Rückstellung bei 10 °C	13398	%		–	3	≥ 50	3	≥ 50	3	≥ 50	3	≥ 50
Bestimmungen am rückgewonnenen und stabilisierten Bindemittel (Bindemittelstabilisierung nach DIN EN 13074-2)												
Penetration bei 25 °C*)	1426	0,1 mm	1	DS	1	DS	1	DS	1	DS	1	DS
Erweichungspunkt Ring und Kugel*)	1427	°C	1	DS	1	DS	1	DS	1	DS	1	DS
Kohäsion (nur Typ BP)												
Pendelprüfung*)	13588	J/cm²		–	1	DS	1	DS	1	DS	1	DS
elastische Rückstellung bei 10 °C	13398	%		–	1	DS	1	DS	1	DS	1	DS

*) Wesentliche Merkmale nach DIN EN 13808:2013

Tabelle 9 Anforderungen an Bitumenemulsionen für das Verfahren Anspritzen und Abstreuen nach TL BE-StB 15

Merkmal		DIN EN	Einheit	C60B4-REP		C67B3-REP		C60BP4-REP		C67BP3-REP	
				Kl.	Anforderung	Kl.	Anforderung	Kl.	Anforderung	Kl.	Anforderung
Bestimmungen an der Bitumenemulsion											
Brechverhalten: Brechwert (Forshammer Füller)*)		13075-1	keine	4	110–195	3	70–155	4	110–195	3	70–155
Bindemittelgehalt		1428	M.-%	6	58–62	8	65–69	6	58–62	8	65–69
Ausflusszeit, 2 mm bei 40 °C*)		12846-1	s	3	15–70	0	KA	3	15–70	0	KA
4 mm bei 40 °C*)				0	KA	5	5–70	0	KA	5	5–70
Siebrückstand	0,5 mm-Sieb	1429	M.-%	4	≤ 0,5	4	≤ 0,5	4	≤ 0,5	4	≤ 0,5
Siebrückstand nach 7 Tagen	0,5 mm-Sieb			4	≤ 0,5	4	≤ 0,5	4	≤ 0,5	4	≤ 0,5
Haftverhalten mit Referenzgesteinskörnung*)		13614	%	2	≥ 75	2	≥ 75	3	≥ 90	3	≥ 90
Bestimmungen am rückgewonnenen Bindemittel (Rückgewinnung nach DIN EN 13074-1)											
Penetration bei 25 °C*)		1426	0,1 mm	5	≤ 220	5	≤ 220	5	≤ 220	5	≤ 220
Erweichungspunkt Ring und Kugel*)		1427	°C	8	≥ 35	8	≥ 35	7	≥ 39	7	≥ 39
Kohäsion (nur Typ BP)											
Pendelprüfung*)		13588	J/cm²		–		–	5	≥ 0,7	5	≥ 0,7
Brechpunkt nach Fraaß		12593	°C		–		–	4	≤ –15	4	≤ –15
elastische Rückstellung bei 10 °C		13398	%		–		–	3	≥ 50	3	≥ 50
Bestimmungen am rückgewonnenen und stabilisierten Bindemittel (Bindemittelstabilisierung nach DIN EN 13074-2)											
Penetration bei 25 °C*)		1426	0,1 mm	1	DS	1	DS	1	DS	1	DS
Erweichungspunkt Ring und Kugel*)		1427	°C	1	DS	1	DS	1	DS	1	DS
Kohäsion (nur Typ BP)											
Pendelprüfung*)		13588	J/cm²		–		–	1	DS	1	DS
elastische Rückstellung bei 10 °C		13398	%		–		–	1	DS	1	DS

*) Wesentliche Merkmale nach DIN EN 13808:2013

Tabelle 10 Anforderungen an gebrauchsfertige viskositätsveränderte Straßenbaubitumen nach E KvB 16

Merkmal oder Eigenschaft	Einheit	Prüfmethode	15/25 VL	15/25 VH	25/35 VL	25/35 VH	35/50 VL	35/50 VH	50/80 VL	50/80 VH
Penetration bei 25 °C	0,1 mm	DIN EN 1426	15–25		25–35		35–50		50–80	
Äquisteifigkeitstemperatur T (G^* = 15 kPa) bei 1,59 Hz	°C	In Anlehnung an AL DSR-Prüfung (T-Sweep)[2]	60–80		55–75		50–70		45–65	
Phasenwinkel δ (G^* = 15 kPa) bei 1,59 Hz	°	In Anlehnung an AL DSR-Prüfung (T-Sweep)[2]	IA		IA		IA		IA	
Phasenübergangstemperatur T_{PT}	°C	AL DSR-Prüfung (konstante Scherrate)	$80 \le T_{PT} < 100$	$100 \le T_{PT} \le 120$	$80 \le T_{PT} < 100$	$100 \le T_{PT} \le 120$	$80 \le T_{PT} < 100$	$100 \le T_{PT} \le 120$	$80 \le T_{PT} < 100$	$100 \le T_{PT} \le 120$
Flammpunkt	°C	DIN EN ISO 2592	≥ 240		≥ 240		≥ 230		≥ 230	
Löslichkeit	%	DIN EN 12592	≥ 99,0		≥ 99,0		≥ 99,0		≥ 99,0	
Kraftduktilität bzw. Formänderungsarbeit	DIN EN 13589 DIN EN 13703		IA (empfohlene Starttemperatur T = 25 °C)		IA (empfohlene Starttemperatur T = 20 °C)		IA (empfohlene Starttemperatur T = 15 °C)		IA (empfohlene Starttemperatur T = 10 °C)	
Verformungsverhalten im Dynamischen Scherrheometer (DSR)	in Anlehnung an AL DSR-Prüfung (T-Sweep)[2]		IA		IA		IA		IA	
Verhalten bei tiefen Temperaturen: Biegebalkenrheometer (BBR):										
T (S = 300 MPa)	°C	TL Bitumen-StB 07/13, Abschnitt 5.4	IA		IA		IA		IA	
T (m = 0,3)	°C		IA		IA		IA		IA	
Beständigkeit gegen Verhärtung unter Einfluss von Wärme und Luft nach DIN EN 12607-1 bei 163 °C:										
Massenänderung[1])	%	DIN EN 12607-1	≤ 0,5		≤ 0,5		≤ 0,5		≤ 0,8	
verbleibende Penetration	%	DIN EN 1426	≥ 55		≥ 53		≥ 50		≥ 46	

IA für Ist anzugeben: Für die so bezeichnete Eigenschaft ist der Wert anzugeben

1) Die Massenänderung kann positiv oder negativ sein

2) Siehe Abschnitt 1.3 E KvB

Tabelle 11 Anforderungen an gebrauchsfertige viskositätsveränderte Polymermodifizierte Bitumen nach E KvB 16

Merkmal oder Eigenschaft	Einheit	Prüfmethode	PmB 10/25 VL	PmB 10/25 VH	PmB 25/45 VL	PmB 25/45 VH	PmB 45/80 VL	PmB 45/80 VH
Penetration bei 25 °C	0,1 mm	DIN EN 1426	10–25		25–45		45–80	
Äquisteifigkeitstemperatur T (G* = 15 kPa) bei 1,59 Hz	°C	In Anlehnung an AL DSR-Prüfung (T-Sweep)[2])	60–80		55–75		50–70	
Phasenwinkel δ (G* = 15 kPa) bei 1,59 Hz	°	In Anlehnung an AL DSR-Prüfung (T-Sweep)[2])	IA		IA		IA	
Phasenübergangstemperatur T_{PT}	°C	AL DSR-Prüfung (konstante Scherrate)	$80 \leq T_{PT} < 100$	$100 \leq T_{PT} \leq 120$	$80 \leq T_{PT} < 100$	$100 \leq T_{PT} \leq 120$	$80 \leq T_{PT} < 100$	$100 \leq T_{PT} \leq 120$
Flammpunkt	°C	DIN EN ISO 2592	≥ 235		≥ 235		≥ 235	
elastische Rückstellung bei 25 °C	%	DIN EN 13398	≥ 40		≥ 40		≥ 40	
Kraftduktilität bzw. Formänderungsarbeit	DIN EN 13589 DIN EN 13703		IA (empfohlene Starttemperatur T = 20 °C)		IA (empfohlene Starttemperatur T = 15 °C)		IA (empfohlene Starttemperatur T = 10 °C)	
Verformungsverhalten im Dynamischen Scherrheometer (DSR)	in Anlehnung an AL DSR-Prüfung (T-Sweep)[2])		IA		IA		IA	
Verhalten bei tiefen Temperaturen: Biegebalkenrheometer (BBR):								
T (S = 300 MPa)	°C	TL Bitumen-StB 07/13, Abschnitt 5.4	IA		IA		IA	
T (m = 0,3)	°C		IA		IA		IA	
Beständigkeit gegen Verhärtung unter Einfluss von Wärme und Luft nach DIN EN 12607-1 bei 163 °C:								
Massenänderung[1])	%	DIN EN 12607-1	≤ 0,5		≤ 0,5		≤ 0,5	
verbleibende Penetration	%	DIN EN 1426	≥ 60		≥ 60		≥ 60	

IA für Ist anzugeben: Für die so bezeichnete Eigenschaft ist der Wert anzugeben

1) Die Massenänderung kann positiv oder negativ sein

2) Siehe Abschnitt 1.3 E KvB

Kommentar

(2) Leistungserklärung und CE-Kennzeichnung

Die Leistungserklärung erfolgt nach Artikel 6 der EU-Bauproduktenverordnung (BauPVO). Dazu muss der Hersteller eine Erstprüfung und eine von einer notifizierten Stelle zertifizierte Werkseigene Produktionskontrolle (WPK) durchführen. Dadurch wird sichergestellt, dass das Produkt den Anforderungen entspricht.

Die Erstprüfung entspricht der Typprüfung nach EU-Bauproduktenverordnung zur Feststellung des Produkttyps. Der Produkttyp wird durch die Bezeichnung der Art und Sorte des Bindemittels sowie durch eine eindeutige Produktnummer, z. B. die Nummer aus dem Sortenverzeichnis, gekennzeichnet (eindeutiger Kenncode des Produkttyps). Die Ergebnisse der Erstprüfung müssen als Grundlage für die WPK für das jeweilige Produkt aufgezeichnet werden.

Angaben	Erläuterung
CE	*CE-Kennzeichnung, bestehend aus dem „CE“-Zeichen*
01234	*Kennnummer der notifizierten Stelle*
AnyCo Ltd., P.O.-Box 21, B-1050	*Name und eingetragene Anschrift des Herstellers, oder Bildzeichen*
09	*Die letzten beiden Ziffern des Jahres, in dem das Kennzeichen erstmalig angebracht wurde*
001-EU-BauPVO-2013-07-15	*Referenz-Nummer der Leistungserklärung*
EN 12591:2009	*Nummer der Europäischen Norm, wie im Amtsblatt der EU veröffentlicht*
Straßenbaubitumen: 50/70	*Eindeutiger Kenncode des Produkttyps*
Für den Bau und die Instandhaltung von Straßen, Flugplätzen und sonstigen Verkehrsflächenbefestigungen	*Vorgesehener Verwendungszweck des Produktes, wie in der angewendeten Europäischen Norm angegeben*
Konsistenz bei mittlerer Gebrauchstemperatur Penetration bei 25 °C 50 bis 70 x 0,1 mm **Konsistenz bei erhöhter Gebrauchstemperatur** Erweichungspunkt Ring und Kugel 46 °C bis 54 °C **Dauerhaftigkeit der Konsistenz bei mittlerer Gebrauchstemperatur** Beständigkeit gegen Verhärtung bei 163 °C Verbleibende Penetration bei 25 °C ≥ 50 % **Dauerhaftigkeit der Konsistenz bei erhöhter Gebrauchstemperatur** Beständigkeit gegen Verhärtung bei 163 °C Zunahme des Erweichungspunktes ≤ 9 °C	*Deklarierte Leistung*

Bild 24 Beispiel für die Angaben zur CE-Kennzeichnung bei Straßenbaubitumen und Erläuterung nach TL Bitumen-StB 07/13

Kommentar

Der Hersteller muss ein System der WPK einführen, dokumentieren und betreiben, um sicherzustellen, dass die Produkte den Anforderungen entsprechen.

Wenn das Bindemittel gemäß der Erstprüfung mit den Anforderungen übereinstimmt und eine notifizierte Stelle das Zertifikat über die WPK ausgestellt hat, muss der Hersteller eine Leistungserklärung erstellen und diese dem Abnehmer zur Verfügung stellen. Zudem ist der Hersteller verpflichtet, die CE-Kennzeichnung anzubringen.

Die Leistungserklärung nach Artikel 6 der EU-Bauproduktenverordnung muss mindestens die folgenden Angaben enthalten:

- Beschreibung des Produktes (eindeutiger Kenncode des Produkttyps),
- vorgesehener Verwendungszweck und gegebenenfalls besondere Verwendungshinweise (z. B. Hinweise für die Verwendung unter bestimmten Bedingungen),
- Name und Anschrift des Herstellers und Herstellungsortes,
- System der Bewertung und Überprüfung der Leistungsbeständigkeit gemäß Anhang V der EU-Bauproduktenverordnung (System 2+) sowie Angaben zur Tätigkeit der notifizierten Stelle und deren Kennnummer,
- erklärte Leistung unter Bezug zu den wesentlichen Merkmalen durch:
  - Angaben zu den Eigenschaften in Form von Nennwerten und Nennbereichen,
  - Angaben zu den deklarierten Werten bzw. Wertebereichen für die wesentlichen, mit „DS" gekennzeichneten Eigenschaften,
  - die Angabe „keine Leistung festgestellt" (KLF) für Eigenschaften, an die keine Anforderungen (KA) gestellt werden,
  - datierter Verweis auf die zugrunde liegende Europäische Norm,
- Name und Funktion der zur Unterzeichnung der Leistungserklärung im Namen des Herstellers oder seines Bevollmächtigten ermächtigten Person.

Der Hersteller ist verantwortlich für das Anbringen der CE-Kennzeichnung. Dieses erfolgt gemäß Artikel 30 der Verordnung (EG) Nr. 765/2008 auf den Begleitdokumenten, z. B. dem Lieferschein. *Bild 24* zeigt das Beispiel der CE-Kennzeichnung für ein Straßenbaubitumen. Dem CE-Kennzeichen sind folgende Angaben hinzuzufügen:

- Kennnummer der notifizierten Stelle,
- Name oder Bildzeichen und eingetragene Anschrift des Herstellers,
- die letzten beiden Ziffern des Jahres, in dem das Kennzeichen erstmalig angebracht wurde,
- Referenznummer der Leistungserklärung,
- datierter Verweis auf die zugrunde liegende Europäische Norm,
- eindeutiger Kenncode des Produkttyps,
- vorgesehener Verwendungszweck und gegebenenfalls besondere Verwendungshinweise,
- erklärte Leistung durch Angaben zu den Eigenschaften, sofern sie in der Leistungserklärung ausgewiesen sind.

Die Begleitdokumente müssen mindestens die nachfolgenden Angaben enthalten:

- CE-Kennzeichnung,
- Hersteller und Herstellungsort,
- Beschreibung des Produktes nach den entsprechenden Regelwerken sowie
- Informationsmöglichkeit über die Ergebnisse der Erstprüfung.

Literatur (zu Abschnitt 2.2)

Alisov, A.: Bestimmung des Kristallisationspunktes von Wachsen in Bitumen mittels DSR. Vortrag im FGSV-Arbeitskreis AK 7.3.7, 22.9.2015. Nicht veröffentlicht.

ARBIT: Bitumen und seine Anwendungen. ARBIT Schriftenreihe, Heft 56. Arbeitsgemeinschaft der Bitumenindustrie, Hamburg 1991.

ARBIT: Prüfverfahren. Verfügbar: http://www.arbit.de/alles-ueber-bitumen/pruefverfahren (abgerufen am 31.5.2010).

DIN 1342-1: Viskosität – Teil 1: Rheologische Begriffe, Ausgabe November 2003. Deutsches Institut für Normung e. V., Beuth Verlag, Berlin 2003.

DIN EN 1425: Bitumen und bitumenhaltige Bindemittel – Feststellung der äußeren Beschaffenheit, Ausgabe April 2006. Deutsches Institut für Normung e. V., Beuth Verlag, Berlin 2006. Inzwischen vorliegend in der Ausgabe Juli 2012.

DIN EN 1426: Bitumen und bitumenhaltige Bindemittel – Bestimmung der Nadelpenetration, Ausgabe Juni 2007. Deutsches Institut für Normung e. V., Beuth Verlag, Berlin 2006. Inzwischen vorliegend in der Ausgabe September 2015.

DIN EN 1427: Bitumen und bitumenhaltige Bindemittel – Bestimmung des Erweichungspunktes – Ring- und Kugel-Verfahren, Ausgabe Juni 2007. Deutsches Institut für Normung e. V., Beuth Verlag, Berlin 2007. Inzwischen vorliegend in der Ausgabe September 2015.

DIN EN 1428: Bitumen und bitumenhaltige Bindemittel – Bestimmung des Wassergehaltes von Bitumenemulsionen – Azeotropisches Destillationsverfahren, Ausgabe Dezember 1999. Deutsches Institut für Normung e. V., Beuth Verlag, Berlin 1999. Inzwischen vorliegend in der Ausgabe März 2012.

DIN EN 1429: Bitumen und bitumenhaltige Bindemittel – Bestimmung des Siebrückstandes von Bitumenemulsionen und Bestimmung der Lagerbeständigkeit durch Sieben, Ausgabe Juli 2009. Deutsches Institut für Normung e. V., Beuth Verlag, Berlin 2009. Inzwischen vorliegend in der Ausgabe August 2013.

DIN EN 1430: Bitumen und bitumenhaltige Bindemittel – Bestimmung der Teilchenpolarität von Bitumenemulsionen, Ausgabe Juli 2009. Deutsches Institut für Normung e. V., Beuth Verlag, Berlin 2009.

DIN EN 1431: Bitumen und bitumenhaltige Bindemittel – Bestimmung des Destillationsrückstandes und des Öldestillates von Bitumenemulsionen mittels Destillation, Ausgabe Juli 2009. Deutsches Institut für Normung e. V., Beuth Verlag, Berlin 2009. Inzwischen vorliegend in der Ausgabe Mai 2018.

DIN EN 12591: Bitumen und bitumenhaltige Bindemittel – Anforderungen an Straßenbaubitumen, Ausgabe August 2009. Deutsches Institut für Normung e. V., Beuth Verlag, Berlin 2009.

DIN EN 12593: Bitumen und bitumenhaltige Bindemittel – Bestimmung des Brechpunktes nach Fraaß, Ausgabe Juni 2007. Deutsches Institut für Normung e. V., Beuth Verlag, Berlin 2007. Inzwischen vorliegend in der Ausgabe September 2015.

DIN EN 12597: Bitumen und bitumenhaltige Bindemittel – Terminologie; Dreisprachige Fassung, Ausgabe Januar 2001. Deutsches Institut für Normung e. V., Beuth Verlag, Berlin 2001. Inzwischen vorliegend in der Ausgabe August 2014.

DIN EN 12607-1: Bitumen und bitumenhaltige Bindemittel – Bestimmung der Beständigkeit gegen Verhärtung unter Einfluss von Wärme und Luft – Teil 1: RTFOT-Verfahren, Ausgabe Juni 2007. Deutsches Institut für Normung e. V., Beuth Verlag, Berlin 2007. Inzwischen vorliegend in der Ausgabe Januar 2015.

DIN EN 12607-2: Bitumen und bitumenhaltige Bindemittel – Bestimmung der Beständigkeit gegen Verhärtung unter Einfluss von Wärme und Luft – Teil 2: TFOT-Verfahren, Ausgabe Juni 2007. Deutsches Institut für Normung e. V., Beuth Verlag, Berlin 2007. Inzwischen vorliegend in der Ausgabe Januar 2015.

DIN EN 12607-3: Bitumen und bitumenhaltige Bindemittel – Bestimmung der Beständigkeit gegen Verhärtung unter Einfluss von Wärme und Luft – Teil 3: RFT-Verfahren, Ausgabe Juni 2007. Deutsches Institut für Normung e. V., Beuth Verlag, Berlin 2007. Inzwischen vorliegend in der Ausgabe Januar 2015.

DIN EN 12846: Bitumen und bitumenhaltige Bindemittel – Bestimmung der Ausflusszeit von Bitumenemulsionen mittels Ausflussviskosimeter, Ausgabe August 2002. Deutsches Institut für Normung e. V., Beuth Verlag, Berlin 2002. Inzwischen vorliegend als DIN EN 12846-1: Bitumen und bitumenhaltige Bindemittel – Bestimmung der Ausflusszeit mittels Ausflussviskosimeter – Teil 1: Bitumenemulsion, Ausgabe Januar 2011.

DIN EN 12846-2: Bitumen und bitumenhaltige Bindemittel – Bestimmung der Ausflusszeit mittels Ausflussviskosimeter – Teil 2: Verschnittene und gefluxte bitumenhaltige Bindemittel, Ausgabe Mai 2011. Deutsches Institut für Normung e. V., Beuth Verlag, Berlin 2011.

DIN EN 12847: Bitumen und bitumenhaltige Bindemittel – Bestimmung des Absetzverhaltens von Bitumenemulsionen, Ausgabe Juli 2009. Deutsches Institut für Normung e. V., Beuth Verlag, Berlin 2009.

DIN EN 12850: Bitumen und bitumenhaltige Bindemittel – Bestimmung des pH-Wertes von Bitumenemulsionen, Ausgabe Juli 2009. Deutsches Institut für Normung e. V., Beuth Verlag, Berlin 2009.

DIN EN 13074: Bitumen und bitumenhaltige Bindemittel – Rückgewinnung des Bindemittels aus Bitumenemulsionen durch Verdunstung, Ausgabe November 2002. Deutsches Institut für Normung e. V., Beuth Verlag, Berlin 2002. Inzwischen vorliegend als DIN EN 13074-1: Bitumen und bitumenhaltige Bindemittel – Rückgewinnung des Bindemittels aus Bitumenemulsionen oder verschnittenen oder gefluxten Bitumen – Teil 1: Rückgewinnung durch Verdunstung, Ausgabe Januar 2011.

DIN EN 13075-1: Bitumen und bitumenhaltige Bindemittel – Bestimmung des Brechverhaltens – Teil 1: Bestimmung des Brechwertes kationischer Bitumenemulsionen, Verfahren mit Feinmineralstoffen, Ausgabe Januar 2011. Deutsches Institut für Normung e. V., Beuth Verlag, Berlin 2011. Inzwischen vorliegend in der Ausgabe Februar 2017.

DIN EN 13398: Bitumen und bitumenhaltige Bindemittel – Bestimmung der elastischen Rückstellung von modifiziertem Bitumen, Ausgabe Oktober 2010. Deutsches Institut für Normung e. V., Beuth Verlag, Berlin 2010. Inzwischen vorliegend in der Ausgabe Februar 2018.

DIN EN 13399: Bitumen und bitumenhaltige Bindemittel – Bestimmung der Lagerbeständigkeit von modifiziertem Bitumen, Ausgabe Oktober 2010. Deutsches Institut für Normung e. V., Beuth Verlag, Berlin 2010. Inzwischen vorliegend in der Ausgabe Februar 2018.

DIN EN 13588: Bitumen und bitumenhaltige Bindemittel – Bestimmung der Kohäsion von bitumenhaltigen Bindemitteln mit der Pendelprüfung, Ausgabe Oktober 2008. Deutsches Institut für Normung e. V., Beuth Verlag, Berlin 2008. Inzwischen vorliegend in der Ausgabe Februar 2018.

DIN EN 13589: Bitumen und bitumenhaltige Bindemittel – Bestimmung der Streckeigenschaften von modifiziertem Bitumen mit dem Kraft-Duktilitäts-Verfahren, Ausgabe Juni 2008 mit Berichtigung 1, Ausgabe Oktober 2008. Deutsches Institut für Normung e. V., Beuth Verlag, Berlin 2008. Inzwischen vorliegend in der Ausgabe August 2018.

DIN EN 13614: Bitumen und bitumenhaltige Bindemittel – Bestimmung des Haftverhaltens von Bitumenemulsionen bei Wasserlagerung – Verfahren mit Gesteinskörnung, Ausgabe Mai 2004. Deutsches Institut für Normung e. V., Beuth Verlag, Berlin 2004. Inzwischen vorliegend in der Ausgabe Juni 2011.

DIN EN 13703: Bitumen und bitumenhaltige Bindemittel – Bestimmung der Formänderungsarbeit, Ausgabe März 2004. Deutsches Institut für Normung e.V., Beuth Verlag, Berlin 2004. Inzwischen vorliegend als DIN EN 13587: Bitumen und bitumenhaltige Bindemittel – Bestimmung der Streckeigenschaften von bitumenhaltigen Bindemitteln mit dem Zugprüfverfahren, Ausgabe Februar 2017.

DIN EN 13808: Bitumen und bitumenhaltige Bindemittel – Rahmenwerk für die Spezifizierung kationischer Bitumenemulsionen, Ausgabe Juli 2005. Deutsches Institut für Normung e. V., Beuth Verlag, Berlin 2005. Inzwischen vorliegend in der Ausgabe Juli 2013.

DIN EN 14023: Bitumen und bitumenhaltige Bindemittel – Rahmenwerk für die Spezifikation von polymermodifizierten Bitumen, Ausgabe November 2011. Deutsches Institut für Normung e. V., Beuth Verlag, Berlin 2011. Inzwischen korrigiert vorliegend in der Ausgabe April 2013.

DIN EN 14733: Bitumen und bitumenhaltige Bindemittel – Werkseigene Produktionskontrolle von Bitumenemulsionen, gefluxten und verschnittenen Bitumen, Ausgabe August 2005 mit Änderung 1. Dezember 2010. Deutsches Institut für Normung e. V., Beuth Verlag, Berlin 2010. Inzwischen vorliegend als DIN EN 15322: Bitumen und bitumenhaltige Bindemittel, Rahmenwerk für die Spezifizierung von verschnittenen und gefluxten bitumenhaltigen Bindemitteln, Ausgabe Juli 2013.

DIN EN 14769: Bitumen und bitumenhaltige Bindemittel – Beschleunigte Langzeit-Alterung mit einem Druckalterungsbehälter (PAV), Ausgabe Januar 2006. Deutsches Institut für Normung e. V., Beuth Verlag, Berlin 2006. Inzwischen vorliegend in der Ausgabe August 2012.

DIN EN 14770: Bitumen und bitumenhaltige Bindemittel – Bestimmung des komplexen Schermoduls und des Phasenwinkels – Dynamisches Scherrheometer (DSR), Ausgabe Januar 2006. Deutsches Institut für Normung e. V., Beuth Verlag, Berlin 2006. Inzwischen vorliegend in der Ausgabe August 2012.

DIN EN 14771: Bitumen und bitumenhaltige Bindemittel – Bestimmung der Biegekriechsteifigkeit – Biegebalkenrheometer (BBR), Ausgabe August 2005. Deutsches Institut für Normung e. V., Beuth Verlag, Berlin 2005. Inzwischen vorliegend in der Ausgabe August 2012.

DIN EN 14895: Bitumen und bitumenhaltige Bindemittel – Stabilisierung von Bindemittel aus Bitumenemulsionen oder verschnittenen oder gefluxten bitumenhaltigen Bindemitteln, Ausgabe Juni 2006. Deutsches Institut für Normung e. V., Beuth Verlag, Berlin 2006. Inzwischen vorliegend als DIN EN 13074-2: Bitumen und bitumenhaltige Bindemittel – Rückgewinnung des Bindemittels aus Bitumenemulsion oder verschnittenen oder gefluxten Bitumen – Teil 2: Stabilisierung nach Rückgewinnung durch Verdunstung, Ausgabe Mai 2011.

DIN EN 15322: Bitumen und bitumenhaltige Bindemittel – Rahmenwerk für die Spezifizierung von verschnittenen und gefluxten bitumenhaltigen Bindemitteln, Ausgabe November 2009. Deutsches Institut für Normung e. V., Beuth Verlag, Berlin 2009. Inzwischen vorliegend in der Ausgabe Juli 2013.

DIN EN 15323: Bitumen und bitumenhaltige Bindemittel – Beschleunigte Langzeit-Alterung mit dem Verfahren mit rotierendem Zylinder (RCAT), Ausgabe Juli 2007. Deutsches Institut für Normung e. V., Beuth Verlag, Berlin 2007.

E KvB 16: Empfehlungen zur Klassifikation viskositätsveränderter Bindemittel, Ausgabe 2016. Forschungsgesellschaft für Straßen- und Verkehrswesen, FGSV Verlag, Köln 2016.

Esso: Esso Bitumen – Laboratoriumsbuch für den Asphaltstraßenbau. Esso AG Deutschland, Hamburg 1992.

Fachverband der Kaltasphaltindustrie e. V.: Bitumenemulsion. Fachverband der Kaltasphaltindustrie e. V., Hamburg 1983.

Glet, W.: Fünf-Stufen-Modell für das Abbinden von Bitumenemulsionen im Straßenbau. ARBIT, Hamburg 2000.

Holl, A.: Bitumenemulsionen in Straßenerhalt und Straßenbau. Fachverband für Bitumenemulsionen und Straßenerhaltungsbauweisen e. V., Hamburg 1994.

Hutschenreuther, J., Wörner, T.: Asphalt im Straßenbau. 3. Auflage. Kirschbaum Verlag, Bonn 2017.

Jensen, K., Kast, O.: 20-jährige Bewährung einer Asphalttragschicht. In: Straße und Autobahn 6/1977, S. 227–230.

Litzka, J., Strobl, R., Pass, F., Augustin, H.: Gebrauchsverhaltensorientierte Bitumenprüfung. Mitteilungen des Instituts für Straßenbau und Straßenerhaltung der TU Wien, Heft 9, 1998.

MWV: Internetpräsenz des Mineralölwirtschaftsverband e. V. www.mwv.de (abgerufen am 31.5.2010).

Nüssel, H.: Bitumen – Die Erdöl-Bücherei. Verlagsgesellschaft Hüthig & Dreyer GmbH, Mainz und Heidelberg 1958.

Reiter, R.: Polymerbitumen mit höherem Modifikationsgrad. In: Gestrata Journal Nr. 109/2005, S. 3–15.

Schmidt, H., Pass, F., Hirsch, V.: Mehrfachmodifikationen – Neue Bindemittel. Nicht veröffentlicht.

TL BE-StB 15: Technische Lieferbedingungen für Bitumenemulsionen, Ausgabe 2015. Forschungsgesellschaft für Straßen- und Verkehrswesen, FGSV Verlag, Köln 2015.

TL Bitumen-StB 07/13: Technische Lieferbedingungen für Straßenbaubitumen und gebrauchsfertige Polymermodifizierte Bitumen, Ausgabe 2007/Fassung 2013. Forschungsgesellschaft für Straßen- und Verkehrswesen, FGSV Verlag, Köln 2014.

Vondenhof, M., Schmeisser, M.: Modifizierung von Bitumen – Aufbau und Funktion einer PmB-Anlage. Vortrag bei den 5. Internationalen Verkehrstagen in Wuppertal 2008.

2.3 Asphaltmischgut

2.3.1 Allgemeines

Siehe DIN 18317, Abschnitt 2.1.4.

Für Asphaltmischgut zur Herstellung von Asphaltschichten im Rahmen der Instandhaltung, Instandsetzung oder Erneuerung gelten die Festlegungen der ZTV Asphalt-StB 07/13, Abschnitte 2.3 und 3 sowie die TL Asphalt-StB 07/13, sofern in den nachfolgenden Abschnitten keine anderen Regelungen getroffen werden.

2.3.2 Erstprüfung und Eignungsnachweis

Siehe DIN 18317, Abschnitte 2.2.1 und 4.1.3.

Erstprüfungen entsprechend der Abschnitte 2.3.2.2 und 2.3.2.3 sowie Eignungsnachweise entsprechend Abschnitt 2.3.2.1 haben eine Geltungsdauer von höchstens 2 Jahren.

2.3.2.1 Oberflächenbehandlungen

Der Auftragnehmer hat die Eignung der vorgesehenen Baustoffe für die Ausführung von Oberflächenbehandlungen nachzuweisen.

Der Eignungsnachweis erfolgt durch:

a) Angaben zur Zusammensetzung:

- Art der Oberflächenbehandlung,
- Art, Gewinnungsort und Hersteller der Gesteinskörnungen,
- Angabe der zur Verwendung vorgesehenen Lieferkörnungen,
- Nachweis der Eigenschaften der zur Verwendung vorgesehenen Gesteinskörnungen,
- Bindemittelart und -sorte,
- Art der Zusätze, soweit enthalten,
- Menge der Zusätze in M.-%,
- gegebenenfalls die Ergebnisse weitergehender Prüfungen;

b) Erklärung über die Eignung für den vorgesehenen Verwendungszweck;

c) gegebenenfalls zusätzliche Angaben.

Die Angaben a) bis c) sind maßgebend für die Ausführung und Abnahme der Bauleistungen.

Ändern sich Art und Eigenschaft der Baustoffe oder die Einbaubedingungen, so ist erneut die Eignung nachzuweisen.

Werden vom Auftraggeber weitere Anforderungen gestellt oder weitergehende Prüfungen gefordert, so sind Art und Umfang in der Leistungsbeschreibung festzulegen.

2.3.2.2 Asphaltmischgut für Dünne Asphaltdeckschichten in Kaltbauweise

Für jede Zusammensetzung eines Asphaltmischgutes für Dünne Asphaltdeckschichten in Kaltbauweise (DSK) muss eine Erstprüfung wie folgt durchgeführt werden:

- Mit dem gewählten Gesteinskörnungsgemisch sind Probemischungen und Marshall-Probekörper mit drei oder mehr unterschiedlichen Bindemittelgehalten herzustellen. Die Bindemittelgehalte dürfen um nicht mehr als 0,5 M.-% auseinander liegen. Der Bindemittelgehalt des Asphaltmischgutes ist bezogen auf die Trockenmasse anzugeben.
- Bei der Verwendung nicht erprobter Gesteinskörnungen ist die Verträglichkeit dieser Gesteinskörnungen mit der vorgesehenen Bitumenemulsion zu prüfen.
  Nach bisherigen Erfahrungen eignen sich hierfür z. B. der Handrührtest nach den TP Asphalt-StB, Teil 91, der Indikatortest nach den TP Asphalt-StB, Teil 92 und die Schüttel-Abriebprüfung nach den TP Asphalt-StB, Teil 93.
- An der vorgesehenen Bitumenemulsion ist der Erweichungspunkt Ring und Kugel und die elastische Rückstellung nach der Halbfadenmethode des aus der Bitumenemulsion rückgewonnenen Bindemittels zu bestimmen.
- Drei Mischvorgänge sind durchzuführen:
  1. Vermischung von Gesteinskörnungen und Zusätzen,
  2. Einmischen von Zugabewasser,
  3. Einmischen von Bitumenemulsion.
- Der Gesamtwassergehalt, der aufgrund von Erfahrungswerten gewählt wird, ist anzugeben.
- Nach Zugabe der Bitumenemulsion ist solange zu mischen, bis die Gesteinskörnungen einwandfrei umhüllt sind und das Asphaltmischgut augenscheinlich homogen ist. Die Bildung eines Bindemittelfilms und die Haftung des Bindemittels an der Gesteinskörnung beginnen erst mit dem Brechen der Bitumenemulsion.
- Nach Beendigung des Mischvorganges ist die äußere Beschaffenheit des Asphaltmischgutes im Hinblick auf Umhüllung, Homogenität und Konsistenz zu beurteilen.
- Das Asphaltmischgut muss abweichend von den TP Asphalt-StB, Teil 28 von Hand granuliert werden und auf einer flachen Metallschale innerhalb von vier Stunden bei 150 °C in einer Wärmekammer getrocknet werden.
- Die Marshall-Probekörper sind nach den TP Asphalt-StB, Teil 30 bei einer Temperatur von 135 ± 5 °C herzustellen.
- Der Umfang der Prüfungen ist in der Tabelle 2 angegeben.

Tabelle 2: Prüfung der Baustoffe im Rahmen der Erstprüfung von Asphaltmischgut für DSK und DSH-V

Prüfumfang	Prüfung nach	Asphaltmischgut für	
		DSK	DSH-V
Gesteinskörnungen			
CE-Kennzeichnung	–	+	+

Tabelle 2 (Fortsetzung)

Prüfumfang	Prüfung nach	Asphaltmischgut für DSK	Asphaltmischgut für DSH-V
Korngrößenverteilung	DIN EN 933-1 und DIN EN 933-10, TP Gestein-StB, Teile 4.1.2 und 4.1.4	+	+
Rohdichte je Lieferkörnung	DIN EN 1097-6, Anhang A.4 und DIN EN 1097-7, TP Gestein-StB, Teil 3.2.2	+	+
Bindemittel			
CE-Kennzeichnung	–	+	+
Erweichungspunkt Ring und Kugel und/oder Nadelpenetration	DIN EN 1427 DIN EN 1426	+	+
elastische Rückstellung	DIN EN 13398	+	+
Zusätze			
Art		+	+
Zusammensetzung			
rechnerische Korngrößenverteilung	–	+	+
Rohdichte des resultierenden Gesteinskörnungsgemisches	rechnerisch oder DIN EN 1097-6, Anhang A.4	+	+
Berechnung des Mindest-Bindemittelgehaltes	–	+	+
Wahl des Bindemittelgehaltes	–	+	+
Wahl der Menge des Zusatzes	–	+	+
Asphaltmischgutherstellung	TP Asphalt-StB, Teil 35		+
Gesamtwassergehalt	–	+	
Asphaltmischguttemperatur (Raumtemperatur)	–	+	
Mischung von Hand	–	+	
Reihenfolge der Zugabe	–	+	
äußere Beschaffenheit des Asphaltmischgutes	–	+	
Herstellung von Probekörpern			
Marshall-Probekörper, 2 × 50 Schläge	TP Asphalt-StB, Teil 30	+	+

Tabelle 2 (Fortsetzung)

Prüfumfang	Prüfung nach	Asphaltmischgut für DSK	Asphaltmischgut für DSH-V
Prüfung Asphaltmischgut/Probekörper			
Rohdichte	TP Asphalt-StB, Teil 5	+	+
Raumdichte	TP Asphalt-StB, Teil 6, B	+	+
Hohlraumgehalt	TP Asphalt-StB, Teil 8	+	+

Erläuterungen: + ist durchzuführen

Der Auftragnehmer hat die Eignung der vorgesehenen Baustoffe und der Baustoffgemische von Asphaltmischgut für Dünne Asphaltdeckschichten in Kaltbauweise nachzuweisen.

Der Eignungsnachweis erfolgt durch:

a) Angaben zur Zusammensetzung und zu den im Rahmen der Erstprüfung nach der Tabelle 2 durchgeführten Prüfungen:

- Asphaltmischgutsorte,
- Art, Gewinnungsort und Hersteller der Gesteinskörnungen,
- Kornanteil der Gesteinskörnungen > 2 mm im Gesteinskörnungsgemisch jeweils in M.-%,
- Grobkornanteil (Kornanteil der gröbsten Kornklasse im Bereich der Gesteinskörnungen > 2 mm einschließlich Überkornanteil) in M.-%,
- Anteil der Kornklasse 0,063/2 im Gesteinskörnungsgemisch in M.-%,
- Fülleranteil < 0,063 mm im Gesteinskörnungsgemisch in M.-%,
- Bindemittelart und -sorte,
- Bindemittelgehalt der Bitumenemulsion,
- Erweichungspunkt Ring und Kugel sowie elastische Rückstellung des aus der Bitumenemulsion rückgewonnenen Bindemittels,
- Bindemittelgehalt in der Trockenmasse in M.-%,
- Art der Zusätze, soweit enthalten,
- Menge der Zusätze in M.-%,
- gegebenenfalls die Ergebnisse weitergehender Prüfungen;

b) Erklärung über die Eignung für den vorgesehenen Verwendungszweck;

c) gegebenenfalls zusätzliche Angaben.

Die Angaben a) bis c) sind maßgebend für die Ausführung und Abnahme der Bauleistungen.

Ändern sich Art und Eigenschaft der Baustoffe und der Baustoffgemische oder die Einbaubedingungen, so ist erneut die Eignung nachzuweisen.

Werden vom Auftraggeber weitere Anforderungen gestellt oder weitergehende Prüfungen gefordert, so sind Art und Umfang in der Leistungsbeschreibung festzulegen.

2.3.2.3 Asphaltmischgut für Dünne Asphaltdeckschichten in Heißbauweise auf Versiegelung

Für jede Zusammensetzung eines Asphaltmischgutes für Dünne Asphaltdeckschichten in Heißbauweise auf Versiegelung (DSH-V) muss eine Erstprüfung wie folgt durchgeführt werden:

- Mit dem gewählten Gesteinskörnungsgemisch sind Probemischungen und Marshall-Probekörper mit drei oder mehr unterschiedlichen Bindemittelgehalten herzustellen. Die Bindemittelgehalte dürfen um nicht mehr als 0,5 M.-% auseinander liegen.
- Der Umfang der Prüfungen ist in der Tabelle 2 angegeben.

Der Auftragnehmer hat die Eignung der vorgesehenen Baustoffe und der Baustoffgemische von Asphaltmischgut für Dünne Asphaltdeckschichten in Heißbauweise auf Versiegelung nachzuweisen.

Der Eignungsnachweis erfolgt durch:

a) Angaben zur Zusammensetzung und zu den im Rahmen der Erstprüfung nach der Tabelle 2 durchgeführten Prüfungen:

- Art und Herkunft des Asphaltmischgutes,
- Art, Gewinnungsort und Hersteller der Gesteinskörnungen,
- Kornanteil der Gesteinskörnungen > 2 mm im Gesteinskörnungsgemisch jeweils in M.-%,
- Grobkornanteil (Kornanteil der gröbsten Kornklasse im Bereich der Gesteinskörnungen > 2 mm einschließlich Überkornanteil) in M.-%,
- Anteil der Kornklasse 0,063/2 im Gesteinskörnungsgemisch in M.-%,
- Fülleranteil < 0,063 mm im Gesteinskörnungsgemisch in M.-%,
- Bindemittelart und -sorte,
- Bindemittelgehalt in M.-%,
- Art der Zusätze, soweit enthalten,
- Menge der Zusätze in M.-%,
- gegebenenfalls die Ergebnisse weitergehender Prüfungen;

b) Erklärung über die Eignung für den vorgesehenen Verwendungszweck;

c) Gegebenenfalls zusätzliche Angaben.

Die Angaben a) bis c) sind maßgebend für die Ausführung und Abnahme der Bauleistungen.

Ändern sich Art und Eigenschaft der Baustoffe und der Baustoffgemische oder die Einbaubedingungen, so ist erneut die Eignung nachzuweisen.

Werden vom Auftraggeber weitere Anforderungen gestellt oder weitergehende Prüfungen gefordert, so sind Art und Umfang in der Leistungsbeschreibung festzulegen.

2.3.2.4 Rückformverfahren

Bei der Anwendung der Rückformverfahren gemäß dem Abschnitt 3.4.4 ist der Eignungsnachweis nicht aufgrund einer Erstprüfung zu erstellen. Ausgenommen ist hiervon die neue Asphaltdeckschicht beim Rückformverfahren (c).

Bei der Anwendung des Rückformverfahrens (a) gemäß dem Abschnitt 3.4.4.1 ist kein Eignungsnachweis erforderlich.

Bei der Anwendung der Rückformverfahren (b) und (c) gemäß dem Abschnitt 3.4.4.1 entsteht das Asphaltmischgut vor Ort. Der Umfang des Eignungsnachweises ist in diesem Abschnitt geregelt. Außerdem sind die Angaben in den Abschnitten 3.4.4.3.1 bis 3.4.4.3.3 zu beachten.

Zunächst ist eine Untersuchung der Eigenschaften der für das Rückformen vorgesehenen Asphaltschicht durchzuführen. Hierfür sind im Abstand von höchstens 250 m Bohrkerne zu entnehmen. Die Anzahl der Bohrkerne richtet sich nach dem Umfang der Prüfungen, die im Rahmen der Erstellung des Eignungsnachweises erforderlich sind. Je Entnahmestelle sind mindestens zwei Bohrkerne mit Durchmesser 150 mm zu entnehmen. Eine Teilprobe ist für die Überprüfung der Eigenschaften der zu bearbeitenden Asphaltschicht vorzusehen. Alle weiteren Teilproben aus Entnahmestellen, die einheitliche Eigenschaften aufweisen, werden für die Sammelprobe für die Prüfungen im Rahmen der Erstellung des Eignungsnachweises bereitgestellt. Liegen keine einheitlichen Eigenschaften vor, so ist zur Abgrenzung der entsprechenden Teilflächen die Entnahme zusätzlicher Bohrkerne mit geringerem Abstand der Entnahmestellen erforderlich.

Die Ausbauproben sind nach den TP Asphalt-StB, Teil 28 vorzubereiten. Für jede Entnahmestelle sind der Bindemittelgehalt nach den TP Asphalt-StB, Teil 1 und die Korngrößenverteilung nach den TP Asphalt-StB, Teil 2 zu bestimmen. Am rückgewonnenen Bindemittel ist mindestens der Erweichungspunkt Ring und Kugel nach der DIN EN 1427 festzustellen.

Anschließend ist die Zusammensetzung des resultierenden Asphaltmischgutes unter Beachtung der zu erwartenden Beanspruchungen festzulegen.

Der Anteil an Ergänzungsmischgut für den zu verändernden Asphalt ist unter Berücksichtigung der angestrebten Schichtdicke und gegebenenfalls unter Beachtung der Raumdichte zu ermitteln. Als Basis dienen die Mittelwerte der Zusammensetzungen der aus den einzelnen Bohrkernen gewonnenen Asphaltproben.

Die Zusammensetzung des Ergänzungsmischgutes ist unter Berücksichtigung der Zusammensetzung der vorhandenen Schicht und der errechneten Menge an Ergänzungsmischgut zu bestimmen. Im Einzelnen sind festzulegen:

- Art und Menge der Gesteinskörnungen,
- Bindemittelmenge,
- Bindemittelsorte (nicht weicher als Straßenbaubitumen 70/100).

Vorab sind der zu erwartende Erweichungspunkt Ring und Kugel des Bindemittels im resultierenden Asphaltmischgut sowie die Grenzwerte für den Erweichungspunkt Ring und Kugel zu überprüfen. Können die Grenzwerte nicht eingehalten werden, so ist entweder ein weicheres Bindemittel, eine Erhöhung des Anteils an Ergänzungsmischgut (mit Auswirkung auf die Schichtdicke der rückgeformten Asphaltschicht) oder eine Kombination beider Möglichkeiten vorzusehen.

Überschreitet der Erweichungspunkt Ring und Kugel des resultierenden Bindemittels danach immer noch die Grenzwerte für den Erweichungspunkt Ring und Kugel, so ist die zu verbessernde Asphaltschicht nicht für ein Rückformverfahren geeignet.

Anstelle von Ergänzungsmischgut können in Ausnahmefällen auch einzelne Komponenten zugegeben werden. Hierbei müssen die Gesteinskörnungen oder die Gesteinskörnungsgemische mit Bindemittel umhüllt sein.

Die Eigenschaften des resultierenden Asphaltmischgutes werden mit folgenden Arbeitsschritten ermittelt:

- Ergänzungsmischgut:

  Zunächst ist das Ergänzungsmischgut herzustellen. Dabei sind die Besonderheiten bei der Herstellung im Asphaltmischwerk und beim Transport zur Baustelle zu berücksichtigen.

- Resultierendes Asphaltmischgut:

  Die aus den Bohrkernen gewonnenen Probeteile und das vorbereitete Ergänzungsmischgut sind zeitgleich in der Wärmekammer schonend zu erwärmen. Danach werden die entsprechenden Anteile des Ergänzungsmischgutes heiß in heiß so in die jeweiligen Probeteile aus den Bohrkernen eingemischt, dass ein gleichmäßiges resultierendes Asphaltmischgut entsteht.

Aus den Probemischungen werden Marshall-Probekörper nach den TP Asphalt-StB, Teil 30 hergestellt. An den Marshall-Probekörpern ist die Raumdichte nach den TP Asphalt-StB, Teil 6 und der Hohlraumgehalt nach den TP Asphalt-StB, Teil 8 zu bestimmen.

Die Zusammensetzung des resultierenden Asphaltmischgutes ist durch Extraktion zu überprüfen.

Für die Ermittlung des rechnerischen Erweichungspunktes Ring und Kugel ist folgende Gleichung anzuwenden:

$$T_{R\&Bmix} = a \cdot T_{R\&B1} + b \cdot T_{R\&B2}$$

Dabei sind:

$T_{R\&Bmix}$ berechneter Erweichungspunkt Ring und Kugel des Bindemittels im resultierenden Asphaltmischgut,

$T_{R\&B1}$ Mittelwert des Erweichungspunktes Ring und Kugel des rückgewonnenen Bindemittels aus den Ausbauproben,

$T_{R\&B2}$ mittlerer Wert des Erweichungspunktes Ring und Kugel der Sortenspanne des vorgesehenen Straßenbaubitumens bzw. der ermittelte Erweichungspunkt des zur Verwendung vorgesehenen PmB,

a und *b* Massenanteile des Bindemittels aus den Ausbauproben (*a*) und des vorgesehenen Bindemittels (*b*) mit $a + b = 1$.

Der Eignungsnachweis erfolgt durch:

a) Angaben zur Zusammensetzung aufgrund der im Rahmen der vorgenannten Erstprüfung nach den TL Asphalt-StB 07/13, Tabelle 11, durchgeführten Prüfungen:

- Art und Herkunft des Asphaltmischgutes,
- Art, Gewinnungsort und Hersteller der Gesteinskörnungen für das Ergänzungsgestein,
- Kornanteil der Gesteinskörnungen > 2 mm im Gesteinskörnungsgemisch jeweils in M.-%,
- Grobkornanteil (Kornanteil der gröbsten Kornklasse im Bereich der Gesteinskörnungen > 2 mm einschließlich Überkornanteil) in M.-%,
- Anteil der Kornklasse 0,063/2 im Gesteinskörnungsgemisch in M.-%,
- bei Asphaltbeton (AC) Kornanteil < 0,125 mm im Gesteinskörnungsgemisch in M.-%,
- Fülleranteil < 0,063 mm im Gesteinskörnungsgemisch in M.-%,
- Bindemittelart und -sorte,
- Bindemittelgehalt in M.-%,
- Erweichungspunkt Ring und Kugel des resultierenden Bindemittels,
- Art der Zusätze, soweit enthalten,
- Menge der Zusätze in M.-%,
- gegebenenfalls die Ergebnisse weitergehender Prüfungen;

b) Erklärung über die Eignung für den vorgesehenen Verwendungszweck;

c) gegebenenfalls zusätzliche Angaben.

Die Angaben a) bis c) sind maßgebend für die Ausführung und Abnahme der Bauleistungen.

Ändern sich Art und Eigenschaft der Baustoffe und der Baustoffgemische oder die Einbaubedingungen, so ist erneut die Eignung nachzuweisen.

Werden von Auftraggeber weitere Anforderungen gestellt oder weitergehende Prüfungen gefordert, so sind Art und Umfang in der Leistungsbeschreibung festzulegen.

Kommentar

Hinweise und Erläuterungen zu Abschnitt 2.3 Asphaltmischgut werden in Zusammenhang mit den einzelnen Instandhaltungs- und Instandsetzungsverfahren oder der Erneuerung gegeben (siehe die Kommentare zu den Abschnitten 3.3 bis 3.5). Erläuterungen zur Qualitätssicherung bei den Instandsetzungsverfahren DSH-V, DSK und OB finden sich außerdem in dem Kommentar (3) zu Abschnitt 1.1.

3 Ausführung

3.1 Allgemeines

Siehe DIN 18317, Abschnitt 3.1.

Es gelten die Anforderungen der ZTV Asphalt-StB, sofern in den nachfolgenden Abschnitten keine anderen Regelungen getroffen werden.

Bei der Bauausführung müssen die zusammengehörenden Arbeitsgänge aufeinander abgestimmt und zügig durchgeführt werden. Dazu sind die Leistungen und die Anzahl der hierfür erforderlichen Geräte entsprechend aufeinander abzustimmen.

Kommentar

Wie bei jeder Baumaßnahme ist auch bei Erhaltungsmaßnahmen die Bauausführung mit den einzelnen Arbeitsabläufen sorgfältig im Voraus zu planen und zu organisieren. Da die Arbeiten hier stets im bereits genutzten Verkehrsraum stattfinden, ist einerseits die anordnungsgemäße Absicherung der Baustelle und andererseits die möglichst geringe Beeinträchtigung der Verkehrsteilnehmer miteinander in Einklang zu bringen. Hinsichtlich der Absicherung sind die „Richtlinien für die Sicherung von Arbeitsstellen an Straßen“ (RSA) und die inzwischen zusätzlich geltenden „Technischen Regeln für Arbeitsstätten ASR A5.2“ zu berücksichtigen.

Um unvorhergesehene Situationen und daraus resultierende Bauunterbrechungen oder Fehlhandlungen möglichst zu reduzieren, ist außerdem die vorhandene Substanz so intensiv und umfassend wie nötig zu untersuchen und gegebenenfalls eine Alternativlösung vorzusehen.

Wie auch in den Richtlinien und Anforderungen der ZTV Asphalt-StB gefordert, muss die Unterlage für die Maßnahmen der Erhaltung – und hier insbesondere für die Maßnahmen der Instandsetzung – bestimmte Anforderungen erfüllen (siehe hierzu auch den Kommentar zu Abschnitt 1.3). Solche sind u. a. eine bestimmte Ebenheit der Unterlage, ihre Sauberkeit und dass die Unterlage frei von einem geschlossenen Wasserfilm sowie schnee- und eisfrei ist.

Sind diese Anforderungen oder empfohlenen Beschaffenheiten nicht gegeben, sind entweder entsprechende vorbereitende Maßnahmen durchzuführen oder die Erhaltungsmaßnahme ist zeitlich zu verschieben bzw. auf erforderliche Anpassungen zu prüfen. Andernfalls können der Erfolg und die Dauerhaftigkeit der Erhaltungsmaßnahme beeinträchtigt werden.

3.2 Vorbereitende Arbeiten

Siehe DIN 18299, Abschnitt 0.2.

3.2.1 Fräsen der Unterlage

Durch das Fräsen wird der Asphalt in der vorgesehenen Frästiefe und Fräsbreite abgetragen. Die Abtragsebene kann sowohl parallel als auch in einer bestimmten Neigung zur Fahrbahnoberfläche liegen. Die Abtragsebene richtet sich nach der Zielsetzung der Baulichen Erhaltung.

Bei der Planung des Fräsens der Unterlage sind gemäß den RuVA-StB die zu fräsenden Schichten auf Schadstoffbelastungen aus teer-/pechtypischen Bestandteilen zu untersuchen.

Wenn Asphaltschichten unterschiedlicher Zusammensetzung gefräst werden sollen, ist beim Aufstellen der Leistungsbeschreibung zu prüfen, ob möglichst ein schichtenweises Fräsen erfolgen kann. In der Leistungsbeschreibung sind Angaben über schichtenweises Fräsen, Frästiefe und Fräsbreite vorzusehen.

Zur Sicherstellung des Schichtenverbundes müssen vor dem Aufbringen der neuen Schicht nicht fest auf der Unterlage haftende Teile beseitigt werden. Gegebenenfalls ist nachzufräsen.

Bei Randeinfassungen und Einbauten, z. B. Schiebern, Schächten und Straßenabläufen, ist der Einsatz von Kleinfräsen in einem gesonderten Arbeitsgang vorzusehen.

Im Hinblick auf eine spätere Wiederverwendung des Fräsgutes ist das Entfernen von dickschichtigen Fahrbahnmarkierungen oder von Fahrbahnmarkierungen aus Folien vorab in gesonderten Arbeitsgängen vorzusehen.

Auf Brücken, in Tunneln oder Trogbauwerken ist die Frästiefe so festzulegen, dass die vorhandenen Abdichtungen des Bauwerkes nicht beschädigt werden.

Die „Hinweise für das Fräsen von Asphaltbefestigungen und Befestigungen mit teer-/pechtypischen Bestandteilen" (H FA) sind zu beachten.

3.2.2 Reinigen der Unterlage

Die Unterlage ist von Schmutz und losen Bestandteilen zu reinigen. Bei größeren Verschmutzungen sollte eine Reinigung mit Hochdruckwasserstrahl durchgeführt werden. Für das Reinigen der Unterlage und die Art der Ausführung ist im Leistungsverzeichnis eine gesonderte Ordnungszahl aufzunehmen.

3.2.3 Schichtenverbund, Nähte, Anschlüsse und Fugen, Randausbildung

Es gelten die ZTV Asphalt-StB 07/13, Abschnitte 3.3 und 4.2 sowie die ZTV Fug-StB, sofern in den nachfolgenden Abschnitten keine anderen Regelungen getroffen werden.

Bei Instandsetzungsverfahren ist die Abdichtung des hochliegenden Fahrbahnrandes nur beim Rückformen sowie beim Ersatz einer Asphaltdeckschicht aus Splittmastixasphalt, Asphaltbeton oder Offenporigem Asphalt auszuführen.

Beim Überbauen von Betondecken mit Asphaltschichten in den Belastungsklassen Bk100 und Bk32 ist für den Schichtenverbund und zur Sicherstellung einer horizontalen Verschieblichkeit eine bitumenhaltige Zwischenschicht anzuordnen. Die Anordnung von Fugen ist dann in der Regel nicht erforderlich.

Für die Herstellung einer bitumenhaltigen Zwischenschicht sind in Abhängigkeit von der Beschaffenheit der Unterlage 2,0 bis 3,0 kg/m^2 Polymermodifiziertes Bitumen 40/100-65 A aufzuspritzen und mit 5 bis 10 kg/m^2 einer vorbituminierten Lieferkörnung 8/11 der Kategorie SZ_{18} abzustreuen und erforderlichenfalls mit Walzen anzudrücken. Nicht gebundene Gesteinskörner sind zu entfernen.

Die bitumenhaltige Zwischenschicht soll mindestens mit einer Asphaltdeckschicht aus Splittmastixasphalt überbaut werden. Abweichend von den TL Asphalt-StB 07/13 ist im Splittmastixasphalt als Bindemittel ein Polymermodifiziertes Bitumen 40/100-65 A vorzusehen.

Diese bitumenhaltige Zwischenschicht ist hinsichtlich ihrer Dicke der darüber liegenden Asphaltschicht zuzurechnen.

3.2.4 Maßnahmen zur Profilverbesserung

Bei größeren Abweichungen von der Ebenheit, der Sollhöhe oder der Querneigung ist zur Profilverbesserung bei geplanten

Tabelle 3: Mindest- und Höchsteinbaudicken in Abhängigkeit von geeigneten Asphaltmischgutarten und Asphaltmischgutsorten für Profilverbesserungen

Profilverbesserungen in ungleichmäßiger Dicke mit	Asphaltmischgutarten und -sorten	Einbaudicken mindestens [cm]	Einbaudicken höchstens [cm]
Asphaltdeckschichten	AC 8 D S, AC 8 D N	2,0	4,5
	AC 11 D S, AC 11 D N	3,0	6,0
	SMA 8 N	2,0	5,5
	SMA 8 S	2,0	6,0
	SMA 11 S	3,0	7,0
	MA 8 S, MA 8 N	2,0	4,0
	MA 11 S, MA 11 N	2,5	5,0
Asphaltragdeckschichten	AC 16 TD	4,0	10,0
Asphaltbinderschichten	AC 16 B N	4,0	7,0
	AC 16 B S	4,0	9,0
	AC 22 B S	5,0	12,0
Asphalttragschichten	AC 16 T S, AC 16 T N	4,5	10,0
	AC 22 T S, AC 22 T N	5,0	14,0
	AC 32 T S, AC 32 T N	6,0	18,0

Maßnahmen der Instandsetzung nach dem Abschnitt 3.4 oder der Erneuerung nach dem Abschnitt 3.5 entweder das Fräsen der Unterlage oder der Einbau von Asphaltmischgut geeigneter Zusammensetzung vorzusehen.

Werden für Profilverbesserungen Asphaltschichten in ungleichmäßiger Dicke eingebaut, gelten die Angaben der Tabelle 3.

Kommentar

(1) Fräsen

Das Fräsen kann bei den Erhaltungsmaßnahmen unterschiedlichen Zwecken dienen:

- Herstellung der Ebenheit oder Querneigung der Unterlage,
- Sicherung/Ermöglichen der Höhenanbindung,
- Beseitigung akuter Probleme der Unebenheit oder
- Wiederherstellung der Griffigkeit der Fahrbahn.

Für die Durchführung der Maßnahmen der Instandhaltung werden in den ZTV BEA-StB bzw. in den ZTV Asphalt-StB Anforderungen an die Ebenheit der Oberfläche der hergestellten Schicht und damit verbunden an die Ebenheit der Unterlage gestellt. Diese Anforderungen sind in den ZTV BEA-StB 09/13, Abschnitt 4.2.4 zu finden und in den ZTV Asphalt-StB 07/13, Abschnitt 4.2.5. Hinweise zum Fräsen sind in dem Kommentar zu Abschnitt 3.3.2.5 enthalten.

Falls mehrere Schichten herausgefräst werden sollen, ist es für eine möglichst hochwertige Wiederverwendung des Fräsgutes vorzuziehen, schichtweise zu fräsen und das Fräsgut getrennt weiterzubehandeln. Dies ist unabdingbar, falls in den Schichten Gefahrstoffe (z. B. teer- oder pechtypische Bestandteile) enthalten sind. Eine Untersuchung auf asbesthaltige Bestandteile ist vor dem Hintergrund der „Technischen Regeln für Gefahrstoffe, Mineralischer Staub“ (TRGS 559) nicht mehr erforderlich. Die TRGS 559 sehen den generellen (Arbeits-)Schutz bei Vorhandensein von Quarzstaub vor und überlagern somit die „Technischen Regeln für Gefahrstoffe, Teil Tätigkeiten mit potenziell asbesthaltigen mineralischen Rohstoffen und daraus hergestellten Zubereitungen und Erzeugnissen“ (TRGS 517), welche noch zuvor zu beachten waren, hinsichtlich der Anforderungen der Arbeitssicherheit. Dadurch sind die Untersuchungen auf eine mögliche Asbesthaltigkeit des in den zu fräsenden Asphaltschichten enthaltenen Gesteins nicht mehr erforderlich (vgl. auch den Kommentar (2.2) zu Abschnitt 3.3.2.5): Da bei Fräsarbeiten Quarzstaub generell allgegenwärtig ist, müssen beim Fräsen stets entsprechende Schutzmaßnahmen (maschinelle oder persönliche Schutzausrüstungen) vorgesehen und umgesetzt werden. Diese erfüllen auch die Anforderungen an den Arbeitsschutz bei Vorhandensein von Asbestfasern, sodass die Frage, ob natürlicher Asbest in dem Gestein der zu fräsenden Schicht enthalten ist, nicht gesondert behandelt werden muss. Als Schutzmaßnahme hat man sich innerhalb der Branche geeinigt auf „Asphaltbeläge staubarm abtragen mit Kaltfräsen“, was in verschiedenen Veröffentlichungen der BG BAU, insbesondere in der Berufsgenossenschaftlichen Information BGI 790-020, beschrieben ist. Dieses Verfahren ist daher bei der Beauftragung und Durchführung von Fräsarbeiten

Kommentar

zur Anwendung vorzusehen; andere Verfahren, die ebenso Staubexposition minimieren, sind jedoch grundsätzlich ebenfalls möglich.

In den „Hinweisen für das Fräsen von Asphaltbefestigungen und Befestigungen mit teer-/pechtypischen Bestandteilen“ (H FA) sind die für das Fräsen gültigen Aspekte sowohl aus den TRGS 517 als auch aus den TRGS 559 berücksichtigt.

Die Angaben in der Leistungsbeschreibung zum Fräsen sind vor diesem Hintergrund einzuhalten, abweichende Nebenangebote dürfen nicht gewertet werden. Für die Wiederverwendung des Ausbauasphalts ist außerdem die Fahrbahnmarkierung zuvor zu entfernen.

Damit bei der Erstellung des Angebots und der Planung der Baudurchführung gezielt die Geräte gewählt, die Dauer abgeschätzt und die Kosten kalkuliert werden können, sind die voraussichtlich durchschnittliche Frästiefe und -breite sowie das schichtweise Fräsen in der Leistungsbeschreibung anzugeben. Fehlender Schichtenverbund in der zu fräsenden Befestigung kann während des Fräsvorgangs zu einer Schollenbildung des Fräsguts führen. In diesem Fall ist die Vorschubgeschwindigkeit beim Fräsen so weit zu verringern, bis eine ausreichende Zerkleinerung des Fräsguts erfolgt.

(2) Reinigung

Die Unterlage muss sauber sein, d. h. frei von Schmutz und losen Bestandteilen, damit der Verbund zwischen der bestehenden Schicht/Substanz und der aufgebrachten Schicht/Masse nicht beeinträchtigt wird. Der Schmutz und die losen Bestandteile können u. a. vom Befahren der Unterlage, aus der Umwelt bei längerer Liegedauer oder vom Fräsen stammen.

Zur Reinigung der Unterlage können Kehrmaschinen, Kehrsaugmaschinen und Wasserhochdruckgeräte verschiedener Ausführungen eingesetzt wer-

Bild 1 Kehrsaugmaschine mit Hochdruck-Drehjet-Einrichtung

Kommentar

Bild 2 Hochdruck-Drehjet-Einrichtung im Einsatz

den. Bei stärkerer Verschmutzung werden meist Wasserhochdruckgeräte eingesetzt, wobei auch hier das Ergebnis der Reinigung zu prüfen ist. Am besten geeignet sind hierfür Kehrsaugmaschinen, die zusätzlich mit einer Hochdruck-Drehjet-Einrichtung ausgerüstet sind (*Bilder 1* bis *3*).

Zudem muss das Abtrocknen der Oberfläche berücksichtigt und mit den folgenden Arbeitsvorgängen abgestimmt werden. Der Einsatz der Wasserhochdruckgeräte wird in den ZTV BEA-StB bei größeren Verschmutzungen grundsätzlich empfohlen.

Bild 3 Gereinigte Unterlage

Kommentar

Neben dem Schmutz müssen ggf. größere lose oder lockere Bestandteile der betroffenen Fläche entfernt werden. Wenn nötig, kann hier mit Fräsen gearbeitet werden, um den Rand anzupassen oder großflächig eine einheitliche Unterlage zu erhalten.

(3) Schichtenverbund, Nähte, Anschlüsse und Fugen, Randausbildung

Ein guter **Schichtenverbund** entsteht mit der Verzahnung und der Verklebung der beiden Schichten. Die Verzahnung gelingt zum einen bauweisenbedingt, wenn z. B. die untere Schicht beim Einbau der oberen Schicht noch heiß ist (Einbau von Kompakten Asphaltbefestigungen; siehe auch den Kommentar zu Abschnitt 3.5.4), zum anderen mit der Zusammensetzung des Asphalts, sodass die Gesteinskörner des Asphaltmischguts der oberen Schicht in die Hohlräume der bestehenden Schicht dringen können. Die Verklebung ist die Verbindung der Bitumenfilme der beiden Schichten. Sie kann sich umso stärker ausprägen, je mehr das Bitumen der unteren Schicht erwärmt wird und sich daher mit dem Bitumen des neuen Asphaltmischguts verbinden kann, ist aber auch von den Bitumeneigenschaften selbst abhängig. Der Schichtenverbund bzw. die Verklebung kann beeinträchtigt werden durch Zwischenmedien wie Wasser, Staub und Schmutz (auch vom Fräsen), zu schnelles Auskühlen des neu aufgebrachten Asphaltmischguts (mit einer in der Folge geringeren Verklebung der Bitumen beider Schichten) oder auch eine zu geringe Verdichtungsarbeit (sofern Verdichtung erforderlich ist).

Bei der Durchführung von Instandhaltungs- und Instandsetzungsmaßnahmen wird der Schichtenverbund im Wesentlichen durch die Verklebung erzielt. Daher ist es besonders wichtig, dass die Unterlage sauber ist, die aufgebrachte Asphaltschicht ausreichend verdichtet wird und die Temperaturbedingungen für den Einbau eingehalten werden. Bei den Maßnahmen der Instandhaltung ist für einen guten Verbund aufgrund der geringen Größe der Fläche in einem noch größeren Maß auf die Sauberkeit der Unterlage und einen guten Schichtenverbund in jedem Bereich zu achten.

Durch das **Ansprühen der Unterlage** mit einer Bitumenemulsion wird die Verklebung begünstigt. Dies ist in den ZTV Asphalt-StB grundsätzlich beim Einbau von Walzasphalt auf einer Asphaltschicht gefordert. In den ZTV BEA-StB ist das Ansprühen allein für Dünne Asphaltdeckschichten in Heißbauweise explizit vorgeschrieben, bei den restlichen Maßnahmen der Instandsetzung und Instandhaltung ist es entweder verfahrensbedingt nicht erforderlich oder unter Berücksichtigung der Schadensbilder zu bestimmen. Bei Dünnen Asphaltdeckschichten in Kaltbauweise ist über das Ansprühen der Unterlage in Abhängigkeit von ihrem Zustand zu entscheiden. Grundsätzlich kann die in dem Asphaltmischgut enthaltene Bitumenemulsion mit ihrer relativ flüssigen Konsistenz dazu ausreichen, auf der Unterlage verbliebenen Staub zu binden und einen guten Schichtenverbund herzustellen. Ist jedoch die Unterlage sehr spröde und ausgemagert, ist das Ansprühen empfehlenswert, damit das Bitumen der DSK nicht von der Unterlage aufgesogen wird. Ist die Unterlage hingegen sehr fett und wird die Maßnahme auch aufgrund einer unzureichenden Griffigkeit durchgeführt, ist auf ein Ansprühen zu verzichten; sonst

Kommentar

besteht die Gefahr, dass sich das Bitumen schnell durch die dünne Schicht drückt und erneut die Griffigkeit beeinträchtigt wird.

Beim Überbauen von Betondecken sollte in jedem Fall das Ansprühen vorgesehen werden, um einen guten Schichtenverbund zu erreichen. Bei Betondecken auf Straßen der Belastungsklassen Bk100 und Bk32 sollte nicht nur angesprüht, sondern eine bitumenhaltige Zwischenschicht hergestellt werden. Die bitumenhaltige Zwischenschicht, auch SAMI (Stress Absorbing Membran Interlayer) genannt, besteht aus polymermodifiziertem Bitumen, mit dem die Unterlage zunächst angesprüht wird, und aus grober, mit Bindemittel umhüllter Gesteinskörnung, die auf den Bitumenfilm aufgebracht wird. Als Ansprühmittel wird hier somit keine Bitumenemulsion, sondern heißes höher polymermodifiziertes Bitumen verwendet und dieses in einer deutlich höheren Dosierung. Damit der Schichtenverbund der bitumenhaltigen Zwischenschicht und der neuen Asphaltschicht gut ausgebildet wird, sind nicht in die Zwischenschicht eingebundene Gesteinskörnungen vor dem Einbau der neuen Asphaltschicht mit geeigneten Reinigungsmaschinen zu entfernen. Die bitumenhaltige Zwischenschicht soll mit mindestens einer Asphaltdeckschicht aus Splittmastixasphalt überbaut werden, um eine hinreichende Standfestigkeit auf der Betondecke zu bieten und ein Aufsteigen bzw. eine Anreicherung von Bindemittel an der Oberfläche zu vermeiden. In der Praxis hat sich eine mindestens 4 cm dicke Asphaltdeckschicht aus Splittmastixasphalt SMA 11 S als geeignet erwiesen. Zudem ist beim Überbauen von Betondecken auf die Anordnung von Fugen bzw. den Umgang mit diesen zu achten. Weitere Hinweise hierzu sind in Abschnitt 8.1 dieses Handbuchs gegeben.

(4) Maßnahmen zur Profilverbesserung

Sind bestimmte Anforderungen an die Höhe der Fahrbahnoberfläche, die Ebenheit der Unterlage oder die Querneigung gestellt, die nicht mit den Maßnahmen der Instandsetzung oder der Erneuerung erreicht werden können, sind Maßnahmen zur Profilverbesserung vorzusehen. Das Profil kann entweder durch Fräsen und/oder durch den Einbau von Asphaltmischgut (in unterschiedlicher Dicke) verbessert werden.

Beim Einbau von Asphaltmischgut zur Profilverbesserung ist das Asphaltmischgut in Art und Sorte in Abhängigkeit von der Unterlage und der gewünschten Erhaltungsmaßnahme zu wählen. Für die Zusammensetzung des Asphaltmischguts gelten die ZTV Asphalt-StB, die Mindest- und Höchsteinbaudicken sind in den ZTV BEA-StB angegeben. Diese Maße sind auch dann einzuhalten, wenn die Einbaudicken lokal sehr unterschiedlich sind, beispielsweise beim Überbauen einer unebenen Unterlage oder bei der Herstellung einer bestimmten Querneigung.

Der Einbau von Asphaltdeckschichtmischgut wird allerdings nur für die Beseitigung von Unebenheiten im Querprofil empfohlen, d. h. für das Verfüllen der Spurrinnen. Sollen nicht nur die Spurrinnen verfüllt, sondern (auch) die Querneigung verändert oder größere Unebenheiten beseitigt werden, ist das Fräsen und der anschließende Einbau einer Dünnen Schicht oder der Ersatz der Asphaltdeckschicht vorzuziehen.

Literatur (zu Abschnitt 3.1–3.2.4)

Bald, J. S., Grätz, B.: Bauliche Erhaltung von Asphaltbefestigungen: Gutes Langzeitgebrauchsverhalten auf Grund von ausgezeichnetem Schichtenverbund von Dünnen Schichten im Kalteinbau. (Orig. engl.: Maintenance of asphalt pavement: long time performance of bond between thin layers by the cold method (DSK) and the supporting medium), 5. ISSA Welt-Kongress, 10.–13. März 2002, Berlin: Kongressbeiträge/5th ISSA World Congress, March 10–13, 2002, Berlin: Congress papers. Annapolis, MA.: International Slurry Surfacing Association, 2002, CD-ROM, Session 7, Paper-No 46.

Bald, J. S., Grätz, B., Riedl, S.: Einfluss des Schichtenverbundes auf die Tragfähigkeit von Asphaltfahrbahnbefestigungen infolge dynamischer Belastung – Anwendung der Impulshammer-Messtechnik, 2nd European Pavement and Asset Management Conference, Berlin 2004.

Bald, J. S., Böhm, S., Root, V., Wolf, T.: Einfluss des Schichtenverbundes auf die Nutzungsdauer von Asphaltbefestigungen, In: Straße und Autobahn 7/2006, S. 428–432.

Böhm, S., Stöckert, U.: Zur Umsetzung der Prüfung des Schichtenverbundes nach Leutner in die Praxis, In: Bitumen 3/2002, S. 94–99.

Grätz, B., Stöckert, U.: Grundlagen zur Festlegung von Grenzwerten für den Schichtenverbund. Schriftenreihe Forschung Straßenbau und Straßenverkehrstechnik, Heft 829. Bonn 2001.

H FA 2010: Hinweise für das Fräsen von Asphaltbefestigungen und Befestigungen mit teer-/pechtypischen Bestandteilen, Ausgabe 2010. Forschungsgesellschaft für Straßen- und Verkehrswesen, FGSV Verlag, Köln 2010.

RSA 95: Richtlinien für die Sicherung von Arbeitsstellen an Straßen, Ausgabe 1995, 6. überarbeitete Auflage, Stand Juni 2017. Forschungsgesellschaft für Straßen- und Verkehrswesen, FGSV Verlag, Köln 2017.

Technische Regeln für Arbeitsstätten ASR A5.2: Anforderungen an Arbeitsplätze und Verkehrswege auf Baustellen im Grenzbereich zum Straßenverkehr – Straßenbaustellen, Ausgabe Dezember 2018. Bundesanstalt für Arbeitsschutz und Arbeitsmedizin (BAuA), Berlin 2018. Verfügbar: https://www.baua.de/DE/Angebote/Rechtstexteund TechnischeRegeln/Regelwerk/ASR/pdf/ASRA5-2.pdf?__blob=publicationFile&v=3 (abgerufen am 25.2.2019).

TRGS 517: Tätigkeiten mit potenziell asbesthaltigen mineralischen Rohstoffen und daraus hergestellten Gemischen und Erzeugnissen, Ausgabe Februar 2013, zuletzt geändert und ergänzt GMBl 2015 S. 137–138. Verfügbar: http://www.baua.de/de/Themen-von-A-Z/Gefahrstoffe/TRGS/TRGS-517.html (abgerufen am 13.8.2018).

TRGS 559: Technische Regeln für Gefahrstoffe 559, Mineralischer Staub, Ausgabe Februar 2010, mit Änderungen und Ergänzungen GMBl 2011 S. 578–579. Verfügbar: http://www.baua.de/de/Themen-von-A-Z/Gefahrstoffe/TRGS/TRGS-559.html (abgerufen am 13.8.2018).

3.3 Instandhaltung

3.3.1 Anwendung

Die Zuordnung und Eignung der Verfahren für die Instandhaltung von Verkehrsflächenbefestigungen in Abhängigkeit von den Merkmalsgruppen sind in der Tabelle 4 dargestellt.

Das Bauverfahren nach dem Abschnitt 3.3.2.3 „Ausbessern mit Asphaltmischgut" kann auch für die Beseitigung von Substanzmängeln an Befestigungen aus Beton oder Pflaster vorgesehen werden.

Tabelle 4: Zuordnung von Merkmalsgruppen zu geeigneten Instandhaltungsverfahren

Merkmalsgruppe	Zustandsmerkmal	Erscheinungsbild/ Ursache	Instandhaltungsverfahren nach den Abschnitten 3.3.2.1 Anspritzen und Abstreuen	3.3.2.2 Aufbringen von bitumenhaltigen Schlämmen oder Porenfüllmassen	3.3.2.3 Ausbessern mit Asphaltmischgut	3.3.2.4 Verfüllen und Vergießen	3.3.2.5 Aufrauen	Abfräsen von Unebenheiten[1]
Ebenheit	Ebenheit im Längsprofil	Verformung	–	–	○	–	–	+
		Tragfähigkeit	–	–	–	–	–	–
	Ebenheit im Querprofil	Verformung	–	–	○	–	–	+
		Tragfähigkeit	–	–	–	–	–	–
Rauheit	Griffigkeit	Bindemittelanreicherung	–	–	+	–	+	–
		polierte Kornoberfläche	–	–	–	–	+	–
Substanzmängel	Netzrisse		+	○	–	–	–	–
	Ausmagerung		+	+[2]	+	–	–	–
	Flickstellen		–	–	+	–	–	–
	Kornausbrüche		○	–	+	–	–	–
	Einzelrisse		–	–	–	+	–	–

Erläuterungen: + *geeignet* ○ *bedingt geeignet* – *nicht geeignet*

1) *Abfräsen ist hier nicht als Instandhaltungsverfahren aufgeführt, aber geeignet, verkehrsgefährdende Unebenheiten an Asphalt- oder Betonbefestigungen kurzfristig zu beseitigen.*

2) *Wenn das Fahrbahnzustandsbild „Ausmagerung" auf Kornausbrüche zurückzuführen ist, ist das Instandhaltungsverfahren „Aufbringen von Porenfüllmassen" nicht geeignet.*

Kommentar

(1) Allgemeines

Die Instandhaltung (ehemals als Bauliche Unterhaltung bezeichnet, siehe auch die Kommentare (1) und (3) zu Abschnitt 1.2) wird an Verkehrsflächenbefestigungen aller Art, also an Fahrbahnen, Rad- und Gehwegen, sonstigen befestigten Flächen, Bordsteinen, Straßenrinnen und Straßeneinbauteilen, durchgeführt. Im Nachfolgenden wird insbesondere auf Maßnahmen der Instandhaltung im Rahmen der Baulichen Erhaltung an Verkehrsflächen in Asphaltbauweise Bezug genommen.

Die Instandhaltung beschränkt sich in der Regel auf lokal punktuelle oder kleinflächige Maßnahmen an der Asphaltdeckschicht.

Dabei ist es Ziel, die Aufgaben der Asphaltdeckschicht, wie z. B. Sicherung der dauerhaft verkehrssicheren Befahrbarkeit durch die Abwehr unmittelbarer Gefahren für den Verkehrsteilnehmer, zu gewährleisten. Daneben ist der Schutz der darunterliegenden Asphaltschichten gegen unmittelbare Einwirkungen aus Verkehr und Witterung wiederherzustellen. Außerdem können die Maßnahmen der Instandhaltung als vorbereitende Leistungen zur Herstellung einer geeigneten Unterlage für unmittelbar darauffolgende Leistungen der Instandsetzung angewendet werden.

Die Substanz der Straße wird zwar durch Ausführung der lokal begrenzten Maßnahmen nicht umfassend verbessert, eine Unterlassung von Maßnahmen der Instandhaltung hätte aber eine Reduzierung der Funktionsfähigkeit zur Folge, denn funktionsfähige Asphaltdeckschichten leisten im Zusammenwirken zwischen Asphaltbinder- und Asphalttragschicht einen wichtigen Beitrag zur Tragfähigkeit.

Durch die gezielte, rechtzeitige und regelmäßige Durchführung von Maßnahmen der Instandhaltung lässt sich neben dem Erhalt der Befahrbarkeit und der Verkehrssicherheit die nach den „Richtlinien für die Planung von Erhaltungsmaßnahmen an Straßenbefestigungen“ (RPE-Stra) angesetzte Nutzungsdauer erreichen, sofern die bei der Planung angesetzten Rahmenbedingungen gegeben sind. Außerdem kann durch die fachgerechte Instandhaltung die im Vergleich dazu aufwendigere Instandsetzung bei Bedarf zu einem späteren Zeitpunkt erfolgen.

Maßnahmen der Instandhaltung fallen in der Regel unvorhergesehen an und müssen kurzfristig eingeleitet werden. Durch den meist geringen Umfang der dabei zu behebenden Einzelschäden ist ein Maschineneinsatz häufig nur in Verbindung mit aufwendiger Handarbeit möglich.

Die Wahl der baulichen Maßnahme richtet sich nach den Vorgaben und Empfehlungen einschlägiger technischer Regelwerke, Hinweise sind in den ZTV BEA-StB 09/13, Tabelle 4 gegeben. Bei der Wahl der Maßnahme ist anzustreben, dass mit dem gewählten Verfahren die örtlich begrenzten Schäden dauerhaft beseitigt und die Ursachen der Schäden weitgehend behoben werden.

Arbeiten der Instandhaltung werden in der Regel unter Aufrechterhaltung des fließenden Verkehrs ausgeführt. Dabei sind die Arbeitsstellen gemäß den „Richtlinien für die Sicherung von Arbeitsstellen an Straßen“ (RSA), den „Zusätzlichen Technischen Vertragsbedingungen und Richtlinien für Sicherungsarbeiten an Arbeitsstellen an Straßen“ (ZTV-SA) sowie den verkehrsrechtlichen Anordnungen des Auftraggebers abzusichern. Die vorgesehenen Regelpläne sind anzuwenden. Darüber hinaus gewinnt das Thema des seitlichen Sicherheits-

Kommentar

Bild 1
Rautiefe- und Pendelmessung

Bild 2
Bestimmung der Rautiefe mit dem Sandfleckverfahren

abstands bei Arbeiten unter Verkehr eine immer größer werdende Bedeutung. Hierzu sind die Technischen Regeln für Arbeitsstätten ASR A5.2 erarbeitet worden, die nach langer Diskussion am 21.12.2018 in Kraft traten.

Die Ausführung setzt die Beschaffung bzw. Vorhaltung von Gefahrenzeichen sowie Baustellenbeschilderung für unterschiedliche Regelpläne voraus.

Durch die Wahl des Zeitpunkts für die Durchführung einer Leistung ist sicherzustellen, dass die Sicherheit und Leichtigkeit des Verkehrsablaufs nicht mehr als notwendig beeinträchtigt wird. Je nach örtlichen Gegebenheiten müssen die Arbeiten gegebenenfalls auf verkehrsarme Zeiten verlegt werden.

Bei der Ausführung von Maßnahmen der Instandhaltung ist für die im Bereich der Arbeitsstellen liegenden öffentlichen Versorgungsleitungen – soweit erforderlich – die genaue Lage bei den Versorgungsunternehmen zu erfragen.

Tabelle 1 **Erfahrungswerte für die Einfülltiefen bei der Rauigkeitsmessung mit dem Sandfleckverfahren verschiedener Asphaltdeckschichten**

Art der Deckschicht	Sandeinfülltiefe [mm]	Glaseinfülltiefe [mm]
Asphaltbeton	≈ 0,5	≈ 0,6
SMA	≈ 0,7	≈ 0,8
OB	> 2,0	> 2,0

Kommentar

Mit der Streckenkontrolle wird im Auftrag der Straßenbauverwaltungen in periodischen Abständen objektbezogen der Zustand der Oberfläche der Verkehrsflächenbefestigungen und deren Veränderung erfasst. Mittels einfacher Prüfverfahren und Hilfsmittel, wie z. B. 4-m-Messlatte, SRT-Pendelmessgerät und Rauigkeitsmessungen (siehe *Bild 1* und *Bild 2*), kann der Fahrbahnzustand vor Ort ergänzend beurteilt werden, um weitere Informationen zur Entscheidung über das geeignete Instandhaltungsverfahren zu erhalten. Übliche Werte für die Einfülltiefe bei der Rauigkeitsmessung sind in der *Tabelle 1* angegeben.

Je nach Organisation der Instandhaltung werden die erkannten erforderlichen Sofortmaßnahmen zur Gewährleistung der Verkehrssicherheit durch eigenes oder beauftragtes Personal vorgenommen.

(2) Systematik von Reparaturasphalt

Lassen die Witterungsverhältnisse eine umgehende Behebung der Schäden mit Heißmischgut nicht zu, so kann nach Absprache mit dem Auftraggeber Reparaturasphalt zur Behebung der Schäden und somit zur Gefahrenabwehr eingebaut werden.

In der Vergangenheit wurde Reparaturasphalt häufig unter dem Begriff „Kaltmischgut“ oder auch „Wintermischgut“ geführt. Produkte mit diesen Begriffen wurden aufgrund fehlender Regelungen sehr vieldeutig interpretiert. Dies führte dazu, dass es für Hersteller und Anwender keine exakt definierten und objektiven Unterscheidungskriterien gab. Anforderungen an die Zusammensetzung und Gebrauchseigenschaften wurden auf Basis persönlicher

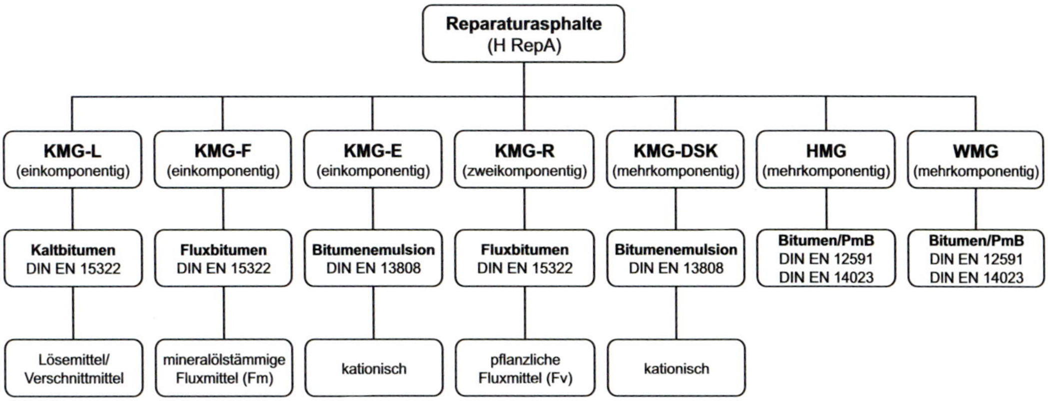

Erläuterungen:

KMG-L:	Kaltmischgut mit Bitumen mit mineralölstämmigem Fluxmittel und Lösemittel
KMG-F:	Kaltmischgut mit Bitumen mit mineralölstämmigem Fluxmittel
KMG-E:	Kaltmischgut mit kationischer Bitumenemulsion
KMG-R:	Reaktivmischgut mit Bitumen mit pflanzlichem Fluxmittel
KMG-DSK:	DSK-Mischgut mit kationischer Bitumenemulsion
HMG:	Heißmischgut
WMG:	Warmmischgut

Bild 3 Übersicht über die Reparaturasphaltsorten und die hierfür verwendeten Bindemittel (H RepA, Bild 2)

Tabelle 2 Zuordnung geeigneter Reparaturasphaltsorten in Abhängigkeit vom Schadensbild der Unterlage (H RepA, Tabelle 3)

Reparaturasphaltsorte / Schadensbild	KMG-L, KMG-F	KMG-E	KMG-R	KMG-DSK	HMG/ WMG
raue poröse Oberfläche	–	–	–	+	–
Ausmagerung	–	–	–	+	–
Kornausbrüche	–	–	–	+	–
Schlagloch	+	+	+	o	+
Setzung an Einbauten, Kantenschaden	+	+	+	+	+

Erläuterungen: + geeignet o bedingt geeignet – nicht geeignet

Kommentar

Erfahrungen der Anwender oder aufgrund von Marketingaktivitäten und Produktbeschreibungen der Anbieter formuliert.

Einen ersten Ansatz zur Systematisierung und Regelung der zur Ausbesserung von Schadstellen verwendbaren Asphalte bieten die neu erarbeiteten „Hinweise für Reparaturasphalte zur Schadstellenbeseitigung" (H RepA).

Die H RepA enthalten eine vollständige Beschreibung der Reparaturasphalte. Die Reparaturasphalte werden in sieben Produktsorten eingeteilt (siehe *Bild 3*).

Die *Tabellen 2* und *3* verdeutlichen die Anwendungsmöglichkeiten der Reparaturasphalte in Abhängigkeit vom Schadensbild und von den zu erwartenden Beanspruchungen.

Nach wie vor finden überwiegend lösemittelhaltige Mischgutsorten Anwendung – trotz der allgemeinen Diskussion im Hinblick auf Umweltschutz und Klimawandel und trotz des Vorhandenseins lösemittelfreier Produkte.

Da das Thema „Lösemittelgehalt" von den Herstellern und Anbietern der Produkte sehr uneinheitlich gehandhabt wurde, sind in den H RepA die Begrifflichkeiten zum Lösemittel und Lösemittelgehalt definiert worden.

Tabelle 3 Zweckmäßige Reparaturasphaltsorten in Abhängigkeit von den zu erwartenden Beanspruchungen (H RepA, Tabelle 2)

Reparaturasphaltsorte	Belastungsklasse	Einsatzbereiche
HMG/WMG, KMG-R, KMG-DSK	Bk3,2 bis Bk100	Bundesautobahnen/Bundesstraßen, Industriestraßen, Verbindungsstraßen, Hauptgeschäftsstraßen, Landesstraßen, Gewerbestraßen, Örtliche Geschäfts-/Einfahrtsstraßen, Dörfliche Hauptstraßen, Sammelstraßen
HMG/WMG, KMG-R, KMG-DSK, KMG-L, KMG-F, KMG-E	Bk0,3 bis Bk1,8	Kreisstraßen, nicht ständig vom Schwerverkehr genutzte Flächen, Dörfliche Straßen mit Busverkehr, ständig genutzte Parkflächen, Wohnstraßen (Anliegerstraßen), Wohnwege

Tabelle 4 Einteilung der Reparaturasphalte in Abhängigkeit vom Lösemittelgehalt
(H RepA, Tabelle 1)

Gruppe	lösemittelfrei	lösemittelarm	schwach lösemittelhaltig	lösemittelhaltig
Lösemittelgehalt	< 0,1 %	0,1 % bis < 0,5 %	0,5 % bis < 1 %	≥ 1 %

Kommentar

Nach den H RepA sind Lösemittel als nicht vom Bitumen stammende, flüchtige, organische Verbindungen im Reparaturasphalt definiert. Die Reparaturasphalte werden hinsichtlich ihres Lösemittelgehaltes (bezogen auf den gebrauchsfertigen Reparaturasphalt) in die Gruppen der *Tabelle 4* eingeteilt.

Reparaturasphalt wird hergestellt aus Gesteinskörnungen, einem geeigneten Bindemittel (je nach Reparaturasphaltsorte; vgl. *Bild 3*) und gegebenenfalls Zusätzen. Es wird so konzipiert, dass es gebrauchsfertig ist, d. h., es kann sofort verarbeitet werden. Die angebotenen Verpackungseinheiten sind z. B. lose Ware für Lkw-Pritschen, BigBag oder auch Sack- oder Eimerware.

Für jede Produktsorte sind in den H RepA Anforderungen an die Zusammensetzung und den Hohlraumgehalt der Reparaturasphalte beschrieben.

(3) Einbau von Reparaturasphalt

Voraussetzung für den Einbau von Reparaturasphalt ist möglichst frostfreies Wetter, wobei auch kein Wasser auf der Fläche stehen sollte. Dabei sind die Mindesttemperaturen der Luft und der Unterlage abhängig von der einzelnen Reparaturasphaltsorte.

Üblicherweise sind die folgenden Arbeitsschritte auszuführen, wobei Verarbeitungshinweise der Hersteller bzw. die Angaben auf den Produkten zu beachten sind:

- Reinigen der Schadstelle; Schmutz und lose Teile sind zu entfernen, gegebenenfalls Ränder begradigen,
- die Schadstelle darf feucht sein (bei hohen Temperaturen Unterlage gegebenenfalls anfeuchten), soll jedoch kein stehendes Wasser enthalten,
- Anspritzen der Unterlage mit Bitumenemulsion,
- bei Anwendung von KMG-DSK Abkleben der seitlichen Begrenzung mit Klebeband,
- Reparaturasphalt in die Schadstelle gleichmäßig und möglichst ebenflächig von Hand einbringen (siehe *Bild 4*); Überhöhungen sind zu vermeiden,
- möglichst intensives Verdichten mit Handstampfer, Rüttelplatte oder kleiner Walze (außer bei KMG-DSK und HMG).

Beim Einbau von KMG-R auf Basis eines reaktiv aushärtenden Bindemittels ist die Zugabe einer zweiten Komponente (z. B. Wasser) erforderlich, was eine Viskositätsänderung von niedrig- zu hochviskos bewirkt. Dies führt zu einer Festigkeitszunahme und Aushärtung des eingebauten KMG-R in vollständiger Schichtdicke innerhalb kurzer Zeit.

Reparaturasphalte mit Lösemitteln und/oder mineralölstämmigen Fluxmitteln nach den H RepA benötigen im Vergleich üblicherweise eine längere Dauer bis zur abschließenden Aushärtung, obgleich schon vorher eine Befahrbar-

Kommentar

Bild 4 Einbau von Reparaturasphalt

keit gegeben ist. Dies ist besonders bei stark befahrenen Verkehrsflächen zu berücksichtigen.

Heißmischgut (HMG) wird in der Regel vor Ort in einem dafür geeigneten Rührwerkskocher erhitzt und gemischt. Die Verarbeitungstemperatur beträgt mindestens 190 °C. Er besitzt eine gussasphaltähnliche Konsistenz und kann nach Erkalten befahren werden.

Bild 5 Maschine zur Herstellung des Emulsionsmischguts

Warmmischgut (WMG) ist hohlraumarm zusammengesetzt und kann entweder in Asphaltmischanlagen oder vor Ort mit einer mobilen Kleinmischanlage hergestellt werden. Die Verarbeitungstemperatur beträgt mindestens 120 °C.

Kaltmischgut mit kationischer Bitumenemulsion (KMG-E) enthält ausschließlich Gesteinskörnung und eine langsam brechende Bitumenemulsion, wodurch es in der Asphaltmischanlage gemischt und auch über eine längere Dauer transportiert und verarbeitet werden kann.

Demgegenüber wird DSK-Mischgut mit kationischer Bitumenemulsion (KMG-

Kommentar

Bild 6 Einbau des frisch hergestellten Emulsionsmischguts

DSK) gleich zu dem Asphaltmischgut für Dünne Asphaltdeckschichten in Kaltbauweise (DSK) nach den ZTV BEA-StB 09/13, Abschnitt 3.4.2.3.4 in mobilen Kleinmischanlagen (siehe *Bild 5*) vor Ort zusammengesetzt und gemischt. Um die ordnungsgemäße Funktion und eine gleichbleibende Rezeptur sicherzustellen, sollte die Dosiereinrichtung der Kleinmischanlage kalibriert und in regelmäßigen Abständen überprüft werden. Üblicherweise wird das KMG-DSK nach Austrag aus der Maschine von Hand in die vorbereitete Schadstelle eingebaut (siehe *Bild 6* und *Bild 7*). Der Zeitaufwand hierfür ist etwas größer als beim maschinellen Einbau des Asphaltmischguts für DSK mit Großmaschinen. Das Misch- und Abbindeverhalten ist daher auf den Handeinbau abzustimmen.

Bild 7 Sanierter Bereich

Kommentar

Bei tiefen Schadstellen sollte der Reparaturasphalt in mehreren Lagen eingebaut werden. Die Dicke der Lagen und die Gesamteinbaudicke sind abhängig von dem Größtkorn und der Reparaturasphaltsorte; sie sind in den H RepA beschrieben.

Zur Abstumpfung und Erhöhung der Anfangsgriffigkeit kann die mit Reparaturasphalt bearbeitete Stelle, mit Ausnahme von KMG-R und KMG-DSK, abgestreut werden.

(4) Hinweise zur Verfahrenswahl

Die ZTV BEA-StB 09/13, Tabelle 4 ordnen den Merkmalsgruppen, wie sie vergleichbar im Rahmen der Zustandserfassung und -bewertung erfasst werden (siehe den Kommentar zu Abschnitt 1.2), und den zugehörigen Zustandsmerkmalen sowie Erscheinungsbildern/Ursachen geeignete Instandhaltungsverfahren zu. Ein Blick in die Tabelle zeigt, dass aufgrund des Umfangs und der beschriebenen Zielsetzung der Maßnahmen der Instandhaltung ihre Eignung deutlich eingeschränkt ist. Bei Schäden, die aus einer unzureichenden Tragfähigkeit resultieren, ist systembedingt keine Instandhaltungsmaßnahme geeignet.

Der in den H RepA beschriebene Reparaturasphalt besitzt im engeren Sinne noch keine Anknüpfung zu den ZTV BEA-StB 09/13. So sieht das Ausbessern mit Asphaltmischgut nach den ZTV BEA-StB 09/13, Abschnitt 3.3.2.3 die Verwendung von Asphaltmischgut nach den TL Asphalt-StB vor. Für die Auswahl geeigneter Reparaturasphaltsorten in Abhängigkeit vom Schadensbild können daher derzeit nur die Hinweise in *Tabelle 1* des Kommentars (2) herangezogen werden.

Bei Ausmagerungen, die auch Kornausbrüche aufweisen, sind Porenfüllmassen nicht geeignet. Sie sind daher nur bei Ausmagerungen durch die Versprödung des Bindemittels oder den Verlust des Mörtels anzuwenden.

Bei bitumenhaltigen Schlämmen und Porenfüllmassen läuft der Aushärtungsprozess durch Verdunsten des Wasseranteils bzw. Verflüchtigen des Lösemittels ab. Dies kann je nach örtlicher Situation und Witterungsbedingungen durchaus mehrere Stunden in Anspruch nehmen und muss bei der Wahl des Verfahrens berücksichtigt werden.

Bei einer unzureichenden Griffigkeit infolge von polierten Kornoberflächen ist als Instandhaltungsverfahren ausschließlich das Aufrauen geeignet. Dabei ist zu bedenken, dass das Aufrauen nur temporär zu einer Erhöhung der Griffigkeit führen kann, da die unzureichende Polierresistenz des Gesteins nicht verändert wird.

3.3.2 Bauverfahren

Die Art der Bauverfahren und der Umfang der für die Instandhaltung vorgesehenen Flächen und Schichten sind in der Leistungsbeschreibung anzugeben.

3.3.2.1 Anspritzen und Abstreuen

Nach dem Reinigen ist auf die vorgesehenen Flächen bitumenhaltiges Bindemittel durch Anspritzen gleichmäßig aufzutragen. Hierbei sind die Anschlussflächen mindestens 10 cm breit mit zu behandeln. Anschließend ist sofort eine Gesteinskörnung > 2 mm aufzustreuen und einzuwalzen. Die Gesteinskörner müssen etwa bis zur Hälfte im Bindemittel eingebettet sein. Ein geringer Überschuss an Gesteinskörnern verhindert das Anhaften von Bindemittel an Fahrzeugreifen.

Bei kleinflächig auftretenden Ausmagerungen und Netzrissen kann auf Verkehrsflächenbefestigungen der Belastungsklassen Bk1,8 bis Bk0,3 ein mechanisiertes Anspritzen und Abstreuen (Reparaturzug) angewendet werden. Dabei soll der zu bearbeitende Flächenanteil nicht mehr als 10 % der Gesamtfahrbahnfläche betragen. Bei größerer geschädigter Fläche soll ein Instandsetzungsverfahren gemäß dem Abschnitt 3.4 mindestens in der Breite eines Fahrstreifens vorgesehen werden.

Bei punktuell auftretenden Schäden (z. B. Abplatzungen und Vertiefungen) kann auf Verkehrsflächenbefestigungen der Belastungsklassen Bk1,8 bis Bk0,3 eine besondere Ausführungsart des mechanisierten Anspritzens und Abstreuens (sogenanntes Patch-Verfahren), angewendet werden. Dabei soll der zu bearbeitende Flächenanteil nicht mehr als 2 % der Gesamtfahrbahnfläche betragen.

Der Zeitpunkt der Verkehrsfreigabe ist abhängig von den örtlichen Verhältnissen, von den Wetterbedingungen und von der verwendeten Bindemittelart. Wegen des Überschusses an Gesteinskörnern soll für die ersten Tage eine Geschwindigkeitsbeschränkung vorgesehen werden. Aus bautechnischen Gründen wird eine Geschwindigkeitsbeschränkung höchstens auf 40 kmlh (innerorts gegebenenfalls auch geringer) empfohlen.

Vor der Aufhebung der verkehrssichernden Maßnahmen aufgrund der baustellenbedingten verkehrsrechtlichen Anordnung eines Verkehrszeichens sind die nicht gebundenen Gesteinskörner zu entfernen.

3.3.2.1.1 Gesteinskörnungen

Für die Verbrauchsmengen an Gesteinskörnungen > 2 mm sind die Angaben der Tabelle 5 maßgebend.

Die Lieferkörnungen 2/5 oder 5/8 sind in Abhängigkeit von der Beschaffenheit der jeweiligen Unterlage zu wählen und in der Leistungsbeschreibung festzulegen.

3.3.2.1.2 Bindemittel

Die Bitumenemulsionen und das gebrauchsfertige polymermodifizierte Fluxbitumen müssen den Anforderungen der „Technischen Lieferbedingungen für Bitumenemulsionen" (TL BE-StB) entsprechen. Für die Verbrauchsmengen sind die Angaben der Tabelle 5 maßgebend.

Tabelle 5: Baustoffe und Verbrauchsmengen für das Anspritzen und Abstreuen

Bindemittelarten und -sorten	Bindemittelmenge [kg/m²]	Gesteinskörnung	
		Lieferkörnung	Menge [kg/m²]
C60B4-REP	1,4 bis 1,8	2/5	9 bis 14
C60BP4-REP	1,6 bis 2,2	5/8	11 bis 17
C67B3-REP	1,2 bis 1,7	2/5	9 bis 14
C67BP3-REP*)	1,5 bis 2,1	5/8	11 bis 17
Fm9BP2 Fv9BP3*)	0,9 bis 1,3	5/8	9 bis 12

*) nur bei mechanisiertem „Anspritzen und Abstreuen"

Es können vorgesehen werden:

- *unstabile kationische Bitumenemulsion C60B4-REP,*
- *polymermodifizierte unstabile kationische Bitumenemulsion C60BP4-REP,*
- *unstabile kationische Bitumenemulsion C67B3-REP,*
- *polymermodifizierte unstabile kationische Bitumenemulsion C67BP3-REP,*
- *polymermodifiziertes Fluxbitumen für Oberflächenbehandlungen (Fm9BP2, Fv9BP3).*

Die Bindemittelart und -sorte ist in Abhängigkeit von der Verkehrsbelastung zu wählen und in der Leistungsbeschreibung festzulegen.

Die Verbrauchsmengen sind insbesondere von der Beschaffenheit der jeweiligen Unterlage und der Lage in der Örtlichkeit abhängig.

Kommentar

(1) Bauverfahren „Anspritzen und Abstreuen“

Bei dem Verfahren „Anspritzen und Abstreuen“ handelt es sich um eine kleinflächige Oberflächenbehandlung. Dieses Verfahren wird auch als „Partielle Oberflächenbehandlung“ bezeichnet.

Anspritzen und Abstreuen (siehe *Bild 1* und *Bild 2*) ist nach den ZTV BEA-StB geeignet für Maßnahmen zur Substanzerhaltung

- bei rauen, porösen, ausgemagerten und mit feinen Haarrissen durchsetzten Flächen und/oder
- bei Kornausbrüchen und Mörtelverlust.

Die Ausführung erfolgt von Hand oder vorzugsweise maschinell. Durch alleiniges Abstreuen der Fahrbahn bei sommerlichen Temperaturen kann bei einer bindemittelreichen Oberfläche zumindest kurzfristig eine Verbesserung der Griffigkeit erreicht werden.

Der wesentliche Vorteil des Verfahrens „Anspritzen und Abstreuen“ liegt in der schnellen und effektiven Wiederherstellung der abdichtenden Funktion der Asphaltdeckschicht. Das Problem einer bedarfsgerechten Bindemitteldosierung ist in der Regel nur bei einem reinen Handeinbau gegeben; zu viel Bindemittel würde eine Überfettung, zu wenig Bindemittel einen Splittverlust begünstigen. Mit neuer und moderner Maschinentechnik kann nicht nur die Leistungsfähigkeit, sondern insbesondere auch die Ausführungsqualität deutlich verbessert werden.

Insgesamt ist das Verfahren jedoch für einen großflächigen Einsatz vergleichsweise lohn- bzw. kostenintensiv, sodass es seine Berechtigung primär für kleinere Erhaltungseinheiten zur sofortigen Wiederherstellung der Sicherheit und Befahrbarkeit für den Nutzer hat. Ein Einsatz auf größeren, zusammenhängenden Flächen ist daher nicht empfehlenswert; zudem sollte die Anwendung auch aus bautechnischen Gründen 10 % der Gesamtfahrbahnfläche nicht überschreiten.

Bild 1 Lokale, mit Anspritzen und Abstreuen behandelte Fläche

Kommentar

Bild 2 Detailaufnahme des Übergangs zwischen vorhandener Fahrbahnbefestigung und der mit Anspritzen und Abstreuen behandelten Fläche

Auch bei kleinflächigen Ausführungen sind die Wettervoraussetzungen zu beachten: Es sollten erfahrungsgemäß im Einzelnen

- die Temperatur der Unterlage mindestens + 7 °C sowie
- die Lufttemperatur mindestens + 10 °C

betragen. Die Bindemitteltemperatur ist auf diese Gegebenheiten sowie auf die Art des Bindemittels abzustimmen. Die Fahrbahn sollte trocken sein; eine geringe Feuchtigkeit ist möglich, bei Regen bzw. regennasser Fahrbahn sind die Arbeiten einzustellen.

Es ist ratsam, für die ersten Tage nach der Verkehrsfreigabe je nach örtlicher Situation zusätzlich zu den Gefahrenzeichen eine Geschwindigkeitsbeschränkung von höchstens 40 km/h anordnen zu lassen, da es vorkommen kann, dass nicht eingebundene Abstreukörnung lose auf der Straßenoberfläche verbleibt. Vor dem Aufheben der Geschwindigkeitsbeschränkung ist diese nicht gebundene Abstreukörnung zu beseitigen.

In der Praxis werden oftmals Teile der Leistung bei der Ausführung von Arbeiten nach dem Verfahren „Anspritzen und Abstreuen“ durch den Lieferanten des Bindemittels gemeinsam mit Mitarbeitern der Bauhöfe und Straßenmeistereien erledigt (Regiearbeiten).

Der Lieferant stellt das Bindemittel z. B. in Servicetanks auf der Baustelle zu Verfügung. Die Organisation der für das Abstreuen erforderlichen Gesteinskörnungen erfolgt seitens des Auftraggebers. Hierbei stehen aufgrund wirtschaftlicher Zwänge häufig die Kosten für diese Gesteinskörnungen im Vordergrund; eine Prüfung der Verträglichkeit der ausgewählten Gesteinskörnung mit dem eingesetzten Bindemittel ist meist nicht sichergestellt, sollte jedoch vor Beginn der Arbeiten erfolgen.

Eine derartig gemeinsame Ausführung der Maßnahme durch Auftraggeber und Auftragnehmer kann dazu führen, dass bei Mängeln eine Zuordnung der Verantwortung nicht eindeutig möglich ist.

Kommentar

Während der Handeinbau nur in Ausnahmefällen zur Anwendung kommt, kommen seit vielen Jahren zunehmend verbesserte Technologien für die maschinelle Ausführung zum Einsatz. Hierzu zählt z. B. das Patch-Verfahren, dessen Wurzeln in der Arbeitsweise „Anspritzen und Abstreuen“ zu suchen sind, das sich jedoch hinsichtlich des Bauablaufs und der fertigen Leistung recht deutlich von der üblichen Arbeitsweise unterscheidet. Dies bezieht sich zum Teil auf die Baustoffe, im Wesentlichen jedoch auf die Maschinentechnik und die Bauausführung.

(2) Patch-Verfahren

Im Jahre 1996 wurde das Patch-Verfahren erstmals in der Bundesrepublik Deutschland eingesetzt. Ziel war es, die Bauweise „Anspritzen und Abstreuen“ durch Auswahl geeigneter Baustoffe und Einsatz einer speziellen Maschinen- und Gerätetechnik so weiterzuentwickeln, dass auch Schadstellen von mehreren Zentimetern Tiefe standfest in einem Arbeitsgang schnell und dauerhaft verfüllt werden konnten. Die Eignung begrenzt sich jedoch auf punktuelle Schadstellen, denn eine großflächige oder sogar vollflächige Anwendung im Rahmen der Bearbeitung eines Straßenabschnitts ist aus fachlicher und wirtschaftlicher Sicht nicht sinnvoll. Vorwiegendes Anwendungsgebiet sind daher Schlaglöcher und Frostaufbrüche, Ausbrüche an Straßeneinbauten oder auch Schadstellen an Gehwegen.

Der erforderliche Umfang der Arbeiten richtet sich nach dem örtlichen Schadensbild und der Verkehrsbelastung. In der Praxis wird darüber hinaus häufig versucht, auch Netzrisse in den Asphaltdeckschichten mit dem Patch-Verfahren zu bearbeiten. Dies kann zum Aufbau von Überhöhungen führen, da hier das Verfüllmaterial nicht **in** eine Schadstelle (wie z. B. beim Bearbeiten von Schlaglöchern etc.) eingebaut, sondern **auf** den Schadensbereich aufgebracht wird. Diese Überhöhungen können beim Überfahren durchaus spürbar sein.

Es ist zudem nicht ausgeschlossen, dass sich die Risse wieder an der Oberfläche zeigen. Hier werden zum Teil Asphaltvliese oder (selbstklebende) Gittergewebe eingesetzt, die vor dem Abdecken mit dem Bitumenemulsions-/Gesteinskörnungsgemisch nach Angaben des Herstellers einzubauen sind. Es sei allerdings darauf hingewiesen, dass sich auch bei dieser Vorgehensweise eine Überhöhung im Bereich der bearbeiteten Schadstelle ergeben wird und der Verbund mit der Unterlage sichergestellt sein muss. Siehe auch den Kommentar (5) zu Abschnitt 3.4.

Die Besonderheit des Patch-Verfahrens gegenüber dem Verfahren „Anspritzen und Abstreuen“ ist die spezielle Geräte- und Verfahrenstechnik, die es ermöglicht, alle erforderlichen Schritte einfach und wirtschaftlich zusammenzufassen und somit hohe Tagesleistungen zu erzielen. Dies beschleunigt die Ausführung und reduziert außerdem den Umfang der Verkehrsbehinderungen. Die Arbeiten werden im Rahmen von kleinen Wanderbaustellen unter Aufrechterhaltung des fließenden Verkehrs ausgeführt; der bearbeitete Bereich kann sofort wieder befahren werden.

Es zeigt sich, dass es für den Begriff „Patch-Verfahren“ heute mehrere Auslegungen gibt. Zwar erscheinen die einzelnen Arbeitsweisen aufgrund der Maschinen- und Gerätetechnik äußerlich ähnlich, unterscheiden sich jedoch in der Vorgehensweise und Bedienung.

Kommentar

Die Ausführung eines fachgerechten Einbaus erfolgt mit den unten dargestellten Schritten (1) bis (3); sie beschreiben die Arbeitsweise, wie sie sich seit 1996 bewährt hat.

Die Arbeitskolonne besteht in der Regel aus zwei Facharbeitern. Ein Facharbeiter führt unmittelbar an der Schadstelle alle erforderlichen Arbeiten durch, der zweite Facharbeiter bringt das Patch-Gerät (siehe *Bild 3*) in die erforderliche Arbeitsposition, sorgt für die Baustoff-Beschickung und führt begleitende Servicearbeiten durch.

Derartige Geräte sind als Anhänger- oder auch als Aufsatzgeräte zum Aufbau auf ein Trägerfahrzeug konzipiert. Allen ist jedoch gemein, dass die Bedienung des Arbeitsrüssels direkt an der Schadstelle durch den Facharbeiter

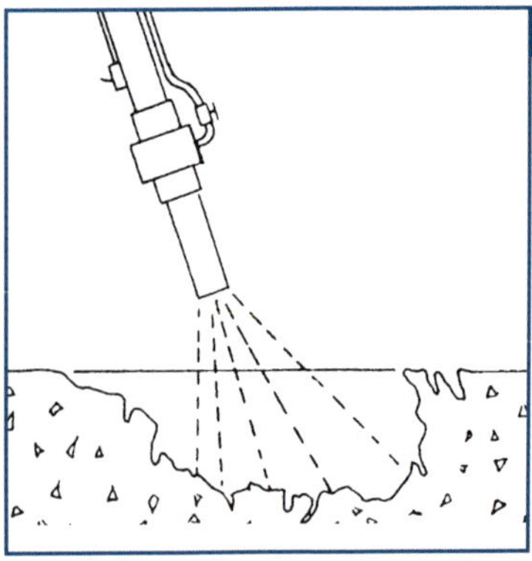

1 Ausblasen

- Die Schadstelle wird mit Druckluft gereinigt; zur Vermeidung von Staubbildung beim Ausblasen kann Wasser zugegeben werden.
- Lose Teile werden entfernt.

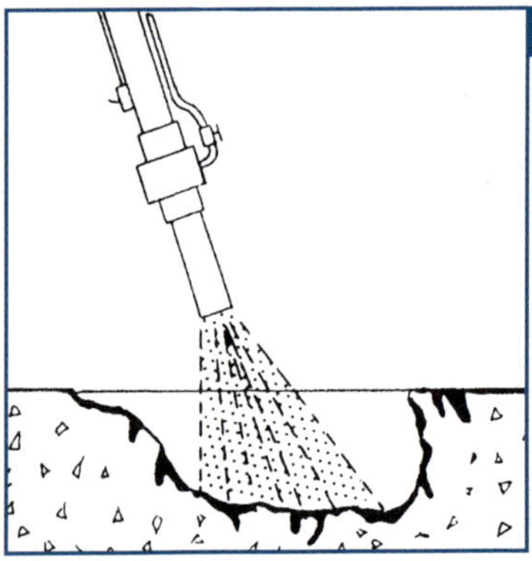

2 Anspritzen mit Bindemittel

- Die gereinigte Schadstelle wird mit Polymermodifizierter Bitumenemulsion angespritzt; es ist auf eine ausreichende Menge Bindemittel und gleichmäßige Verteilung zu achten. Somit wird die optimale Haftung des einzubauenden Emulsions-/Gesteinskörnungsgemischs an der Unterlage sichergestellt.
- Bei porösen Oberflächen und starken Ausmagerungen ist die Bindemittelmenge zu erhöhen.

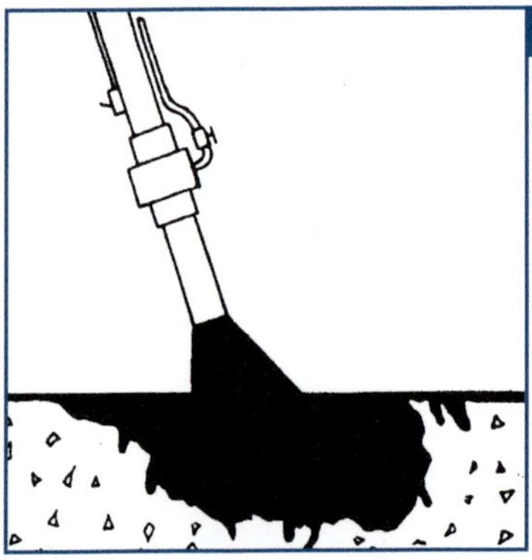

3 Verfüllen mit Emulsions-/Gesteinskörnungsgemisch, Abdecken

- Die Schadstelle wird *in einem Arbeitsgang* mit einem dosierten Gemisch aus Bitumenemulsion und Gesteinskörnung aufgefüllt und an die umgebende Fläche angeglichen.
- Abschließend wird – soweit erforderlich – mit Abstreukörnung abgedeckt.

Kommentar

Bild 3 Ausführung des Patch-Verfahrens

erfolgt und die Einbaumannschaft insofern mindestens aus zwei Mitarbeitern besteht. Die Weiterentwicklung der Maschinen in den letzten Jahren hat allerdings dazu geführt, dass inzwischen ein einziger Facharbeiter alle Arbeiten erledigen kann. Die Automatisierung von Arbeitsschritten und spezielle technische Steuerungen ermöglichen es, vom Führerhaus des Lkw die Bauausführung zu realisieren.

Der Einsatz von nur einer Person, der sicherlich einen wirtschaftlichen Vorteil darstellt, sollte kritisch betrachtet werden: Die Durchführung der Arbeiten unter Verkehr stellt eine Gefahrenquelle für Personal und Verkehrsteilnehmer dar und erfordert von dem Mitarbeiter ein Höchstmaß an Konzentration und Verantwortung. Durch die Bedienung des Geräts vom Fahrersitz aus ist die nähere Betrachtung und Beurteilung der Schadstelle nur bedingt möglich, die z. B. für eine adäquate Bindemittelmenge, fachgerechte Ausführung und das Gelingen der Gesamtmaßnahme entscheidend sein kann. Weiterhin können durch die mechanisierte Ausführung aus dem Fahrerhaus die Ebenheit der hergestellten Fläche und die Ausbildung der Randzonen beeinträchtigt sein.

Als Baustoffe sind zur Sicherung der Standfestigkeit Polymermodifizierte Bitumenemulsionen C60B4-REP oder C60BP4-REP bzw. C67B3-REP oder C67BP3-REP nach den TL BE-StB und Gesteinskörnungen 2/5 oder 5/8 nach den TL Gestein-StB einzusetzen.

Eine besondere Anforderung an das Bindemittel liegt hier in seinem spontanen Brechverhalten beim Zusammentreffen mit den Gesteinskörnungen: In der Regel beträgt die Arbeitshöhe des Einbaurüssels am Patch-Gerät ca. 50 cm bis 1 m, je nach Körpergröße und persönlichen Einstellungen des Facharbeiters. Der erste Kontakt des Bindemittels mit dem Gestein erfolgt am unteren Ende des Rüssels, also in der genannten Höhe über der Fahrbahnoberfläche. Da das Bitumenemulsions-/Gesteinskörnungsgemisch unterstützt durch Luftdruck in die Schadstellen eingebracht wird, ist der Zeitraum zwischen diesem ersten Kontakt von Bindemittel und Gestein und dem Einbau in die Schadstelle praktisch auf Bruchteile von Sekunden reduziert.

Kommentar

Bild 4 Fachgerechte, mit dem Patch-Verfahren ausgebesserte Fläche

Als Variante hierzu wird heute auch das sogenannte Reaktiv-Patchen angeboten, bei dem ein spezielles Bindemittel mit Zusatz nachwachsender Rohstoffe mit reaktiv aushärtenden Eigenschaften zum Einsatz kommt.

Die Zusammensetzung des Bindemittel-/Gesteinskörnungsgemischs ist insgesamt abzustimmen auf die Lage der Schadstellen, die örtliche Verkehrsbelastung und die einzubauende Schichtdicke. Das Patch-Gerät muss hierfür über entsprechende Einstellmöglichkeiten verfügen.

Eine tägliche Kalibrierung dient der Sicherstellung einer ordnungsgemäßen Funktionsweise des Patch-Geräts im Hinblick auf eine gleichmäßige Zusammensetzung des Bindemittel-/Gesteinskörnungsgemischs.

3.3.2.2 Aufbringen von bitumenhaltigen Schlämmen und Porenfüllmassen

Bitumenhaltige Schlämmen und Porenfüllmassen werden als Fertigprodukt in geschlossenen Gebinden geliefert und sind gegen Frost geschützt zu lagern.

Bitumenhaltige Schlämmen und Porenfüllmassen dürfen nur bei trockenem Wetter und Lufttemperaturen über 10 °C verarbeitet werden.

Bitumenhaltige Schlämmen sind auf die gereinigte, trockene Unterlage aufzutragen und gleichmäßig zu verteilen. Sie sind in einer oder mehreren Lagen in aufeinander folgenden Arbeitsgängen aufzubringen. Die zweite Lage ist erst aufzubringen, wenn die erste Lage trocken und begehbar ist.

Der Abbindeprozess erfordert bei warmem und trockenem Wetter in der Regel einen Zeitraum von 1 bis 2 Stunden. Die behandelten Flächen dürfen erst nach Abtrocknung befahren werden.

Die Porenfüllmassen sind auf die gereinigte, trockene Unterlage einlagig aufzutragen und abzuziehen. Mit Porenfüllmassen behandelte Flächen sind mit ca. 3 kg/m² der Lieferkörnung 0/2 mit einem Gehalt an Feinanteilen von höchstens 3,0 M.-% abzustreuen.

Für die Baustoffe und Verbrauchsmengen sind die Angaben der Tabelle 6 maßgebend.

Die Wahl der Baustoffe und Verbrauchsmengen sind von der Beschaffenheit der Unterlage abhängig und sind in der Leistungsbeschreibung festzulegen.

Tabelle 6: Baustoffe und Verbrauchsmengen für bitumenhaltige Schlämmen und Porenfüllmassen

Baustoffe	Verbrauchsmengen [kg/m²]
bitumenhaltige Schlämmen	1,0 bis 3,0
Porenfüllmassen	0,5 bis 1,5

3.3.2.2.1 Bitumenhaltige Schlämmen

Bitumenhaltige Schlämmen sind lösemittelfreie Gemische aus einer Lieferkörnung 0/2, Füller, Bitumenemulsion, Wasser und Zusätzen und bestehen aus:

- Lieferkörnung 0/2 mindestens 55 M.-%,
- Bitumenemulsion mindestens 14 M.-%,
- Wasser mindestens 20 M.-%,
- Additiven.

3.3.2.2.2 Porenfüllmassen

Porenfüllmassen sind Gemische aus einer Lieferkörnung 0/2, Bitumen, Lösemittel und geringen Mengen Wasser. Sie müssen den „Technischen Lieferbedingungen für Porenfüllmassen und Regeneriermittel auf Bitumenbasis" (TL Sbit) entsprechen.

Kommentar

Bitumenhaltige Schlämmen und Porenfüllmassen werden im Rahmen der Substanzerhaltung bei Porosität und Ausmagerungen eingesetzt. Außerdem finden sie Anwendung bei der Beseitigung lokaler Ausführungsmängel, z. B. bei unzureichender Verdichtung des eingebauten Asphalts oder bei optischen Unregelmäßigkeiten.

Der Vorteil dieses Verfahrens liegt in der schnellen und effektiven Wiederherstellung der abdichtenden Funktion der Asphaltdeckschicht.

Bitumenhaltige Schlämmen werden häufig mit einer früher in den ZTV bit-StB enthaltenen Oberflächenschutzschicht verwechselt. Die dort beschriebenen Schlämmen waren in der Regel vollflächig maschinell in einer Menge von 1,5 kg/m^2 bis 5,0 kg/m^2 einzubauen und sind in Zusammensetzung und Konsistenz mit den heutigen bitumenhaltigen Schlämmen nach den ZTV BEA-StB nicht zu vergleichen.

Bitumenhaltige Schlämmen nach den ZTV BEA-StB sind lösemittelfreie Gemische aus feiner Gesteinskörnung, Füller, Bitumenemulsion, Wasser und Zusätzen. Schlämmen gibt es als einkomponentige oder als mehrkomponentige Varianten. Zu den mehrkomponentigen Varianten zählt das Bitumenemulsionsmischgut KMG-DSK mit einem Größtkorn bis 2 mm (Versiegelungsmasse).

Porenfüllmassen sind gebrauchsfertige, einkomponentige Gemische aus feiner Gesteinskörnung, Bitumen, Lösemitteln und geringen Mengen Wasser. Wegen der in Porenfüllmassen enthaltenen Lösemittel sind bei deren Verarbeitung besonders die Herstellerhinweise zu beachten.

Vor dem Einbau sind die Produkte aufzubereiten (zwei- bzw. mehrkomponentige Variante) bzw. im Gebinde zu homogenisieren (einkomponentige Variante).

Der Einbau bitumenhaltiger Schlämmen erfolgt auf gereinigter, trockener Unterlage, ein- oder mehrlagig in aufeinander folgenden Arbeitsgängen. Die Schlämme wird auf die Fläche aufgebracht und mit einem Gummischieber oder einer Glättkelle gleichmäßig verteilt. Eine zweite Lage ist bei Bedarf erst dann aufzubringen, wenn die erste Lage ausreichend getrocknet und sicher begehbar ist.

Porenfüllmassen werden einlagig auf die gereinigte und trockene Unterlage aufgetragen und abgezogen.

Die mit einer Porenfüllmasse bearbeitete Fläche kann vor der Verkehrsfreigabe mit Quarzsand leicht abgestreut werden.

3.3.2.3 Ausbessern mit Asphaltmischgut

Schadhafte Bereiche der Asphaltbefestigung sind durch Fräsen oder Aufstemmen in der erforderlichen Mindesttiefe abzutragen und die so vorbereiteten Flächen sind zu säubern.

Der zu bearbeitende Flächenanteil soll nicht mehr als 5 % der Gesamtfahrbahnfläche betragen.

Anschlüsse sind mit Schneid-, Fräs- oder Stemmgeräten zu begradigen und anschließend staubfrei zu reinigen. Vor dem Einbau von Asphaltmischgut ist die Unterlage mit einem Bindemittel anzusprühen.

Die Abschnitte 3.2.2 und 3.2.3 sind zu beachten.

Die Anschlüsse können wie folgt ausgebildet werden:

- *Auftragen von Polymermodifiziertem Bitumen,*
- *Verlegen von anschmelzbarem Fugenband,*
- *Ausbilden von Fugen.*

Für die Art der Vorbereitung der schadhaften Bereiche und für das Ansprühen der Unterlage sind in das Leistungsverzeichnis entsprechende Ordnungszahlen aufzunehmen.

Für die Baustoffe und Baustoffgemische gelten die Anforderungen der TL Asphalt-StB.

Bei der Wahl von Asphaltmischgutart und -sorte sind die ZTV Asphalt-StB 07/13, Abschnitt 1.3 zu beachten.

In Ausnahmefällen können zur Sicherstellung der Verkehrssicherheit Baustoffgemische mit kleinem Größtkorndurchmesser und niedrigviskosem Bindemittel gewählt werden.

Die in den ZTV Asphalt-StB angegebenen Bereiche für die Einbaudicke sind einzuhalten. Gegebenenfalls ist zweilagig einzubauen.

Die Arbeiten sind nur bei trockenem Wetter auszuführen. Die Lufttemperaturen dürfen nicht unter 3 °C liegen.

Die Temperatur des eingebauten Asphaltmischgutes darf bei Freigabe für den fließenden Verkehr nicht mehr als 40 °C betragen und für den ruhenden Verkehr nicht höher sein als die der angrenzenden Asphaltflächen.

Kommentar

Als „Ausbessern mit Asphaltmischgut" werden solche baulichen Maßnahmen bezeichnet, bei denen lokal begrenzte Schäden unmittelbar nach deren Auftreten durch den Einbau von Asphaltmischgut beseitigt werden. Dies geht somit über das Füllen eines Schlagloches, was häufig in der Praxis darunter verstanden wird, hinaus und betrifft auch Verformungen, Bindemittelanreicherungen, Ausmagerungen, abgängige Flickstellen oder Kornausbrüche. Substanzmängel in der Asphaltdeckschicht können so beseitigt werden. Die Beseitigung von Verformungen setzt deren Ursachenbegrenzung auf die Asphaltdeckschicht voraus. Dazu bedarf es ergänzend zu den Ergebnissen

Kommentar

der Zustandserfassung und -bewertung sowie der Streckenkontrolle zusätzlicher labortechnischer Untersuchungen.

Ist es erforderlich, dass der zu bearbeitende Flächenanteil 5 % der Gesamtfläche der Fahrbahn übersteigt, sollte unter Berücksichtigung der Schadensursache durch einen Vergleich der Kosten und des Nutzens ermittelt werden, ob die Durchführung einer Instandsetzungsmaßnahme wirtschaftlich sinnvoller wäre.

Bei Ausbesserungen mit **Heißmischgut** ist grundsätzlich Asphalt nach den TL Asphalt-StB zu verwenden. Dementsprechend gelten für die Baustoffe und Baustoffgemische die Festlegungen der TL Asphalt-StB.

Als problematisch sind bei der Anwendung von Heißmischgut jedoch die relativ umfangreichen vorbereitenden Maßnahmen anzusehen, wie verkehrsrechtliche Genehmigungen oder Verkehrsraumeinschränkungen bis hin zu Sperrungen. Diese Aufwendungen sowie der vergleichsweise hohe Anteil an Handarbeit und die kleinteiligen Leistungen führen insgesamt zu erhöhten Kosten.

Im Gegensatz zu großflächigem Einbau ist der Bedarf an heißem Asphaltmischgut im Rahmen der Beseitigung von kleinflächigen Schadstellen vergleichsweise gering. Da stets die Gefahr eines vorzeitigen Auskühlens gegeben ist, ist auf den Transport des Asphaltmischgutes von der Mischanlage zur Einbaustelle und das Vorhalten bis zur endgültigen Verarbeitung ein besonderes Augenmerk zu richten.

Als vorteilhaft haben sich hierfür Thermocontainer erwiesen (siehe *Bild 1*). Es handelt sich dabei um doppelwandige isolierte Behälter für den Transport und das Vorhalten von Heißmischgut.

Thermocontainer werden in verschiedenen Ausführungen (Einkammer- und Mehrkammersysteme, Zuladung von 1,2 t bis 25 t mit Schnecken- oder Schieberaustrag, mit und ohne zusätzliche Heizeinrichtungen usw.) angeboten.

Meist sind sie als Aufsatzgeräte für den Aufbau auf die Ladepritsche eines Lkw konzipiert. Sie sind jedoch auch als Anhängerversion und auf sogenannten Absetzschlitten für einen sehr variablen Einsatz oder als Festaufbauten erhältlich.

Bild 1 Thermocontainer für heißes Asphaltmischgut (ATC)

Kommentar

Den Kosten für die Anschaffung und das Betreiben der Thermocontainer stehen die Vorteile im täglichen Einsatz gegenüber: Das Heißmischgut kann über längere Zeit auf optimaler Temperatur gehalten und fachgerecht und ohne Verlust durch Auskühlen eingebaut werden, selbst wenn sich die Arbeiten über mehrere Stunden erstrecken.

Während der letzten Jahre gab es einige Neuentwicklungen von kalt zu verarbeitenden Asphaltmischgutsorten. Zur Systematisierung und ersten Beschreibung der verschiedenen auf dem Markt befindlichen Produkte wurden zwischenzeitlich die „Hinweise für Reparaturasphalte zur Schadstellenbeseitigung" (H RepA) erarbeitet (siehe den Kommentar zu Abschnitt 3.3.1).

Beim Ausbessern mit Asphaltmischgut müssen die Fahrbahnflächen, die in ihrer Funktionalität beeinträchtigt sind (Schlaglöcher, Verwerfungen etc.), zunächst durch Schneiden oder Stemmen als orthogonale Flächen abgegrenzt werden. Der Ausbau des vorhandenen Straßenaufbaus hat soweit zu erfolgen, dass mit der anschließenden Sanierung der Schadstelle eine ausreichende Standfestigkeit erreicht wird.

Literatur (zu Abschnitt 3.3–3.3.2.3)

H RepA: Hinweise für Reparaturasphalte zur Schadstellenbeseitigung, Ausgabe 2018. Forschungsgesellschaft für Straßen- und Verkehrswesen, FGSV Verlag, Köln 2019.

RPE-Stra 01: Richtlinien für die Planung von Erhaltungsmaßnahmen an Straßenbefestigungen, Ausgabe 2001. Forschungsgesellschaft für Straßen- und Verkehrswesen, FGSV Verlag, Köln 2001.

RSA-95: Richtlinien für die Sicherung von Arbeitsstellen an Straßen, Ausgabe 1995, 6. überarbeitete Auflage, Stand Juni 2017. Forschungsgesellschaft für Straßen- und Verkehrswesen, FGSV Verlag, Köln 2017.

Technische Regeln für Arbeitsstätten ASR A5.2: Anforderungen an Arbeitsplätze und Verkehrswege auf Baustellen im Grenzbereich zum Straßenverkehr – Straßenbaustellen, Ausgabe Dezember 2018. Bundesanstalt für Arbeitsschutz und Arbeitsmedizin (BAuA), Berlin 2018. Verfügbar: https://www.baua.de/DE/Angebote/Rechtstexte-und-Technische-Regeln/Regelwerk/ASR/pdf/ASR-A5-2.pdf?__blob=publicationFile&v=3 (abgerufen am 25.2.2019).

TL Asphalt-StB 07/13: Technische Lieferbedingungen für Asphaltmischgut für den Bau von Verkehrsflächenbefestigungen, Ausgabe 2007/Fassung 2013. Forschungsgesellschaft für Straßen- und Verkehrswesen, FGSV Verlag, Köln 2014.

TL BE-StB 15: Technische Lieferbedingungen für Bitumenemulsionen im Straßenbau, Ausgabe 2015. Forschungsgesellschaft für Straßen- und Verkehrswesen, FGSV Verlag, Köln 2015.

TL Gestein-StB 04/18: Technische Lieferbedingungen für Gesteinskörnungen im Straßenbau, Ausgabe 2004/Fassung 2018. Forschungsgesellschaft für Straßen- und Verkehrswesen, FGSV Verlag, Köln 2018.

ZTV Asphalt-StB 07/13: Zusätzliche Technische Vertragsbedingungen und Richtlinien für den Bau von Verkehrsflächenbefestigungen aus Asphalt, Ausgabe 2007/Fassung 2013. Forschungsgesellschaft für Straßen- und Verkehrswesen, FGSV Verlag, Köln 2014.

ZTV-SA 97/01: Zusätzliche Technische Vertragsbedingungen und Richtlinien für Sicherungsarbeiten an Arbeitsstellen an Straßen, Ausgabe 1997/ Fassung 2001. Forschungsgesellschaft für Straßen- und Verkehrswesen, FGSV Verlag, Köln 2001.

ZTV ZEB-StB 06: Zusätzliche Technische Vertragsbedingungen und Richtlinien zur Zustandserfassung und -bewertung von Straßen, Ausgabe 2006. Forschungsgesellschaft für Straßen- und Verkehrswesen, FGSV Verlag, Köln 2006.

3.3.2.4 Verfüllen und/oder Vergießen

Schadhafte Nähte, Anschlüsse, Fugen und klaffende Risse sind aufzuschneiden oder aufzufräsen. Die Tiefe des zu vergießenden Spaltes beträgt das 1,5- bis 2-fache seiner Breite. Unabhängig davon beträgt die Mindest-Vergusstiefe 15 mm. Die Vergussbreite einschließlich der Abdeckbreite darf 50 mm nicht überschreiten.

Vor dem Verfüllen oder Vergießen müssen die Kontaktflächen gereinigt und trocken sein, z. B. durch Trocknen mit Heißluft. Das Trocknen der Kontaktflächen mit offener Flamme ist nicht zulässig.

Für die Art der Ausführung und für die Behandlung von schadhaften Nähten, Anschlüssen, Fugen und klaffenden Rissen sind in das Leistungsverzeichnis entsprechende Ordnungszahlen aufzunehmen.

Es sind heiß verarbeitbare Fugen- und Rissmassen nach den „Technischen Lieferbedingungen für Fugenfüllstoffe in Verkehrsflächen" (TL Fug-StB) zu verwenden.

Zur Erzielung einer ausreichenden Griffigkeit ist die noch heiße Fugen- oder Rissmasse gleichmäßig und vollflächig mit vorbituminiertem Abstreumaterial der Lieferkörnung 1/3 abzustreuen. Nicht gebundenes Abstreumaterial ist vor der Verkehrsfreigabe zu entfernen.

Die „Hinweise für das Schließen und die Sanierung von Rissen sowie schadhaften Nähten und Anschlüssen in Verkehrsflächen aus Asphalt" (H SR) sind zu beachten.

Kommentar

(1) Grundlagen

Das Instandhaltungsverfahren „Verfüllen und/oder Vergießen" dient zur Behandlung von schadhaften Nähten, Anschlüssen, Fugen und klaffenden Rissen in Asphaltkonstruktionen. Mit ihm soll das Eindringen von Wasser und Feststoffen an derartigen Stellen in die Oberbaukonstruktion verhindert werden. Folgeschäden von eindringendem Wasser in den Asphaltoberbau können z. B. ein reduzierter Schichtenverbund oder Frostaufbrüche sein, die die Nutzungsdauer des Asphaltoberbaus stark verringern.

Die Ursachen für die beschriebenen Schadensbilder können vielfältig sein. Hierzu gehören insbesondere Setzung, Reflexion, Schrumpfen, Biegung, Ermüdung, Temperatur und Bewegung. Risse entstehen durch bauphysikalische Vorgänge sowie Beanspruchungen aus Straßenverkehr und Witterung.

Angaben hierzu und zu weiteren Details können den „Hinweisen für das Schließen und die Sanierung von Rissen sowie schadhaften Nähten und Anschlüssen in Verkehrsflächen aus Asphalt" (H SR) entnommen werden. Diese wurden erarbeitet, um die Vorgaben der ZTV BEA-StB zu ergänzen.

Kommentar

(2) Verfahren zum Verfüllen und Vergießen

Aufgrund der unterschiedlichen Schadensbilder haben sich im Laufe der Jahre verschiedene Verfahrenstechniken entwickelt, die in den H SR beschrieben sind. Diese sind nachfolgend kurz aufgeführt.

Schadhafte Nähte und klaffende Risse sollten vorzugsweise in dem Verhältnis Tiefe/Breite von ca. 1,5 bis 2 aufgeschnitten bzw. aufgefräst werden und sind anschließend mit einer Rissmasse nach den TL Fug-StB zu verfüllen. Die Mindestfrästiefe bzw. -vergusstiefe soll 15 mm betragen. Dieses Vorgehen entspräche dem **Fräs-Verguss-Verfahren**, wie es in den H SR beschrieben ist, und gilt für leicht bis deutlich geöffnete Risse mit Breiten von 2 mm bis 25 mm.

Durch den definierten Schnitt bzw. die definiert aufgefräste Fuge (siehe *Bild 1*) wird gewährleistet, dass die einzubringende Rissmasse in einer Mindestbreite bzw. Mindestdicke eingebracht werden kann, damit die Rissmasse weitere Verformungen des verfüllten Risses aufnehmen kann, ohne dass das Dehnvermögen der Rissmasse überschritten wird oder die Rissmasse von den Fugenflanken abreißt.

Vor dem Verfüllen des Risses mit geeigneter Rissmasse sind die nach dem Aufschneiden bzw. Auffräsen entstandenen Fugenflanken zu trocknen und je nach Anforderung des Rissmasseherstellers mit einem Voranstrich zu versehen, damit die Rissmasse eine ausreichende Haftung zur Fugenflanke erhält. Beim Schneiden entstehen glatte Fugenflanken, sodass hier für eine ausreichende Verklebung der Rissmasse in der Regel ein Voranstrich vorzunehmen ist. Beim Fräsen des Rissbereiches hingegen entstehen bruchraue Fugenflanken, die keines weiteren Voranstriches bedürfen.

Bild 1 **Auffräsen des Risses mittels Rissfräse**

In der Regel sind die Bereiche direkt neben dem Riss versprödet oder anderweitig geschädigt. Deshalb sind nach dem Verfüllen der Fuge in einem zweiten Arbeitsschritt der verfüllte Riss sowie der Randbereich der Asphaltdeckschicht mit der gleichen Rissmasse in einer Gesamtbreite von bis zu 50 mm und einer Dicke von bis zu 2 mm abzudecken. Die Rissmasse wird mit einem Ziehschuh entsprechender Breite aufgebracht (siehe *Bild 2*).

Um eine ausreichende Griffigkeit in dem Bereich mit Rissmasse zu erzielen, wird in die noch heiße

Kommentar

Bild 2 Abdecken des Risses mittels Ziehschuh

Rissmasse des Abdeckstreifens vorbituminierte Gesteinskörnung der Lieferkörnung 1/3 eingestreut. Die Beschränkung der Dicke und Breite ist im Sinne der Verkehrssicherheit nötig: Die Gesteinskörnung kann selbst mit Zuhilfenahme von Handwalzen nicht so dauerhaft in die Rissmasse eingebracht werden, wie es beim Einwalzen in Heißasphaltmischgut der Fall wäre. Demnach kann sich die Gesteinskörnung durch die Beanspruchung des Verkehrs schneller ausfahren. Der verbleibende Bitumenstreifen hätte dann eine geringere Griffigkeit. Bei einer deutlich größeren Breite des Abdeckstreifens, könnte dies z. B. in Kurvenlagen eine Verkehrsgefährdung darstellen. Würde der Abdeckstreifen dicker als 2 mm im Randbereich des Risses aufgebracht, könnte die Gesteinskörnung darin versinken und keine ausreichende Griffigkeit von Beginn an erzielt werden.

Sofern der Riss nur gering geöffnet ist und die Rissbreite maximal 2 mm beträgt, kann auf das Auffräsen bzw. Aufschneiden verzichtet werden. Diese Vorgehensweise wird als **Riss-Abdeck-Verfahren** bezeichnet. Dann wird davon ausgegangen, dass ein Abdeckstreifen der Breite von bis zu 50 mm mit einer Dicke von ca. 2 mm den gering geöffneten Riss überdeckt und kleinere Verformungen des Risses erträgt, ohne sich von der Asphaltdeckschicht zu lösen oder selbst zu reißen.

Damit es zu einer dauerhaften Verklebung der Rissmasse auf der Asphaltdeckschicht kommt, ist schnellstmöglich nach der Reinigung und Trocknung des betreffenden Rissbereiches mittels Heißpressluft die Rissmasse in einer ausreichenden Breite auf den noch möglichst warmen Rissbereich aufzubringen. Für eine ausreichende Griffigkeit ist auch hier das Abstreuen mit vorbituminierter Gesteinskörnung nötig.

Für schadhafte Längsnähte mit Substanzverlust und angrenzenden Rissen kann auch das **Naht-Remix-Verfahren** eingesetzt werden. Hierbei handelt es sich um eine Verfahrenstechnik, die auf dem Prinzip des Rückformens beruht und im „Merkblatt für das Rückformen von Asphaltschichten“ (M RF) beschrieben ist.

Kommentar

Bei dem Naht-Remix-Verfahren wird in einem Arbeitsgang die Asphaltdeckschicht im Rissbereich an Ort und Stelle mittels Infrarotstrahlern in einer Breite von 50 cm oder 80 cm schonend erhitzt, dann in einer Breite von 30 cm bzw. 60 cm bis zu einer Tiefe von 4 cm aufgelockert und gleichzeitig mit Ergänzungsmischgut und/oder Bindemittel gemischt und anschließend mit einer Bohle eingebaut und vorverdichtet. Die Oberfläche wird mithilfe eines Streuwagens mit Gesteinskörnung abgestreut. Die Endverdichtung dieses rückgeformten Asphaltdeckschichtstreifens erfolgt mit Straßenwalzen einer Breite von bis zu 90 cm unter Einsatz von Vibration. Es entsteht somit an der Stelle des Risses und dessen Randbereiches ein neuer Asphaltdeckschichtstreifen mit 30 cm oder 60 cm Breite und 4 cm Tiefe (siehe *Bild 3*).

Das Naht-Remix-Verfahren ist auch für die Sanierung von Längsnähten in Gussasphaltdeckschichten geeignet, wobei bedingt durch den hohen Heizaufwand nur eine Bearbeitungstiefe von ca. 3 cm erreicht werden kann.

Als weitere Alternative für die Sanierung von schadhaften Anschlüssen oder Nähten kann das **Ersatz-Verfahren** eingesetzt werden. Dabei wird der schadhafte Bereich mittels Fräsen in entsprechender Breite und Tiefe entfernt und mit Heißasphaltmischgut oder geeigneten Sanierungsmassen ersetzt.

Je nach Breite und Tiefe des zu verfüllenden Bereiches kommen Sanierungsmassen mit verschiedenen Gesteinskörnungen zum Einsatz. Je tiefer der schadhafte Bereich entfernt wurde, desto größer sollte das Größtkorn der Gesteinskörnung in der Sanierungsmasse gewählt werden. Die Hersteller der Sanierungsmassen geben hierzu Einsatzgrenzen und Verarbeitungshinweise. In der Regel wird nach dem Fräsen und Reinigen des Sanierungsbereiches ein Voranstrich aufgebracht, der die Haftung der einzubringenden Sanierungsmasse mit den Fugenflanken und mit der Unterlage verbessern soll.

Bild 3 Rückformen des schadhaften Rissbereichs mittels Nahtremixer

Kommentar

Für eine ausreichende Griffigkeit ist Gesteinskörnung auf die noch heiße Sanierungsmasse aufzustreuen und in diese einzuwalzen. Sanierungsmassen sind bis zu einer Tiefe von 4 cm und bis zu einer Breite von 20 cm einzusetzen.

Für größere Bearbeitungsbreiten kann Heißasphaltmischgut, vorzugsweise Gussasphalt, eingesetzt werden, wobei zum angrenzenden Asphalt eine Fuge ausgebildet werden muss. Bei Bearbeitungstiefen von mehr als 4 cm ist das Heißasphaltmischgut bzw. der Gussasphalt in mehreren Lagen einzubauen.

Zur Sanierung von **schadhaften Anschlüssen und Fugen** dient das **Reparatur-Verguss-Verfahren**. Versprödete, abgerissene oder fehlende Fugenfüllstoffe lassen Wasser und Schmutz in die Oberbaukonstruktion eindringen und müssen entsprechend ausgetauscht werden.

Dazu werden versprödete und/oder abgerissene Fugenfüllstoffe zunächst entfernt, z. B. mit Ausziehhaken, bevor die ausgeräumte Fuge mit Fugenbürsten gereinigt wird. Lassen sich nicht alle alten Fugenfüllstoffe entfernen, ist ein Nachschneiden mit Schneidgeräten erforderlich. Vor dem Vergießen ist die Fuge mittels Pressluft auszublasen und die Fugenflanken sind mit einem Voranstrich zu behandeln, damit die Fugenmasse an den Fugenflanken ausreichend haftet.

Je nach Schadensfall werden einzelne Arbeitsschritte in Kombination ausgeführt, zu denen das Ausräumen, das Nachschneiden, das Reinigen, das Vorbehandeln sowie das Vergießen gehören. Das Ausräumen bzw. Nachschneiden des geschädigten Fugenfüllstoffes und das spätere Reinigen sind dabei besonders sorgfältig vorzunehmen, um die neue Fugenmasse fachgerecht einbringen zu können. Bei dem Einbringen der neuen Fugenmasse sind die Verarbeitungshinweise der Hersteller zu beachten.

Die hergestellte Fuge wird anschließend bis zur Fahrbahnoberkante mit Fugenmasse verfüllt, wobei hier die gleichen Vorgaben zur Arbeitsweise des Verfüllens gelten wie beim Riss-Abdeck- und Fräs-Verguss-Verfahren.

(3) Baustoffe und Geräte

Für die verschiedenen Verfahren kommen unterschiedliche Baustoffe oder Baustoffgemische zur Anwendung. Für die Verfahrenstechniken des Fräs-Verguss-, des Riss-Abdeck- und des Reparatur-Verguss-Verfahrens werden heiß verarbeitbare Rissmassen gemäß den TL Fug-StB verwendet.

Für das Ersatz-Verfahren ist nach den ZTV Asphalt-StB Heißasphaltmischgut vorzusehen. Für den Einsatz von Sanierungsmassen mit Gesteinskörnungen, die ebenfalls beim Ersatz-Verfahren zum Einsatz kommen, sind die Vorgaben der Hersteller zu beachten; Vorgaben der ZTV Asphalt-StB existieren hier nicht. Zudem können Fugenfüllstoffe und Fugenfüllsysteme gemäß den ZTV Fug-StB eingesetzt werden.

Beim Naht-Remix-Verfahren wird als Ergänzungsmaterial Heißasphaltmischgut nach den ZTV Asphalt-StB eingesetzt, das in Abhängigkeit vom vorhandenen Asphaltmischgut auszuwählen und zusammenzusetzen ist.

Tabelle 1 zeigt die für das jeweilige Verfahren einzusetzenden Baustoffe und Baustoffgemische und *Tabelle 2* die für das jeweilige Verfahren einzusetzende Gerätetechnik.

Tabelle 1 Einsatz von Baustoffen oder Baustoffgemischen in Abhängigkeit vom gewählten Sanierungsverfahren

Baustoff/ Baustoffgemisch	Riss-Abdeck-Verfahren	Fräs-Verguss-Verfahren	Naht-Remix-Verfahren	Ersatz-Verfahren	Reparatur-Verguss-Verfahren
Rissmassen[1])	×	×			
Fugenmassen[1])					×
Sanierungsmassen mit Gesteinskörnungen[2])				×	
Heißasphaltmischgut[3])			×	×	

1) Anforderungen gemäß den TL Fug-StB, Verarbeitungshinweise gemäß den ZTV Fug-StB
2) Anforderungen entsprechend der Vorgaben der Hersteller
3) Anforderungen gemäß den TL Asphalt-StB

Tabelle 2 Einzusetzende Gerätetechnik

Gerätetechnik	Riss-Abdeck-Verfahren	Fräs-Verguss-Verfahren	Naht-Remix-Verfahren	Ersatz-Verfahren	Reparatur-Verguss-Verfahren
Gerät zum Ausräumen des Fugenfüllstoffes[1])					×
Selbstfahrendes Schneidgerät[2])					×
Reinigungsgerät/ Vorbehandlung[3])		×			×
Heißdruckluftlanze mit Kompressor	×	×			
Rührwerkskocher[4])	×	×			×
Rissmasseförderpumpe	×	×			×
Füllrohr[5])		×			×
Ziehschuh[6])	×	×			
Streuer[7])	×	×			
Handwalze	×	×			
Rissfräse (ggf. Fugenschneider)		×			
Thermobehälter[8])			×		
Remixer (30/60 cm)[9])			×		
leichte Glattmantelwalze			×	×	
Kaltfräse[10])				×	
Kehrmaschine				×	

1) Z. B. Kleintraktor mit Ausziehhaken
2) Mit Wasserzugabemöglichkeit und ggf. Schneidschlammabsaugung
3) Z. B. Bürstmaschine, Kompressor für Druckluft oder saugende Reinigungsmaschine, Handspritze für die Vorbehandlung
4) Indirekt beheizbar, thermostatisch geregelt
5) Mit entsprechender Breite zum Einbringen der Rissmasse
6) Mit entsprechender Abmessung zur Einhaltung der Breite und Dicke der Risse
7) Handgeführtes Kleingerät oder mittels Handabstreuung
8) Für Ergänzungsmischgut (Heißasphaltmischgut)
9) Gerät zum Aufheizen, Auflockern, Mischen, Einbauen, Vorverdichten und Abstreuen
10) Fräsbreiten von 10 cm bis 50 cm

Kommentar

Für die Verarbeitung der entsprechenden Baustoffe und Baustoffgemische sind u.a. die jeweiligen Verarbeitungshinweise der Hersteller zu beachten. Darin können auch besondere Anforderungen an die Gerätetechnik gestellt sein. Daher kann für die einzelne Sanierungsmaßnahme entsprechend der zu verarbeitenden Baustoffe und Baustoffgemische die Gerätetechnik im Einzelfall von der in *Tabelle 2* aufgeführten Gerätetechnik abweichen.

(4) Ausführung

Die Unterlage muss bei der Anwendung der Verfahren zum Verfüllen und Vergießen von Rissen wie bei allen Erhaltungsverfahren geeignet sein, das bedeutet, sie muss standfest und ausreichend tragfähig sein. Zudem dürfen diese Verfahren nur bei günstiger Witterung ausgeführt werden. Insbesondere Niederschläge und niedrige Temperaturen beeinträchtigen das Haftvermögen und die Verarbeitbarkeit der einzubringenden Baustoffe. So sind die Baustoffe nur bei trockenem Wetter und bei Oberflächentemperaturen von mindestens 5 °C einzubringen, nachdem die Rissbereiche oder hergestellten Fugen etc. getrocknet wurden.

Verunreinigungen oder lose Bestandteile in den zu bearbeitenden oder zu verfüllenden Bereichen sind zu entfernen. Hierzu kommen Druckluftgeräte sowie Saug- und Bürstmaschinen zum Einsatz. Werden die Verunreinigungen und losen Bestandteile nicht entfernt, wird die Haftung zur Unterlage oder zur Rissflanke verhindert. Die Aufweitungsbreite und -tiefe ist auf die Dehnfähigkeit des Füllstoffes abzustimmen. Hierbei sind u.a. die Herstellerangaben und die Angaben der ZTV Fug-StB sowie der TL Fug-StB zu beachten, die weitere Hinweise zur Ausführung enthalten.

Das Verfüllen der aufgeweiteten Risse, Nähte und Fugen ist mit Vergießmaschinen mit eingebauten Rissmasseförderpumpen vorzunehmen, mit denen die Rissmasse vom Boden her mit Druck bis zur Fahrbahnoberkante eingebracht wird. Ein Verfüllen mit Vergießkannen ist nicht zulässig.

Die Oberflächen der sanierten Bereiche sollen eben und ausreichend griffig sein. Hierzu sind beim Riss-Abdeck-Verfahren und dem Fräs-Verguss-Verfahren entsprechende abstumpfende Maßnahmen vorzusehen, wie die gleichmäßige und vollflächige Abstreuung und das Eindrücken vorbituminierter Gesteinskörnung der Lieferkörnung 1/3 in die noch warme Rissmasse. Nicht anhaftende bzw. überschüssige Gesteinskörnung ist nach dem Erkalten der Rissmasse vorsichtig abzukehren und zu entfernen.

Bestehende Fahrbahnmarkierungen im zu bearbeitenden Rissbereich können die Haftung der Rissmasse verringern. Deshalb sind diese vorab zu entfernen. Beim Naht-Remix-Verfahren sind zudem im zu bearbeitenden Bereich zuvor eingebrachte Rissmassen oder Kaltasphaltmassen zu entfernen.

Bei den verschiedenen Verfahren ist darauf zu achten, dass bis zur Freigabe der Bereiche für den Verkehr eine ausreichende Abkühlzeit vorhanden ist, damit z.B. weder Rissmasse und/oder Abstreumaterial durch das Anhaften an Reifen herausgerissen wird noch eingebaute Sanierungsmassen oder eingebautes Heißasphaltmischgut durch den Verkehr verdrückt werden.

Grundsätzlich muss die Ausführung der hier beschriebenen Verfahrenstechniken Unternehmen übertragen werden, die über die gerätetechnischen Voraussetzungen verfügen und zusätzlich die fachliche Kompetenz, d.h. entsprechende Referenzen, nachweisen können.

Kommentar

(5) Qualitätssicherung und Prüfungen

Sofern die eingesetzten Baustoffe den entsprechenden Regelungen und Prüfvorschriften entsprechen, sind diese grundsätzlich für den Einsatz des jeweiligen Verfahrens geeignet. Die entsprechenden Prüfungen sind im Rahmen der Eigenüberwachung und der Kontrollprüfung durchzuführen.

Der Auftraggeber hat die Einhaltung seiner Vorgaben vor Ort zu überprüfen. Dies gilt u. a. hinsichtlich der vom Auftragnehmer eingesetzten Baustoffe, der von ihm eingesetzten Gerätetechnik sowie der Arbeitsweise in Bezug auf Reihenfolge und Sorgfalt bei der Umsetzung der Arbeitsschritte. Dabei ist besonders auf das Haftverhalten der Fugenmasse, den Schichtenverbund der ersetzten bzw. neuen Schicht zur Unterlage, die Ebenheit und die Griffigkeit zu achten.

Ergänzend kann die Qualität der Ausführung der Leistung mit einfachen Versuchen geprüft werden. Beispielsweise kann beim Riss-Abdeck-Verfahren die Haftung der Rissmasse geprüft werden, indem mit einem Spachtel die aufgebrachte Rissmasse seitlich abzuheben versucht wird. Solche und ähnliche Methoden können hier hilfreich sein.

Für alle Leistungen, die mit dem Fräs-Verguss-Verfahren, Naht-Remix-Verfahren, Ersatz-Verfahren und Reparatur-Verguss-Verfahren erbracht wurden, beträgt die Verjährungsfrist für die Mängelansprüche zwei Jahre. Für die Leistungen, die mit dem Riss-Abdeck-Verfahren erbracht wurden, beträgt die Verjährungsfrist für Mängelansprüche ein Jahr.

Literatur (zu Abschnitt 3.3.2.4)

H SR: Hinweise für das Schließen und die Sanierung von Rissen sowie schadhaften Nähten und Anschlüssen in Verkehrsflächen aus Asphalt, Ausgabe 2003. Forschungsgesellschaft für Straßen- und Verkehrswesen, FGSV Verlag, Köln 2003.

M RF: Merkblatt für das Rückformen von Asphaltschichten, Ausgabe 2002. Forschungsgesellschaft für Straßen- und Verkehrswesen, FGSV Verlag, Köln 2002.

TL Asphalt-StB 07/13: Technische Lieferbedingungen für Asphaltmischgut für den Bau von Verkehrsflächenbefestigungen, Ausgabe 2007/Fassung 2013. Forschungsgesellschaft für Straßen- und Verkehrswesen, FGSV Verlag, Köln 2014.

TL Fug-StB 15: Technische Lieferbedingungen für Fugenfüllstoffe in Verkehrsflächen, Ausgabe 2015. Forschungsgesellschaft für Straßen- und Verkehrswesen, FGSV Verlag, Köln 2016.

TP Fug-StB 15: Technische Prüfvorschriften für Fugenfüllstoffe in Verkehrsflächen, Ausgabe 2015. Forschungsgesellschaft für Straßen- und Verkehrswesen, FGSV Verlag, Köln 2016.

ZTV Asphalt-StB 07/13: Zusätzliche Technische Vertragsbedingungen und Richtlinien für den Bau von Verkehrsflächenbefestigungen aus Asphalt, Ausgabe 2007/Fassung 2013. Forschungsgesellschaft für Straßen- und Verkehrswesen, FGSV Verlag, Köln 2014.

ZTV Fug-StB 15: Zusätzliche Technische Vertragsbedingungen und Richtlinien für Fugen in Verkehrsflächen, Ausgabe 2015. Forschungsgesellschaft für Straßen- und Verkehrswesen, FGSV Verlag, Köln 2016.

3.3.2.5 Aufrauen

Durch mechanische Bearbeitung der Oberfläche werden Mörtelanreicherungen beseitigt und polierte Gesteinsoberflächen aufgeraut. Dadurch ist eine Erhöhung der Mikro- und Makrorauheit zu erzielen.

Diese griffigkeitsverbessernden Maßnahmen lassen sich am besten bei niedriger Lufttemperatur durchführen; sie eignen sich nicht bei erwärmter Asphaltdeckschicht.

Das „Merkblatt für griffigkeitsverbessernde Maßnahmen an Verkehrsflächen aus Asphalt" ist zu beachten.

Kommentar

(1) Grundlagen

Gegenüber den in diesem Handbuch beschriebenen auftragenden Verfahren zur Verbesserung der Griffigkeit werden in diesem Abschnitt nur die abtragenden aufrauenden Verfahren vorgestellt.

Eine Verbesserung der Griffigkeit, d. h. der Rauheit einer Asphaltoberfläche, kann mit verschiedenen Verfahren erfolgen, die in ihrer Wirkungsweise unterschiedlich sind und somit den Erfolg wie auch die Dauerhaftigkeit des Ergebnisses entscheidend beeinflussen.

Die Kenntnis über die Ursache der unzureichenden Griffigkeit ist ausschlaggebend für die Auswahl des Verfahrens. Weiterhin sind Informationen über die vorhandene Gesteinsart, die Asphaltmischgutzusammensetzung, die Liegezeit, die Verkehrsbelastung und die verkehrstechnischen Randbedingungen bei der Entscheidung für ein bestimmtes Verfahren heranzuziehen. Eine Begutachtung der betroffenen Fläche auf weitere Schadensmerkmale oder bereits früher durchgeführte Erhaltungsmaßnahmen ist unumgänglich, da sie unter Umständen die Durchführung eines Verfahrens grundsätzlich in Frage stellen können. Die Witterungsbedingungen zum geplanten Ausführungszeitpunkt sind zu berücksichtigen, da bestimmte Verfahren, wie z. B. Wasserhochdruck-, Kugel- und Schlagsternverfahren, temperaturunabhängig sind und daher nicht ganzjährig ausgeführt werden können bzw. die Witterungsbedingungen die Durchführung und das Ergebnis beeinträchtigen können.

Unmittelbar nach Durchführung der Maßnahme sollte zur Zustandsdokumentation eine Griffigkeitsmessung durchgeführt werden. Die Dauerhaftigkeit der wiederhergestellten Griffigkeit wird von vielen Parametern beeinflusst, wie der Asphaltmischgutzusammensetzung, der Trassierung, dem Verkehrsaufkommen und dem Anteil des Schwerverkehrs. Daher ist die Beobachtung und Kontrolle der Entwicklung des Griffigkeitsniveaus, die unmittelbar nach der Anwendung der abtragenden Verfahren in der Regel gute bis sehr gute Werte ergibt, durch Nachmessungen empfehlenswert. Die Nachmessung sollte, um die Entwicklung besser einschätzen zu können, möglichst mit dem gleichen Messverfahren am gleichen Messpunkt bzw. in der gleichen Messlinie in periodischen Zeitabständen durchgeführt werden. In der Praxis hat sich gezeigt, dass gerade in den ersten Monaten mit einem relativ hohen Griffigkeitsverlust

Kommentar

gerechnet werden muss und in Abhängigkeit der vorgenannten Parameter das Ausgangsniveau schon nach relativ kurzer Zeit wieder erreicht werden kann.

Trotzdem haben die Verfahren eine Berechtigung; gerade dann, wenn aus witterungsbedingten Gründen bauliche (Erhaltungs-)Maßnahmen nicht möglich sind oder grundsätzliche Veränderungen am Aufbau des Oberbaus oder an der Trassierung relativ zeitnah bevorstehen, aber die unzureichende Griffigkeit akut behoben werden soll. Bei neuen Asphaltdeckschichten, deren Griffigkeitsdefizit z. B. auf einen einbaubedingten Überschuss von Mörtel an der Oberfläche zurückzuführen ist, sollten nur abtragende Verfahren zur Anwendung kommen, die ausschließlich einen Mörtelüberschuss an der Oberfläche oder den Bindemittelfilm entfernen, wie dies z. B. beim Wasserhochdruckverfahren der Fall ist.

Die im Folgenden beschriebenen Verfahren sind die derzeit am häufigsten angewendeten Maßnahmen zur Wiederherstellung der Griffigkeit mittels abtragender Verfahren.

(2) Feinfräsen/Mikrofeinfräsen

(2.1) Beschreibung des Verfahrens und des Geräts

Das Feinfräsen oder auch Mikrofeinfräsen dient gegenüber dem Standardfräsen, das zum Entfernen von Asphaltschichten und -lagen bis zu 30 cm Tiefe genutzt wird, sowohl der Vorbereitung der Unterlage für dünnschichtige Beläge als auch der Wiederherstellung der Griffigkeit und der profilgerechten Lage. Die Asphaltoberfläche wird dabei durch horizontal starrachsig montierte, rotierende Fräswalzen in der vorgesehenen Tiefe abgetragen. Die Frästiefe ist so einzustellen, dass über die gesamte Fahrbahnfläche eine gleichmäßige Oberflächenstruktur entsteht (siehe *Bild 1*) und eine ausreichende Dicke der Asphaltdeckschicht verbleibt. Die Fräsbreite ist gerätetypabhängig

Bild 1 Fräsfläche mit optisch gleichmäßiger Oberflächenstruktur

Bild 2 Bestückung einer Fräswalze zum Feinfräsen

und liegt zwischen 0,3 m und 2,2 m. Je nach Fräsmaschinengröße sind die Trägergeräte gummibereift oder kettenbetrieben.

Auf der Fräswalze sind die einzelnen Meißel angeordnet (siehe *Bild 2*). Der Schnittlinienabstand auf einer Feinfräswalze beträgt in Abhängigkeit von Abstand, Anzahl und Anordnung der Meißel zwischen 3 mm und 8 mm. Zur Wiederherstellung der Griffigkeit werden Linienabstände von 3, 5 oder 8 mm empfohlen, da hierbei die Unterlage eine geringere Rautiefe gegenüber größeren Linienabständen erhält und sich zum direkten Befahren besser eignet.

Da die Fräswalze in der Abtragshöhe eingestellt und mit einem Nivelliersystem ausgestattet werden kann, ist ein ansatzloses Fräsbild möglich. Die

Bild 3 Fräsen auf einer Testfläche im Randbereich des Fahrstreifens

Kommentar

Vortriebsgeschwindigkeit liegt zwischen 1 m/min und 30 m/min und ist im Wesentlichen von dem gewünschten Ergebnis, den Eigenschaften der zu bearbeitenden Oberfläche und den Baustellengegebenheiten abhängig. So können Einbauten in Kommunen gegenüber der freien, zusammenhängenden Fläche die Geschwindigkeit erheblich verringern. Je niedriger die Vortriebsgeschwindigkeit der Fräsmaschine bei konstanter Umdrehungszahl der Walze, desto gleichmäßiger strukturiert und geringer ist die Rautiefe. Es wird daher empfohlen, eine Testfläche anzulegen und danach die Parameter für die zu behandelnde Fläche festzulegen. Dabei ist zu berücksichtigen, dass die Testfläche nach der Behandlung wieder verkehrssicher nutzbar sein muss. Dafür wird empfohlen, mit einer geringen Vortriebsgeschwindigkeit von 5 m/min auf der Testfläche zu beginnen (siehe *Bild 3*).

Das abgetragene Fräsgut wird in der Regel über ein Förderband auf einen mit gleicher Geschwindigkeit vorausfahrenden Lkw transportiert.

Durch mechanisch-elektrische Abtastvorrichtungen, elektronische Querneigungssensoren oder mikroprozessorgesteuerte Regelungen mit Mehrfachabtastung (siehe *Bild 4*) können die Ebenheit und Frästiefe in Längsrichtung gesteuert werden, wodurch die Ebenheit der gefrästen Fahrbahnoberfläche verbessert werden kann.

Die Querneigung der Straßenoberfläche kann unter der Voraussetzung einer ausreichend vorhandenen Schichtdicke durch keilförmiges Abtragen verändert werden. Es ist jedoch zu beachten, dass die Abtragstiefe für ein Feinfräsen ≤ 2 cm betragen soll. Bei größeren Frästiefen empfiehlt sich aus wirtschaftlichen Gründen ein erster Frägang mit einer Standardfräse und anschließend die Bearbeitung der Oberfläche mit einer Feinfräse in einem weiteren Arbeitsgang.

Randeinfassungen und Einbauten, z. B. Schieber, Schächte und Straßenabläufe, behindern die durchgehende Bearbeitung der Oberfläche. Diese Bereiche sind ggf. durch den Einsatz von Kleinfräsen in einem gesonderten Arbeitsgang zu bearbeiten.

Bild 4 Dreifache Abtastung zur Regulierung der Frästiefe

Kommentar

Bild 5 Durchführung von Fräsarbeiten auf einer Breite von 2 m unter Beibehaltung der Randmarkierung

Das Arbeitsergebnis wird maßgeblich bestimmt von der Wahl der Vorschubgeschwindigkeit und der Beschaffenheit der Meißel. Eine der Art sowie der Temperatur der Asphaltdeckschicht und der Gesteinsart angepasste Vorschubgeschwindigkeit sowie eine gute Beschaffenheit der Meißel sind Voraussetzung für eine gleichmäßig fein strukturierte Oberfläche.

Die Frästechnik lässt eine gerade Fräslinie zum Randbereich zu, sodass – wie in *Bild 5* erkennbar – die vorhandene Fahrbahnmarkierung beibehalten werden kann. Dies führt an den unbearbeiteten Rändern und im Bereich der Mittelmarkierung zu unterschiedlichen Griffigkeitsverhältnissen in der Fläche. Die Differenz der Griffigkeitsniveaus sollte jedoch nicht zu groß sein,

Bild 6 Erkennbare Fräskante

Kommentar

da andernfalls die Verkehrssicherheit, insbesondere für Zweiradfahrer, beeinträchtigt werden kann. Außerdem ist darauf zu achten, dass eine ausreichende Querneigung $q_{min} \geq 2,5\,\%$ zur Entwässerung der Fahrbahn vorhanden ist. Wird die Fahrbahnmarkierung beibehalten, muss die Aufkantung zur verbleibenden Markierung so gering sein, dass der Wasserabfluss ungehindert möglich ist und kein Oberflächenwasser an der Fräskante (siehe *Bild 6*) verbleibt, das zu einer Verkehrsgefährdung führen könnte. Das Feinfräsen kann ganzjährig durchgeführt werden. Kühle Asphaltdeckschichttemperaturen begünstigen das Fräsergebnis.

(2.2) Einflüsse auf Fahrbahn, Fahrzeuge und Immissionen

Die zu bearbeitende Asphaltoberfläche sollte keine Substanzschäden wie Risse, Ausbrüche, Sprödigkeit oder fehlenden Schichtenverbund aufweisen, da sonst durch die Bearbeitung eine Verstärkung der Schäden eintreten kann. Starke Verdrückungen in der Asphaltdeckschicht können die Anwendung des Verfahrens infrage stellen, da die größte Unebenheit, z. B. die größte Spurrinnentiefe, die abzutragende Frästiefe für eine ebene, vollflächig bearbeitete Oberfläche vorgibt. Sollte durch stärkere Verdrückungen eine größere Frästiefe erforderlich werden, ist auf ein langgezogenes Auslaufen der Fräsfläche zu achten, um einen kurzen Höhenausgleich zu vermeiden. Auf ein ausreichend verbleibendes Quergefälle ist aus Entwässerungsgründen zu achten.

Durch die starke Beanspruchung der Gesteinskörner kann es zu nachträglichen Kornausbrüchen kommen. Ein entsprechender Hinweis für die Verkehrsteilnehmer und eine vorübergehende Geschwindigkeitsbeschränkung sind nach der Ausführung empfehlenswert.

Die starke Kornbeanspruchung und der teilweise noch nachträglich eintretende Kornverlust können gerade bei mörtelreichen Asphaltdeckschichten die Wirksamkeitsdauer der griffigkeitsverbessernden Maßnahme verkürzen. Beginnend in den Rollspuren wird sich ein Oberflächenschluss einstellen, der bei steigender Oberflächentemperatur und hoher Verkehrsbelastung begünstigt wird.

Eine gleichmäßig griffige und ebene Fräsoberfläche über die gesamte Fahrbahnbreite ist für zweiradbetriebene Fahrzeuge von besonderer Bedeutung.

Während der Fräsarbeiten muss die Fläche für den Verkehr gesperrt werden. Zudem kann es im unmittelbaren Bereich der Fräsarbeiten zu Staubentwicklung kommen, was hinsichtlich der Verkehrssicherheit und des Arbeitsschutzes zu berücksichtigen ist. Vor Verkehrsfreigabe muss die Fahrbahnoberfläche gereinigt werden, da nicht alle Teile des Fräsgutes aufgenommen werden.

Unmittelbar nach der Durchführung der Maßnahme kann es zu einer Erhöhung des Rollgeräuschpegels kommen, was sich im Laufe der Nutzungszeit wieder relativiert.

Hinsichtlich des Arbeitsschutzes sind beim Fräsen die Technischen Regeln für Gefahrstoffe zu beachten. Neben den TRGS 559 sind bei teer- oder pechtypischen Bestandteilen die TRGS 551 zu beachten. Danach ist derjenige, der die Fräsleistung in Auftrag gibt, zur Ermittlung und Information verpflichtet, ob in dem zu fräsenden Asphaltmischgut entsprechende Gefahrstoffe enthalten sind. Ein in früheren Jahren entwickeltes und mit Asbestfasern versehenes bitumenhaltiges Bindemittel ist aus arbeitsschutzrechtlichem Gesichtspunkt bei Fräsarbeiten von untergeordneter Bedeutung, weil hier die Fasern im Mörtel

Kommentar

gebunden sind und eine Anreicherung in der Umluft nicht erfolgt. Da noch bis in die 90er-Jahre Oberflächenbehandlungen und dünnschichtige Beläge mit zum Teil pechhaltigen Bindemitteln durchgeführt wurden, ist eine Untersuchung auf das Vorhandensein von teer- und pechtypischen Bestandteilen auch dann empfehlenswert, wenn kein spezifischer Verdacht vorliegt. Sind teer- oder pechtypische Bestandteile enthalten, sind zur Planung, Bewertung und Einstufung der Wiederverwertbarkeit des Fräsasphalts die RuVA-StB anzuwenden.

In den letzten Jahren sind von der Maschinenindustrie technische Sicherungsmaßnahmen zur Expositionsminderung für E-Staub, A-Staub, Quarzstaub und Asbestfasern entwickelt worden. E-Staub ist der Anteil an Schwebstoffen, der durch Mund und Nase eingeatmet wird. A-Staub (alveolengängiger Staub) ist der Fraktionsanteil an E-Staub, der beim Einatmen bis tief in die Lunge gelangen kann. Als Quarzstaub gelten die Quarzpartikel im alveolengängigen Staub. Eine neuere technische Entwicklung ist die integrierte Absaugvorrichtung mit Rückführung im Bereich der Fräswalze und des Ladebands. Während sie für A-, E- und Quarzstaub schon zugelassen ist, kann sie für bei Fräsarbeiten freiwerdende Asbestfasern nach derzeitigem Stand nur empfohlen werden.

(2.3) Hinweise zu Leistungsbeschreibung, Prüfungen, Abnahme, Abrechnung

Soll durch das Feinfräsen mit einer Fräswalze gleichzeitig eine Veränderung der Querneigung erzielt werden, darf die Abweichung von der geforderten Querneigung nicht mehr als 0,4 % betragen. Dabei muss die Dicke der zu bearbeitenden Schicht bekannt und ein entsprechender Hinweis in der Leistungsbeschreibung enthalten sein.

Die geforderte Ebenheit der bearbeiteten Schicht in Längs- und Querrichtung ist in der Leistungsbeschreibung anzugeben. Für das Feinfräsen einer Asphaltbefestigung, die dauernd befahren werden soll, sollte die Unebenheit in Längs- und Querrichtung der Oberfläche – fertige Schicht –, innerhalb einer 4 m langen Messstrecke den Grenzwert der ZTV BEA-StB 09/13, Tabelle 21 nicht überschreiten.

Sind Gefahrstoffe mit pech-/teertypischen Bestandteilen in den Schichten vorhanden, muss ein getrenntes Fräsen erfolgen.

Die Maßeinheit der Leistungsbeschreibung ist im Allgemeinen die Flächeneinheit m². Es kann jedoch auch pauschal abgerechnet werden, wenn die Leistung in Art und Umfang entsprechend beschrieben und eine pauschale Abrechnung angebracht ist.

Da das Arbeitsergebnis von mehreren Rahmenbedingungen abhängig ist, sollte das Anlegen und die Abrechnung von Testfeldern in der Leistungsbeschreibung vorgesehen werden.

Ein Hinweis auf die Verwendungsmöglichkeit der gelösten Bestandteile ist in der Leistungsbeschreibung zu geben. Dies gilt sowohl für die gelösten Baustoffe als auch für vorhandene und je nach Materialart und Schichtdicke in einem gesonderten Arbeitsgang abzutragende Markierungsstoffe.

Auf etwaige Erschwernisse in der zu bearbeitenden Fläche, wie Schachtdeckel, Schieber und Hydranten oder Induktionsschleifen, muss in der Leistungsbeschreibung hingewiesen werden, da ggf. ein gesonderter Frässgang mit einem Kleingerät erforderlich wird.

Kommentar

(3) Kugelstrahlen

(3.1) Beschreibung des Verfahrens und des Geräts

Beim Kugelstrahlen werden kleine Stahlkugeln mit hohem Luftdruck auf die zu bearbeitende Fahrbahnoberfläche geschleudert. Beim Auftreffen der Kugeln werden Mörtelanreicherungen entfernt. Je nach Gesteinshärte können dabei außerdem Abplatzungen an den Kornoberflächen entstehen. Die Kugeln haben eine Größe von 0,6 mm bis 1,2 mm und werden mit den gelösten Bestandteilen in einem Auffangkanal aufgesaugt. Im weiteren Verlauf werden die gelösten Bestandteile von den Kugeln separiert, die gelösten Bestandteile werden in einen Auffangbehälter abgesaugt und die Stahlkugeln dem Wiedereinsatz zugeführt. Das Arbeitsergebnis wird maßgeblich bestimmt von der Wahl der Vorschubgeschwindigkeit, der Stahlkugelgröße, der Aufprallgeschwindigkeit und der Neigung des Aufprallwinkels, dem Abstand zwischen Strahldüse und Oberfläche und der Oberflächentemperatur. Bei optimierter Parametereinstellung entsteht eine feinstrukturierte Oberfläche.

Das Kugelstrahlverfahren kann nur bei trockenem und kühlem Wetter angewendet werden, da sonst Probleme bei der Separierung des gelösten Materials und der Stahlkugeln auftreten. Bei Bindemittel- bzw. Mörtelanreicherung lässt sich das Verfahren am besten bei niedrigen Deckschichttemperaturen durchführen, wenn das abzutragende Material spröde ist.

Durch die geringe Beanspruchung der Kornoberflächen liegt der Einsatzbereich des Verfahrens vorrangig bei Mörtel- und Bindemittelanreicherungen.

Je nach Größe handelt es sich um handgeführte Geräte oder um selbstfahrende Maschinen (siehe *Bild 7*). Die handgeführten Geräte verfügen über eine Arbeitsbreite von 0,1 m bis 0,8 m und sind daher für die kleinflächige Anwendung geeignet. Die selbstfahrenden Maschinen haben eine Arbeitsbreite bis 2,0 m. Durch Abschalten eines Turbinenteils kann die Strahlbreite und somit die Arbeitsbreite reduziert werden.

Bild 7 Gerät zum Kugelstrahlen

Kommentar

(3.2) Einflüsse auf Fahrbahn, Fahrzeuge und Immissionen

Die zu bearbeitende Asphaltoberfläche sollte keine Substanzschäden wie Risse, Ausbrüche, raue oder spröde Oberflächen aufweisen, da diese Schäden durch den zwangsläufig eintretenden Materialverlust verstärkt werden können.

Ist die Arbeitsbreite geringer als die zu bearbeitende Breite, sodass eine mehrstreifige Bearbeitung der Oberfläche notwendig wird, kann es an den Überlappungsstellen infolge der mehrfachen Bearbeitung zu einem erhöhten Mörtel- und Kornverlust kommen, der sich negativ auf die Oberflächenstruktur und die Ebenheit der Oberfläche auswirkt. Die Nutzung durch den Verkehr kann das Erscheinungsbild unter Umständen noch verstärken.

So kann es durch eine zu starke Beanspruchung und dadurch erhöhten Mörtelverlust an der Fahrbahnoberfläche nach Verkehrsfreigabe noch zu Kornausbrüchen kommen.

Während der Strahlarbeiten muss die Fläche für den Verkehr gesperrt werden. Unmittelbar nach Bearbeitung kann sie wieder für den Verkehr freigegeben werden.

Einbauteile in der Fahrbahn sind vor der Bearbeitung abzudecken.

(3.3) Hinweise zu Leistungsbeschreibung, Prüfungen, Abnahme, Abrechnung

Da das Kugelstrahlen ein oberflächennahes abtragendes Verfahren ist, bei dem keine Veränderung an der vorhandenen Höhe und Lage vorgenommen wird, können keine Anforderungen an profilgerechte Lage, Querneigung, Längs- und Querebenheit gestellt werden.

Die Maßeinheit der Leistungsbeschreibung ist im Allgemeinen die Flächeneinheit m^2. Es kann jedoch auch pauschal abgerechnet werden, wenn die Leistung in Art und Umfang entsprechend beschrieben ist und eine pauschale Abrechnung angebracht erscheint.

Da das Arbeitsergebnis von mehreren Rahmenbedingungen abhängig ist, sollte in der Leistungsbeschreibung das Anlegen von Probefeldern als gesonderte Position zur Abrechnung vorgesehen werden.

Hinweise auf etwaige Erschwernisse durch Einbauten in der zu bearbeitenden Fläche, wie Schachtdeckel, Schieber und Hydranten oder Induktionsschleifen, müssen in der Leistungsbeschreibung gegeben werden.

Ein Hinweis auf die Verwendungsmöglichkeit und den Verbleib des abgetragenen Materials ist in der Leistungsbeschreibung zu geben. Da noch bis in die 90er-Jahre Oberflächenbehandlungen und dünnschichtige Beläge mit zum Teil pechhaltigen Bindemitteln durchgeführt wurden, ist eine Untersuchung auf das Vorliegen von teer- oder pechhaltigen Bestandteilen empfehlenswert, auch wenn kein spezifischer Verdacht vorliegt. Falls derartige Bestandteile enthalten sind, müssen die Technischen Regeln für Gefahrstoffe (TRGS 551) beachtet werden.

Kommentar

(4) Schlagsternverfahren

(4.1) Beschreibung des Verfahrens und des Geräts

Bei dem Schlagsternverfahren werden sternförmige Schlagscheiben, die dicht an dicht auf Wellen angeordnet sind, in Rotation versetzt und vertikal in einer konstanten Tiefe über die Oberfläche geführt. Der Aufrauvorgang der Straßenoberfläche beruht auf der Kombination von Rotation und Schlagbewegung, die dadurch erzeugt wird, dass die Bohrungen der Schlagscheiben größer sind als der Durchmesser der Welle.

Die sternförmigen Schlagscheiben sind mit Hartmetallspitzen versehen (siehe *Bild 8*). Die Anzahl der hartmetallbestückten Schlagsterne variiert bei einem Gerät in Abhängigkeit von der Anzahl und der Größe der Wellen sowie der Größe des Geräts zwischen 100 und 500 Stück.

Durch das Aufschlagen der Spitzen der Schlagscheiben auf die zu bearbeitende Oberfläche werden Bindemittel- und Mörtelanreicherungen herausgeschlagen. Je nach Gesteinshärte wird außerdem die Oberfläche des Gesteins verändert und so die Mikrorauheit verbessert. Bei einer gleichmäßigen Beschaffenheit der Schlagsterne entsteht eine feinstrukturierte Oberfläche.

Durch die starre Anordnung der Wellen (siehe *Bild 9*) ist nur eine wenige Millimeter tiefe Spurrinne bearbeitbar. Bei stärker verformten Asphaltdeckschichten ist das Verfahren deshalb nicht anwendbar.

Je nach Größe des Geräts für das Schlagsternverfahren handelt es sich um handgeführte Kleingeräte oder anzuhängende Geräte, die mit einem Trägerfahrzeug verbunden und angetrieben werden. Die Arbeitsbreite liegt zwischen 0,3 m und 1,8 m. Randeinfassungen und Einbauten, z. B. Schieber, Schächte und Straßenabläufe, behindern die durchgehende Bearbeitung der Oberfläche und sind ggf. durch den Einsatz von Kleingeräten in einem gesonderten Arbeitsgang zu bearbeiten.

Das Arbeitsergebnis wird maßgeblich bestimmt von der Wahl der Vorschubgeschwindigkeit, dem Zustand der Schlagsterne, der Gesteinshärte und der

Bild 8 Anordnung der Schlagsterne auf der Welle, Unteransicht

Kommentar

Bild 9 Starre Anordnung der Welle auf dem Geräteträger, Unteransicht

Deckschichttemperatur. Es kann eine mittlere Arbeitsgeschwindigkeit von 5 m/min kalkuliert werden.

Bindemittel- und Mörtelanreicherungen lassen sich am besten bei niedriger Deckschichttemperatur durchführen, weil dann das abzutragende Material spröde ist. Das Schlagsternverfahren eignet sich nicht bei erwärmter Deckentemperatur. Es findet in der Regel nur eine geringe Kornbeanspruchung statt; trotzdem kann es je nach Mörtelabrieb und Gesteinshärte zu geringen nachträglichen Kornausbrüchen kommen.

(4.2) Einflüsse auf Fahrbahn, Fahrzeuge und Immissionen

Für die Dauer der Anwendung des Verfahrens muss die Verkehrsfläche gesperrt werden.

Bei modernen Geräten erfolgt eine Reinigung der Fahrbahn durch gleichzeitiges Absaugen der gelösten Teile. In diesem Fall kann die Fläche unmittelbar nach dem Abtragen für den Verkehr wieder freigegeben werden. Besitzt das eingesetzte Gerät keine Absaugeinrichtung, ist der bearbeitete Streckenabschnitt vor Verkehrsfreigabe zu reinigen.

Einbauten in der Fahrbahn müssen von der Bearbeitung ausgespart werden.

Unmittelbar nach der Durchführung der Maßnahme kann es zu einer Erhöhung des Rollgeräuschpegels kommen, der sich im Laufe der Nutzungszeit wieder verringert.

(4.3) Hinweise zu Leistungsbeschreibung, Prüfungen, Abnahme, Abrechnung

Beim Schlagsternverfahren wird keine Veränderung an der vorhandenen Höhe und Lage vorgenommen. Somit können keine Anforderungen an profilgerechte Lage, Querneigung, Längs- und Querebenheit gestellt werden.

Kommentar

Die Maßeinheit der Leistungsbeschreibung ist im Allgemeinen die Flächeneinheit m^2. Es kann jedoch auch pauschal abgerechnet werden, wenn die Leistung in Art und Umfang entsprechend beschrieben ist und eine pauschale Abrechnung angebracht erscheint.

Da das Arbeitsergebnis von mehreren Rahmenbedingungen abhängig ist, sollte das Anlegen und die Abrechnung von Probefeldern in der Leistungsbeschreibung vorgesehen werden.

Auf etwaige Erschwernisse durch Einbauten in der zu bearbeitenden Fläche, wie Schachtdeckel, Schieber und Hydranten oder Induktionsschleifen, muss in der Leistungsbeschreibung hingewiesen werden.

Ein Hinweis auf die Verwendungsmöglichkeit und den Verbleib der gelösten Bestandteile ist in der Leistungsbeschreibung zu geben. Da noch bis in die 90er-Jahre Oberflächenbehandlungen und dünnschichtige Beläge mit zum Teil pechhaltigen Bindemitteln durchgeführt wurden, ist eine Untersuchung auf das Vorliegen von teer- oder pechhaltigen Bestandteilen empfehlenswert, auch wenn kein spezifischer Verdacht vorliegt. Falls derartige Bestandteile enthalten sind, müssen die Technischen Regeln für Gefahrstoffe (TRGS 551) beachtet werden.

(5) Wasserhochdruckverfahren

(5.1) Beschreibung des Verfahrens und des Geräts

Beim Wasserhochdruckverfahren wird über hydraulisch angetriebene rotierende Düsenarme Wasser mit hohem Druck von bis zu 2500 bar auf die Fahrbahnoberfläche gestrahlt, wodurch Mörtel von der Fahrbahnoberfläche abgetragen wird (siehe *Bild 10* und *Bild 11*). Je nach Intensität der Anwendung werden außerdem vereinzelt Gesteinskörner aus der Asphaltoberfläche gelöst.

Bild 10 Makroaufnahme einer unbehandelten (oben) und mit einem Wasserhochdruckverfahren behandelten (unten) Oberfläche aus SMA, Größtkorn 8 mm

Kommentar

Bild 11 Nahaufnahme einer unbehandelten (oben) und mit einem Wasserhochdruckverfahren behandelten (unten) Oberfläche

Das Wasser und die abgetragenen Partikel werden über eine Saugvorrichtung aufgenommen.

Die Wasserhochdruckgeräte werden hydraulisch betrieben und benötigen ein Trägersystem. Sie werden entweder als Anbaugeräte (siehe *Bild 12*) eingesetzt oder bestehen aus einer zusammenhängenden Geräteeinheit mit Wasserhochdruckgerät und Trägerfahrzeug mit Tank. Es sind Arbeitsbreiten bis 2,2 m möglich. Je nach Geräteausstattung kann der Druck auf die zu

Bild 12 Unteransicht eines Wasserhochdruckgeräts

Kommentar

bearbeitende Oberfläche durch eine computergesteuerte Einheit konstant gehalten werden.

Die Arbeitsgeschwindigkeit liegt zwischen 4 und 8 m/min. Je nach Wasserdruck und Arbeitsbreite ist mit einem Wasserverbrauch von 2 000 l/h bis zu 3 000 l/h zu rechnen.

Das Arbeitsergebnis wird beeinflusst von dem Wasserdruck, der Vorschubgeschwindigkeit und dem Abstand der Düsen zu der zu bearbeitenden Oberfläche. Das Wasserhochdruckverfahren ist nur bei Bindemittel- und Mörtelanreicherungen anzuwenden. Es findet keine gezielte Beanspruchung der Oberfläche der Gesteinskörner statt.

Einbauten in der Fahrbahn müssen von der Bearbeitung ausgespart werden.

Das Verfahren kann ganzjährig außerhalb der Frostperioden eingesetzt werden.

(5.2) Einflüsse auf Fahrbahn, Fahrzeuge und Immissionen

Da dieses Verfahren bei Bindemittel- und Mörtelanreicherung Anwendung findet, ist eine Überprüfung des Zustands der Gesteinskörnungen und der gleichmäßigen Beschaffenheit der Fahrbahnoberfläche erforderlich. Sollten die Gesteinskörnungen poliert sein oder Bindemittel- und Mörtelanreicherungen sehr ungleichmäßig auftreten, so ist die Anwendung dieses Verfahrens zweifelhaft.

Eine zu starke Beanspruchung mit dem Wasserhochdruckverfahren kann zur Entmörtelung der Oberfläche und dadurch zu Kornausbrüchen führen; häufig ist dies in den Überlappungsbereichen des Wasserhochdruckstrahls anzutreffen (siehe *Bild 13*).

Für die Dauer des Verfahrens muss die Verkehrsfläche gesperrt werden. Unmittelbar nach Bearbeitung kann sie wieder für den Verkehr freigegeben werden.

Bild 13 Bearbeitete Fläche mit erkennbarer Entmörtelung an den Überlappungsbereichen

Kommentar

Sofern das Gerät über keine Aufsaugvorrichtung für das Strahlwasser verfügt, muss je nach Querneigung der Fahrbahn mit Sprühnebel auf der benachbarten, für den Verkehr freigegebenen Fahrbahn gerechnet werden. Hierauf sind die Verkehrsteilnehmer in geeigneter Form, z. B. mit Warnschildern, hinzuweisen.

(5.3) Hinweise zu Leistungsbeschreibung, Prüfungen, Abnahme, Abrechnung

Da das Wasserhochdruckverfahren ein oberflächennahes abtragendes Verfahren ist, bei der keine Veränderung an der vorhandenen Höhe und Lage vorgenommen wird, können keine Anforderungen an profilgerechte Lage, Querneigung, Längs- und Querebenheit gestellt werden.

Die Maßeinheit der Leistungsbeschreibung ist im Allgemeinen die Flächeneinheit m^2. Es kann jedoch auch pauschal abgerechnet werden, wenn die Leistung in Art und Umfang entsprechend beschrieben ist und eine pauschale Abrechnung angebracht erscheint.

Da das Arbeitsergebnis von mehreren Rahmenbedingungen abhängig ist, sollte das Anlegen und die Abrechnung von Probefeldern in der Leistungsbeschreibung vorgesehen werden. In den Probefeldern sollten besonders die Vorschubgeschwindigkeit und der Wasserdruck variiert werden.

Hinweise auf etwaige Erschwernisse oder Vorarbeiten durch Einbauten in der zu bearbeitenden Fläche, wie Schachtdeckel, Schieber und Hydranten oder Induktionsschleifen, müssen in der Leistungsbeschreibung gegeben werden.

Ein Hinweis auf die Verwendungsmöglichkeit und den Verbleib der gelösten Bestandteile ist in der Leistungsbeschreibung anzugeben. Da durch die Bearbeitung der Oberfläche mit Wasserhochdruck gleichzeitig eine Reinigung der Fahrbahnoberfläche verbunden ist, ist bei einem Aufsaugen der Rückstände der Schlamm auf umweltrelevante Bestandteile zu untersuchen und ggf. speziell zu entsorgen. Da noch bis in die 90er-Jahre Oberflächenbehandlungen und dünnschichtige Beläge mit zum Teil pechhaltigen Bindemitteln durchgeführt wurden, ist eine Untersuchung auf das Vorliegen von teer- oder pechhaltigen Bestandteilen empfehlenswert, auch wenn kein spezifischer Verdacht vorliegt. Falls derartige Bestandteile enthalten sind, müssen die Technischen Regeln für Gefahrstoffe (TRGS 551) beachtet werden.

(6) Feinfräsen mit rotierenden Frästellern

(6.1) Beschreibung des Verfahrens und des Geräts

Eine technische Weiterentwicklung zur Griffigkeitsverbesserung und eine Alternative zur horizontal gelagerten und sich drehenden Fräswalze beim Feinfräsen ist das abtragende Rotationsverfahren. Mit diesem Verfahren wird die Asphaltoberfläche durch horizontal rotierende Frästeller, die am Tellerrand mit Fräsmeißeln bestückt sind, in einer Frästiefe von 1 mm bis 10 mm abgetragen.

Die Arbeitsbreite ist abhängig vom Gerätetyp. Derzeit sind zwei Gerätetypen in der Anwendung, eine radbetriebene Antriebsmaschine, die durch ein Anwinkeln des Frästellers eine variable Arbeitsbreite von 0,1 m bis 1,0 m

Kommentar

Bild 14 Unteransicht der kettenbetriebenen Antriebsmaschine mit zwei starr montierten Frästellern

ermöglicht, sowie eine kettenbetriebene Antriebsmaschine mit zwei starrachsig, versetzt gelagerten Frästellern (siehe *Bild 14*) und einer konstanten Fräsbreite von 2,0 m.

Beide Maschinentypen sind zur Staubbindung und Kühlung der Fräswerkzeuge mit einem Wasserberieselungssystem ausgerüstet.

Bei dem kettenbetriebenen Geräteträger ist eine elektronische Höhenregulierung zur Verbesserung der Ebenflächigkeit möglich. Sind die Unebenheiten in der Bearbeitungsfläche größer als 10 mm, kann mit dem Gerät mit den starrachsig gelagerten Frästellern die Fläche nicht vollständig bearbeitet werden. Eine kantenlose Bearbeitung ist hier nur auf ebenen Verkehrsflächen möglich.

Das Arbeitsergebnis wird maßgeblich von der Vorschubgeschwindigkeit der Maschine und dem variablen Anpressdruck der Frästeller beeinflusst. Je nach Art des zu bearbeitenden Belags und der vereinbarten Frästiefe ist eine Vorschubgeschwindigkeit bis zu 20 m/min möglich.

Es ist ein ganzjähriger Einsatz außerhalb der Frostperioden möglich.

(6.2) Einflüsse auf Fahrbahn, Fahrzeuge und Immissionen

Bei dem radbetriebenen Gerätetyp ist durch das Anwinkeln der Frästeller eine Bearbeitung von Spurrinnen möglich; bei vollflächiger Bearbeitung wird diese Unebenheit dadurch jedoch als Mulde mit größerer Tiefe ausgebildet. Der Einsatz dieses Verfahrens ist nur zu empfehlen bei einer geringen Spurrinnentiefe oder zur Nachbearbeitung von Bereichen, die nach vorangegangener vollflächiger Bearbeitung der Verkehrsfläche mit einer Feinfräse unbearbeitet geblieben sind. Dabei ist auf ein ausreichendes Längs- und Quergefälle zum Ablauf des Oberflächenwassers zu achten.

Die Querneigung der Fahrbahnoberfläche kann mit dem Verfahren nicht verändert werden.

Kommentar

Verkehrsflächen mit einer Oberflächenbehandlung können wegen ihres hohen Bindemittelgehalts mit dem Verfahren nicht bearbeitet werden. Ebenso sind dünnschichtige heiß oder kalt eingebaute Beläge aufgrund ihrer geringen Einbaudicke für dieses Verfahren nicht geeignet.

Für die Dauer der Durchführung des Verfahrens ist die Fläche für den Verkehr zu sperren. Während der Arbeiten kann es zu Staubentwicklung kommen, die den vorbeifahrenden Verkehr beeinträchtigt. Hierauf sind die Verkehrsteilnehmer ggf. in geeigneter Form, z. B. mit Warnschildern, hinzuweisen.

Hinsichtlich des Arbeitsschutzes gelten wie beim Feinfräsen die Anforderungen der TRGS 559.

Das abgetragene Fräsgut ist in einem weiteren Arbeitsgang durch eine Kehrmaschine aufzunehmen. Erst danach kann die bearbeitete Fläche wieder für den Verkehr freigegeben werden. Entsprechende Hinweise sind in die Leistungsbeschreibung aufzunehmen.

(6.3) Hinweise zu Leistungsbeschreibung, Prüfungen, Abnahme, Abrechnung

Anforderungen an die Querneigung oder an die Längs- und Querebenheit innerhalb einer 4 m langen Messstrecke können bei diesem Verfahren nicht gestellt werden.

Es wird empfohlen, Probefelder zur Optimierung des Arbeitsergebnisses anzulegen. Dies ist in der Leistungsbeschreibung anzugeben und im Leistungsverzeichnis mit einer entsprechenden Position zur Abrechnung vorzusehen.

Die Aufnahme des mit dem Verfahren abgetragenen Fräsgutes mit einer nachfahrenden Kehrmaschine ist in der Leistungsbeschreibung anzugeben.

Die Maßeinheit der Leistungsbeschreibung ist im Allgemeinen die Flächeneinheit m^2. Es kann jedoch auch pauschal abgerechnet werden, wenn die Leistung in Art und Umfang entsprechend beschrieben ist und eine pauschale Abrechnung angebracht erscheint.

(7) Schneiden mit einer mit Diamantscheiben besetzten Welle (Grinding)

(7.1) Beschreibung des Verfahrens und des Geräts

Das als Grinding bezeichnete Diamant-Schneidverfahren ist bisher vor allem aus dem Betonstraßenbau bekannt. Durch Grinding können Schichten je nach Maschinengröße bis max.15 mm je Arbeitsgang abgetragen werden. Hierbei wird die Oberfläche mit einer mit Diamantscheiben besetzten Welle und hoher Umdrehungsgeschwindigkeit bearbeitet. Beim Standardgrinding ist die Welle mit ca. 2,8 mm breiten Diamantscheiben besetzt, die in Abständen von ca. 2,2 mm montiert sind (siehe *Bild 15*). Die Asphaltoberfläche wird dabei durch die horizontal und starrachsig montierte, rotierende Welle vertikal bearbeitet. Die Bearbeitungstiefe ist so einzustellen, dass möglichst über die gesamte Fahrbahnfläche eine gleichmäßig fein gerillte Oberflächenstruktur entsteht. Für die Bearbeitung größerer Abtragstiefen sind ggf. mehrere Übergänge erforderlich. Die Bearbeitung der Oberfläche kann aus maschinentechnischen Gründen nur

Bild 15 **Grindingwelle** (Otto Alte-Teigeler GmbH, 2017)

in Längsrichtung erfolgen. Neben der Wiederherstellung der Griffigkeit kann eine gezielte Bearbeitung von kurzwelligen Unebenheiten erfolgen. Abtasträder und Welle befinden sich auf einer Linie, dadurch werden beim Überfahren der Oberfläche Unebenheiten abgetragen. Der Abstand zwischen den vorderen Abtasträdern und der Welle beträgt beim Ebenheitsgrinding ca. 4,00 m.

Die Arbeitsbreite und Abtragstiefe ist abhängig vom Gerätetyp und der Leistungsklasse. Die Geräte haben eine variable Bearbeitungsbreite bis maximal 1,45 m, somit sind für die Bearbeitung eines Fahrstreifens mehrere Bearbeitungsbahnen notwendig.

Bild 16 **Nahaufnahme einer „gegrindeten" Gussasphaltdeckschicht** (Otto Alte-Teigeler GmbH, 2017)

Kommentar

Die Maschinen sind zur Kühlung der Diamantscheiben mit einem Wasserberieselungssystem und einer direkten Absaugung ausgestattet, um das anfallende Schleifgut aufzunehmen und in bereitgestellte Behälter abzupumpen.

Die Querneigung der Fahrbahnoberfläche kann mit dem Verfahren nicht verändert werden.

Verkehrsflächen mit einer Oberflächenbehandlung können wegen ihres hohen Bindemittelgehalts mit dem Grinding-Verfahren nicht bearbeitet werden. Ebenso wird das Grinding auf Gussasphaltdeckschichten, deren Griffigkeit ausschließlich durch die oberflächig aufgebrachte Abstreuung erzielt wird, wie auch mörtelreiche, dichte Asphaltbeläge kritisch bewertet. Für eine erste Maßnahme, bei denen die Gussasphaltdeckschicht auf einer Brücke aus Gründen der Ebenheit gegrindet wurde (siehe *Bild 16*), liegen jedoch positive Erfahrungen vor (Zscherpe 2017).

Das Arbeitsergebnis wird maßgeblich von der verwendeten Breite der Diamantsegmente und den Gesteins- und Mörteleigenschaften der zu bearbeiteten Schicht beeinflusst.

Auf etwaige Erschwernisse durch Einbauten in der zu bearbeitenden Fläche, wie Schachtdeckel, Schieber und Hydranten oder Induktionsschleifen, muss in der Leistungsbeschreibung hingewiesen werden. Hier ist eine Bearbeitung um die Einbauten nur bedingt möglich.

Eine kühle Oberflächentemperatur der zu bearbeitenden Unterlage begünstigt das Arbeitsergebnis. Bei sommerlichen Temperaturen und aufgewärmter Unterlage kann das Verfahren nur angewendet werden, wenn die Asphaltdeckschicht eine ausreichende Härte aufweist.

(7.2) Einflüsse auf Fahrbahn, Fahrzeuge und Immissionen

Der Einsatz dieses Verfahrens ist nur bei geringen, wenige Millimeter tiefen Spurrinnen oder beispielsweise zur Reduzierung des Höhenunterschieds an Übergängen (siehe *Bild 17*) zu empfehlen.

Bild 17 Grinding eines Übergangs von einer Betondecke zu einer Asphaltbefestigung (Otto Alte-Teigeler GmbH, 2017)

Kommentar

Es ist davon auszugehen, dass die durch das Grinding hergestellte Textur je nach Mischgutart, Zusammensetzung und Verkehrsbelastung nur eine vorübergehende Wirkung zeigt und in den Überrollbereichen zuerst eingeebnet wird. Es findet in der Regel nur eine geringe Kornbeanspruchung statt; trotzdem kann es je nach Mörtelabrieb und Gesteinshärte zu geringen nachträglichen Kornausbrüchen kommen. Bei mehreren Schneidbahnen ist auf einen ansatzlosen Übergang in Querrichtung zu achten.

Für die Dauer der Durchführung des Verfahrens ist die Fläche für den Verkehr zu sperren.

Hinsichtlich des Arbeitsschutzes gelten wie beim Feinfräsen die Anforderungen der TRGS 559.

Im Anschluss an die Oberflächenbearbeitung ist die Verkehrsfläche zu reinigen, erst danach kann die bearbeitete Fläche wieder für den Verkehr freigegeben werden.

(7.3) Hinweise zu Leistungsbeschreibung, Prüfungen, Abnahme, Abrechnung

Anforderungen an die Querneigung oder an die Längs- und Querebenheit innerhalb einer 4 m langen Messstrecke können bei diesem Verfahren nicht gestellt werden.

Es wird empfohlen, Probefelder zur Optimierung des Arbeitsergebnisses anzulegen. Dies ist in der Leistungsbeschreibung anzugeben und im Leistungsverzeichnis mit einer entsprechenden Position zur Abrechnung vorzusehen.

Das Aufnehmen und Entsorgen des Schneidgutes ist in der Leistungsbeschreibung anzugeben. Empfohlen wird eine Reinigung mit einem selbstaufnehmenden Drehjetreinigungsgerät.

In der Leistungsbeschreibung ist die zu erwartende Schneidtiefe und die zu bearbeitende Fläche in m^2 anzugeben. Auf Klein- und Einzelflächen ist in der Leistungsbeschreibung gesondert hinzuweisen. Es kann jedoch auch pauschal abgerechnet werden, wenn die Leistung in Art und Umfang entsprechend beschrieben ist und eine pauschale Abrechnung angebracht erscheint. Sollten mehrere Übergänge notwendig sein, ist dies in der Ausschreibung anzugeben.

Literatur (zu Abschnitt 3.3.2.5)

Bald, J. S., Böhm, S., Stöckert, U., Weidich, P.: Abtragende Verfahren zur Verbesserung der Griffigkeit. In: Asphalt 6/2003, S. 5–9.

Bald, J. S., Böhm, S., Stöckert, U., Wolf, T.: Grundsätzliche Kriterien zur Auswahl griffigkeitsverbessernder Maßnahmen an Verkehrsflächen aus Asphalt. Forschungsauftrag 5/2000, Forschungsgesellschaft für Straßen- und Verkehrswesen (nicht veröffentlicht).

H FA: Hinweise für das Fräsen von Asphaltbefestigungen und Befestigungen mit teer-/pechtypischen Bestandteilen, Ausgabe 2010. Forschungsgesellschaft für Straßen- und Verkehrswesen, FGSV Verlag, Köln 2010.

M BGriff: Merkblatt zur Bewertung der Straßengriffigkeit bei Nässe, Ausgabe 2012. Forschungsgesellschaft für Straßen- und Verkehrswesen, FGSV Verlag, Köln 2012.

Merkblatt für griffigkeitsverbessernde Maßnahmen an Verkehrsflächen aus Asphalt, Ausgabe 2002. Forschungsgesellschaft für Straßen- und Verkehrswesen, FGSV Verlag, Köln 2002.

RuVA-StB 01/05: Richtlinien für die umweltverträgliche Verwertung von Ausbaustoffen mit teer-/pechtypischen Bestandteilen sowie für die Verwertung von Ausbauasphalt im Straßenbau, Ausgabe 2001/Fassung 2005. Forschungsgesellschaft für Straßen- und Verkehrswesen, FGSV Verlag, Köln 2005.

TRGS 517: Tätigkeiten mit potenziell asbesthaltigen mineralischen Rohstoffen und daraus hergestellten Gemischen und Erzeugnissen, Ausgabe Februar 2013, zuletzt geändert und ergänzt GMBl 2015, S. 137–138. Verfügbar: http://www.baua.de/de/Themen-von-A-Z/Gefahrstoffe/TRGS/TRGS-517.html (abgerufen am 13.8.2018).

TRGS 551: Technische Regeln für Gefahrstoffe 551, Teer und andere Pyrolyseprodukte aus organischem Material, Ausgabe 2015, geändert und ergänzt GMBl 2016, S. 8–10. Verfügbar: http://www.baua.de/de/Themen-von-A-Z/Gefahrstoffe/TRGS/TRGS-551.html (abgerufen am 13.8.2018).

TRGS 559: Technische Regeln für Gefahrstoffe 559, Mineralischer Staub, Ausgabe Februar 2010, geändert und ergänzt GMBl 2011, S. 578–579. Verfügbar: http://www.baua.de/de/Themen-von-A-Z/Gefahrstoffe/TRGS/TRGS-559.html (abgerufen am 13.8.2018).

Wirtgen: Wirtgen Kaltfräsen Handbuch, Technologie und Anwendung. 1. Auflage, Eigenverlag Firma Wirtgen. Verfügbar: http://media.wirtgen-group.com/media/02_wirtgen/infomaterial_1/kaltfr_sen/kaltfraesen_technologie/kaltfrsenhandbuch_technologie undanwendung/BR_Handbuch_Kaltfraesen_DE.pdf (abgerufen am 13.8.2018).

Zscherpe, O.: „Gegrindeter“ Gussasphalt auf instandgesetzter Mainbrücke. In: Gussasphalt Magazin 9/2017, S. 22–23.

3.4 Instandsetzung

Für die Instandsetzung stehen die in der Tabelle 7 aufgeführten Instandsetzungsverfahren (Oberflächenbehandlungen – OB, Dünne Asphaltdeckschichten in Kaltbauweise – DSK, Dünne Asphaltdeckschichten in Heißbauweise aus AC D, SMA und MA, Dünne Asphaltdeckschichten in Heißbauweise auf Versiegelung – DSH-V, Rückformen – RF, Ersatz einer Asphaltdeckschicht – EAD) zur Verfügung.

Instandsetzungsverfahren werden auch zur Verbesserung der Neigungsverhältnisse in Längs- und Querrichtung (Profilverbesserung) durchgeführt.

Dazu können ergänzend vorgesehen werden:

- *das Abfräsen von Teilflächen als alleinige Maßnahme oder in Kombination mit einem Verfahren gemäß der Tabelle 7,*
- *die Kombination von Verfahren gemäß der Tabelle 7.*

Die Bauverfahren nach den Abschnitten 3.4.2 und 3.4.3 sind insbesondere auch für die Beseitigung von Griffigkeitsmängeln und/oder zur Verringerung der Lärmemissionen von Befestigungen aus Asphalt, Beton und Pflaster geeignet.

Tabelle 7: Zuordnung von Merkmalsgruppen zu geeigneten Instandsetzungsverfahren

Merkmalsgruppen	Zustandsmerkmal	Erscheinungsbild/Ursache	Instandsetzungsverfahren nach den Abschnitten				
			3.4.1 OB	3.4.2 DSK	3.4.3 AC D, SMA und MA, DSH-V	3.4.4 RF	3.4.5 EAD
Ebenheit	Ebenheit im Längsprofil	Verformung	–	–	–	+	+
		Tragfähigkeit	–	–	–	–	–
	Ebenheit im Querprofil	Verformung	–	+	+	+	+
		Tragfähigkeit	–	–	–	–	–
Rauheit	Griffigkeit	Bindemittelanreicherung	–	+	+	+	+
		polierte Kornoberfläche	+	+	+	+	+
Substanzmängel	Netzrisse		+	+	+	+	+
	Ausmagerung		+	+	+	+	+
	Flickstellen		O	+	+	–	+
	Kornausbrüche		+	+	+	+	+
	Einzelrisse		–	–	–	–	+[1)]

Erläuterungen: + geeignet O bedingt geeignet – nicht geeignet 1) bei Häufung von Einzelrissen

> Der Einbau einer Asphaltdeckschicht ohne Maßnahmen an der vorhandenen Unterlage (z. B. Fräsen) gilt ebenfalls als Instandsetzungsmaßnahme. Dafür gelten die Anforderungen der ZTV Asphalt-StB.

Kommentar

(1) Allgemeines

Zu den Verfahren der Instandsetzung zählen die Oberflächenbehandlung (OB), die Dünnen Asphaltdeckschichten in Kaltbauweise (DSK), die Dünnen Asphaltdeckschichten in Heißbauweise (DSH) sowie ihre Variante Dünne Asphaltdeckschichten in Heißbauweise auf Versiegelung (DSH-V), das Rückformen (RF) und schließlich der Ersatz der Asphaltdeckschicht (EAD).

Die ZTV BEA-StB 09/13, Tabelle 7 geben Hilfe für die Wahl der verschiedenen Verfahren der Instandsetzung in Abhängigkeit vom Erscheinungsbild bzw. der Ursache des Schadens.

Bei Bedarf können die Verfahren der Instandhaltung (vgl. Abschnitt 3.3) zunächst angewendet werden, um eine für das Überbauen geeignete Unterlage herzustellen. Hierzu zählen häufig das Verfüllen von Rissen, das Ausbessern von Fehlstellen und Unebenheiten mit Asphaltmischgut oder das Abfräsen von Unebenheiten. Weiterhin lassen sich die Verfahren der Instandsetzung selbst kombinieren: Zur Verbesserung des Querprofils können beispielsweise Dünne Schichten zunächst nur in Teilbereichen des Fahrstreifens (z. B. in den Spurrinnen) eingebaut oder Unebenheiten durch Rückformen beseitigt werden, bevor schließlich über die gesamte erforderliche Breite eine Dünne Schicht hergestellt wird.

(2) Verfahren bei unzureichender Ebenheit

Aus den ZTV BEA-StB 09/13, Tabelle 7 ist zu ersehen, dass kein Verfahren der Instandsetzung zur Behebung von Unebenheiten im Längs- und/oder Querprofil geeignet ist, wenn dieses Erscheinungsbild aus einer unzureichenden Tragfähigkeit (der unteren Schichten) resultiert. In diesem Fall ist die nicht tragfähige Schicht bzw. das nicht tragfähige Schichtenpaket zu identifizieren und zu erneuern. Die Oberflächenbehandlung ist systembedingt nicht geeignet für die Beseitigung von Unebenheiten, egal ob im Längs- oder Querprofil.

Außerdem eignen sich DSK und DSH nicht zur Beseitigung von Unebenheiten im Längsprofil, besonders wenn die Unebenheiten kurzwellig oder zu groß sind. Die partielle Behebung des Erscheinungsbildes würde zu einer Vielzahl von Flickstellen führen, sodass zum einen die Substanz und der Widerstand der aufgebrachten Schicht bzw. der gesamten Asphaltdeckschicht gegen die Beanspruchung aus Wetter und Verkehr beeinträchtigt wären und zum anderen das Oberflächenbild auch optisch inhomogen würde. Hier ist stattdessen vornehmlich der Ersatz der Asphaltdeckschicht zweckmäßig, sofern die Unebenheit im Längsprofil nicht gegebenenfalls durch Feinfräsen zu beseitigen ist.

Kommentar

Für die weitere Auswahl der Verfahren der Instandsetzung für verformungsbedingte Unebenheiten ist zu klären,

- ob die Verformungsvorgänge abgeschlossen sind (Konsolidierungsphase der Asphaltschicht),
- in welcher Schicht sie ursächlich eingetreten sind,
- ob horizontale und/oder vertikale Verformungsvorgänge vorliegen und
- ob die aktuelle und zukünftige Verkehrsbeanspruchung (Belastungsklasse) noch der ursprünglich geplanten Verkehrsbeanspruchung entspricht.

Diese Aspekte greifen stark ineinander und bestimmen gemeinsam die Eignung der Verfahren. Dennoch müssen sie im Folgenden kurz einzeln erläutert werden. Sind die Verformungsvorgänge abgeschlossen und hat sich die Asphaltschicht konsolidiert, können die Unebenheiten einfach durch das Verfüllen der Spurrinnen und/oder das Abfräsen der seitlichen Aufwölbungen beseitigt werden. In der Regel sind die Unebenheiten infolge der Konsolidierung auf die Nachverdichtung zurückzuführen und verfügen nur über ein geringes Ausmaß. Zudem sind sie eher im Querprofil als im Längsprofil zu verzeichnen, falls die Asphaltschicht relativ homogen, gleichmäßig dick und eben hergestellt wurde. Ist der Verformungsvorgang noch nicht abgeschlossen, ist zu bewerten, ob dieser Zeitpunkt erreicht wird und abgewartet werden kann oder ob die Unebenheit bereits ein Ausmaß angenommen hat, das eine sofortige Korrektur erfordert.

Resultiert die Unebenheit nicht aus der Verformung der Asphaltdeckschicht, sondern aus der Verformung einer unteren Schicht (siehe *Bild 1*), kann die Unebenheit durch Rückformen und bei der Unebenheit im Querprofil außerdem durch eine DSH oder eine DSK behoben werden. In diesem Fall wird die Dicke der Asphaltdeckschicht dann jedoch lokal variieren, was anschließend erneut zu Verformungen (insbesondere im Längsprofil) führen kann. Daher ist zu prüfen, ob der Ersatz der Asphaltdeckschicht sinnvoller wäre. Hat die Verformung nur in der oberen Schicht stattgefunden, sind die genannten Verfahren gleichermaßen geeignet, falls das Asphaltmischgut der Asphaltdeckschicht in seiner Zusammensetzung grundsätzlich für die Verkehrsbelastung geeignet ist.

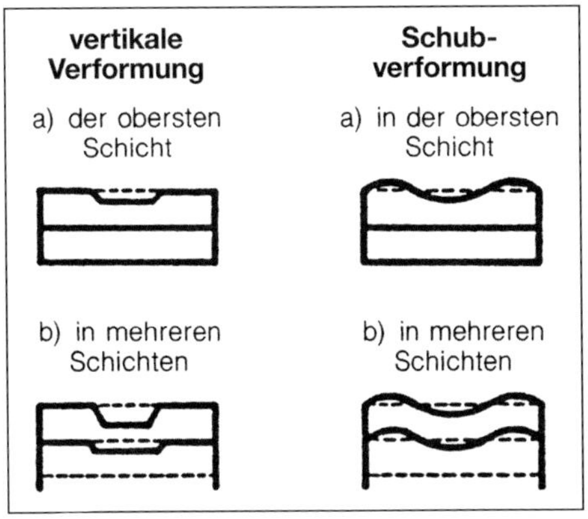

Bild 1 Mögliche Ausprägungen der vertikalen Verformung (Nachverdichtung) und der Schubverformungen einer Asphaltbefestigung (nach Schmuck 1987)

Unebenheiten, die aus horizontalen Verformungen (Schubverformungen) resultieren, sind an den Aufwölbungen seitlich der Spurrinnen zu erkennen (siehe *Bild 1*). Schubverformungen treten hauptsächlich im Querprofil auf und sind auf starke Schubkräfte (z. B. durch Beschleunigungs- und Bremsvorgänge oder an Steigungen), nicht standfeste Asphaltschichten und/oder wenig verformungsresistentes Asphaltmischgut zurückzuführen. In diesem Fall können kurzfristig die Aufwölbungen abgefräst und die Spurrinnen mit einer DSH oder

Kommentar

einer DSK verfüllt werden. Langfristig ist jedoch der Ersatz der betroffenen Schicht durch eine Schicht mit einem geeigneten, für die Belastung konzipierten Asphaltmischgut erforderlich.

Vertikale Verformungen entstehen im Wesentlichen mit der Nachverdichtung der Schichten. Daher sind in den Bereichen der Verformung häufig höhere Raumdichten und geringere Hohlraumgehalte vorzufinden als in den danebenliegenden Bereichen. Um derartige Unebenheiten im Querprofil zu beheben, eignen sich insbesondere DSH und DSK, die im Bereich der Spurrinne verlegt werden. Bei Unebenheiten im Längsprofil infolge vertikaler Verformungen ist zu klären, ob sich die vertikalen Verformungen als Folge von anfänglichen Unebenheiten der Oberfläche über die dynamischen vertikalen Belastungen durch den Verkehr weiterentwickelt haben oder ob sie aus der Inhomogenität der Asphaltschicht resultieren. Im ersten Fall wäre das Verfahren Rückformen möglich, im zweiten Fall wäre langfristig der Ersatz der Asphaltdeckschicht vorzuziehen.

(3) Verfahren bei unzureichender Rauheit

Ist die unzureichende Rauheit bzw. Griffigkeit auf polierte Kornoberflächen zurückzuführen, können alle in den ZTV BEA-StB genannten Instandsetzungsverfahren angewendet werden. Hier sollte die Entscheidung für ein Verfahren unter Berücksichtigung von ggf. weiteren Erscheinungsbildern und der Finanzierbarkeit getroffen werden.

Ist die Ursache für die unzureichende Griffigkeit die Bindemittel- bzw. Mörtelanreicherung an der Fahrbahnoberfläche, ist die Oberflächenbehandlung nicht geeignet, da sich die Bindemittel- oder Mörtelanreicherung relativ schnell durch die Oberflächenbehandlung durchdrücken und daher erneut auftreten kann. Treten nur vereinzelt und lokal begrenzt Bindemittel- oder Mörtelanreicherungen auf, kann unter Umständen die Oberflächenbehandlung angewendet werden. Dann sind die betroffenen Bereiche vor der großflächigen Anwendung der Oberflächenbehandlung jedoch mit einer separaten Lage des (nicht vorbehandelten) Abstreumaterials abzustreuen.

Soll das Verfahren Rückformen zur Beseitigung einer unzureichenden Griffigkeit angewendet werden, ist die Ursache des Zustands genau zu analysieren (siehe auch den Kommentar zu Abschnitt 3.4.4). Lässt sich der Vorgang der Bindemittel- bzw. Mörtelanreicherung auf eine ungeeignete Asphaltkonzeption zurückführen, muss der Fehler durch das Beimischen von Asphaltmischgut oder Gesteinskörnung behoben werden. Andernfalls würde mit dem Verfahren Rückformen dieses Erscheinungsbild nur kurzfristig beseitigt.

(4) Verfahren bei Substanzmängeln

Liegen die Erscheinungsbilder Netzrisse, Ausmagerungen und/oder Kornausbrüche vor, lassen sich alle in den ZTV BEA-StB genannten Verfahren der Instandsetzung anwenden. Die Verfahrenswahl muss dann unter Berücksichtigung der ggf. weiteren Erscheinungsbilder und wirtschaftlicher Aspekte erfolgen. Dabei ist es beim Rückformen besonders wichtig, die Ursache der

Kommentar

Erscheinungsbilder genau zu identifizieren, damit das Asphaltmischgut richtig ergänzt und die Ursache für die Schäden behoben werden kann.

Einzelrisse sind zunächst mit Instandhaltungsverfahren (siehe Abschnitt 3.3) zu beheben, sodass grundsätzlich keine Verfahren der Instandsetzung zur Beseitigung von Einzelrissen angegeben sind. Dies ist vorwiegend den wirtschaftlichen Gesichtspunkten zuzuschreiben. Treten jedoch gehäuft Einzelrisse auf, ist der Ersatz der Asphaltdeckschicht sinnvoll, um nicht zu viele Flickstellen zu generieren und die gute und sichere Befahrbarkeit der Straße zu gewährleisten. Dabei ist aber Voraussetzung, dass die Ursache des Zustands nicht in den unteren Schichten liegt; Reflexionsrisse beispielsweise können schnell erneut auftreten. Stammen die Einzelrisse hingegen aus der Asphaltdeckschicht, z. B. als Tieftemperaturrisse verbunden mit der Verhärtung des Bindemittels, kann mit dem Ersatz der Asphaltdeckschicht langfristig das Schadensbild beseitigt werden. Zudem ist bei der Wahl und Ausführung der Risssanierung zu berücksichtigen, wenn diese anschließend überbaut werden soll. So besteht beispielsweise bei einer übermäßigen Rissabdeckung die Gefahr, dass Bindemittel lokal an die Oberfläche aufsteigt.

Weist die Fahrbahnoberfläche einen sehr hohen Anteil an Flickstellen (> 10 % der Fläche) auf oder wäre beispielsweise durch ein lokales Ausbessern mit Asphaltmischgut oder Anspritzen und Abstreuen ein entsprechend hoher Anteil an Flickstellen zu erwarten, eignen sich die DSH, die DSK oder der Ersatz der Asphaltdeckschicht, um das Erscheinungsbild zu beseitigen. Ungeeignet ist hingegen das Rückformen, das bei Flickstellen ohnehin nicht angewendet werden darf. Die Oberflächenbehandlung ist bedingt geeignet. Mit ihr kann zwar wieder ein einheitliches Oberflächenbild hergestellt werden und es können aus den Flickstellen resultierende uneinheitliche Griffigkeitsbereiche beseitigt werden, aber die Substanz und damit die Eigenschaften der Asphaltdeckschicht bleiben unberührt. Daher ist die Entscheidung über die Anwendung der Oberflächenbehandlung in Zusammenhang mit den weiteren Erscheinungsbildern zu treffen.

(5) Asphalteinlagen

Ein Thema, welches noch keinen Eingang in die Instandsetzung nach den ZTV BEA-StB 09/13 gefunden hat, ist die Verwendung von sogenannten Asphalteinlagen. Hierzu zählen Vliesstoffe, Gitter und Gitter mit Verlegehilfen sowie Gitter mit Vliesstoff, deren Anwendung derzeit in dem „Arbeitspapier für die Verwendung von Vliesstoffen, Gittern und Verbundstoffen im Asphaltstraßenbau" beschrieben ist. Vliesstoffe werden in das vorher auf die bestehende Fahrbahn aufgebrachte Bindemittel verlegt und anschließend mit einer OB oder einer Asphaltschicht überbaut. Gitter werden auf der Unterlage verlegt, in der Lage fixiert, ggf. in eine Bitumenschicht eingebunden und anschließend mit Asphalt überbaut. Ihre Verwendung im Asphaltstraßenbau wird in der Praxis noch kontrovers diskutiert.

Die Anwendung von Asphalteinlagen soll die Intervalle zwischen den Maßnahmen der Instandsetzung verlängern und so den Erhaltungsaufwand reduzieren sowie die Nutzungsdauer der Straße verlängern, indem sie zur Unterlage abdichten, eine spannungsabbauende Wirkung erzielen und Reflexionsrisse verzögern und/oder eine bewehrende Wirkung durch die Aufnahme von

Kommentar

Zugspannungen bieten. Allerdings haben sich die positiven Eigenschaften in der Praxis nicht immer gezeigt, was die Diskussionen um diese Bauweise begründet. So können die Asphalteinlagen auch einen Störfaktor für den Schichtenverbund darstellen, was zu einer nicht optimalen Last- und Spannungsverteilung führt. Weiterhin bestehen Unterschiede in dem Temperatur-Ausdehnungskoeffizienten gegenüber den Schicht-Baustoffen, was ebenfalls eine Störzone bewirkt. Werden die Vliese oder Gitter bis an den Fahrbahnrand oder bis in nur schwach verdichtete Randzonen verlegt, ist die Aufnahme und Führung von Wasser (Dochtwirkung) nicht auszuschließen.

Vereinzelt wird auch versucht, über eine abgewandelte Form der Auswertung von Messungen mit dem Falling Weight Deflectometer (FWD) den Einsatz bestimmter Asphalteinlagen zu begründen. Diese Form der Auswertung ist umstritten und die fachliche Diskussion darüber noch nicht abgeschlossen.

Auch die Wiederverwertung von Asphalt mit Asphalteinlagen ist erschwert und noch nicht umfassend nachgewiesen; so muss eine Umweltverträglichkeit auch bei hohen Temperaturen (Asphaltmischtemperaturen) gegeben sein, müssen die Asphalteinlagen fräsbar sein und dürfen nicht das Fräsen stören und darf der im Asphaltgranulat enthaltene Rest der Asphalteinlagen später nicht den Einbau und die Verdichtung des Asphaltmischgutes nachteilig beeinflussen.

Weiterhin fehlen technische Spezifikationen und Prüfungen, die eine Bewertung der verschiedenen auf dem Markt befindlichen Systeme ermöglichen. Vor diesem Hintergrund ist die Anwendung von Asphalteinlagen wohl zu durchdenken; im Einzelfall sollten sie in der Leistungsbeschreibung hinsichtlich ihrer Eigenschaften und ihrem Verwendungszweck sehr genau definiert werden.

Bei einem großen Teil der möglichen Anwendungen von Asphalteinlagen bietet sich stattdessen auch die Anwendung einer SAMI-Schicht (bitumenhaltige Zwischenschicht) nach den ZTV BEA-StB 09/13, Abschnitt 3.2.3 an. Weitere Hinweise hierzu werden in Abschnitt 8.1 dieses Handbuchs gegeben.

Literatur (zu Abschnitt 3.4)

Arbeitspapier für die Verwendung von Vliesstoffen, Gittern und Verbundstoffen im Asphaltstraßenbau, Ausgabe 2006/Fassung 2013. Forschungsgesellschaft für Straßen- und Verkehrswesen, FGSV Verlag, Köln 2013.

Schmuck, A.: Straßenerhaltung mit System: Grundlagen des Managements. Kirschbaum Verlag, Bonn 1987.

3.4.1 Oberflächenbehandlungen – OB

3.4.1.1 Allgemeines

Als Oberflächenbehandlung wird das Anspritzen der Unterlage mit einem bitumenhaltigen Bindemittel und das anschließende Abstreuen mit roher oder vorbituminierter Gesteinskörnung > 2 mm bezeichnet. Das Abstreuen erfolgt ein- oder mehrlagig.

Nach der Anzahl der Arbeitsgänge sind folgende Arten der Oberflächenbehandlung zu unterscheiden:

- Oberflächenbehandlung mit einfacher Abstreuung (OB-eA): Nacheinander erfolgender Einbau einer Lage Bindemittel und einer Lage Abstreumaterial,
- Oberflächenbehandlung mit doppelter Abstreuung (OB-dA): Nacheinander erfolgender Einbau einer Lage Bindemittel und zwei Lagen Abstreumaterial, wobei die zweite Lage eine kleinere Lieferkörnung aufweist,
- Doppelte Oberflächenbehandlung (OB-dO): Nacheinander erfolgender Einbau einer ersten Lage Bindemittel und einer ersten Lage Abstreumaterial, gefolgt von einer zweiten Lage Bindemittel und einer zweiten Lage Abstreumaterial, wobei die zweite Lage Abstreumaterial eine kleinere Lieferkörnung aufweist.

3.4.1.2 Anwendung

Oberflächenbehandlungen werden vorwiegend auf Verkehrsflächenbefestigungen der Belastungsklassen Bk1,8 bis Bk0,3 eingesetzt.

Oberflächenbehandlungen mit unstabiler Bitumenemulsion C67B3-OB sollen nur bei der Belastungsklasse Bk0,3 angewendet werden.

Die Art der Oberflächenbehandlung wird in Abhängigkeit vom Erscheinungsbild der Unterlage nach der Tabelle 8 gewählt und in der Leistungsbeschreibung festgelegt.

Tabelle 8: Art der Oberflächenbehandlung in Abhängigkeit vom Erscheinungsbild der Unterlage

Erscheinungsbild/ Ursache	*OB mit einfacher Abstreuung (OB-eA)*	*OB mit doppelter Abstreuung (OB-dA)*	*Doppelte OB (OB-dO)*
polierte Kornoberfläche	+	+	+
Netzrisse	+	+	+
Ausmagerungen	+	+	+
Flickstellen	O	O	O
Kornausbrüche	+	+	+

Erläuterungen: *+ geeignet* *O bedingt geeignet*

Oberflächenbehandlungen schützen Verkehrsflächenbefestigungen im Wesentlichen vor Zerstörungen durch eindringende Feuchtigkeit und/oder andere Witterungseinflüsse und dienen damit vorrangig der Erhaltung der Substanz. Darüber hinaus können durch Oberflächenbehandlungen das Erscheinungsbild und die Sichtbedingungen bei Nacht und Nässe sowie die Griffigkeit verbessert werden.

Oberflächenbehandlungen können auch angewendet werden, wenn infolge vorhandener Randeinfassungen oder Einbauten die Einbaudicke begrenzt ist.

Bei ihrer Anwendung sind die Art und der Zustand der Unterlage, die Verkehrsbelastung, die Verkehrszusammensetzung, die zulässige Geschwindigkeit, die örtlichen Verhältnisse und die Witterungsbedingungen zu berücksichtigen.

Unebenheiten der Unterlage können durch Oberflächenbehandlungen nicht beseitigt werden.

Bei mehrfacher Anwendung von Oberflächenbehandlungen können nachteilige Wirkungen auftreten, z. B. Bindemittelanreicherungen in den Rollspuren, Zunahme der Unebenheiten.

Kommentar

Oberflächenbehandlungen als Verfahren der Straßeninstandsetzung dienen der Erhaltung der Straßensubstanz. Sie sind im Rahmen der Weiterentwicklung der verwendeten Baustoffe und der eingesetzten Technik ein modernes und effizientes Mittel, um die Lebensdauer von Straßen zu verlängern und somit Volksvermögen zu erhalten.

Grundlage des Verfahrens ist das vollflächige Anspritzen der vorhandenen Unterlage mit Bindemittel und anschließendes Abstreuen mit der vorgesehenen Gesteinskörnung.

Aufgaben der Oberflächenbehandlungen sind:

- die Erneuerung der Oberfläche,
- das Abdichten der Unterlage gegen die Einwirkung von Feuchtigkeit,
- die Verbesserung der Griffigkeit,
- die Reduzierung der Sprühfahnenbildung und Aquaplaninggefahr bei Regen durch verbesserte Drainagewirkung,
- die Verbesserung der Sichtbedingungen bei Dunkelheit durch Einsatz heller Gesteinskörnungen und
- Gestaltungsmöglichkeiten von repräsentativen Flächen durch Einsatz farbiger Gesteinskörnungen.

Oberflächenbehandlungen zeichnen sich durch folgende Besonderheiten aus:

- sehr geringe Schichtdicken (< 1 cm),
- hohe Tagesleistungen (bis ca. 30 000 m^2 auf freier Strecke),
- schnelle Verkehrsfreigabe.

Die Planung und die Entscheidung über die Art der anzuwendenden Oberflächenbehandlungen sind erste Voraussetzung für eine Ausführung in hoher Qualität.

Kommentar

Bild 1 Beispiel einer Oberflächenbehandlung

Oberflächenbehandlungen werden vorwiegend auf Verkehrsflächenbefestigungen der Belastungsklassen Bk1,8 bis Bk0,3, jedoch auch auf solchen der Belastungsklasse Bk3,2 erfolgreich eingesetzt. Auf Verkehrsflächen der Belastungsklasse Bk3,2 sind auf Abschnitten mit besonderen Beanspruchungen die Grenzen der Bauweise erreicht. Dies betrifft z. B. Kreuzungen und Einmündungen, auf denen durch schweren Verkehr (Lkw mit starren Doppelachsen) enge Radien gefahren werden. Hier treten so hohe Scherkräfte auf, dass es zu Bewegungen oder Umlagerungen der Gesteinskörnung im Bindemittelfilm kommen kann.

In Ortsdurchfahrten oder Wohngebieten mit Verkehrsgeschwindigkeiten von 50 km/h oder höher und hoher Verkehrsdichte ist der Einsatz von gröberen Lieferkörnungen aufgrund der Lärmbelastung nicht zu empfehlen.

In der Praxis werden solche Streckenabschnitte deshalb sinnvollerweise mit anderen Verfahren bearbeitet.

Neben der Verkehrsbelastung ist die Eignung der vorhandenen Unterlage das wichtigste Entscheidungskriterium in der Planung. In ihrer Eignung für Oberflächenbehandlungen stark eingeschränkt sind Straßen mit großflächigen Tragfähigkeitsschäden, mit Spurrinnenbildung, mit weitergehenden Verformungen oder mit bereits zweimal durchgeführten Oberflächenbehandlungen.

Zur Anwendung kommen:

- **Oberflächenbehandlung mit einfacher Abstreuung – OB-eA**
  (1 x Anspritzen, 1 x Abstreuen)

  OB-eA werden auf Verkehrsflächen ohne besondere Anforderungen angewendet. Das Prinzip für eine OB-eA ist in *Bild 2* dargestellt, ein Ausführungsbeispiel mit der Körnung 5/8 in *Bild 3*.

Kommentar

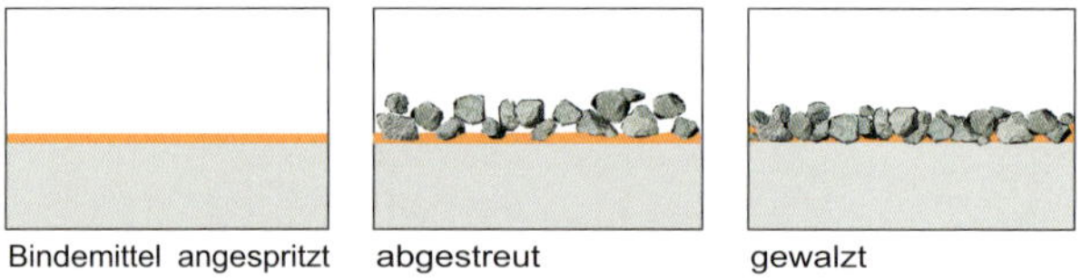

Bild 2 Prinzip einer OB-eA

Bild 3 Nahaufnahme einer OB-eA mit der Körnung 5/8

Oberflächenbehandlung mit doppelter Abstreuung – OB-dA

(1 x Anspritzen, 2 x Abstreuen)

OB-dA werden auf Verkehrsflächen mit höherer Verkehrsbelastung (auch auf Belastungsklasse Bk3,2) eingesetzt. Durch die Verkeilung der verschiedenen Lieferkörnungen ist die OB-dA höher belastbar als die OB-eA. Praktische Erfahrungen haben gezeigt, dass gleichzeitig eine Geräuschminderung durch die Verringerung der Makrorauigkeit gegenüber der OB-eA gleicher Lieferkörnungen erreicht wird. Der wissenschaftliche Nachweis dazu wurde noch nicht erbracht. Das Prinzip für eine OB-dA ist in *Bild 4* dargestellt, ein Ausführungsbeispiel mit der Körnung 5/8 und 2/5 in *Bild 5*.

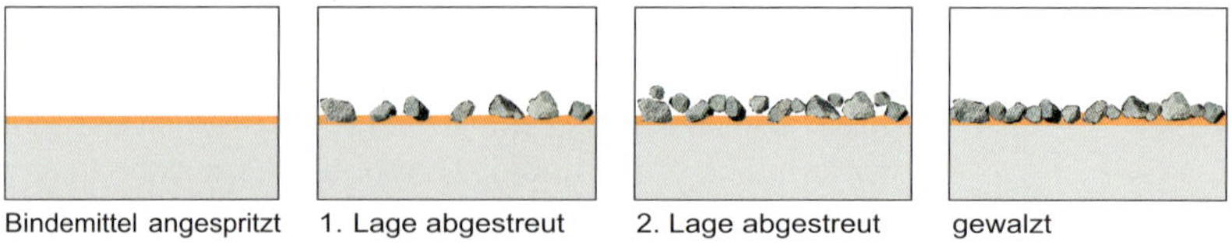

Bild 4 Prinzip einer OB-dA

Bild 5 Nahaufnahme einer OB-dA mit der Körnung 5/8 und 2/5

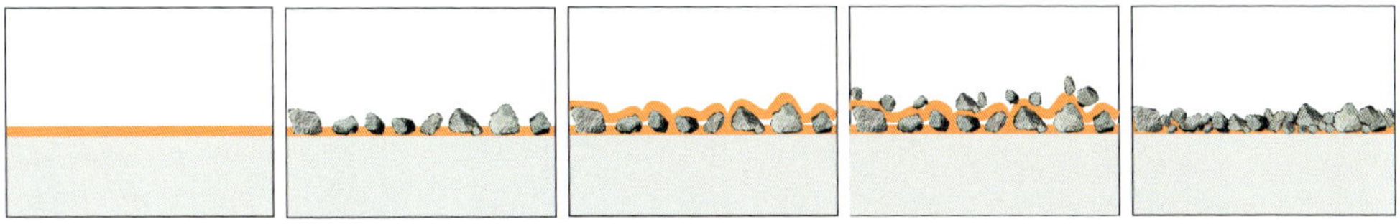

Bindemittel 1. Lage angespritzt | 1. Lage abgestreut und gewalzt | Bindemittel 2. Lage angespritzt | 2. Lage abgestreut | gewalzt

Bild 6 Prinzip einer OB-dO

Kommentar

■ Doppelte Oberflächenbehandlung – OB-dO

(2 x Anspritzen, 2 x Abstreuen)

OB-dO sollen dort angewendet werden, wo durch starke Ausmagerungen der Unterlage oder Substanzverlust (Mörtel und Gestein) der Unterlage eine Abdichtung und Verbesserung der Verschleißschicht mit einem Spritzvorgang nicht erreicht werden kann und wo die Forderung nach einer feinen Oberfläche (2/5) besteht, die Unterlage mit den Spritzmengen für Lieferkörnung 2/5 als OB-eA jedoch nicht abgedichtet werden kann (Beispiel Wohnstraßen). Das Prinzip für eine OB-dO ist in *Bild 6* dargestellt.

Ein weitverbreiteter Irrtum ist, dass Doppelte Oberflächenbehandlungen (OB-dO) einer höheren Verkehrsbelastung standhalten als Oberflächenbehandlungen mit doppelter Abstreuung (OB-dA).

Die OB-dA mit ihrer trockenen Verkeilung der abgestuften Lieferkörnungen sind widerstandsfähiger gegen Scherkräfte und damit gegen Verschiebungen der einzelnen Körner im Gesteinsmosaik.

■ Oberflächenbehandlung mit vorgelegter Abstreuung – OB-vA

Die Oberflächenbehandlung mit vorgelegter Abstreuung ist aufgrund der geringen Anwendung seit den ZTV BEA-StB 09 nicht mehr beschrieben. Sie kann aber dennoch in begründeten Fällen, z. B. bei partiellen Bindemittelanreicherungen, angewendet werden. Das Prinzip für eine OB-vA ist in *Bild 7* dargestellt.

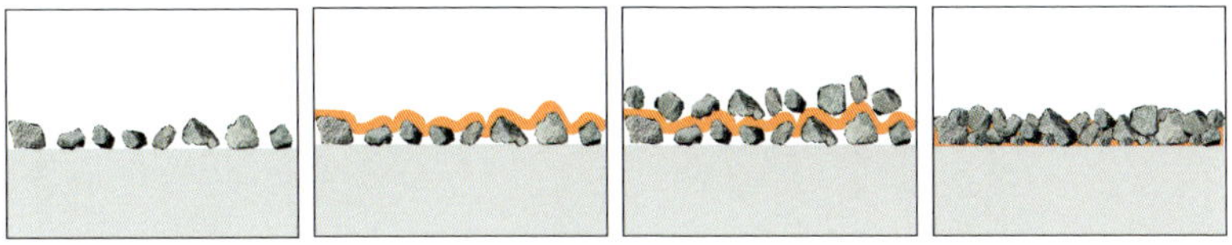

1. Lage abgestreut | Bindemittel angespritzt | 2. Lage abgestreut | gewalzt

Bild 7 Prinzip einer OB-vA

3.4.1.3 Baustoffe, Verbrauchsmengen

Für die Baustoffe und Verbrauchsmengen in Abhängigkeit von der Art der Oberflächenbehandlung sind die Angaben der Tabelle 9 maßgebend.

Tabelle 9: Baustoffe und Verbrauchsmengen für Oberflächenbehandlungen (OB)

Bindemittelart und -sorte	Lage	Bindemittelmenge [kg/m²]	Menge der Gesteinskörnung [kg/m²] bei Lieferkörnung/Korngruppe		
			8/11	5/8	2/5
1. Oberflächenbehandlung mit einfacher Abstreuung (OB-eA)					
unstabile Bitumenemulsion C67B3-OB, polymermodifizierte unstabile Bitumenemulsion C69BP3-OB-1, C69BP3-OB-2		1,5 bis 2,0	–	11 bis 17	–
		1,2 bis 1,6	–	–	9 bis 14
polymermodifiziertes Fluxbitumen Fm9BP2, Fv9BP3		1,0 bis 1,4	–	9 bis 15	–
		0,9 bis 1,1	–	–	8 bis 12
2. Oberflächenbehandlung mit doppelter Abstreuung (OB-dA)					
unstabile Bitumenemulsion C67B3-OB, polymermodifizierte unstabile Bitumenemulsion C69BP3-OB-1, C69BP3-OB-2, (polymermodifizierte unstabile Bitumenemulsion C70BP3-OB-1, C70BP3-OB-2)	1. Lage 2. Lage	1,6 bis 2,2 –	10 bis 13 –	– 3*) bis 6*)	– 3 bis 6
	1. Lage 2. Lage	1,4 bis 1,8 –	– –	9 bis 12 –	– 3 bis 6
polymermodifiziertes Fluxbitumen Fm9BP2, Fv9BP3	1. Lage 2. Lage	1,3 bis 1,5 –	10 bis 13 –	– 3*) bis 5*)	– 2 bis 5
	1. Lage 2. Lage	1,1 bis 1,4 –	– –	9 bis 12 –	– 2 bis 5
3. Doppelte Oberflächenbehandlung (OB-dO)					
unstabile Bitumenemulsion C67B3-OB, polymermodifizierte unstabile Bitumenemulsion C69BP3-OB-1, C69BP3-OB-2, (polymermodifizierte unstabile Bitumenemulsion C70BP3-OB-1, C70BP-OB-2)	1. Lage 2. Lage	1,0 bis 1,7 1,4 bis 1,9	10 bis 13 –	– 11 bis 15	– 10*) bis 15*)
	1. Lage 2. Lage	1,0 bis 1,7 1,3 bis 1,8	– –	9 bis 12 –	– 10 bis 15
polymermodifiziertes Fluxbitumen Fm9BP2, Fv9BP3	1. Lage 2. Lage	0,7 bis 1,3 1,3 bis 1,8	10 bis 13 –	– 11 bis 14	– 10*) bis 13*)
	1. Lage 2. Lage	0,7 bis 1,2 1,1 bis 1,3	– –	9 bis 12 –	– 10 bis 13

Erläuterungen: – nicht geeignet ( ) nur in Ausnahmefällen *) alternativ möglich

Die Bindemittelart und -sorte und die Lieferkörnung des Abstreumaterials sind in Abhängigkeit von der Verkehrsbelastung zu wählen und in der Leistungsbeschreibung festzulegen.

Beim Verarbeiten von Bitumenemulsionen sollen vorbituminierte Gesteinskörnungen > 2 mm nicht vorgesehen werden, weil dadurch das Brechen der Bitumenemulsion behindert wird.

Kommentar

(1) Baustoffe

Die Auswahl der Baustoffe ist mitentscheidend für die Qualität und Lebensdauer der Oberflächenbehandlungen.

Als Bindemittel mit den Anforderungen nach den TL BE-StB 15 kommen zum Einsatz:

- Polymermodifizierte Bitumenemulsionen C69BP3-OB-1, C70BP3-OB-1 (beide Sorten unterscheiden sich nur durch den Bindemittelgehalt, nicht durch andere Qualitätskriterien), C69BP3-OB-2, C70BP3-OB-2
- nicht modifizierte Bitumenemulsionen C67B3-OB.

Außerdem wird auch Heißbitumen in Form von gebrauchsfertigem Polymermodifizierten Fluxbitumen Fm9BP2 und Fv9BP3 nach den TL Sbit-StB 15 verwendet.

Aufgrund der zu erwartenden steigenden Verkehrsbelastungen und den immer häufiger auftretenden hohen Temperaturen bei starker Sonneneinstrahlung über längere Zeiträume in den Sommermonaten sind Polymermodifizierte Bindemittel gegenüber nicht modifizierten Bitumen vorzuziehen. Auf Straßen der Belastungsklassen Bk1,8 und höher sollten Bindemittel mit einem höheren Erweichungspunkt Ring und Kugel, wie dies bei den Polymermodifizierten Bitumenemulsionen C69BP3-OB-2 und C70BP3-OB-2 der Fall ist, zum Einsatz kommen.

Nicht modifizierte Bitumenemulsionen sollten nur für Verkehrsflächenbefestigungen der Belastungsklasse Bk0,3 eingesetzt werden, um Schäden an den Oberflächenbehandlungen zu vermeiden.

Bindemittel werden in isolierten Tanks transportiert und gelagert, um diese im Temperaturbereich der Verarbeitungstemperatur zu halten.

Die einzusetzenden groben Gesteinskörnungen müssen die Anforderungen der ZTV BEA-StB und damit auch die Anforderungen der TL Gestein-StB erfüllen. Besonderes Augenmerk ist auf den Gehalt an Feinanteilen $f_{0,5}$ und den Widerstand gegen Polieren mit $PSV_{angegeben}$(51) zu legen. Für Verkehrsflächenbefestigungen der Belastungsklasse Bk0,3 kann ausnahmsweise auch Gestein mit $PSV_{angegeben}$(48) verwendet werden. Bei der Verwendung von Heißbitumen können auch vorbituminierte grobe Gesteinskörnungen zum Einsatz kommen. Bei der Verarbeitung von Bitumenemulsionen sind diese nicht vorzusehen, weil damit der Brechvorgang der Bitumenemulsion verzögert wird.

Gesteinsbaustoffe werden direkt vom Lieferanten in die verarbeitende Maschine geladen. Sind Zwischenlager notwendig, so sind sie auf befestigten Flächen strikt getrennt nach Lieferkörnungen zu lagern.

Tabelle 1 Einflüsse auf die Dosierung des Bindemittels

Bindemittelmenge	Korrekturbedingung
Mehrdosierung	Unterlage mit großer Oberflächenrauheit, Mörtelverlust (starke Ausmagerungen)
	Offenporigkeit nach Druckwasserreinigung
	harte Unterlage (kein Eindrücken des aufzubringenden Gesteinsmaterials)
	schattige Lage (z. B. Waldlage)
	geringe Verkehrsdichte, niedrige Verkehrsbelastung
	raue Bruchoberfläche des aufzubringenden Gesteinsmaterials
Minderdosierung	dichte Unterlage
	weiche Unterlage (geringer Widerstand gegen Eindrücken des aufzubringenden Gesteinsmaterials)
	sonnige Lage, windgeschützt (Bebauung)
	hohe Verkehrsdichte, hohe Verkehrsbelastung
	glatte Bruchoberfläche des Gesteinsmaterials

Kommentar

Die Verbrauchsmengen für Bindemittel sind üblicherweise dem mittleren Bereich der Spannweiten lt. ZTV BEA-StB 09/13, Tabelle 9 zuzuordnen. Der durchschnittliche Verbrauch der Bindemittel liegt z. B. für eine OB-eA mit C69BP3-OB-1 beim Einsatz der Lieferkörnung 5/8 bei 1,7 kg/m^2 (Spannweite der ZTV BEA-StB 09/13, Tabelle 9 ist 1,5 kg/m^2 bis 2,0 kg/m^2).

Der Zustand der Unterlage, die verwendete Gesteinsart, die Verkehrsbelastung und die Lage der zu behandelnden Flächen nach örtlichen Gegebenheiten können Korrekturen um Mehr- oder Minderdosierungen des Bindemittels erfordern (siehe *Tabelle 1*). Weil die endgültige Dosierung vor Ort erfolgen muss, werden die angegebenen Spannweiten auch benötigt.

(2) Gerätetechnik

Die Gerätetechnik für die Verlegung von Oberflächenbehandlungen wurde in den letzten Jahren besonders hinsichtlich elektronisch gesteuerter wegeabhängiger Bindemitteldosierung wesentlich verbessert.

Alle zum Einsatz kommenden Rampenspritzgeräte müssen über stufenlos breitenvariable Spritzbalken verfügen.

Es stehen u. a. folgende verschiedene Technologien und Arbeitsmaschinen zur Verfügung:

(2.1) Rampenspritzgerät und Streuer

Der Einsatz von Rampenspritzgerät (*Bild 1)* und Streuer (*Bild 2*) ist eine konventionelle Technik für die Verlegung von Oberflächenbehandlungen.

Kommentar

Bild 1 Rampenspritzgerät

Bild 2 Streuer

Die Rampenspritzgeräte sind mit stufenlos variablen Teleskopspritzbalken, wegeabhängiger Dosierung und Thermalölheizsystem ausgerüstet. Modernere Geräte verfügen über Masseflussdosierung und elektronische Erfassung von Leistung und Verbrauchsmengen.

Das Abstreuen erfolgt mit separaten rückwärtsfahrenden Lkw mit Streuer.

Rampenspritzgeräte sind flexibel einsetzbar, besonders auf Straßen mit engen Radien im Gebirge und in Kommunen.

(2.2) OB-Verlegemaschine mit Vorachsapplikation

Bei diesen Kombinationsgeräten erfolgen Anspritzen und Abstreuen in einem Arbeitsgang. Teleskopspritzbalken und Streuer befinden sich vor der Hinter-

Kommentar

Bild 3 OB-Verlegemaschine, Typ „Roadmaster"

Bild 4 Schematische Darstellung des Roadmasters

achse und lassen sich variabel stufenlos synchron verbreitern. Diese Geräte verfügen über elektronisch gesteuerte, flächenabhängige Masseflussdosierung und das entsprechende Thermalölheizsystem.

Leistungen, Verbrauchsmengen des Bindemittels, Verarbeitungstemperaturen und Außentemperaturen können elektronisch erfasst und protokolliert werden.

Mit Oberflächenverlegemaschinen sind hohe Tagesleistungen zu erzielen. In *Bild 3* ist der Roadmaster dargestellt, *Bild 4* zeigt eine schematische Darstellung des Geräts.

(2.3) OB-Verlegemaschine mit Hinterachsapplikation

Hierbei handelt es sich um die zurzeit modernste Form der Verlegetechnik. Die technische Ausstattung entspricht mindestens der im vorigen Abschnitt beschriebenen OB-Verlegemaschine Typ „Roadmaster". Wesentliche Weiterentwicklung ist die Anordnung des stufenlos breitenvariablen Spritzbalkens und Streuers hinter der letzten Achse der Maschine. Dies ist von entscheidender Bedeutung bei der Verlegung von Oberflächenbehandlungen mit doppelter Abstreuung. Die erste, mit der Oberflächenverlegemaschine (siehe *Bild 5* und die schematische Darstellung in *Bild 6*) aufgetragene Lage Gestein wird

Kommentar

Bild 5 Beispiel einer Oberflächenverlegemaschine mit Hinterachsapplikation

Bild 6 Schematische Darstellung einer Oberflächenverlegemaschine mit Hinterachsapplikation

vor dem Einstreuen der zweiten Lage mit dem Streuer nicht befahren und es wird ein gleichmäßiges Gesteinsmosaik auch in den Fahrspuren mit zwei Lieferkörnungen garantiert.

Elektronische Steuerung und Dosiereinrichtungen entsprechen den neuesten Erkenntnissen. Hohe Tagesleistungen sind bei reduziertem Einsatz von Personal und Technik möglich. Besonders bei halbseitiger Sperrung oder Arbeiten unter Verkehr zeigen sich weitere deutliche Vorteile der OB-Verlegemaschine als Kompaktgerät: Die Verkehrsbehinderungen sind wesentlich geringer als beim Einsatz eines Rampenspritzgerätes und Streuers.

3.4.1.4 **Ausführung**

Oberflächenbehandlungen sollen nur von Mitte April bis Mitte September ausgeführt werden. In begründeten Fällen ist die Ausführung außerhalb dieser Zeit möglich, wenn aufgrund örtlicher Erfahrungen eine ausreichend lange Einfahrzeit bei günstigen Wetterbedingungen zu erwarten ist.

3.4.1.5 **Abkehren des Abstreumaterials und Verkehrsfreigabe**

Bei Oberflächenbehandlungen sind die behandelten Flächen bis zum Abschluss der Ausführung für den Verkehr zu sperren.

Der Zeitpunkt der Verkehrsfreigabe ist abhängig von den örtlichen und wetterbedingten Verhältnissen und der verwendeten Bindemittelart. Wegen des Überschusses an Gesteinskörnungen soll für die ersten Tage eine Geschwindigkeitsbeschränkung vorgesehen werden. Aus bautechnischen Gründen wird eine Geschwindigkeitsbeschränkung auf 40 km/h (innerorts gegebenenfalls geringer) empfohlen.

Vor der Aufhebung verkehrssichernder Maßnahmen aufgrund der baustellenbedingten verkehrsrechtlichen Anordnung eines Verkehrszeichens sind die nicht gebundenen Gesteinskörner zu entfernen.

Kommentar

(1) Ausführung

(1.1) Vorbereitende Arbeiten

Vor Ausführung der Oberflächenbehandlungen sind vorbereitende Arbeiten abzuschließen, wie die Beseitigung von Unebenheiten in der Unterlage, die Rissesanierung oder Fugensanierung, das Entfernen von Markierungen aus Plastikmassen (Anrauen) und Folienmarkierungen, die Reinigung der Unterlage durch Kehren oder Druckwasser und das Schützen von Einbauten sowie Rinnen, Borden und Nebenflächen.

Die vorbereitenden Arbeiten müssen im Leistungsverzeichnis als eigenständige Positionen ausgeschrieben werden.

(1.2) Technischer Ablauf

Die einzusetzenden Maschinen mit ihrer Eignung für die jeweilige Art der Oberflächenbehandlung obliegen der Verantwortung des Auftragnehmers. Für eine OB-dA kann jedoch eine Hinterachsapplikation gefordert werden.

Die direkten Arbeitsgänge der Oberflächenbehandlung sind im Grundprinzip das Anspritzen, das Abstreuen, das Walzen und die spätere Aufnahme ungebundenen Materials.

Gearbeitet wird je nach Fahrbahnbreite in Bahnen oder voller Breite.

Das **Anspritzen** hat mit gleichmäßigem Spritzbild streifenfrei zu erfolgen. Dazu sind die Spritztemperatur und die Viskosität der Bindemittel unbedingt

Kommentar

einzuhalten. Die Bindemittelmenge ist den örtlichen Gegebenheiten und der Unterlage anzupassen. Das Bindemittel ist so zu dosieren, dass die Gesteinskörnung bei fertig eingefahrener Oberflächenbehandlung 2/3 bis 3/4 in den Bindemittelfilm eingebettet ist.

Mit Bindemittelquerdosierung können erforderlichenfalls besonders belastete Flächen wie Fahrspuren geringer dosiert werden als die übrige Fläche.

Das **Abstreuen** soll in sehr kurzem Abstand zum Anspritzvorgang erfolgen (Abstand zwischen Streuer und Rampenspritzgerät ca. 10 m). Der Brechvorgang der Bitumenemulsion sollte oberflächlich noch nicht begonnen haben (noch brauner Film), wenn das Gesteinsmaterial eingestreut wird. Dies garantiert eine gute Benetzung und spätere Haftung am Gestein. Bei Oberflächenverlegemaschinen ist ein kürzerer Abstand bauartbedingt gegeben. Ihr Einsatz ist in dieser Hinsicht wesentlich von Vorteil.

Die Dosierung der Gesteinskörnung erfolgt einerseits so, dass ein „Durchfetten" des Bindemittels ausgeschlossen wird und andererseits so dünn, dass die abgestreute Schicht direkt gewalzt werden kann. Zu dickes Abstreuen verhindert das Glätten der Oberflächenbehandlung durch Umbetten der einzelnen Gesteinskörner durch den direkten Kontakt der Walze. Faustregel ist, dass vor dem Walzen das Bindemittel durch die Gesteinslage noch „durchscheint".

Bei Oberflächenbehandlungen mit doppelter Abstreuung ist sicherzustellen, dass beide Abstreuvorgänge direkt aufeinanderfolgen. Die Gesteinskörnung der ersten Lage sollte beim Einsatz von Bitumenemulsionen als Bindemittel feucht sein. Dadurch wird erreicht, dass der Brechvorgang der Bitumenemulsion erst nach Abstreuen der zweiten Lage eingeleitet wird.

Die Ausbildung einer Längsnaht zwischen den einzelnen Bahnen bedingt einen schmalen Streifen von etwa 5 cm, der nicht abgestreut wird. Die Längsnähte bei doppelten Oberflächenbehandlungen sollen in den einzelnen Lagen versetzt angeordnet werden. In *Bild 1* ist der schmale Streifen aufgesprühter, aber nicht abgestreuter Bitumenemulsion der ersten Bahn zu erkennen.

Bild 1 Ausbildung der Längsnaht zwischen den einzelnen Bahnen

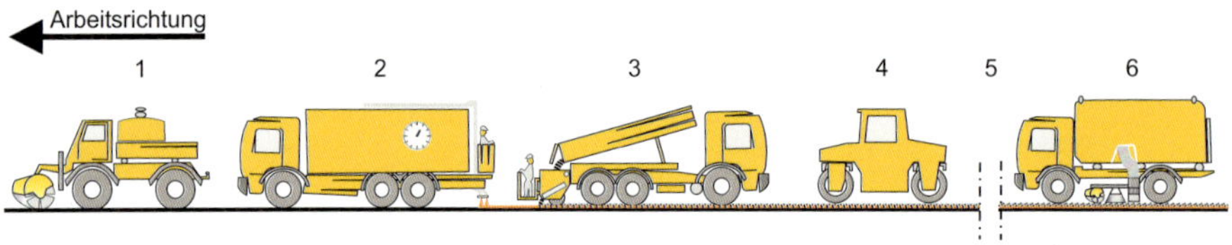

1 Vorreinigung der Unterlage
2 Anspritzen des Bindemittels
3 Abstreuen mit Lieferkörnung
4 Walzen mit Gummiradwalze
5 Verkehrsfreigabe mit Geschwindigkeitsbeschränkung
6 Aufnahme nicht gebundener Gesteinskörnungen durch Saugkehrmaschine

Bild 2 Ausführung OB-eA

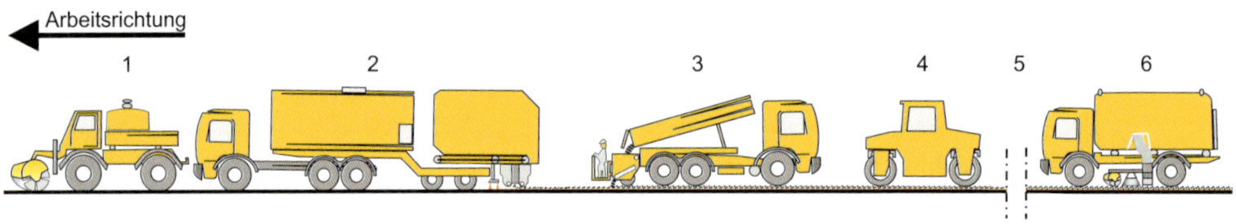

1 Vorreinigung der Unterlage
2 Anspritzen des Bindemittels und Abstreuen 1. Lage mit Lieferkörnung
3 Abstreuen 2. Lage mit Lieferkörnung
4 Walzen mit Gummiradwalze
5 Verkehrsfreigabe mit Geschwindigkeitsbeschränkung
6 Aufnahme nicht gebundener Gesteinskörnungen durch Saugkehrmaschine

Bild 3 Ausführung OB-dA

1 Vorreinigung der Unterlage
2 Anspritzen des Bindemittels und Abstreuen mit Lieferkörnung 1. Lage
3 Walzen mit Gummiradwalze
4 Anspritzen des Bindemittels und Abstreuen mit Lieferkörnung 2. Lage
5 Walzen mit Gummiradwalze
6 Verkehrsfreigabe mit Geschwindigkeitsbeschränkung
7 Aufnahme nicht gebundener Gesteinskörnung durch Saugkehrmaschine

Bild 4 Ausführung OB-dO

1 Vorreinigung der Unterlage
2 Abstreuen 1. Lage mit Lieferkörnung
3 Anspritzen des Bindemittels und Abstreuen 2. Lage mit Lieferkörnung
4 Walzen mit Gummiradwalze
5 Verkehrsfreigabe mit Geschwindigkeitsbeschränkung
6 Aufnahme nicht gebundener Gesteinskörnung durch Saugkehrmaschine

Bild 5 Ausführung OB-vA

Kommentar

Bei Arbeitsansätzen quer ist die bereits abgestreute Fläche mit geeignetem Material (Dachbahn oder Papier) abzudecken, um Überlappungen beim Anspritzen zu vermeiden. Dadurch wird ein späteres Durchfetten durch Überdosierung dieser Stellen ausgeschlossen.

Bauanfang und Bauende von doppelten Oberflächenbehandlungen sind so zu gestalten, dass die zweite Lage die erste Lage etwa 20 cm quer überlappt. Damit werden besonders beim Einsatz von Lieferkörnung 8/11 in der ersten Lage grobe Stöße der fertigen Oberflächenbehandlung vermieden.

Das **Walzen** erfolgt mit Gummiradwalze oder kombinierter Walze mit gummierter Bandage in drei bis fünf Übergängen. Der Walzvorgang erfolgt unmittelbar nach dem Abstreuen, noch bevor der Brechvorgang der Bitumenemulsion beendet ist. Die Längen der Walzbahnen sind so einzurichten, dass in dieser Zeit vollflächig alle Übergänge abgeschlossen sind. Mit dem Walzen wird das Gestein im Bindemittelfilm umgebettet und ein dichtes Gesteinsmosaik erzielt. Der Brechvorgang der Bitumenemulsion wird beschleunigt.

Oberflächenbehandlungen mit doppelter Abstreuung werden **erst nach dem Abstreuen der zweiten Lage** gewalzt. Im Unterschied dazu wird bei doppelten Oberflächenbehandlungen jede Lage gewalzt.

Die Arbeitsgänge der Oberflächenbehandlungsarten werden zusammenhängend ausgeführt und sind im Leistungsverzeichnis nur als eine Position auszuschreiben. So lässt sich z. B. bei der OB-dO nicht jede Lage einzeln erfassen und berechnen. Es handelt sich im Leistungsverzeichnis um nur eine Position „OB-dO“. Ebenso wenig sollte das Walzen gesondert ausgeschrieben werden.

Ausnahme bei partiellen Bindemittelanreicherungen ist eine mögliche partielle vorgelegte Abstreuung OB-vA, die als Zulage gesondert erfasst werden muss.

In der Regel erfolgt nach dem Brechen der Bitumenemulsion die Verkehrsfreigabe, wobei eine verkehrsbehördlich angeordnete Geschwindigkeitsbeschränkung eingerichtet sein muss.

Die **Aufnahme nicht gebundenen Abstreumaterials** erfolgt je nach Verkehrsaufkommen zwei bis fünf Tage nach Verkehrsfreigabe. Dabei wird nicht gebundene Gesteinskörnung mit einer Saugkehrmaschine aufgenommen und einer anderweitigen Verwendung im Wegebau, z. B. für ungebundene Schichten, zugeführt.

Aus den *Bildern 2, 3, 4* und *5* sind die einzelnen Abläufe bei der Ausführung der verschiedenen Oberflächenbehandlungen übersichtlich zu entnehmen.

Der am häufigsten auftretende Fehler bei der Ausführung ist die Streifenbildung durch ungeeignete Viskosität des Bindemittels oder nicht eingehaltene Spritztemperaturen. Die Streifen äußern sich im Querschnitt gesehen in „Wellenbergen“ (siehe *Bild 6*) mit zu viel Bindemittel und „Wellentälern“ mit Bindemittelmangel. Die Folgen sind bei starkem Verkehr Überfettungen und Durchschwitzen der „Wellenberge“ oder auf Straßen mit geringem Verkehr Ausmagerungen und Mörtelverluste in den „Wellentälern“ (siehe *Bild 7*). Beide Erscheinungen treten nicht sofort, sondern erst nach einer Liegedauer von mehreren Jahren auf.

Inzwischen kommen auch auf Straßen mit niedrigen Belastungsklassen überwiegend Polymermodifizierte Bindemittel zum Einsatz. Dies reduziert das Risiko von Schäden durch eine zeitweilige höhere Belastung, wie z. B. durch Umleitungsverkehr, wesentlich.

Kommentar

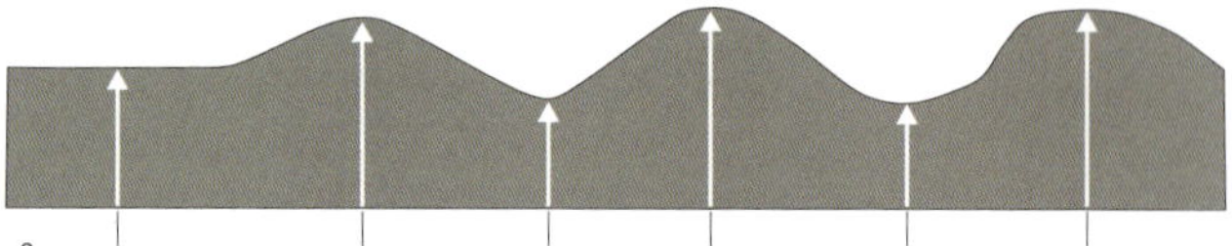

Bild 6 Streifenbildung, im Querschnitt dargestellt

Bild 7 Streifenbildung

Die Anwendung von Oberflächenbehandlungen mit doppelter Abstreuung macht die Bauweise durch höhere Belastbarkeit attraktiver. Langjährige Erfahrungen haben gezeigt, dass OB-dA der Lieferkörnungen 8/11 und 5/8 mit härteren Bindemitteln für freie Strecken stärker belastbar sind und eine deutlich höhere Lebensdauer haben als herkömmliche Standardbauweisen der einfachen Oberflächenbehandlung.

(2) Qualitätssicherung und Prüfung

Die Erfahrungen der letzten Jahre haben gezeigt, dass sich durch ständige Weiterentwicklung der Bauweise und der eingesetzten Baustoffe die Qualität der Oberflächenbehandlungen wesentlich verbessert hat. Hierzu hat die Einführung der Güteüberwachung nach den TL G OB-StB 15 maßgeblich beigetragen, siehe auch den Kommentar (3) zu Abschnitt 1.1. Bei Oberflächenbehandlungen ist eine nach den DIN EN 12271 zertifizierte Werkseigene Produktionskontrolle (WPK) einer Güteüberwachung nach den TL G OB-StB 15 gleichwertig.

Für Oberflächenbehandlungen ist daher vom Hersteller entweder eine Eigenüberwachung nach den TL G OB-StB 15 oder eine WPK durchzuführen, um sicherzustellen, dass die Oberflächenbehandlungen die in den ZTV BEA-StB angegebenen Anforderungen an die Produkteigenschaften aufweisen.

Die Umsetzung der Eigenüberwachung und der WPK kann durch Kontrollen und Prüfungen an den Messgeräten, den Baustoffen, den Prozessen, den

Kommentar

Produktionseinheiten, den Verlegemaschinen sowie an den fertigen Schichten, einschließlich der Baustoffeigenschaften, und durch die Anwendung der auf diese Weise erhaltenen Ergebnisse erreicht werden.

Die Systeme der Eigenüberwachung und der WPK regeln die Dokumentation, das Ressourcenmanagement, die Verantwortung und Befugnisse, die Beschaffung, die Produktrealisierung, die Lenkung von Überwachungs- und Messmitteln sowie die Lenkung fehlerhafter Produkte und Korrekturmaßnahmen.

Beide Systeme stellen sicher, dass Baustoffe nur von güteüberwachten Herstellern eingesetzt werden. Ein wichtiger Baustein der Eigenüberwachung und der WPK ist die Kalibrierung aller eingesetzten Maschinen.

Alle durchgeführten Prüfungen und Berichte der Herstellung bis zum Baustellenbericht werden ausführlich dokumentiert.

Eigenüberwachung und WPK garantieren einen sicheren Betriebsablauf von der Planung bis zur Ausführung von Oberflächenbehandlungen in einwandfreier Qualität.

Die TL G OB-StB 15 regeln neben der Eigenüberwachung gleichzeitig auch deren Kontrolle durch eine entsprechende Fremdüberwachung; beides gemeinsam bildet die Güteüberwachung. Im Vorfeld dazu ist jetzt auch der Nachweis der Eignung des Ausführenden im Rahmen einer erstmaligen betrieblichen Prüfung und einer Betriebsbeurteilung zu erbringen. Hierbei ist festzustellen, ob das ausführende Unternehmen die organisatorischen, personellen und geräte- sowie verfahrenstechnischen Voraussetzungen für die ordnungsgemäße Ausführung der Oberflächenbehandlung besitzt und die entsprechenden Voraussetzungen für die Güteüberwachung gegeben sind.

Nach erfolgreicher Fremdüberwachung und dem Vorliegen des Fremdüberwachungsberichtes erfolgt die Bekanntgabe des Ausführenden durch die zuständige anerkennende Straßenbaubehörde. Der Ausführende hat das Recht, die überwachte Produktionseinheit zu kennzeichnen, und muss von diesem Zeitpunkt an die Überwachung in seinen Vertragsunterlagen angeben.

Nach DIN EN 12271 sind Oberflächenbehandlungen zu zertifizieren. Als Voraussetzung dazu sind die Verlegung und Dokumentation von Probestrecken für den Leistungsfähigkeitsnachweis (PLN) erforderlich. Frühestens nach elf Monaten und spätestens vor Ablauf von 13 Monaten nach der Ausführung ist eine visuelle Beurteilung des Oberflächenzustands nach DIN EN 12272-2 durchzuführen.

Nach Erfüllung aller Anforderungen an die Oberflächenbehandlung und Prüfung der WPK durch eine zugelassene Zertifizierungsstelle wird durch den Hersteller von Oberflächenbehandlungen eine Konformitätserklärung ausgestellt. Der Hersteller ist berechtigt und verpflichtet, ein CE-Kennzeichen zu führen.

In Deutschland hat sich jedoch die Güteüberwachung nach den TL G OB-StB 15 durchgesetzt, bei der durch die laufende Fremdüberwachung auch ständig die Eignung des Ausführenden überprüft wird. Hierdurch kann die Prüfung der Eignung im Vergabeverfahren entfallen. Außerdem können diese Ausführenden jederzeit zur Teilnahme an Beschränkten Ausschreibungen aufgefordert werden.

Kommentar

(3) Abnahme und Abrechnung

Die erbrachte Leistung der Oberflächenbehandlung erfordert eine förmliche Abnahme durch den Auftraggeber, die zu protokollieren ist.

Die Verjährungsfrist für Mängelansprüche beträgt bei Oberflächenbehandlungen gemäß den ZTV BEA-StB zwei Jahre.

Für die Leistungen sind Aufmaße vom Hersteller gemeinsam mit dem Auftraggeber zu erstellen. Es ist möglich, die Flächenaufmaße der Verlegemaschinen mit Genehmigung des Auftraggebers zu verwenden.

Bei Flächenaufmaßen sind Einbauten wie Kappen, Straßeneinläufe und Schachtdeckel zu übermessen.

Der Auftraggeber ist berechtigt, einen Mengennachweis für Teilabschnitte zu verlangen. Die Teilabschnitte sollen dann mindestens einer Tagesleistung entsprechen.

Literatur (zu Abschnitt 3.4.1–3.4.1.5)

DIN EN 12271: Oberflächenbehandlung – Anforderungen, Ausgabe März 2007. Deutsches Institut für Normung e. V., Beuth Verlag, Berlin 2007.

DIN EN 12272-1: Oberflächenbehandlung – Prüfverfahren – Teil 1: Dosierung und Querverteilung von Bindemitteln und Splitt, Ausgabe September 2002. Deutsches Institut für Normung e. V., Beuth Verlag, Berlin 2002.

DIN EN 12272-2: Oberflächenbehandlung – Prüfverfahren – Teil 2: Visuelle Beurteilung von Inhomogenitäten, Ausgabe September 2003. Deutsches Institut für Normung e. V., Beuth Verlag, Berlin 2003.

DIN EN 13808: Bitumen und bitumenhaltige Bindemittel – Rahmenwerk für die Spezifizierung kationischer Bitumenemulsionen, Ausgabe Juli 2013. Deutsches Institut für Normung e. V., Beuth Verlag, Berlin 2013.

RStO 12: Richtlinien für die Standardisierung des Oberbaus von Verkehrsflächen, Ausgabe 2012. Forschungsgesellschaft für Straßen- und Verkehrswesen, FGSV Verlag, Köln 2012.

TL BE-StB 15: Technische Lieferbedingungen für Bitumenemulsionen, Ausgabe 2015. Forschungsgesellschaft für Straßen- und Verkehrswesen, FGSV Verlag, Köln 2015.

TL G OB-StB 15: Technische Lieferbedingungen für die Bauliche Erhaltung von Verkehrsflächenbefestigungen – Teil: Güteüberwachung, Teil: Ausführung von Oberflächenbehandlungen, Ausgabe 2015. Forschungsgesellschaft für Straßen- und Verkehrswesen, FGSV Verlag, Köln 2016.

TL Gestein-StB 04/18: Technische Lieferbedingungen für Gesteinskörnungen im Straßenbau, Ausgabe 2004/Fassung 2018. Forschungsgesellschaft für Straßen- und Verkehrswesen, FGSV Verlag, Köln 2018.

TL Sbit-StB 15: Technische Lieferbedingungen für Sonderbindemittel und Zubereitungen auf Bitumenbasis, Ausgabe 2015. Forschungsgesellschaft für Straßen- und Verkehrswesen, FGSV Verlag, Köln 2015.

3.4.2 Dünne Asphaltdeckschichten in Kaltbauweise – DSK

3.4.2.1 Allgemeines

Dünne Asphaltdeckschichten in Kaltbauweise bestehen aus Gesteinskörnungsgemischen mit abgestufter Korngrößenverteilung, polymermodifizierter kationischer Bitumenemulsion, Zusätzen und Wasser.

Die Zusammensetzung des Asphaltmischgutes ist so zu wählen, dass eine verformungsbeständige, dauerhafte und griffige Schicht hergestellt werden kann.

Dünne Asphaltdeckschichten in Kaltbauweise sollen in der Regel zweischichtig eingebaut werden, wobei die untere Schicht als Profilausgleich dient. Die Art der Ausführung und die Gesamteinbaumenge für die DSK sind in der Leistungsbeschreibung festzulegen.

Die untere Schicht darf zwischenzeitlich befahren werden.

3.4.2.2 Anwendung

Dünne Asphaltdeckschichten in Kaltbauweise können auf vorhandene Befestigungen aller Art eingebaut werden. Wenn bei Unebenheiten der Unterlage größer 10 mm Anforderungen an die Ebenheit der fertigen Schicht gestellt werden, müssen zusätzliche Maßnahmen ergriffen werden (z. B. Feinfräsen).

Tabelle 10: Zweckmäßige Asphaltmischgutsorten und Gesamteinbaumengen für Dünne Asphaltdeckschichten in Kaltbauweise in Abhängigkeit vom Erscheinungsbild der Unterlage

Zustandsmerkmal	*Erscheinungsbild/Ursache*	*Asphaltmischgutsorten für Dünne Asphaltdeckschichten in Kaltbauweise Trockenmasse [kg/m²]*		
		DSK 8	*DSK 5*	*DSK 3*
Ebenheit im Querprofil	*Verformung*	*25 bis 30*	*20 bis 25*	–
Griffigkeit	*Bindemittelanreicherung*	*18 bis 25*	*16 bis 25*	–
	polierte Kornoberfläche	*18 bis 25*	*16 bis 25*	*10 bis 15*
Netzrisse		–	*16 bis 25*	*10 bis 15*
Ausmagerung		–	*16 bis 25*	*10 bis 15*
Flickstellen		*18 bis 30*	*16 bis 25*	*10 bis 15*
Kornausbrüche		*18 bis 30*	*16 bis 25*	–

Erläuterungen: – *nicht geeignet*

Die Anwendung empfiehlt sich insbesondere dort, wo infolge vorhandener Randeinfassungen oder Einbauten die Einbaudicke begrenzt ist. Hierfür werden die Asphaltmischgutsorten DSK 3, DSK 5 oder DSK 8 verwendet, wobei die Asphaltmischgutsorte DSK 3 nur auf Verkehrsflächenbefestigungen der Belastungsklassen Bk1,8 bis Bk0,3 und auf Wegen vorgesehen werden soll.

Bei der Wahl der Baustoffe, der Asphaltmischgutsorte und der Gesamteinbaumenge sind die zu erwartenden Beanspruchungen aus Verkehrsbelastung und das Erscheinungsbild der Unterlage zu berücksichtigen. Das Größtkorn im Gesteinskörnungsgemisch ist in Abhängigkeit von der aufzubringenden Schichtdicke zu wählen.

Zweckmäßige Asphaltmischgutsorten für Dünne Asphaltdeckschichten in Kaltbauweise und Richtwerte für die Gesamteinbaumenge sind in Abhängigkeit vom Erscheinungsbild der Unterlage in der Tabelle 10 zusammengestellt. Asphaltmischgutsorte und Gesamteinbaumenge sind in der Leistungsbeschreibung festzulegen.

Kommentar

Das Bauverfahren „Dünne Asphaltdeckschichten in Kaltbauweise (DSK)“ wird seit den 1970er Jahren angewendet. Damals wurden sogenannte bituminöse Feinschichten (Schlämmen) hergestellt, die ab 1989 „Dünne Schichten im Kalteinbau“ genannt wurden.

Die Dünnen Asphaltdeckschichten in Kaltbauweise kommen insbesondere dort zum Einsatz, wo nur eine kurzzeitige Sperrung der betroffenen Fläche möglich ist und die Oberfläche einer standfesten und tragfähigen Unterlage durch folgende Erscheinungsbilder und Zustände geprägt ist:

- Mangelnde Griffigkeit infolge von
  - Bindemittelanreicherung oder
  - polierten Gesteinskörnungen;
- Substanzmängel infolge von
  - Rissen, die nicht durch Tragfähigkeitsmängel verursacht wurden (Netzrisse),
  - Ausmagerungen,
  - Flickstellen oder
  - Kornausbrüchen;
- Unebenheiten im Querprofil < 10 mm (größere Unebenheiten sind durch vorherige abtragende Verfahren zu beseitigen).

Dünne Asphaltdeckschichten in Kaltbauweise können weiterhin auf Verkehrsflächenbefestigungen in Betonbauweise sowie in Pflasterbauweise verlegt werden. Dazu ist die Unterlage vor dem Einbau sorgfältig zu reinigen und anzusprühen.

Der Einbau der Dünnen Asphaltdeckschichten in Kaltbauweise erfolgt zweischichtig in den Asphaltmischgutsorten DSK 8, DSK 5 oder DSK 3, wobei in der ersten und zweiten Schicht jeweils verschiedene Asphaltmischgutsorten eingesetzt werden können. Der Bindemittelgehalt in der Trockenmasse liegt

Kommentar

Bild 1 Applikation von DSK 8 auf einer Bundesautobahn

je nach Art des Gesteinskörnungsgemischs, Asphaltmischgutsorte und Lage der Schicht im Bereich von 5,2 M.-% bis 9,0 M.-%.

Die Anwendung hat sich auf verschiedenen Deckschichtarten, wie Asphaltdecken, Betondecken (siehe *Bild 1*) und eingeschränkt auf Pflasterdecken, bewährt. In Abhängigkeit vom Anwendungsfall und von der Beschaffenheit der Unterlage werden Dünne Asphaltdeckschichten in Kaltbauweise üblicherweise mit einer Einbaumenge zwischen 10 kg/m^2 und 30 kg/m^2 eingebaut. In Ausnahmefällen, z. B. in Verbindung mit Profilverbesserungen, können größere Einbaumengen möglich sein.

Als Besonderheiten der Anwendung von DSK sind zu nennen:

- Verbesserung der Ebenheit im Querprofil,
- schneller Einbau,
- kurzfristige Verkehrsfreigabe nach Bauausführung,
- Flexibilität bei der Bauausführung (Verkehrssicherung),
- verbesserte Griffigkeit,
- Reduzierung der Nebenarbeiten durch geringe Schichtdicke,
- Schonung der Ressourcen durch sparsamen Baustoff- und Energieverbrauch.

Die technische Nutzungsdauer von Dünnen Asphaltdeckschichten in Kaltbauweise wurde bereits in mehreren Forschungsarbeiten (Bald et al., 2005; Riedl, 2006; Riedl, 2007) auf hoch belasteten Verkehrsflächenbefestigungen der Bauklasse SV (entspricht heute Belastungsklasse Bk100) nachgewiesen und bestätigt. Dabei wurden nach Nutzungsdauern von 15 Jahren Griffigkeiten nachgewiesen, die immer noch oberhalb der Anforderungswerte für die Abnahme von Bauleistungen lagen. Weiterhin konnten auf den untersuchten Flächen keine Substanzmängel oder Fehlstellen festgestellt werden.

Kommentar

Diese Ergebnisse bestätigen den DSK bei fachgerechter Beurteilung der Unterlage und fachgerechter Ausführung der DSK eine hohe Effektivität, um die Nutzungsdauer oberflächlich geschädigter Verkehrsflächenbefestigungen wirtschaftlich zu verlängern.

Dabei muss auf die
- sach- und fachgerechte Beurteilung der Unterlage,
- rechtzeitige und regelwerkskonforme Ausschreibung und Vergabe der Baumaßnahme sowie
- qualitätsbewusste Ausführung der Arbeiten

größter Wert gelegt werden.

3.4.2.3 Baustoffe, Baustoffgemische

3.4.2.3.1 Gesteinskörnungen

Es gelten die Anforderungen der Tabelle 11.

3.4.2.3.2 Bindemittel

Es gelten die Anforderungen der Tabelle 11.

3.4.2.3.3 Zusätze

Das zur Herstellung von Asphaltmischgut für Dünne Asphaltdeckschichten in Kaltbauweise zu verwendende Wasser muss Trinkwasserqualität haben.

Zur Steuerung des Brechvorganges sind geeignete Stoffe wie z. B. Zement gemäß der DIN EN 197-1 zu verwenden.

3.4.2.3.4 Zusammensetzung

Bei der Zusammensetzung von Asphaltmischgut für Dünne Asphaltdeckschichten in Kaltbauweise sind die Verkehrsbelastung (Belastungsklasse), die Dicke der Schicht sowie örtliche, wetterbedingte und topografische Verhältnisse zu berücksichtigen. Die optimale Zusammensetzung des Gesteinskörnungsgemisches und des Asphaltes ist im Rahmen der Erstellung eines Eignungsnachweises nach dem Abschnitt 2.3.2.2 zu ermitteln. Die Verträglichkeit des Gesteinskörnungsgemisches mit der Bitumenemulsion muss nachgewiesen werden; zwischen den Gesteinskörnern und dem verwendeten Bindemittel muss ausreichende Affinität bestehen.

Der Feinanteil besteht aus dem Eigenfüller der Gesteinskörnungsgemische und einem geringen Anteil an Zusätzen (z. B. Zement oder Kalk).

Die Gesteinskörnungen zur Herstellung von Asphaltmischgut für Dünne Asphaltdeckschichten in Kaltbauweise sind nach Gesteinskörnungsgemischen getrennt zu lagern und gegen Verunreinigungen zu schützen.

Die in der Tabelle 11 angegebenen Mindest-Bindemittelgehalte beziehen sich auf die Rohdichte eines Gesteinskörnungsgemisches von 2,650 g/cm³. Zur Bestimmung des jeweiligen Mindest-Bindemittelgehaltes sind die angegebenen Werte entsprechend der Rohdichte des verwendeten Gesteinskörnungsgemisches (ρ_p) mit dem Faktor

$$\alpha = \frac{2{,}650}{\rho_p}$$

zu multiplizieren.

Es gelten die Anforderungen der Tabelle 11 sowie des Anhanges A.

Die Sieblinienbereiche sind im Anhang D (Bilder D1 bis D3) dargestellt.

Tabelle 11: Anforderungen an Asphaltmischgut für DSK

Bezeichnung	Einheit	DSK 8	DSK 5	DSK 3
Baustoffe				
Gesteinskörnungen (Lieferkörnung)				
Anteil gebrochener Kornoberflächen		$C_{100/0}$; $C_{95/1}$; $C_{90/1}$	$C_{100/0}$; $C_{95/1}$; $C_{90/1}$	$C_{100/0}$; $C_{95/1}$; $C_{90/1}$
Widerstand gegen Zertrümmerung		SZ_{18}/LA_{20}	SZ_{18}/LA_{20}	SZ_{18}/LA_{20}
Widerstand gegen Polieren				
Belastungskl. Bk100 bis Bk 3,2		$PSV_{angegeben}(51)$	$PSV_{angegeben}(51)$	
Belastungskl. Bk1,8 bis Bk0,3		$PSV_{angegeben}(48)$	$PSV_{angegeben}(48)$	$PSV_{angegeben}(48)$
Kornform-/Plattigkeitskennzahl		SI_{15}/FI_{15}; SI_{20} a)/FI_{20} a)	SI_{15}/FI_{15}; SI_{20} a) FI_{20} a)	SI_{15}/FI_{15}; SI_{20} a) FI_{20} a)
Mindestanteil von Lieferkörnungen 0/2 mit $E_{cs}35$	%	100	100	100
Bindemittel, Art und Sorte		C65BP6-DSK	C65BP6-DSK	C65BP6-DSK
Zusammensetzung Asphaltmischgut				
Gesteinskörnungen				
Siebdurchgang bei				
11,2 mm	M.-%	100		
8 mm	M.-%	90 bis 100		100
5,6 mm	M.-%	45 bis 90	90 bis 100	100
2,8 mm	M.-%	–	–	85 bis 100[b)]
2 mm	M.-%	30 bis 55	35 bis 65	45 bis 80
0,063 mm	M.-%	4 bis 10	4 bis 12	5 bis 15
Bindemittelgehalt der Trockenmasse				
Mindest-Bindemittelgehalt				
obere Schicht		$B_{min\,5,2}$	$B_{min\,6,2}$	$B_{min\,6,7}$
untere Schicht		$B_{min\,5,5}$	$B_{min\,6,5}$	$B_{min\,7,0}$
Zusätze		Art(en), Menge(n) sind anzugeben		
Asphaltmischguteigenschaften				
minimaler Hohlraumgehalt MPK				
Belastungskl. Bk100 bis Bk3,2		$V_{min\,5,5}$	$V_{min\,5,5}$	–
Belastungskl. Bk1,8 bis Bk0,3 und Wege		$V_{min\,3,5}$	$V_{min\,3,5}$	$V_{min\,5,5}$
maximaler Hohlraumgehalt MPK				
Belastungskl. Bk100 bis Bk3,2		$V_{max\,8,5}$	$V_{max\,8,5}$	–
Belastungskl. Bk1,8 bis Bk0,3 und Wege		$V_{max\,6,5}$	$V_{max\,6,5}$	$V_{max\,8,5}$

a) Verwendung bei regionaler Erfahrung.

b) Für DSK 3 kann nach den TL Gestein-StB eine Korngruppe/Lieferkörnung 1/3 der Kategorie G_c 90/10 (es gelten die Siebnennöffnungsweiten 1,0 mm und 3,15 mm) in Kombination mit der Korngruppe 0/2 verwendet werden.

Die Kategoriebezeichnungen für den Bindemittelgehalt und den Hohlraumgehalt sind analog zu den TL Asphalt-StB anzuwenden.

Die Anforderung an den Anteil gebrochener Kornoberflächen und an die Kornform-/Plattigkeitskennzahl von Gesteinskörnungen > 2 mm sind aufgrund regionaler Erfahrungen in der Leistungsbeschreibung festzulegen.

Kommentar

(1) Allgemeines

Asphaltmischgut für Dünne Asphaltdeckschichten in Kaltbauweise besteht aus

- Gesteinskörnungsgemischen mit abgestufter Korngrößenverteilung nach den TL Gestein-StB,
- Polymermodifizierter kationischer Bitumenemulsion nach den TL BE-StB 15, Tabelle 6,
- Zement,
- Zusätzen und
- Wasser.

Die vorgenannten Baustoffkomponenten sind in *Bild 1* dargestellt.

Bevor auf die einzelnen Komponenten eingegangen wird, ist ergänzend zu den Hinweisen zu Erstprüfung und Eignungsnachweis in den ZTV BEA-StB 09/13, Abschnitt 2.3.2.2 für die Erstprüfung und den Eignungsnachweis bei DSK (siehe auch den Kommentar (3) zu Abschnitt 1.1) Folgendes zu erläutern:

Der Inhalt des **Eignungsnachweises** sowie die Herstellung der Marshall-Probekörper und die Prüfung der Eigenschaften des Asphaltmischguts für Dünne Asphaltdeckschichten in Kaltbauweise orientieren sich in wesentlichen Bestandteilen an den Eignungsnachweisen für Heißmischgut und den entsprechenden Teilen der TP Asphalt-StB. Besonderheiten, wie z. B. die Temperatur bei der Herstellung von Marshall-Probekörpern oder aber die im Eignungsnachweis anzugebenden Kennwerte, sind in den ZTV BEA-StB aufgenommen und beschrieben.

Bei der Erstellung der **Erstprüfung** nach den ZTV BEA-StB 09/13, Tabelle 2, Prüfung der Baustoffe im Rahmen der Erstprüfung von DSK, ist Folgendes zu beachten: Wie bei Heißasphalt ist auch bei DSK die Berechnung des Mindest-Bindemittelgehaltes bei der Verwendung von Gesteinskörnungsgemischen mit einer von 2,650 g/cm³ abweichenden Rohdichte notwendig. So können beispielsweise bei Verwendung von Gesteinen, deren Gesteinsrohdichte über 2,650 g/cm³ liegt, erforderlichenfalls die Mindestgehalte des Bindemittels, die in den ZTV BEA-StB 09/13, Tabelle 11 genannt werden, reduziert werden.

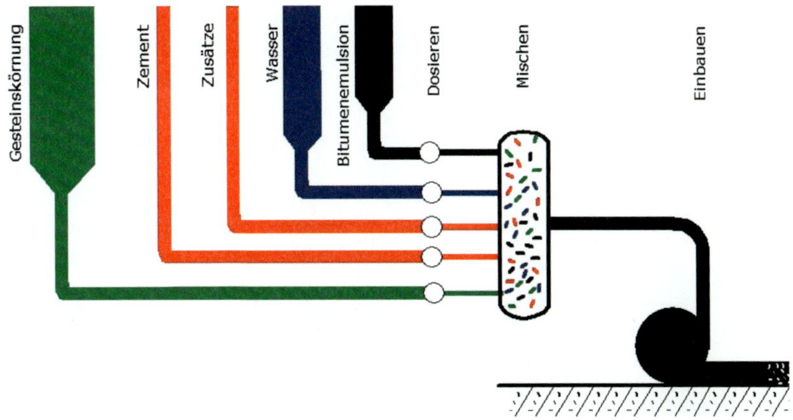

Bild 1 DSK-Produktionsprozess (mit Baustoffkomponenten, schematisch)

Kommentar

Der Lieferant des Gesteinskörnungsgemischs hat nach den ZTV BEA-StB 09/13, Anhang A, Zeile 2.1.2 bzw. ZTV BEA-StB 09/13, Tabelle 2 die Rohdichte je Lieferkörnung 0/2, 2/5, 5/8 und 1/3 anzugeben.

Hersteller von DSK müssen einer Güteüberwachung nach den TL G DSK-StB unterliegen und die DSK-Misch- und Verlegemaschinen müssen jährlich kalibriert werden. Weitere Einzelheiten sind in den TL G DSK-StB beschrieben und geregelt.

(2) Baustoffe und Baustoffgemische

(2.1) Zusammensetzung des Asphaltmischguts für DSK

In den ZTV BEA-StB 09/13, Tabelle 11 sind die Anforderungen an die Baustoffe Gesteinskörnungen und Bitumenemulsion sowie die Zusammensetzung des Asphalts für Dünne Asphaltdeckschichten in Kaltbauweise (DSK) aufgeführt. In den ZTV BEA-StB 09/13, Anhang A werden die geforderten Eigenschaften der Gesteinskörnungen für DSK aufgeführt.

In der **Erstprüfung** eines Asphaltmischguts für DSK wird u. a. festgelegt, wie das eingesetzte Gesteinskörnungsgemisch für die DSK zusammengesetzt sein soll. Des Weiteren wird durch die Erstprüfung der optimale Bindemittelgehalt ermittelt, mit dem die Anforderung an den Hohlraumgehalt am Marshall-Probekörper sichergestellt wird und den die fertige DSK aufweisen soll.

Mit dem **Eignungsnachweis** geht der Hersteller der DSK die bauvertraglich geregelte Verpflichtung ein, gemäß den Vorgaben der Leistungsbeschreibung Asphaltmischgut für DSK mit vereinbarten Eigenschaften auf Basis der Erstprüfung zu liefern. Das Asphaltmischgut für DSK muss den Anforderungen nach den ZTV BEA-StB 09/13, Tabelle 11 erfüllen. Die Anteile an groben und feinen Gesteinskörnungen, Füller und Bindemittelgehalt sind vertraglich vereinbart, hierfür gelten die Toleranzen der ZTV BEA-StB 09/13, Tabelle 18 und 19.

Um Asphaltmischgut für DSK bauvertragsgemäß produzieren zu können, muss der Hersteller der DSK bilateral mit seinem Gesteinskörnungslieferanten vereinbaren, welches Gesteinskörnungsgemisch gemäß den ZTV BEA-StB und TL Gestein-StB in welcher Zusammensetzung zu liefern ist, wobei die TL Gestein-StB ausschließlich die Eigenschaften von Gesteinskörnungen regeln und nicht die Zusammensetzung von Gesteinskörnungsgemischen. Auch die ZTV BEA-StB regeln keine Zusammensetzung von Gesteinskörnungsgemischen, sondern geben lediglich bauvertraglich relevante Sieblinienbereiche vor, in der sich die Zusammensetzung des Asphaltmischgutes für DSK befinden muss. Dabei sind nicht die grafischen Sieblinienbereiche des Anhangs D der Bilder D 1, D 2 und D 3 maßgeblich, sondern die in den ZTV BEA-StB 09/13, Tabelle 11 angegebenen jeweiligen unteren und oberen Grenzwerte der Siebsätze 0,063 mm, 2,0 mm, 2,8 mm, 5,6 mm und 8,0 mm.

Um die gegenüber dem Auftraggeber vom Hersteller der DSK erklärte Asphaltmischgutzusammensetzung einhalten zu können, ist die Anforderung der Erstprüfung bzgl. der Zusammensetzung der Gesteinskörnungsgemische dem Gesteinskörnungslieferanten, bilateral vorvereinbart, zur Kenntnis zu bringen bzw. beim Beschaffungsprozess mit einzufordern. Das heißt, der Hersteller der DSK muss sich selbst darum kümmern, dass er Gesteins-

Kommentar

körnungsgemische, so wie in seiner Erstprüfung vorbestimmt, vom Gesteinskörnungslieferanten geliefert bekommt.

Üblicherweise werden bilaterale Zusätzliche Liefervereinbarungen, fußend auf den TL Gestein-StB und den ZTV BEA-StB 09/13, Anhang A zwischen dem Hersteller der DSK und dem Gesteinskörnungslieferanten vereinbart. In solchen Zusätzlichen Liefervereinbarungen wird der Gesteinskörnungslieferant vom Hersteller der DSK in Kenntnis gesetzt, welche Zusammensetzung ein zu lieferndes Gesteinskörnungsgemisch haben soll.

Wenn ein Hersteller der DSK solche Zusätzlichen Liefervereinbarungen nicht abschließt, geht er das Risiko ein, ein Gesteinskörnungsgemisch geliefert zu bekommen, das nicht unbedingt seinen Angaben und somit auch nicht unbedingt seiner konkreten Vorgabe in seiner bauvertraglich bindenden Erstprüfung entsprechen wird.

Die optimale Zusammensetzung des Gesteinskörnungsgemisches und des Asphaltmischguts für DSK ist durch Erstprüfungen zu ermitteln. Dabei können vor eine Erstprüfung sogenannte **ergänzende Grundprüfungen** vorgeschaltet werden, mit denen sich die Verträglichkeit eines Gesteinskörnungsgemisches mit einer Bitumenemulsion für DSK feststellen lässt. Es sind insgesamt drei ergänzende Grundprüfungen anwendbar: Handrührtest, Indikator-Test und Schüttelabriebprüfung.

Der **Handrührtest** ist eine ergänzende Grundprüfung, mit der Aussagen über

- die Konsistenz des Asphaltmischgutes für DSK,
- die Mischstabilität, d. h. Mischzeit bis zum Anstieg des Rührwiderstandes,
- das Brech- und Abbindeverhalten der Bitumenemulsion im Asphaltmischgut für DSK,
- die Haftung des Bitumens am Gestein sowie
- die Haftung des Asphaltes an der Unterlage

getroffen werden können. Der Handrührtest wird sowohl vom Ersteller der Erstprüfung als auch vom Hersteller der DSK, vom Lieferanten der Bitumenemulsion für DSK und auch vom Lieferanten des Gesteinskörnungsgemischs verwendet.

Näheres zum Handrührtest ist den TP Asphalt-StB, Teil 91, Handrührtest zu entnehmen.

Mit dem **Indikator-Test** kann die Eignung und Verwendungsfähigkeit eines Eigenfüllers in einem DSK-Gesteinskörnungsgemisch überprüft werden. Dabei wird die Fähigkeit des Füllers zur Absorption von Methylenblau geprüft. Da Methylenblau bevorzugt durch Lehm, Schichtsilikate, organische Bestandteile und Eisenhydroxid absorbiert wird, gibt der Indikator-Test einen Hinweis auf die gesamte Oberflächenaktivität dieser Bestandteile. Hohe Methylenblau-Werte und damit eine große Oberflächenaktivität bewirken eine beschleunigte Reaktivität des Gesteinsfüllers mit Bitumenemulsionen und können zu vorzeitigem Brechen der Bitumenemulsion für DSK und damit zu mangelhafter Adhäsion führen.

Näheres zum Indikator-Test ist den TP Asphalt-StB, Teil 92, Indikator-Test (Methylenblau-Verfahren) zu entnehmen. Die Prüfung nach den TP Asphalt-StB, Teil 92 ist nicht nur eine **ergänzende Grundprüfung** im Rahmen der Erstprüfung für DSK, vielmehr wird diese Prüfung auch vom Gesteinskörnungslieferanten als Eigenüberwachungsprüfung verwendet.

Kommentar

Es ist zu beachten, dass die Prüfprozedur des Indikator-Testes nicht an das Methylenblau-Verfahren nach DIN EN 933-9 angeglichen ist, das zur Prüfung der Qualität der Feinanteile für die Gesteinskörnungen nach den TL Gestein-StB 04/07, Abschnitt 2.2.4, Tabelle 6, Zeile 1 vorgesehen ist.

Verschiedene Fachleute bezweifeln, dass mit dem Prüfverfahren nach DIN EN 933-9 weder mit dem Prüfgut 0/2 noch mit dem Prüfgut 0/0,125 die signifikante Überprüfung der Eignung eines Gesteinskörnungsgemischs für die Bauweise DSK möglich ist.

Die Gründe liegen in den folgenden Details. Der Masseanteil des Feinanteils 0/0,063 ist im Gesteinskörnungsgemisch-Mischansatz 0/2 anteilig für die Indikation einer ggf. negativen Qualität der Feinanteile zu gering und zudem in wechselnden Anteilen vorhanden. Außerdem wird der exakte Feinanteil im Prüfgut derzeit mengenmäßig nicht ermittelt. Nach der Prüfvorschrift auf der Basis der jetzigen DIN EN 933-9 ist sowohl für das derzeit festgelegte Prüfgut 0/2 (MB-Wert) als auch für das Prüfgut 0/0,125 (MBF-Wert nach DIN EN 933-9, Anhang A) nur die Einwaage des gesamten Prüfgutes, jedoch kein konstanter Anteil 0/0,063 festgelegt worden. Es kommen demnach bei jeder einzelnen Prüfung immer unterschiedliche Mengen Feinanteil zum Einsatz.

In der Folge bedeutet das, dass mit diesem Verfahren kein signifikantes Prüfergebnis zu erzielen ist, das die Feststellung der Eignung eines Füllers bzw. des im Gesteinskörnungsgemisch enthaltenen Feinanteils für die Bauweise DSK erlauben würde. Auf diese Weise bestimmte MB-Werte sowie MBF-Werte sind daher weder bei **gleicher Gesteinsart** miteinander, noch bei **unterschiedlicher Gesteinsart** untereinander vergleichbar. Auch ein MB-Wert und ein MBF-Wert sind nicht miteinander vergleichbar.

Auf Basis dieser Überlegungen ist es nach Ansicht verschiedener Fachleute nicht sinnvoll, unter diesen Voraussetzungen die Prüfung durchzuführen, die Kennwerte (die keine Vergleichbarkeit zulassen) zu verwenden und Grenzwerte für MB-Werte festlegen zu wollen.

Ziel der **Schüttelabriebprüfung** für DSK ist es, die Adhäsion und die Wasserempfindlichkeit zu ermitteln. Die Probekörper sind aus Gesteinskörnung 0/2 und Bitumenemulsion (C65BP6-DSK) nach den TL BE-StB 15, Tabelle 6 zusammenzusetzen.

Mit der Bestimmung des Schüttelabriebs ist es möglich, die Eignung von Gesteinskörnungen und Bitumenemulsionen (C65BP6-DSK) zur Herstellung von Dünnen Asphaltdeckschichten in Kaltbauweise sowie ggf. die Wirkung einzelner Zusatzstoffe in Abhängigkeit von Art und Menge zu überprüfen. Der Einfluss von Bitumenart und -sorte sowie Emulgatoren kann ebenfalls mit diesem Test überprüft werden.

Die Prüfung kann im Rahmen des Eignungsnachweises an Asphaltmischgut für DSK ergänzend durchgeführt werden.

Näheres zum Schüttelabrieb von Probekörpern ist den TP Asphalt-StB, Teil 93, Schüttel-Abriebprüfung an Probekörpern aus Asphaltmischgut für Dünne Asphaltdeckschichten in Kaltbauweise zu entnehmen. Das Schüttelabriebverfahren nach den TP Gestein-StB, Teil 6.6.3 ist für DSK nicht maßgeblich.

Bauvertraglich relevant sind bei DSK 3 die Siebe 0,063 mm, 2,0 mm, 2,8 mm, 5,6 mm, bei DSK 5 die Siebe 0,063 mm, 2,0 mm, 5,6 mm, 8,0 mm und bei

Kommentar

DSK 8 die Siebe 0,063 mm, 2,0 mm, 5,6 mm, 8,0 mm, 11,2 mm. Die entsprechenden Sieblinienbereiche sind in den ZTV BEA-StB 09/13, Anhang D abgedruckt.

Jedoch ist es bei Erstprüfungen im Rahmen von Eignungsnachweisen und bei Eigenüberwachungsprüfungen empfehlenswert, zusätzlich den Siebdurchgang für die Zwischensiebe 0,125 mm (früher 0,25 mm) und 0,5 mm (früher 0,71 mm) zu ermitteln. Für die Bauweise DSK ist nach wie vor die Zusammensetzung des Feinmörtels von Interesse, da die Zusammensetzung, die Verarbeitbarkeit und die Eigenschaften des Asphaltmischguts für DSK und die resultierenden Eigenschaften der fertigen Schicht davon abhängig sind.

(2.2) Bindemittel

In Deutschland werden für die DSK ausschließlich Polymermodifizierte Bitumenemulsionen mit der Bezeichnung C65BP6-DSK eingesetzt. Die Anforderungen an diese Bitumenemulsionen zur Herstellung von DSK gehen aus den TL BE-StB 15, Tabelle 6 hervor.

Für Erläuterungen zu Bitumenemulsionen siehe den Kommentar (1.6) zu Abschnitt 2.2.

Es ist darauf hinzuweisen, dass nach den TL BE-StB 15 die Elastische Rückstellung für die Bitumenemulsion bei 25 °C zu ermitteln ist; nach den zuvor gültigen Technischen Lieferbedingungen für Polymermodifizierte Bitumenemulsionen für Dünne Schichten im Kalteinbau (TL PmBE-DSK) wurde die Prüfung bei 7 °C durchgeführt. Der damit bestimmte Kennwert „Kohäsion“ bei 25 °C ist insbesondere für die Bitumenemulsionen, die mit Latex modifiziert werden, eine weniger anspruchsvolle Hürde als bei der ehemaligen Prüftemperatur von 7 °C.

(2.3) Zement

Zur Steuerung des Brechvorgangs werden i. d. R. Zemente nach DIN EN 197-1 eingesetzt. Praxisrelevant ist die Zementsorte CEM I 32,5 R. Der eingesetzte Zementanteil liegt, abhängig von der Umgebungstemperatur, zwischen ca. 0,5 M.-% und 1,0 M.-%, bezogen auf das Gesteinskörnungsgemisch. Diese Zementzugabe hat keine festigkeitssteigernde Funktion in der DSK, sondern dient ausschließlich zur Steuerung des Brechvorganges der Bitumenemulsion.

(2.4) Additiv

Die Bitumenemulsion für DSK wird, angepasst an die Art des Gesteinskörnungsgemischs und die Umgebungstemperatur, in verschiedenen Stabilitäten geliefert. Falls unter bestimmten Wetterbedingungen eine Brechzeitverlängerung geplant werden muss, kann mithilfe von Additiven in begrenztem Umfang vor Ort der Brechvorgang beeinflusst werden. Die Brechzeit einer zu schnell brechenden Bitumenemulsion kann damit in begrenztem Umfang so verlangsamt werden, dass damit eine Verarbeitbarkeit erreicht werden kann. Additive werden in Abhängigkeit vom Hersteller bzw. vom Produkt nur in Kleinstmengen zugegeben und erfolgen nur, wenn unbedingt erforderlich.

Kommentar

Bild 2 Detail Asphaltmischgut für DSK (braun) vor dem Brechen

Bild 3 Detail fertige DSK (schwarz) nach dem Brechen

Ein noch nicht gebrochenes Asphaltmischgut für DSK ist an seiner braunen Farbe zu erkennen (siehe *Bild 2*), gebrochenes Asphaltmischgut für DSK (fertige Schicht) an seiner schwarzen Farbe (siehe *Bild 3*).

(3) Gerätetechnik

Das Asphaltmischgut für Dünne Asphaltdeckschichten in Kaltbauweise wird in selbstfahrenden DSK-Misch- und Verlegemaschinen in situ hergestellt und überwiegend zweischichtig kalt eingebaut. Dabei sind nur nach den TL G DSK-StB 15 kalibrierte Misch- und Verlegemaschinen einzusetzen. Insbesondere die kalte Herstellung, der kalte Einbau des Asphaltmischguts sowie die geringe Anzahl an Baufahrzeugen (es werden keine Walzen zur Verdichtung benötigt) machen die Bauweise DSK im Sinne einer Ökobilanzierung zu einer fortschrittlichen und innovativen Bauweise. Die neueste Generation von Misch- und Verlegemaschinen ist z. B. mit Motoren aus-

Kommentar

Bild 4 DSK-Misch- und Verlegemaschine
(Beispiel DSK-Produktionseinheit, DSK-Einbau auf einer Autobahn)

gestattet, die durch einen sehr leisen Betrieb das Verlegen von Dünnen Asphaltdeckschichten in Kaltbauweise in innerstädtischen Bereichen sogar nachts ermöglichen. Eine DSK-Misch- und Verlegemaschine ist in den *Bildern 4* und *5* dargestellt.

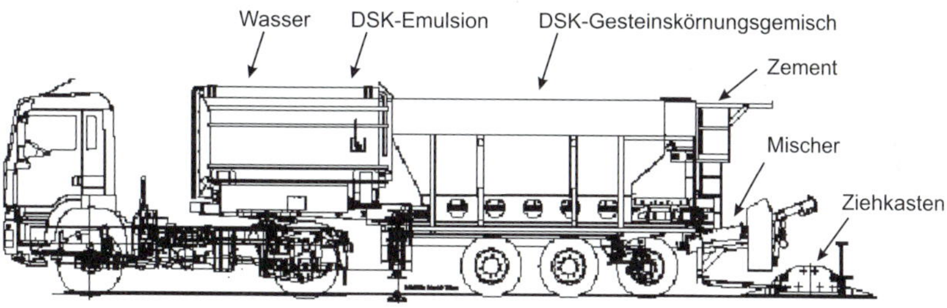

Bild 5 DSK-Misch- und Verlegemaschine (schematisch)

3.4.2.4 Ausführung

Dünne Asphaltdeckschichten in Kaltbauweise sollen nur von Anfang April bis Mitte Oktober eingebaut werden. Außerhalb dieser Zeit ist die Ausführung in begründeten Fällen möglich, wenn keine Nachtfrostgefahr besteht.

Bei einer Temperatur der Unterlage unter 5 °C dürfen Dünne Asphaltdeckschichten in Kaltbauweise nicht eingebaut werden.

3.4.2.4.1 Vorbereiten der Unterlage

Bei starken Verschmutzungen oder nach Fräsarbeiten ist die Unterlage zu reinigen, z. B. mit Wasserhochdruckreinigungsgeräten mit Absaugeinrichtung. In besonderen Fällen ist das Ansprühen der Unterlage mit einem bitumenhaltigen Bindemittel vorzusehen. Hierfür ist jeweils in der Leistungsbeschreibung eine gesonderte Ordnungszahl aufzunehmen.

Dünne Asphaltdeckschichten in Kaltbauweise dürfen auf feuchter Unterlage eingebaut werden, jedoch nicht, wenn sich ein geschlossener Wasserfilm gebildet hat.

3.4.2.4.2 Herstellen der Schichten

Asphaltmischgut für Dünne Asphaltdeckschichten in Kaltbauweise ist kontinuierlich in einer selbstfahrenden Mischmaschine herzustellen und mit angehängten, steuerbaren Verteilergeräten einzubauen. Es sind Verteilergeräte einzusetzen, die einen Einbau in Fahrstreifenbreite ermöglichen.

Das Asphaltmischgut für Dünne Asphaltdeckschichten in Kaltbauweise muss homogen sein, die für den Einbau erforderliche Konsistenz aufweisen und unmittelbar nach Verlassen des Mischers eingebaut werden. Im Verteilergerät muss jederzeit eine ausreichende Asphaltmischgutmenge vorhanden sein, so dass ein kontinuierlicher Einbau gewährleistet ist.

Die Asphaltdeckschicht muss eine Oberfläche mit gleichmäßiger Struktur aufweisen. Längsnähte und Ränder müssen über die gesamte Länge des Bauloses in stetiger Linie verlaufen oder der Örtlichkeit angepasst werden. Alle Nähte sind höhengleich auszubilden.

3.4.2.4.3 Verkehrsfreigabe

Wegen gegebenenfalls nicht gebundener Gesteinskörner unmittelbar nach dem Einbau soll für die ersten Tage eine verkehrsrechtliche Anordnung durch Aufstellen eines Verkehrszeichens vorgesehen werden. Aus bautechnischen Gründen wird eine Geschwindigkeitsbeschränkung empfohlen.

Die hergestellten Flächen sind erst nach Abschluss des Brechvorgangs der Bitumenemulsion für den Verkehr freizugeben.

Kommentar

(1) Ausführung

Ein wichtiger Hinweis zur erforderlichen Beschaffenheit der Unterlage ist in den ZTV BEA-StB 09/13, Abschnitt 1.3.2 enthalten: „Die Herstellung und die Behandlung der Schichten setzen voraus, dass die Unterlage geeignet ist. Dies gilt als erfüllt, wenn die Unterlage den Anforderungen der jeweils dafür maßgebenden Technischen Regelwerke entspricht". Ist dies nicht erfüllt, ist die Anwendung der DSK nicht möglich.

Hinsichtlich der Einbautemperatur des Mischguts für Dünne Asphaltdeckschichten in Kaltbauweise ist zu beachten, dass der Einbau von Dünnen Asphaltdeckschichten in Kaltbauweise bei Temperaturen der Unterlage unter 5 °C wegen Verwendung einer wasserhaltigen Bitumenemulsion nicht möglich ist.

Die Unterlage ist bei Unebenheiten im Querprofil von > 10 mm durch vorherige abtragende Verfahren zu bearbeiten und vorzubereiten. Zum Thema „Fräsen" ist Weiteres in den Kommentaren zu den Abschnitten 1.3.2 und 3.2.1 enthalten. Grundsätzlich ist die Unterlage bei starker Verschmutzung sowie nach dem Fräsen mit Wasserhochdruck zu reinigen (siehe ZTV BEA-StB 09/13, Abschnitt 3.4.2.4.1). Relevant ist dabei, dass das eingesetzte Reinigungsgerät über eine Absaugeinrichtung verfügt.

Bei der Eigenüberwachung muss den folgenden Punkten Beachtung geschenkt werden:

- Die fertige Asphaltdeckschicht soll eine Oberfläche mit gleichmäßiger Struktur aufweisen.
- Längsnähte und Ränder sollen in ganzer Länge in stetiger Linie verlaufen bzw. der Örtlichkeit angepasst sein.
- Alle Nähte sollen höhengleich ausgebildet sein.

Darüber hinaus sind bzgl. der Eigenüberwachungsprüfungen die Anforderungen der ZTV BEA-StB 09/13, Abschnitt 5.3 und die Anforderungen der TL G DSK-StB 15, Anhänge A bis F zu erfüllen.

Bild 1 Vorarbeiten, Einsatz einer Kehr-/Saugmaschine

Kommentar

Während und nach dem DSK-Einbau sollten im Baustellenbereich das Verkehrszeichen 116 (Rollsplitt) und das Verkehrszeichen 274 mit entsprechender zulässiger Höchstgeschwindigkeit angeordnet werden.

Auf der Fahrbahn ggf. vorhandene lose Gesteinskörner sind zeitnah zu beseitigen.

(2) Qualitätssicherung und Prüfung

Mit den „Technischen Lieferbedingungen für die Bauliche Erhaltung von Verkehrsflächenbefestigungen, Teil: Güteüberwachung, Teil: Ausführung von Dünnen Asphaltdeckschichten in Kaltbauweise, TL G DSK-StB 15, Ausgabe 2015“, wird nicht nur die Durchführung der Eigenüberwachung bei der Ausführung von Dünnen Asphaltdeckschichten in Kaltbauweise (DSK) geregelt. Sie enthalten jetzt auch unabdingbar die Anforderung, dass bei einem Ausführenden als Voraussetzung für die Güteüberwachung zusätzlich dessen Eignung (Betriebsbeurteilung) nachgewiesen sein muss. Die Güteüberwachung umfasst die Werkseigene Produktionskontrolle (WPK) durch den Ausführenden und die Fremdüberwachung der für die Ausführung von Dünnen Asphaltdeckschichten in Kaltbauweise vom Ausführenden eingesetzten Produktionseinheiten, Baustoffe und Baustoffgemische. Siehe hierzu auch den Kommentar (3) zu Abschnitt 1.1.

Die Fremdüberwachung und die zuvor als Voraussetzung für die Aufnahme der Fremdüberwachung vorgeschaltete Betriebsbeurteilung sind von einer Prüfstelle durchzuführen, die nach den RAP Stra 15 für die Durchführung von Fremdüberwachungsprüfungen für das Fachgebiet F „Oberflächenbehandlungen, Dünne Asphaltdeckschichten in Kaltbauweise, Dünne Asphaltdeckschichten in Heißbauweise auf Versiegelung“ anerkannt ist.

Die Erfüllung der in den TL G DSK-StB 15 festgelegten Anforderungen an die Güteüberwachung sind ein auch gemäß VOB/A § 6a anzuerkennender Nachweis für die Fachkunde und Leistungsfähigkeit eines Unternehmens.

Bei der Eigenüberwachung auf der Baustelle müssen nach den ZTV BEA-StB u. a. folgende Punkte beachtet werden:

- Beurteilung der Beschaffenheit des Asphaltmischguts für Dünne Asphaltdeckschichten in Kaltbauweise nach Augenschein,
- Kontrolle der Einbaumengen,
- Ebenheit der einzelnen Asphaltschichten, insbesondere der zweiten Schicht,
- gleichmäßige Beschaffenheit der Oberfläche nach Augenschein und
- Beschaffenheit der Längs- und Quernähte nach Augenschein.

Darüber hinaus sind bzgl. der Eigenüberwachungsprüfungen die Anforderungen der ZTV BEA-StB 09/13, Abschnitt 3.4.2.4.2 und die Anforderungen der TL G DSK-StB zu erfüllen.

Die Probenahme ist in den TP Asphalt-StB, Teil 27, Probenahme beschrieben. Die dort genannten Mindestangaben in der Niederschrift zur Probenahme müssen dabei dringend eingehalten bzw. dokumentiert werden. Für Asphaltmischgut für Dünne Asphaltdeckschichten in Kaltbauweise werden verschließbare Becher mit ca. 500 cm³ verwendet. Die Entnahme der Asphaltmischgutprobe erfolgt aus dem vollen Strom während der laufenden Produktion mithilfe eines langstieligen Becherhalters.

Kommentar

Art und Umfang der Kontrollprüfungen ist in den ZTV BEA-StB 09/13, Tabelle 23 ersichtlich. Hier ist darauf hinzuweisen, dass die genannte Tabelle nicht mit Randstrich versehen und daher als Richtlinie zu sehen ist. Der Auftraggeber kann somit in eigenem Ermessen von diesem Umfang nach oben oder unten abweichen.

Aus Erfahrung empfiehlt sich für die Probenahme bei Kontrollprüfungen und Eigenüberwachung folgende Systematik:

- 3 x Auftraggeber, davon
  - 1 x für die beauftragte Prüfstelle,
  - 1 x Reserve für Wiederholungsprüfung und
  - 1 x für ggf. nötige Schiedsuntersuchung;
- 3 x Auftragnehmer, davon
  - 1 x für die Eigenüberwachung,
  - 1 x Reserve für Wiederholungsprüfung und
  - 1 x für ggf. nötige Schiedsuntersuchung.

Nur für die Kontrollprüfungen gilt der Hinweis in der ZTV BEA-StB 09/13, Abschnitt 5.4.1: „Bei der Bestimmung des Bindemittelgehaltes von Dünnen Asphaltdeckschichten in Kaltbauweise ist das Rückgewinnungsverfahren nach den TP Asphalt-StB, Teil 3 anzuwenden." Allgemein wird auf den besonderen Umgang mit Proben aus Asphaltmischgut für DSK im Laboratorium hingewiesen. In den hier anzuwendenden Teilen der TP Asphalt-StB werden entsprechende Besonderheiten beschrieben. Dies gilt insbesondere im Zuge der Kontrollprüfung für die TP Asphalt-StB, Teile 1 und 2.

Im Rahmen von Eigenüberwachungen kann für die Bestimmung des Bindemittelgehalts von Dünnen Asphaltdeckschichten in Kaltbauweise nach den TL G DSK-StB 15, Anhang C das Differenzverfahren nach TP Asphalt-StB, Teil 1 angewendet werden. Die Eigenüberwachung für Dünne Asphaltdeckschichten in Kaltbauweise erfolgt arbeitstäglich je eingesetzter Misch- und Verlegemaschine unter Beachtung der 150-Tonnen-Regelung bzw. der 300-Tonnen-Regelung. Dies bedeutet, dass bei einer Produktionsmenge von mehr als 150 t/Tag Asphaltmischgut für DSK mit einer Misch- und Verlegemaschine mindestens zwei Proben und bei mehr als 300 t/Tag eine weitere Probe zu entnehmen und untersuchen ist.

Im Rahmen von Kontrollprüfungen ist der Schichtenverbund an der fertigen Schicht mit der Haftzugprüfung nach TP Asphalt-StB, Teil 81 nachzuweisen. Dabei muss die Haftzugfestigkeit der DSK mindestens 0,5 N/mm^2 betragen.

Ergänzend zu den Regelungen für die Haftzugprüfung in den ZTV BEA-StB 09/13, Abschnitt 4.2.3 wird auf den Abschnitt 5.5.3 Schichtenverbund bei DSK verwiesen, in dem der Entnahmeort für die drei Bohrkerne (Durchmesser 150 mm) festgelegt ist: „Die Bohrkerne sind unmittelbar hintereinander mit einem Abstand zwischen den Bohrkernrändern von jeweils ca. 250 mm im Abstand von 800 mm vom Fahrbahnrand zu entnehmen". Mit diesem Hinweis ist der Bereich der rechten Radrollspur charakterisiert.

Der Abstand der Entnahmeorte der Bohrkerne untereinander wurde von ehemals 50 mm auf jetzt 250 mm erweitert, um die Substanzschwächung der Unterlage unschädlich auf eine größere Fläche zu verteilen und die Beschädigung der DSK im Bereich der Bohrungen zu verringern. Die Entnahme der Bohrkerne zur Prüfung des Schichtenverbundes darf nach den ZTV BEA-StB 09/13, Abschnitt 5.5.1 frühestens sechs Wochen nach Verkehrsfreigabe erfol-

Kommentar

gen. Hintergrund ist die positive Entwicklung des Schichtenverbundes durch den rollenden Verkehr, da Asphaltmischgut für DSK in der Regel nicht gewalzt wird. In niedrigen Belastungsklassen mit geringem Verkehr kann es sinnvoll sein, die Zeit zwischen Verkehrsfreigabe und Bohrkernentnahme entsprechend zu verlängern. Ebenso sind die regionalen klimatischen Bedingungen zu beachten.

(3) Abnahme und Abrechnung

Die Abrechnung der Schicht erfolgt über die flächenbezogene Einbaumenge. Für die Ermittlung der flächenbezogenen Einbaumenge Dünner Asphaltdeckschichten in Kaltbauweise wird deren Einbaugewicht über die Mengen aller angelieferten Gesteinskörnungsgemische einschließlich der Zusatzstoffe (u. a. Zement) anhand von Lieferscheinen unter Abzug nicht verbrauchter Restmengen und Hinzurechnung des aus der Kontrollprüfung ermittelten mittleren Bindemittelgehaltes in der Trockenmasse (ohne Wasseranteil) berechnet.

Wenn im Ausnahmefall keine Kontrollprüfung vorliegen sollte, kann hilfsweise auf den im Eignungsnachweis angegebenen Bindemittelgehalt in der Trockenmasse zurückgegriffen werden.

In den ZTV BEA-StB 09/13, Abschnitt 7.3.3.2 werden Regelungen zum Umgang mit Mehr- und Minder-Einbaumengen getroffen. Weitere Details zu Mehr- bzw. Mindermengen und deren Abrechnung siehe auch VOB Teil B, § 2, Abs. 3.

Literatur (zu Abschnitt 3.4.2–3.4.2.4.3)

Bald, J. S., Grätz, B., Riedl, S.: Langzeitwirkung von Dünnen Schichten bezüglich der Erhaltung relevanter Oberflächenmerkmale – Langzeitbeobachtungen auf der BAB A 659. Schriftenreihe Forschung Straßenbau und Straßenverkehrstechnik, Heft 929, Bonn 2005.

DIN EN 197-1: Zement – Teil 1: Zusammensetzung, Anforderungen und Konformitätskriterien von Normalzement, Ausgabe November 2011. Deutsches Institut für Normung e. V., Beuth Verlag, Berlin 2011.

DIN EN 933-9: Prüfverfahren für geometrische Eigenschaften von Gesteinskörnungen – Teil 9: Beurteilung von Feinanteilen – Methylenblau-Verfahren, Ausgabe Juli 2013. Deutsches Institut für Normung e. V., Beuth Verlag, Berlin 2013.

RAP Stra 15: Richtlinien für die Anerkennung von Prüfstellen für Baustoffe und Baustoffgemische im Straßenbau, Ausgabe 2015. Forschungsgesellschaft für Straßen- und Verkehrswesen, FGSV Verlag, Köln 2015.

Riedl, S.: Forschungsergebnisse im Hinblick auf das Langzeitverhalten von Instandsetzungsmaßnahmen. Tagungsband zum Forschungsgesellschaft für Straßen- und Verkehrswesen-Kolloquium „Bauliche Erhaltung von Asphaltbefestigungen" am 30. März 2006 in Darmstadt. Forschungsgesellschaft für Straßen- und Verkehrswesen, 2006.

Riedl, S.: Oberflächenmerkmale von Dünnen Schichten – Langzeitbeobachtungen. Tagungsband der Asphaltstraßentagung 2007 in Stuttgart. Forschungsgesellschaft für Straßen- und Verkehrswesen, 2007.

TL BE-StB 15: Technische Lieferbedingungen für Bitumenemulsionen, Ausgabe 2015. Forschungsgesellschaft für Straßen- und Verkehrswesen, FGSV Verlag, Köln 2015.

TL G DSK-StB 15: Technische Lieferbedingungen für die Bauliche Erhaltung von Verkehrsflächenbefestigungen – Teil: Güteüberwachung, Teil: Ausführung von Dünnen Asphaltdeckschichten in Kaltbauweise, Ausgabe 2015. Forschungsgesellschaft für Straßen- und Verkehrswesen, FGSV Verlag, Köln 2016.

TL Gestein-StB 04/18: Technische Lieferbedingungen für Gesteinskörnungen im Straßenbau, Ausgabe 2004/Fassung 2018. Forschungsgesellschaft für Straßen- und Verkehrswesen, FGSV Verlag, Köln 2018.

TP Asphalt-StB: Technische Prüfvorschriften für Asphalt, Ausgabe 2007, zuletzt ergänzt und aktualisiert Juli 2018. Forschungsgesellschaft für Straßen- und Verkehrswesen, FGSV Verlag, Köln 2018.

TP Gestein-StB: Technische Prüfvorschriften für Gesteinskörnungen im Straßenbau, Ausgabe 2008, zuletzt ergänzt und aktualisiert März 2018. Forschungsgesellschaft für Straßen- und Verkehrswesen, FGSV Verlag, Köln 2018.

ZTV BEA-StB 09/13: Zusätzliche Technische Vertragsbedingungen und Richtlinien für die Bauliche Erhaltung von Verkehrsflächenbefestigungen – Asphaltbauweisen, Ausgabe 2009/Fassung 2013. Forschungsgesellschaft für Straßen- und Verkehrswesen, FGSV Verlag, Köln 2014.

3.4.3 Dünne Asphaltdeckschichten in Heißbauweise und Dünne Asphaltdeckschichten in Heißbauweise auf Versiegelung

3.4.3.1 Allgemeines

Dünne Asphaltdeckschichten in Heißbauweise bestehen aus Asphaltbeton für Asphaltdeckschichten (AC D), Splittmastixasphalt (SMA) oder Gussasphalt (MA).

Dünne Asphaltdeckschichten in Heißbauweise auf Versiegelung (DSH-V) bestehen aus einem für diesen Verwendungszweck zusammengesetzten Asphaltmischgut und einer Versiegelung der Unterlage mit einer polymermodifizierten Bitumenemulsion.

In Abhängigkeit vom Anwendungsfall und der Beschaffenheit der Unterlage sind die beiden Asphaltdeckschichtvarianten mit einer Einbaumenge zwischen 30 und 50 kg/m² über die gesamte Breite des jeweiligen Fahrstreifens einzubauen; dies entspricht einer Einbaudicke bis ca. 2 cm. Bei Unebenheiten der Unterlage bis 10 mm können auch größere Einbaumengen und -dicken erforderlich sein.

3.4.3.2 Anwendung

Dünne Asphaltdeckschichten in Heißbauweise aus Splittmastixasphalt oder Gussasphalt sowie Dünne Asphaltdeckschichten in Heißbauweise auf Versiegelung können auf die vorhandene Befestigung von Verkehrsflächen aller Art eingebaut werden.

Dünne Asphaltdeckschichten in Heißbauweise aus Asphaltbeton AC 5 D L können nur auf Verkehrsflächenbefestigungen der Belastungsklasse Bk0,3 sowie auf Rad- und Gehwegen eingebaut werden.

Wenn bei Unebenheiten der Unterlage größer 10 mm Anforderungen an die Ebenheit, den Verdichtungsgrad und den Hohlraumgehalt der fertigen Schicht bei einer Dünnen Asphaltdeckschicht in Heißbauweise aus Asphaltbeton für Asphaltdeckschichten oder Splittmastixasphalt gestellt werden, sind vorbereitende Arbeiten nach dem Abschnitt 3.2 vorzusehen (z. B. Fräsen, Vorprofilierung der Unterlage). Langwellige Unebenheiten können nicht ausgeglichen werden. Einzelrisse sind vorher gemäß dem Abschnitt 3.3.2.4 zu sanieren.

Die Anwendung empfiehlt sich insbesondere dort, wo infolge vorhandener Randeinfassungen oder Einbauten die Einbaudicke begrenzt ist.

Asphaltmischgutarten und -sorten für Dünne Asphaltdeckschichten in Heißbauweise und für Dünne Asphaltdeckschichten in Heißbauweise auf Versiegelung sind unter Berücksichtigung der Tabelle 12 auszuwählen und in der Leistungsbeschreibung anzugeben.

Tabelle 12: Asphaltmischgutarten und Asphaltmischgutsorten für Dünne Asphaltdeckschichten in Heißbauweise und für Dünne Asphaltdeckschichten in Heißbauweise auf Versiegelung in Abhängigkeit vom Erscheinungsbild der Unterlage

Zustandsmerkmal	Erscheinungsbild/ Ursache	Asphaltmischgutarten undAsphaltmischgutsorten					
		AC 5 D L	SMA 5 N, SMA 5 S	MA 5 S	MA 8 S	DSH-V 5	DSH-V 8
Ebenheit im Querprofil	Verformung	–	+	+	+	+	+
Griffigkeit	Bindemittelanreicherung	–	+	+	+	O	O
	polierte Kornoberfläche	O	+	+	+	+	+
Netzrisse		O	+	+	+	+	+
Ausmagerung		+	+	+	+	+	+
Flickstellen		O	+	+	+	+	+
Kornausbrüche		+	+	+	+	+	+

Erläuterungen: + *geeignet* O *bedingt geeignet* – *nicht geeignet*

Kommentar

(1) Allgemeines

Dünne Asphaltdeckschichten in Heißbauweise werden seit vielen Jahren vorwiegend im Rahmen der Erhaltung von Verkehrsflächen eingesetzt. Mithilfe von Dünnen Asphaltdeckschichten in Heißbauweise ist es unter definierten Rahmenbedingungen möglich, die vorhandene Substanz zu erhalten, zu schützen und über einen längeren Zeitraum weiter zu nutzen. Im Zuge dieser Erhaltungsmaßnahme können Oberflächeneigenschaften verbessert werden.

Dünne Asphaltdeckschichten in Heißbauweise steht als Sammelbegriff für Bauweisen mit Asphaltdeckschichten aus Gussasphalt, Asphaltbeton oder Splittmastixasphalt mit einem Größtkorn von 5 mm bis 8 mm, die mit Einbaumengen zwischen 30 kg/m² und 50 kg/m² hergestellt werden. Dies ergibt Einbaudicken von ca. 1,2 cm bis 2,5 cm.

Dünne Asphaltdeckschichten in Heißbauweise können sowohl durch den konventionellen Einbau des Asphaltmischgutes hergestellt werden als auch durch eine spezielle Einbautechnik mit Versiegelung.

Sofern in der folgenden Kommentierung allgemein Dünne Asphaltdeckschichten in Heißbauweise genannt werden, gelten die Hinweise sowohl für den konventionellen Einbau einer Dünnen Asphaltdeckschicht auf vorgesprühter Unterlage „Bauverfahren DSH" (ausgenommen davon sind DSH mit Gussasphalt) als auch für das kombinierte Verfahren mit Einbau der Asphaltdeckschicht und einer Versiegelung in einem Arbeitsgang „Bauverfahren DSH-V". Kommentierungen, die nur speziell für die einzelnen Bauverfahren gelten, werden mit Bezug auf das jeweilige „Bauverfahren DSH" bzw. „Bauverfahren DSH-V" kenntlich gemacht.

Bei Dünnen Asphaltdeckschichten in Heißbauweise auf Versiegelung (Bauverfahren DSH-V) wird direkt vor dem Einbau der dünnen Schicht mit einem

Kommentar

Fertiger mit integrierter Ansprühvorrichtung (Sprühfertiger, siehe auch *Bild 1* im Kommentar zu Abschnitt 3.4.3.3) eine Versiegelung der Unterlage aus Polymermodifizierter Bitumenemulsion aufgebracht. Das Aufbringen der Versiegelung und der Einbau der Dünnen Schicht erfolgen in einem Arbeitsgang. Die Versiegelung wird durch die besondere Konstruktion des Sprühfertigers nicht durch Baumaschinen oder Transportfahrzeuge befahren, weshalb im Vergleich zu herkömmlichen Bauweisen höhere Bindemittelmengen angesprüht werden können und neben der Versiegelung ausgemagerter Unterlagen auch ein gleichmäßig sehr guter Schichtenverbund erreicht wird.

Dünne Asphaltdeckschichten in Heißbauweise wurden bislang überwiegend für die Instandsetzung bestehender Verkehrsflächen eingesetzt. Durch die günstigen lärmtechnischen Eigenschaften wird aber die Bauweise DSH-V immer häufiger auch bei der Erneuerung und im Neubau angewendet.

Besonderes Augenmerk ist bei DSH auf einen guten Schichtenverbund zu legen. Das Anfräsen der Unterlage vor dem Einbau mit einer Feinfräse führt i. d. R. zu einer verbesserten Verzahnung mit der Dünnen Asphaltdeckschicht. Die Unterlage muss ausreichend tragfähig, verformungsbeständig, sauber und trocken sein; sie ist mit bitumenhaltigen Bindemitteln anzusprühen. DSH-V erreichen aufgrund der Besonderheiten des Bauverfahrens mit Aufbringen der Versiegelung und Einbau der Dünnen Asphaltdeckschicht in einem Arbeitsgang sehr gute Werte für den Schichtenverbund, sofern die Unterlage den beschriebenen Anforderungen entspricht.

(2) Einsatzmöglichkeiten und Grenzen

(2.1) Verbesserung der Oberflächeneigenschaften

Der Hauptvorteil von Dünnen Asphaltdeckschichten in Heißbauweise liegt darin, dass nach dem Einbau sowohl das visuelle Erscheinungsbild wie auch die Oberflächeneigenschaften weitgehend denen einer neuen Asphaltdeckschicht entsprechen.

Dies betrifft insbesondere die Parameter

- Ebenheit,
- Versiegelung der Unterlage sowie
- Griffigkeit.

Durch gezielte Veränderungen der Rezeptur lassen sich insbesondere die Eigenschaften

- Griffigkeit,
- Lärmemission,
- Sprühfahnenbildung sowie ggf.
- Helligkeit und Reflexionseigenschaften positiv beeinflussen.

Die Anwendung einer Dünnen Asphaltdeckschicht des Bauverfahrens DSH-V bewirkt aufgrund der besonderen Asphaltmischgutkonzeption eine deutliche Reduzierung der Lärmemissionen des rollenden Verkehrs. Zudem hat sich in der Praxis erwiesen, dass die Versiegelung der Unterlage aufgrund der sofortigen Überbauung als höherwertiger gegenüber der konventionellen Bauweise (Ansprühen und Einbauen in zwei getrennten Arbeitsgängen) anzusehen ist.

Kommentar

Bei gezielter Auswahl polierresistenter Gesteine und durch das kleine Größtkorn von 5 mm oder 8 mm eignen sich Dünne Asphaltdeckschichten in Heißbauweise sehr gut als griffigkeitsverbessernde Maßnahme auch bei höchsten Polierbeanspruchungen. Der höhere Anteil an feiner Gesteinskörnung im Asphaltmischgut sowie die besondere Oberflächentextur der Asphaltdeckschichten aus DSH-V sichern dabei noch günstigere Werte der Anfangs- und Langzeitgriffigkeit, als sie für das Bauverfahren DSH mit Splittmastixasphalt bekannt sind.

Positive Erfahrungen aus der Untersuchung der Anfangs- und Langzeitgriffigkeiten von Dünnen Asphaltdeckschichten des Bauverfahrens DSH-V zeigt *Bild 1*.

Weiterhin wird bei dem Bauverfahren DSH-V durch die spezielle Asphaltmischgutkonzeption die Entstehung von Sprühfahnen bei feuchter Fahrbahn reduziert. Diese Eigenschaft ist insbesondere im Zusammenhang mit der Verbesserung der Griffigkeit als Beitrag zur Verkehrssicherheit anzusehen.

Durch den Einsatz ausgewählter Gesteinskörnungen, Bindemittel und Zusätze können wie bei konventionellen Asphaltdeckschichten die Reflexions- und Farbeigenschaften der Dünnen Asphaltdeckschicht beeinflusst werden.

Durch den Einsatz von Aufhellungsgesteinen ist es möglich, beispielsweise Oberflächentemperaturen abzusenken oder in Tunneln (*Bild 2*) Beleuchtungskosten zu sparen. Bedingt durch die Konzeption von Asphaltmischgut für DSH-V mit etwas höherer Porosität als bei konventionellen Asphaltdeckschichten üblich, kommt der Haftung des Bitumens am Gestein eine besondere Bedeutung zu. Bei haftkritischen hellen Gesteinskörnungen muss durch

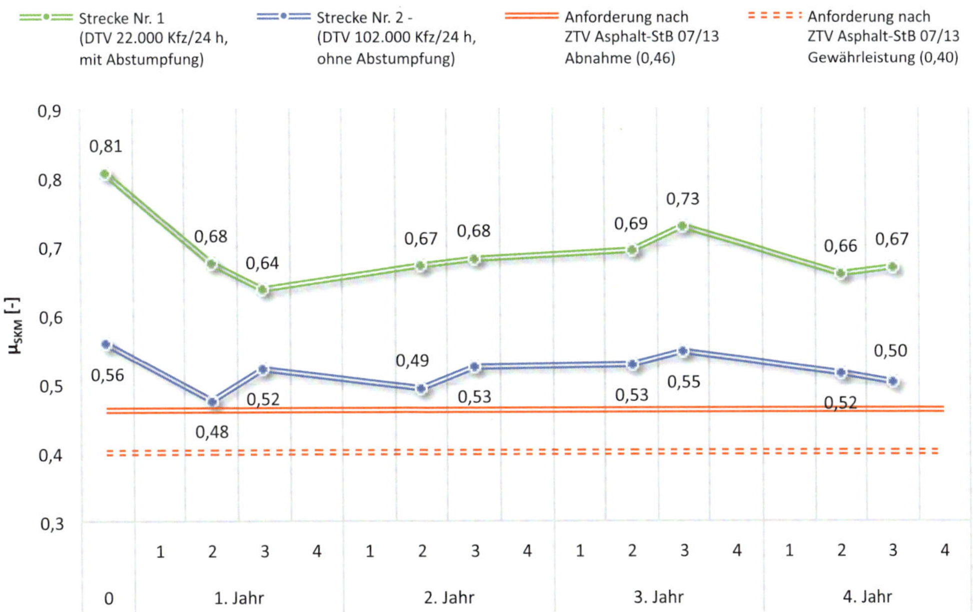

Bild 1 Griffigkeitsentwicklung von DSH-V mit und ohne Abstreuung und unterschiedlich hoher Verkehrsbelastung (Daten: Peba)

Kommentar

Bild 2
Einbau einer farbigen DSH-V im Tunnel

Untersuchungen die Eignung gesondert nachgewiesen und das Haftverhalten ggf. durch haftverbessernde Zuätze sichergestellt werden.

(2.2) Wirtschaftlichkeit

Die Erfahrungen der letzten Jahre haben gezeigt, dass die Bauverfahren DSH und DSH-V wirtschaftliche Instandsetzungsverfahren darstellen. Besonders hervorzuheben ist das günstige Verhältnis zwischen dem Preis der eingebauten Asphaltschicht und der Steigerung des Gebrauchswertes der Fahrbahnbefestigung.

Dieser Preisvorteil wird sowohl durch die Reduzierung des Einsatzes an hochwertigem Asphaltdeckschichtmischgut als auch durch verringerte Aufwendungen bei der Anpassung von Einbauten und Nebenanlagen erreicht.

Einen weiteren positiven Einfluss auf die Wirtschaftlichkeit haben die kurzen Sperrzeiten während der Herstellung. Wie bereits beschrieben, können überbaute Abschnitte kurz nach der Fertigstellung wieder befahren werden. Dies reduziert einerseits die Aufwendungen für die Baustellensicherung, andererseits auch die durch Verkehrsbehinderungen und Staus entstehenden volkswirtschaftlichen Verluste.

(2.3) Ökologie

Dünne Asphaltdeckschichten in Heißbauweise und dabei insbesondere das Bauverfahren DSH-V weisen große ökologische Vorteile gegenüber anderen Bauverfahren auf. Hervorzuheben ist der geringe Verbrauch von natürlichen Ressourcen und von Energie für das Erreichen der besonderen Eigenschaften einer Fahrbahnoberfläche. Durch die geringere Schichtdicke kann z. B. der Bedarf an hochwertigen Gesteinskörnungen mit hohem Polierwiderstand, der aber nur im Reifen-Fahrbahn-Kontakt benötigt wird, deutlich reduziert werden. Der Transportaufwand für den notwendigen Einsatz von

Kommentar

polierresistenten Gesteinen in den Asphaltdeckschichten kann für Regionen mit fehlenden entsprechenden Gesteinsvorkommen wesentlich reduziert werden.

Durch das Instandsetzungsverfahren kann im Rahmen der Sanierung bestehender Verkehrsflächen bei Einsatz geeigneter Asphaltmischgutarten und -sorten eine Reduzierung der Lärmemissionen erreicht werden. Dies gilt besonders beim Bauverfahren DSH-V, da hier die Asphaltmischgutkonzeption günstigere lärmtechnische Eigenschaften gegenüber Standardmischgutsorten nach den TL Asphalt-StB ermöglicht.

Messergebnisse zu den lärmtechnischen Eigenschaften von DSH-V sowie weiteren Dünnschichtbelägen zeigt *Bild 3*. Hier sind die in einem Forschungsprojekt (Schulze u. a., 2015) gewonnenen Messergebnisse für die Pegeldifferenz der Fahrbahnoberfläche für Pkw gegenüber dem Referenzbelag (dichte, glatt texturierte Asphaltdeckschicht aus Asphaltbeton mit 11 bis 16 mm Größtkorn) dargestellt.

Die Wirksamkeit der Lärmminderung bezieht sich vorwiegend auf Pkw-Verkehr.

Das Bauverfahren DSH-V stellt bei vorwiegendem Pkw-Verkehr auch eine Alternative zu Offenporigen Asphaltdeckschichten dar, da sie mit nachgewiesen günstigen lärmtechnischen Eigenschaften auch als lärmarme Deckschicht für den Einsatz in kommunalen Straßen geeignet ist.

Einen weiteren positiven ökologischen Aspekt stellt die Verringerung der Umweltverschmutzung durch den Einsatz von Fertigern mit integrierter Sprüheinrichtung bei DSH-V dar. Es entsteht praktisch kein Sprühnebel wie oftmals beim Ansprühen im klassischen Asphaltstraßenbau. Besonders seitliche Anlagen sind hierbei geschützt, was vor allem innerstädtisch und bei starkem Fußgängerverkehr von Vorteil ist.

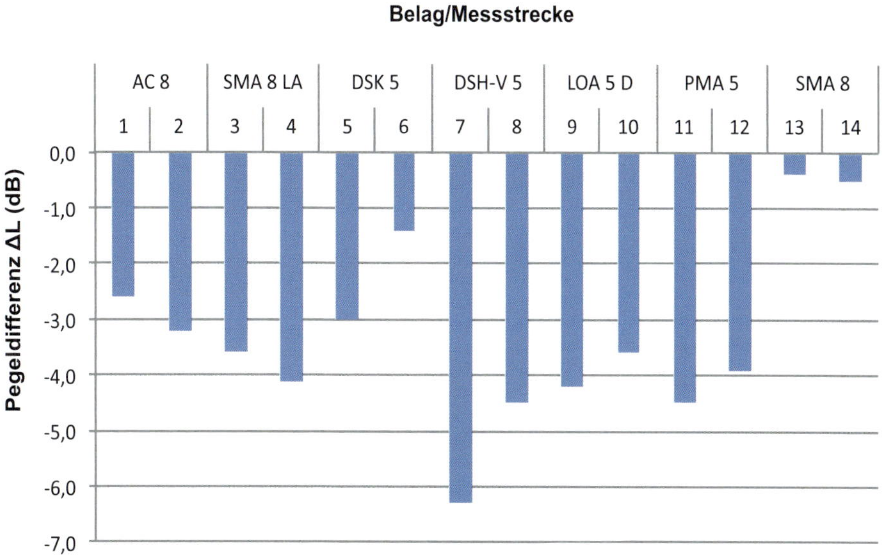

Bild 3 Pegeldifferenz ΔL verschiedener Fahrbahnoberflächen für Pkw gegenüber dem Referenzbelag (Schulze u. a., 2015)

Kommentar

(2.4) Grenzen

Bei Tragfähigkeitsschäden in der Unterlage sollte von einem Einsatz von Dünnen Asphaltdeckschichten in Heißbauweise abgesehen werden. Bestehen Tragfähigkeitsdefizite nur in kleinen Flächen, so kann es wirtschaftlich sein, diese vor dem Einbau von Dünnen Asphaltdeckschichten in Heißbauweise fachgerecht instand zu setzen.

Mithilfe von Dünnen Asphaltdeckschichten in Heißbauweise kann die Querebenheit von Verkehrsflächenbefestigungen i. d. R. nur dann maßgeblich verbessert werden, wenn die Ebenheit der Unterlage vor dem Einbau durch Fräsen hergestellt wird. Bei einer gewünschten Verbesserung der Längsebenheit kann ein Fräsen nicht ausreichend sein. Es ist zu prüfen, ob eine Verbesserung der Ebenheit im Längsprofil in Kombination einer Dünnen Asphaltdeckschicht in Heißbauweise mit einem Vorprofil wirtschaftlicher ist.

3.4.3.3 Baustoffgemische

Der Größtkorndurchmesser im Gesteinskörnungsgemisch ist in Abhängigkeit von der aufzubringenden Einbaumenge zu wählen. Richtwerte für die Einbaumenge enthält die Tabelle 13.

Tabelle 13: Einbaumengen für Dünne Asphaltdeckschichten in Heißbauweise und für Dünne Asphaltdeckschichten in Heißbauweise auf Versiegelung

Asphaltmischgutarten und Asphaltmischgutsorten	*Einbaumengen [kg/m²]*
AC 5 D L	*30 bis 50*
SMA 5 N, SMA 5 S	*30 bis 50*
MA 5 S	*30 bis 50*)*
MA 8 S	*40 bis 50*)*
DSH-V 5	*30 bis 50*
DSH-V 8	*40 bis 50*

**) ohne Abstreumaterial*

3.4.3.3.1 Zusammensetzung und Herstellung von AC D, SMA und MA

Es gelten die TL Asphalt-StB 07/13, Abschnitte 3.2.4, 3.2.5 und 3.2.6, sofern nachfolgend und unter Berücksichtigung der Tabelle 12 keine besonderen Anforderungen angegeben sind.

Bei den Belastungsklassen Bk100 bis Bk3,2 ist im Walzasphaltmischgut für Dünne Asphaltdeckschichten in Heißbauweise Polymermodifiziertes Bitumen der Sorte 45/80-50 A zu verwenden.

3.4.3.3.2 Zusammensetzung und Herstellung von Asphaltmischgut für DSH-V

Asphaltmischgut für DSH-V besteht aus einem Gesteinskörnungsgemisch mit abgestufter Korngrößenverteilung und Straßenbaubitumen oder Polymermodifiziertem Bitumen als Bindemittel.

Asphaltgranulat darf nicht verwendet werden.

Die optimale Zusammensetzung von Asphaltmischgut für DSH-V ist im Rahmen der Erstellung eines Eignungsnachweises nach dem Abschnitt 2.3.2.3 zu ermitteln.

Die Gesteinskörnungen für die Herstellung des Asphaltmischgutes sind nach Lieferkörnungen und nach Gesteinsarten getrennt zu lagern und gegen Verunreinigungen zu schützen. Füller ist trocken zu lagern.

Die Gesteinskörnungen müssen nach Korngruppen getrennt zugegeben werden.

Die Höchsttemperatur des Asphaltmischgutes nach der Tabelle 14 darf nicht überschritten werden.

Tabelle 14: Niedrigste und höchste Temperatur des Asphaltmischgutes für DSH-V bei der Anlieferung

Art und Sorte des Bindemittels im Asphaltmischgut	Niedrigste Temperatur [°C]	Höchste Temperatur [°C]
45/80-50 A; 70/100	150	180

Die Temperatur des abgeladenen Asphaltmischgutes darf beim Einbau den unteren Grenzwert der Tabelle 14 nicht unterschreiten.

Die in der Tabelle 15 angegebenen Mindest-Bindemittelgehalte beziehen sich auf die Rohdichte eines Gesteinskörnungsgemisches von 2,650 g/cm³. Zur Bestimmung des jeweiligen Mindest-Bindemittelgehaltes sind die angegebenen Werte entsprechend der Rohdichte des verwendeten Gesteinskörnungsgemisches (ρ_P) mit dem Faktor

$$\alpha = \frac{2{,}650}{\rho_P}$$

zu multiplizieren.

Es gelten die Anforderungen der Tabelle 15 sowie des Anhanges A.

Die Sieblinienbereiche sind im Anhang D (Bilder D 4 und D 5) dargestellt.

Tabelle 15: Anforderungen an Asphaltmischgut für DSH-V

Bezeichnung	Einheit	DSH-V 8	DSH-V 5
Baustoffe			
Gesteinskörnungen (Lieferkörnung)			
Anteil gebrochener Kornoberflächen		$C_{90/1}$; $C_{95/1}$; $C_{100/0}$	$C_{90/1}$; $C_{95/1}$; $C_{100/0}$
Widerstand gegen Zertrümmerung		SZ_{18}/LA_{20}	SZ_{18}/LA_{20}
Widerstand gegen Polieren			
Belastungsklasse Bk100 bis Bk3,2		$PSV_{\text{angegeben}}(51)$	$PSV_{\text{angegeben}}(51)$
Belastungsklasse Bk1,8 bis Bk0,3		$PSV_{\text{angegeben}}(48)$	$PSV_{\text{angegeben}}(48)$
Kornform-/Plattigkeitskennzahl		SI_{15}/FI_{15}	SI_{15}/FI_{15}
Mindestanteil von Lieferkörnungen 0,2 mit E_{cs} 35	%	50	50
Bindemittel, Art und Sorte			
Belastungsklasse Bk100 bis Bk3,2 Belastungsklasse Bk1,8 bis Bk0,3		45/80-50 A; 70/100	45/80-50 A; 70/100

Tabelle 15 (Fortsetzung)

Bezeichnung	Einheit	DSH-V 8	DSH-V 5
Zusammensetzung Asphaltmischgut			
Gesteinskörnungen			
Siebdurchgang bei			
11,2 mm	M.-%	100	
8 mm	M.-%	90 bis 100	100
5,6 mm	M.-%	60 bis 65	90 bis 100
2 mm	M.-%	35 bis 45	40 bis 50
0,125 mm	M.-%	9 bis 13	8 bis 12
0,063 mm	M.-%	6 bis 10	7 bis 11
Mindest-Bindemittelgehalt		$B_{min\,6,0}$	$B_{min\,6,2}$
Asphaltmischguteigenschaften			
minimaler Hohlraumgehalt MPK		$V_{min\,3,5}$	$V_{min\,3,5}$
maximaler Hohlraumgehalt MPK		$V_{max\,5,5}$	$V_{max\,5,5}$
Fiktiver Hohlraumgehalt des Gesteinskörnungsgemisches	Vol.-%	17 bis 21	17 bis 21

Die Kategoriebezeichnungen für den Bindemittelgehalt und den Hohlraumgehalt sind analog zu den TL Asphalt-StB anzuwenden.

3.4.3.3.3 Werkseigene Produktionskontrolle des Asphaltmischgutes für DSH-V

Eine Werkseigene Produktionskontrolle (WPK) des Asphaltmischgutes für DSH-V ist entsprechend der DIN EN 13108-21 durchzuführen. Die Untersuchungsergebnisse werden jedoch nicht für die Bestimmung des betrieblichen Erfüllungsniveaus gemäß den TL Asphalt-StB herangezogen. Die Mindest-Prüfhäufigkeiten richten sich nach dem betrieblichen Erfüllungsniveau für kleinkörniges Asphaltmischgut gemäß den TL Asphalt-StB 07/13, Tabellen 13 und 14.

Anstelle der in der DIN EN 13108-21 aufgeführten Europäischen Normen gelten die jeweiligen für Deutschland erarbeiteten und im Technischen Regelwerk eingeführten Umsetzungsdokumente gemäß der Tabelle 16.

Tabelle 16: Anwendungsdokumente für DIN EN 13108-21

Europäische Norm	Anzuwendendes Umsetzungsdokument
DIN EN 12591	TL Bitumen-StB
DIN EN 12697	TP Asphalt-StB
DIN EN 13043	TL Gestein-StB
DIN EN 14023	TL Bitumen-StB

3.4.3.3.4 Lieferschein für Asphaltmischgut für DSH-V

Der Lieferschein für Asphaltmischgut für DSH-V muss mindestens die nachfolgenden Angaben enthalten:

- Asphaltmischguthersteller und Asphaltmischwerk,
- Beschreibung des Produktes: Bezeichnung gemäß der Tabelle 15 und Bindemittelart und -sorte (z. B. DSH-V 5 mit 45/80-50 A),
- Informationsmöglichkeit über die Ergebnisse der Erstprüfung,
- Information über Zusätze.

Kommentar

(1) Baustoffe und Baustoffgemische

Gesteinskörnungen für Dünne Asphaltdeckschichten in Heißbauweise müssen den TL Gestein-StB sowie den Anforderungen an Asphaltdeckschichten für vergleichbare Beanspruchungen entsprechen.

Letzteres gilt vor allem für die nachstehenden Eigenschaften:

- Anteil gebrochener Kornoberflächen *C*
- Widerstand gegen Zertrümmerung *SZ*
- Widerstand gegen Polieren *PSV*
- Mindestanteil feiner Gesteinskörnung mit E_{CS} 35
- Kornform von groben Gesteinskörnungen *FI* / SI sowie
- Widerstand gegen Frost *F*.

Um langfristig eine gute Griffigkeit zu erzielen, wird für Dünne Asphaltdeckschichten in Heißbauweise generell empfohlen, grobe Gesteinskörnungen mit einer Kategorie für den Widerstand gegen Polieren *PSV* nach der *Tabelle 1* für das Asphaltmischgut und die Abstumpfungsmaßnahmen einzusetzen.

Die Bitumenemulsionen für Dünne Asphaltdeckschichten in Heißbauweise müssen den Anforderungen der TL BE-StB entsprechen.

Als **Bindemittel** für das **Ansprühen der Unterlage** kommen bei Walzasphalten beim Bauverfahren **DSH** Polymermodifizierte Bitumenemulsionen C60BP4-S für Straßen der Belastungsklassen Bk100 bis Bk3,2 und für Straßen der Belastungsklassen Bk1,8 bis Bk0,3 lösemittelhaltige Bitumen-

Tabelle 1 Anforderungen an den PSV der im Asphaltmischgut und als Abstreumaterial verwendeten Gesteinskörnung für die Bauverfahren DSH und DSH-V

Kategorie	Bauverfahren DSH mit genannter Asphaltmischgutsorte und zugehörigem Abstreumaterial (nach TL/ZTV Asphalt-StB 07/13)	Bauverfahren DSH-V (nach ZTV BEA-StB 09/13)	Belastungsklasse
$PSV_{angegeben}(42)$	AC 5 D L, AC 8 D L, MA 5 N	–	Rad- und Gehwege
$PSV_{angegeben}(48)$	SMA 5 N, SMA 5 S MA 5 N, MA 5 S	DSH-V 5, DSH-V 8	Bk1,8 bis Bk0,3
$PSV_{angegeben}(51)$	SMA 5 S MA 5 S, MA 8 S	DSH-V 5, DSH-V 8	Bk100 bis Bk3,2

Kommentar

emulsionen C40B5-S zur Anwendung. Beim Bauverfahren **DSH-V** sollte der Wasseranteil der Bitumenemulsion für die **Versiegelung** so gering wie möglich sein, da dieses Wasser durch das direkt im Anschluss aufgebrachte Asphaltmischgut hindurch verdampft werden muss und hier Temperaturverluste eintreten. Weiterhin muss verhindert werden, dass Wasser unterhalb der Asphaltdeckschicht eingeschlossen wird und dann bei warmem Wetter zu Blasenbildung führt. Mit zunehmendem Bitumenanteil steigt jedoch die Temperatur, die für ein sauberes Spritzbild der Bitumenemulsion notwendig ist. Dies stellt erhöhte technische Anforderungen an die Ausrüstung der Ansprühkomponenten des Sprühfertigers. Aus den vorgenannten Gründen kommen für das Bauverfahren DSH-V Polymermodifizierte Bitumenemulsionen C67BP4-DSH-V mit erhöhtem Bindemittelanteil und verringertem Wasseranteil zum Einsatz.

Bindemittel für das Asphaltmischgut für Dünne Asphaltdeckschichten in Heißbauweise müssen den TL Bitumen-StB entsprechen.

Die Auswahl des Bindemittels orientiert sich an der Beanspruchung der Verkehrsfläche. Bei den Belastungsklassen Bk100 bis Bk3,2 und bei Vorliegen besonderer Beanspruchungen sollte für das Asphaltmischgut für das Bauverfahren DSH Polymermodifiziertes Bitumen verwendet werden.

Für das Bauverfahren DSH-V wird im Asphaltmischgut bei den Belastungsklassen Bk100 bis Bk3,2 und bei Vorliegen besonderer Beanspruchungen Polymermodifiziertes Bitumen 45/80-50 A empfohlen. Bei geringerer Verkehrsbelastung kann ein Straßenbaubitumen 70/100 eingesetzt werden. Die Zugabe Viskositätsverändernder Zusätze (VvZ) und anderer Bindemittel, wie Straßenbaubitumen 50/70 oder Polymermodifiziertes Bitumen 25/55-55 A, sollten auf besondere Anwendungsfälle beschränkt bleiben. Sie können im Einzelfall geeignet sein.

Als Asphaltmischgut für das Bauverfahren DSH kommen die nachfolgend aufgeführten Asphaltmischgutarten und -sorten in Betracht:

- Asphaltbeton AC 5 D L (nur für Belastungsklasse Bk0,3 sowie Rad- und Gehwege),
- Splittmastixasphalt SMA 5 N und SMA 5 S sowie
- Gussasphalt MA 5 S und MA 8 S.

Für die Zusammensetzung des jeweiligen Asphaltmischguts gelten die TL Asphalt-StB, für Grenzwerte und Toleranzen die ZTV Asphalt-StB. Abweichend von den dortigen Regelungen ist für das Walzasphaltmischgut für DSH bei Straßen der Belastungsklassen Bk100 bis Bk3,2 immer das Polymermodifizierte Bitumen 45/80-50 A zu verwenden.

Empfehlungen für die Einbaumengen werden in Abhängigkeit von der Asphaltmischgutart und -sorte in den ZTV BEA-StB 09/13, Tabelle 13 gegeben.

Für das Bauverfahren DSH-V wurden zwei spezielle Asphaltmischgutsorten DSH-V 5 und DSH-V 8 konzipiert. Die Anforderungen an die Baustoffe, die Zusammensetzung und die Asphaltmischguteigenschaften sind in den ZTV BEA-StB 09/13, Tabelle 15 enthalten; in den ZTV BEA-StB 09/13, Anhang D, Bild D 4 und D 5 sind die zugehörigen Sieblinienbereiche dargestellt.

Die Vorgaben der relativ engen Sieblinienbegrenzungslinien liegen zwischen den Festlegungen für Asphaltbeton und Splittmastixasphalt. Das Asphaltmischgut für das Bauverfahren DSH-V ist durch einen hohen Sandanteil

Kommentar

sowie einen – gegenüber herkömmlichem dichten Walzasphaltdeckschichtmischgut – moderat erhöhten Hohlraumgehalt am Marshall-Probekörper von 3,5 Vol.-% bis 5,5 Vol.-% gekennzeichnet. Dieser Hohlraumgehalt soll u. a. durch einen fiktiven Hohlraumgehalt des Gesteinskörnungsgemisches von 17 Vol.-% bis 21 Vol.-% erreicht werden. Mit dem erhöhten Hohlraumgehalt wird einerseits dem Umstand Rechnung getragen, dass die Bitumenemulsion für die Versiegelung unmittelbar vor dem Einbau des Asphaltmischguts aufgebracht wird und das in der Bitumenemulsion enthaltene Wasser schadlos entweichen muss. Andererseits kann ein Teil des eventuell aus der Versiegelung aufsteigenden Bindemittels schadlos aufgenommen werden.

Die Zusammensetzung von Asphaltmischgut für das Bauverfahren DSH-V ist im Rahmen einer Erstprüfung zu ermitteln. Art und Umfang der Erstprüfung sind den ZTV BEA-StB 09/13, Tabelle 2 und Abschnitt 2.3.2.3 zu entnehmen.

Analog zur Vorgehensweise nach den TL Asphalt-StB 07/13 ist der Mindest-Bindemittelgehalt nach den ZTV BEA-StB 09/13, Abschnitt 3.4.3.3.2 für das Asphaltmischgut für DSH-V anhand der Rohdichte des verwendeten Gesteinskörnungsgemisches für jede Erstprüfung zu berechnen. Abweichend von den Asphaltmischgutsorten nach den ZTV Asphalt-StB sind in der Erstprüfung die Ergebnisse der Probemischungen mit drei unterschiedlichen Bindemittelgehalten anzugeben. Die Bindemittelgehalte dürfen um nicht mehr als 0,5 M.-% auseinanderliegen.

Die Verwendung von Asphaltgranulat im Asphaltmischgut für DSH-V ist nicht zugelassen. Als Nachweis für die Eignung der vorgesehenen Baustoffe und Baustoffgemische ist ein Eignungsnachweis nach den ZTV BEA-StB 09/13, Abschnitt 2.3.2.3 zu erstellen.

(2) Herstellung des Asphaltmischgutes

Asphaltmischgut für Dünne Asphaltdeckschichten in Heißbauweise unterliegt bei der Herstellung keinen Besonderheiten. Die Mischtemperaturen richten sich nach Art und Sorte des verwendeten Bindemittels und den entsprechenden Vorgaben der ZTV Asphalt-StB 09/13, Tabelle 5 bzw. ZTV BEA-StB 09/13, Tabelle 14. Die Mischzeiten richten sich nach den Gegebenheiten der Asphaltmischanlage, den Eigenschaften der Baustoffe sowie nach Art der Beschaffenheit und Menge eventuell vorhandener Zusätze (z. B. Cellulosefasern bei Splittmastixasphalt).

(3) Gerätetechnik

Das Ansprühen der Unterlage beim Bauverfahren DSH erfolgt wie im klassischen Asphaltstraßenbau maschinell mit Rampenspritzgeräten sowie bei Kleinflächen mit handgeführten Sprühgeräten.

Für das Bauverfahren DSH kommen übliche Asphaltfertiger zum Einsatz, die aufgrund der geringen Einbaudicke der Asphaltdeckschicht eine hohe Genauigkeit ihrer mechanischen und hydraulischen Systeme aufweisen müssen.

Die Herstellung von Dünnen Asphaltdeckschichten in Heißbauweise auf Versiegelung (DSH-V) erfolgt mit einem speziell für diese Bauweise entwickelten Sprühfertiger (siehe *Bild 1*). Beim Sprühfertiger handelt es sich um einen Straßenfertiger, der durch den Aufbau von Zusatzmodulen in der Lage ist,

Kommentar

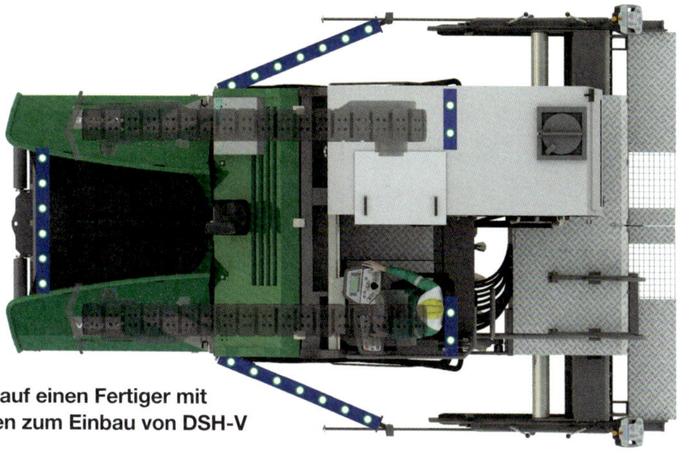

Bild 1 Draufsicht auf einen Fertiger mit Sprühbalken zum Einbau von DSH-V

unmittelbar vor dem Einbau des Heißmischgutes die Unterlage anzusprühen und anschließend direkt zu überbauen.

Der Sprühfertiger, im Grundmodul ein konventioneller Straßenfertiger, verfügt über

- einen oder mehrere Ansprühbalken mit der Möglichkeit der Steuerung der Ansprühmengen sowie
- einen beheizbaren Bitumenemulsionstank,

der gewährleistet, dass die Bitumenemulsion bei einer gleichmäßigen Verarbeitungstemperatur von ca. 70 °C verarbeitet wird.

Durch die Dosiereinrichtung des Sprühfertigers wird sichergestellt, dass die vorgesehene Sprühmenge, unabhängig von der Einbaugeschwindigkeit und der Arbeitsbreite, exakt ausgebracht wird. Die Ansprühmenge kann auf die Beschaffenheit der Unterlage abgestimmt und am Fertiger entsprechend den Erfordernissen eingestellt werden.

Die am Markt befindlichen Sprühfertiger ermöglichen Einbaubreiten zwischen 2,70 m und 4,80 m.

Mit Sprühfertigern sind aktuell Einbaugeschwindigkeiten zwischen 8 m/min und 15 m/min realisierbar. Die tatsächliche Leistung ist abhängig von der Arbeitsbreite und der zur Verfügung stehenden Leistung der Asphaltmischanlage sowie den örtlichen Baustellenverhältnissen.

3.4.3.4 Ausführung

Es gelten die ZTV Asphalt-StB 07/13, Abschnitt 3, sofern nachfolgend keine anderen Regelungen getroffen werden.

Dünne Asphaltdeckschichten in Heißbauweise und Dünne Asphaltdeckschichten in Heißbauweise auf Versiegelung sind wegen des schnellen Auskühlens nur bei günstigen Wetterbedingungen auszuführen und sollen deshalb nur von Anfang April bis Mitte Oktober eingebaut werden. Außerhalb dieser Zeit ist die Ausführung in begründeten Fällen möglich.

Bei starkem Wind soll der Einbau unterbleiben.

Dünne Asphaltdeckschichten in Heißbauweise und Dünne Asphaltdeckschichten in Heißbauweise auf Versiegelung dürfen nur eingebaut werden, wenn die Lufttemperatur mindestens 10 °C und die Temperatur der Unterlage mindestens 8 °C betragen.

In Abhängigkeit von dem gewählten Bauverfahren, der Beschaffenheit der Unterlage und den Baubedingungen können besondere Maßnahmen zweckmäßig werden, wie z. B.:

- *Vorbehandlung der Unterlage durch Vorwärmen,*
- *Einsatz besonderer Einbaugeräte (z. B. Sprühfertiger).*

Bei der Ausführung von Dünnen Asphaltdeckschichten in Heißbauweise auf Versiegelung hat das Aufbringen der Bitumenemulsion und der Einbau des Asphaltmischgutes in einem Arbeitsgang durch einen Straßenfertiger mit einer integrierten Sprüheinrichtung zu erfolgen.

Beim bahnenweisen Einbau von Dünnen Asphaltdeckschichten in Heißbauweise auf Versiegelung entfällt die gesonderte Behandlung der Längsnaht, wenn der Nahtbereich beim Ansprühen der Versiegelung mit erfasst wird.

3.4.3.4.1 Vorbereiten der Unterlage

Es gelten die ZTV Asphalt-StB 07/13, Abschnitt 3.2.

Vor dem Einbau ist die Unterlage besonders sorgfältig zu reinigen.

Zum Erreichen eines ausreichenden Schichtenverbunds gelten die ZTV Asphalt-StB 07/13, Abschnitt 3.3.1. Bei Dünnen Asphaltdeckschichten in Heißbauweise auf Versiegelung ist die Unterlage vor dem Einbau nicht anzusprühen.

Beim Einbau von Dünnen Asphaltdeckschichten in Heißbauweise auf Versiegelung ist die Dosierung des Bindemittels für die Versiegelung C67BP4-DSH-V in Abhängigkeit von der Beschaffenheit der Unterlage, den örtlichen und den wetterbedingten Gegebenheiten sowie von der Verkehrsbelastung auszuwählen und in der Leistungsbeschreibung wie folgt festzulegen:

– bei offener Unterlage 0,7 bis 0,9 kg/m², – bei dichter Unterlage 0,4 bis 0,6 kg/m².

Ein Trocknen und Vorwärmen der Unterlage vor dem Ansprühen insbesondere in den Randzonen mit indirekt wirkenden Heizgeräten kann je nach Wetter, Beschaffenheit der Unterlage und Bauverfahren vorteilhaft sein. Sofern die Ausführung außerhalb des Zeitraums von Anfang April bis Mitte Oktober erfolgen soll, ist in der Leistungsbeschreibung hierfür eine entsprechende Ordnungszahl aufzunehmen.

Das Trocknen und Vorwärmen muss so erfolgen, dass das Bindemittel der Unterlage nicht thermisch überbeansprucht wird.

3.4.3.4.2 Herstellen der Schichten

Dünne Asphaltdeckschichten in Heißbauweise und Dünne Asphaltdeckschichten in Heißbauweise auf Versiegelung dürfen auf feuchter Unterlage eingebaut werden, jedoch nicht, wenn sich ein geschlossener Wasserfilm gebildet hat.

Da diese Asphaltdeckschichten schnell auskühlen, sind die Walzen unmittelbar hinter dem Straßenfertiger einzusetzen.

Für die Verdichtung sind im Regelfall statisch oder oszillierend wirkende Glattmantelwalzen einzusetzen.

3.4.3.4.3 Bearbeitung der Oberfläche

Dünne Asphaltdeckschichten in Heißbauweise und Dünne Asphaltdeckschichten in Heißbauweise auf Versiegelung müssen eine dem Verwendungszweck angemessene Rauheit aufweisen.

Bei Dünnen Asphaltdeckschichten in Heißbauweise aus AC D und SMA sind Abstumpfungsmaßnahmen zur Erhöhung der Anfangsgriffigkeit erforderlich. Eine Abstumpfung kann z. B. erreicht werden durch Abstreuen und Einwalzen von rohem oder bindemittelumhülltem Abstreumaterial der Lieferkörnung 1/3 oder 2/5.

Das Abstreumaterial ist dabei auf die Oberfläche der noch heißen Schicht so frühzeitig aufzubringen, dass es durch das Walzen fest eingedrückt wird. Nicht gebundenes Abstreumaterial ist zu entfernen.

Für das Abstumpfen der Oberfläche ist in das Leistungsverzeichnis eine gesonderte Ordnungszahl aufzunehmen. Als Richtwerte für die aufzubringende Menge des Abstreumaterials werden empfohlen:

- *Gesteinskörnung der Lieferkörnung 1/3 mit einem Anteil gebrochener Kornoberflächen der Kategorie $C_{90/1}$ 0,5 bis 1,0 kg/m²,*
- *Gesteinskörnung der Lieferkörnung 2/5 mit einem Anteil gebrochener Kornoberflächen der Kategorie $C_{90/1}$ 1,0 bis 2,0 kg/m².*

Bei der Wahl der Lieferkörnung des Abstreumaterials ist zu berücksichtigen, ob zusätzlich lärmtechnische Anforderungen zu erfüllen sind. Dann ist die Lieferkörnung 1/3 festzulegen.

Die Oberfläche Dünner Asphaltdeckschichten in Heißbauweise aus Gussasphalt ist gemäß den ZTV Asphalt-StB 07/13, Abschnitt 3.9.5 (Verfahren A) zu behandeln.

Für Dünne Asphaltdeckschichten in Heißbauweise auf Versiegelung sind keine Abstumpfungsmaßnahmen erforderlich.

Kommentar

(1) Ausführung

(1.1) Beschaffenheit und Vorbereitung der Unterlage

Aufgrund der geringen Einbaudicken von Dünnen Asphaltdeckschichten in Heißbauweise sind an den Zustand der Unterlage vor der Überbauung Mindestanforderungen zu stellen. Die nachfolgenden Eigenschaften sind daher vor der Auswahl des geeigneten Verfahrens genauer zu bewerten:

- Art der Unterlage (Asphalt, Pflaster, Beton),
- Ebenheit in Quer- und Längsrichtung,
- Tragfähigkeit,
- Rauheit und Oberflächenbeschaffenheit,
- Schadensbilder (Einzel- oder Netzrisse, Ausmagerungen, Flickstellen, Kornausbrüche) sowie
- Art der Markierungen.

In den ZTV BEA-StB 09/13, Tabelle 12 ist die Eignung der verschiedenen Asphaltmischgutarten und -sorten der Dünnen Asphaltdeckschichten in Heißbauweise in Abhängigkeit vom Erscheinungsbild der Unterlage aufgelistet.

Besonderen Einfluss auf die Nutzungsdauer der Dünnen Asphaltdeckschichten in Heißbauweise haben die Tragfähigkeit und Ebenheit der Unterlage. Da Dünnen Asphaltdeckschichten in Heißbauweise keine tragfähigkeitserhöhenden Eigenschaften zugeordnet werden können, müssen die zu überbauenden Flächen eine ausreichende Tragfähigkeit aufweisen. Einzelstellen, bei denen dies nicht der Fall ist, sollten vorher saniert werden. Schadstellen wie Schlaglöcher, Flickstellen mit Reparaturasphalt oder offensichtliche Flächen mit Tragfähigkeitsmängeln sind zu fräsen und mit geeignetem Asphaltmischgut zu schließen. Bei der Wahl der Asphaltmischgutart und -sorte sind die Einbaudicke in der Schadstelle sowie die zukünftige Belastung der Straße zu berücksichtigen. Von einem Überbauen alter Oberflächenbehandlungen ist ohne die Durchführung weiterer Untersuchungen aufgrund der Gefahr von Blasenbildung dringend abzuraten. Dies gilt insbesondere, wenn für die Ausführung der Oberflächenbehandlung vorher ein Fluxbitumen verwandt wurde.

Um einen ausreichenden Schichtenverbund zu sichern, ist wie bei den anderen Instandsetzungsverfahren die Oberfläche vor der Überbauung gründlich zu reinigen und von Schmutz, Staub und lockeren Baustoffen zu befreien.

Sind in der vorhandenen Unterlage einzelne Risse vorhanden, ist über deren Vorbehandlung in Abhängigkeit von der Rissbreite zu entscheiden. Solche Risse können insbesondere im Nahtbereich der alten Asphaltdeckschicht auftreten oder aus dem Durchschlagen von Fugen aus einer Hydraulisch gebundenen Tragschicht oder Verfestigung stammen (siehe auch Abschnitt 8.1).

Kommentar

Schmale Risse ohne Substanzverlust können ohne weitere Maßnahmen überbaut werden, da sie beim Ansprühen sicher mit der Bitumenemulsion verfüllt werden.

Breitere Risse sowie Risse mit Substanzverlust an den Flanken sollten aufgefräst werden. Die Säuberung sollte mittels Hochdruckluftlanze erfolgen. Anschließend ist ein Verguss mit elastischem Fugenfüllstoff vorzunehmen, der an der Oberfläche je nach Fugenbreite mit einem Abstreumaterial der Lieferkörnung 1/3 abzustreuen ist (siehe H SR und den Kommentar zu Abschnitt 3.3.2.4). So kann überschüssiges Bindemittel gebunden und ein Aufsteigen des Bindemittels an die Oberfläche der DSH verhindert werden.

Bei größeren Schadstellen, insbesondere im Mittelnahtbereich, muss eine vorherige Sanierung analog zur Ausführung bei Flickstellen durchgeführt werden.

Die Behandlung von Netzrissen hängt von deren Ursache ab. Sie kann in der mangelnden Tragfähigkeit des Untergrunds oder der Alterung der Asphaltdeckschicht liegen. Im ersten Fall ist ein Ersatz der geschädigten Bereiche und Schichten vorzunehmen. Liegt der Ursprung in der Alterung, ist davon auszugehen, dass die Gesamtsubstanz der Straße noch erhalten ist, sodass im Regelfall überbaut werden kann, wenn die Ansprühmenge in solchen Bereichen entsprechend erhöht wird. Hierdurch werden ein gesicherter Verschluss und eine Versiegelung der vorhandenen Risse erreicht.

Zur Bewertung der Schadensursachen und zur Ableitung der geeigneten Sanierungsvariante sollten in jedem Fall ausreichende Voruntersuchungen durchgeführt werden.

Auf der Oberfläche der fertigen Schicht soll eine gute Ebenheit erreicht werden. Hierfür muss bereits die Unterlage der Dünnen Asphaltdeckschicht in Heißbauweise angemessene Anforderungen an die Ebenheit erfüllen, da die

Bild 1 Fräsen mit einer Feinfräse zur Vorbereitung der Unterlage

Kommentar

Bild 2 Fräsbild einer Feinfräse

Dünnen Asphaltdeckschichten mit „schwimmender Bohle" eingebaut werden und damit eine Verbesserung der Ebenheit der Unterlage nur sehr begrenzt möglich ist. Die erforderliche Ebenheit der Unterlage ist in den ZTV BEA-StB 09/13, Tabelle 22 mit Bezug auf die Anforderungen an die Ebenheit der Dünnen Asphaltdeckschicht in Heißbauweise definiert. Liegt die Unebenheit der Unterlage bei > 10 mm, dann können diese Anforderungen nur durch vorheriges Fräsen der Unterlage (siehe *Bild 1*) oder den Einbau eines Vorprofils erfüllt werden.

Wird die Unterlage durch **Fräsen** bearbeitet, so ist ein gleichmäßiges Fräsbild von ausschlaggebender Bedeutung, um die Ebenheitsanforderungen in der fertigen Schicht erfüllen zu können. Das Feinfräsen hat sich hierfür aufgrund des geringeren Linienabstands zwischen den Meißeln besonders bewährt. Zur Vorbereitung einer Unterlage zum Einbau von Dünnen Asphaltdeckschichten in Heißbauweise sollte der Linienabstand nicht mehr als 8 mm betragen (siehe *Bild 2*).

Beim Überbauen einzelner Fahrstreifen, beim Anschluss an seitliche Rinnen sowie an Anfang und Ende einer zu überbauenden Fläche ist in Abhängigkeit von der Querneigung ein 0,5 m bis 1 m breiter Streifen (im Regelfall 1 m) in der Tiefe der einzubauenden Schicht zu fräsen.

Durch das Fräsen wird neben der Herstellung einer einheitlichen, ebenen Unterlage die Verzahnung mit der später eingebauten Asphaltdeckschicht erhöht. Ggf. kann die Unterlage auch in weiteren Bereichen angefräst werden, um im Bereich von Gefällestrecken, Kreuzungsbereichen und vor Lichtsignalanlagen maßgeblich zu einem sehr guten Schichtenverbund und somit einer langen Nutzungsdauer beizutragen.

Gefräste Flächen sind gründlich zu reinigen, um den Schichtenverbund sicherstellen zu können. Die Praxis hat gezeigt, dass der Einsatz von Kehr-/Saugmaschinen alleine nicht ausreicht, um die vorhandenen Fräsrückstände

Kommentar

und den Staub zu beseitigen. Dies trifft insbesondere für den Staub in den Fräsvertiefungen zu. Als letzter Reinigungsgang ist Wasserhochdruckstrahlen mit unmittelbar anschließender Absaugung dringend zu empfehlen. Vor dem Ansprühen und dem Einbau der Asphaltdeckschicht muss die Unterlage trocken sein, um Blasenbildungen zu vermeiden.

Bei der Zwischenbefahrung ist die fehlende Fahrbahnmarkierung durch geeignete Maßnahmen im Rahmen der Verkehrsführung zu berücksichtigen.

Wird eine zu überbauende Fläche nicht gefräst, so sind alle vorhandenen Fahrbahnmarkierungen aus Kalt- und Heißplastik durch Fräsen zu entfernen. Farbmarkierungen können problemlos überbaut werden.

Neben dem Fräsen bietet sich als weitere Variante für das Erreichen der nötigen Ebenheit der Einbau eines **Vorprofils** an. Auch hierbei ist das Asphaltmischgut und insbesondere das Größtkorn entsprechend der auszuführenden Einbaudicke auszuwählen. Innerstädtisch sind aufgrund der vorhandenen Einbauten und Randeinfassungen für den Einsatz des Verfahrens enge Grenzen gesetzt.

Sonderfälle stellen die Überbauung von **Pflasterbefestigungen** – i. d. R. mit dem Ziel der Lärmminderung in Wohngebieten – und von Unterlagen aus **Beton** dar. Bei beiden Bauweisen ist der Einbau von Dünnen Asphaltdeckschichten in Heißbauweise aufgrund der in den Fugen auftretenden Bewegungen sowie der bei Pflaster oft vorhandenen Unebenheiten stark begrenzt. Die Verbesserung der Oberflächeneigenschaften ist meist nur ein kurzzeitiger Effekt, der höchstens als Zwischenlösung betrachtet werden kann.

Bei zu überbauender Unterlage aus **Pflaster** sind instabile Bereiche durch geeignete Maßnahmen zu stabilisieren. Dies kann bei kleinen Flächen durch den Ausbau des Pflasters und den Ersatz mit Asphalt erfolgen.

Um die Fugen vollständig zu füllen und die Ebenheit der Unterlage zu verbessern, hat sich das Einfegen von bituminiertem Abstreumaterial bewährt.

Die Reduzierung von Unebenheiten und die Erhöhung der Stabilität lassen sich im begrenzten Maße durch das vorherige Abwalzen der Pflasterfläche erreichen. Trotz dieser Maßnahmen hat sich in der Praxis herausgestellt, dass bei Pflasterflächen ein erhöhter Asphaltmischguteinsatz vorzusehen ist. Sowohl die Fugen als auch die vorhandenen Unebenheiten erfordern eine Einbaudicke, die auch auf den Hochpunkten der bestehenden Befestigung eine Mindestüberdeckung von 1,5 cm sichert. Wird dies nicht beachtet, ist ein frühzeitiges Versagen der Dünnen Asphaltdeckschichten in Heißbauweise in diesen Bereichen zu erwarten.

Sollten die vorhandenen Unebenheiten einen einschichtigen Einbau nicht ermöglichen, kann bei einer Unterlage aus Pflaster durch Vorprofilierung mit einem geeigneten Asphaltmischgut nach den ZTV BEA-StB 09/13, Tabelle 3 die nötige Ebenheit hergestellt werden.

Bei **Betondecken** dürfen die Fugen und die Lagerung der Platten keine wesentlichen Mängel aufweisen. Liegen einzelne Platten hohl, so sind diese Bereiche z. B. durch Unterpressung wieder stabil zu lagern. Bei Pumpbewegungen einzelner Platten/Fugen ist eine nachträgliche Verdübelung dieser Bereiche vorzusehen. Vertikalbewegungen an den Fugen der Platten müssen ausgeschlossen werden.

Kommentar

Ggf. können einzelne Abschnitte auch durch Aufbruch und Ersatz mit Beton oder Asphalt erneuert werden. Überschüssige Fugenmassen an der Oberfläche sind generell vor der Überbauung zu entfernen, um ein Aufsteigen des Bindemittels aus der Fugenmasse durch die Dünne Asphaltdeckschicht in Heißbauweise zu verhindern. Kleinere Fugenschäden können durch vorherige Sanierungsmaßnahmen mit Epoxidharz beseitigt werden. Hinweise hierzu liefern die ZTV BEB-StB sowie das M BEB; siehe auch Abschnitt 8.1.

Fugen in der Unterlage sind generell in die dünne Asphaltdeckschicht aufzunehmen und zu vergießen, da ansonsten bereits nach sehr kurzer Zeit Reflexionsrisse entstehen.

(1.2) Herstellung der Dünnen Asphaltdeckschicht in Heißbauweise

Für die Herstellung der Dünnen Asphaltdeckschichten in Heißbauweise sind die technologischen Prozesse

- Ansprühen/Versiegelung der Unterlage,
- Einbau des Asphaltmischguts und
- Verdichten der Asphaltdeckschicht sowie eventuelle Nachbehandlung

zu unterscheiden.

■ Einbaubedingungen

Aufgrund der geringen Einbaudicken von höchstens 50 kg/m² oder weniger als 2,5 cm verfügen DSH nur über eine äußerst geringe Wärmekapazität. Daraus resultiert, dass die Einbaubedingungen einen noch höheren Einfluss auf einen qualitätsgerechten Einbau als bei dickeren Asphaltdeckschichten haben.

Allen weiteren Überlegungen muss vorangestellt werden: Bei Dünnen Asphaltdeckschichten in Heißbauweise handelt es sich um eine **„Schönwetterbauweise"**. Ihre Ausführung sollte daher auch nach Möglichkeit auf den Zeitraum zwischen Anfang April bis Mitte Oktober beschränkt werden. Außerdem müssen die Temperaturen der Luft und der Unterlage sowie die herrschenden Windbedingungen berücksichtigt werden. Der Einbau der Dünnen Asphaltdeckschichten in Heißbauweise darf nur bei einer Temperatur der Luft von mindestens 10 °C und der Unterlage von mindestens 8 °C erfolgen.

Das Vorwärmen der Unterlage durch Flächenheizgeräte bei kühlem Wetter hat sich in der Praxis bisher nicht durchgesetzt. Einerseits ist die Distanz zwischen Fertiger und Heizgerät relativ groß (das Asphaltmischgutfahrzeug muss zwischen diese Geräte fahren), sodass der Effekt der Vorwärmung stark abgeschwächt wird. Andererseits werden die technologischen Abhängigkeiten in Bezug auf die Einbaugeschwindigkeit und die Länge des Einbaukomplexes negativ beeinflusst. Zudem besteht die Gefahr des Überhitzens der vorhandenen Unterlage.

Um einen guten Schichtenverbund zwischen der Unterlage und der Dünnen Asphaltdeckschicht in Heißbauweise sicherzustellen, darf der Einbau nicht bei einem geschlossenen Wasserfilm auf der Unterlage erfolgen. Zudem würde dem Asphaltmischgut zur Verdunstung von Wasser zusätzliche Wärme entzogen, was die verfügbare Verdichtungszeit weiter verkürzen würde. Ein schonendes Trocknen der Unterlage nach einem unerwarteten Regenereignis ist mit Flächenheizgeräten möglich.

Kommentar

Ansprühen

Beim Bauverfahren DSH erfolgt das Ansprühen der Unterlage mit Bitumenemulsion weitestgehend analog zur Bauweise nach den ZTV Asphalt-StB getrennt vom Einbau.

In Abhängigkeit von der Losgröße werden Rampenspritzgeräte, bei kleinen Flächen hingegen handgeführte Spritzgeräte eingesetzt. Als Ansprühmittel kommen entsprechend dem Einsatzzweck sowie der angestrebten Funktion folgende Arten nach den TL BE-StB 15 zur Anwendung:

- C60BP4-S bei der Ausführung des Bauverfahrens DSH auf Straßen der Belastungsklassen Bk100 bis Bk3,2,
- C40B5-S bei der Ausführung des Bauverfahrens DSH auf Straßen der Belastungsklassen Bk1,8 bis Bk0,3 sowie
- C67BP4-DSH-V bei der Ausführung des Bauverfahrens DSH-V.

Die Ansprühmenge für das Bauverfahren DSH orientiert sich an der Art und Beschaffenheit der Unterlage (frisch hergestellt, gefräst, sehr offenporig oder ausgemagert); es gelten die Regelungen der ZTV Asphalt-StB. Die empfohlene Ansprühmenge für Straßen der Belastungsklassen Bk100 bis Bk3,2 beträgt 150 g/m² bis 350 g/m² bzw. für Straßen der Belastungsklassen Bk1,8 bis Bk0,3 200 g/m² bis 400 g/m². Bei höheren Ansprühmengen und hohen Außentemperaturen sowie direkter Sonneneinstrahlung hat es sich bewährt, die angesprühte Fläche vor dem Einbau geringfügig mit Wasser anzunebeln, um ein Aufziehen der Bitumenemulsion durch Asphaltmischgut-Lkw und Einbaugeräte zu vermeiden. Das Annässen hat jedoch sparsam zu erfolgen, da zusätzliches Wasser eingebracht wird, welches sich z. B. bei gefrästen Flächen an der Fräskante und in Anschlussbereichen bei Einfassungen stauen kann. Generell darf die angesprühte Unterlage nur zu Einbauzwecken befahren werden.

Mit der Verwendung von Polymermodifizierten unstabilen Bitumenemulsionen C60BP4-S ist i. d. R. ein Befahren eher möglich, wobei aber auch hier ein partieller Abtrag des Bindemittelfilms durch das direkte Befahren durch die Asphaltmischgutfahrzeuge und den Fertiger nicht vollständig zu vermeiden ist.

Wie bei allen Bauverfahren nach den ZTV Asphalt-StB gilt auch für das Bauverfahren DSH, dass die Bitumenemulsion vollständig gebrochen und das Wasser verdampft sein muss, bevor sie mit der Dünnen Asphaltdeckschicht überbaut werden kann. Bei DSH aus Gussasphalt darf die Unterlage nicht angesprüht werden.

Das Bauverfahren DSH-V weist gegenüber dem Ansprühen und Einbauen in zwei getrennten Arbeitsgängen entsprechend dem Bauverfahren DSH eine ganze Reihe an Vorteilen auf:

1. Als Bindemittel für die Versiegelung ist eine Bitumenemulsion C67BP4-DSH-V einzusetzen. Diese weist gegenüber Bitumenemulsionen zur Herstellung des Schichtenverbundes einen höheren Bitumen- und geringeren Wasseranteil auf und ermöglicht die Herstellung einer Versiegelung der Unterlage gegen eindringendes Wasser sowie eine Erhöhung des Schichtenverbundes.
2. Da das Ansprühen direkt vor dem Einbau des Asphaltmischguts erfolgt (siehe *Bild 3*), wird die angesprühte Schicht nicht durch Asphaltmischgutfahrzeuge und den Sprühfertiger abgetragen.

Kommentar

Bild 3 Sprühfertiger für DSH-V mit schwenkbaren seitlichen Sprühbalken

3. Die Ansprühmenge kann während des Einbaus in Abhängigkeit von den Eigenschaften der Unterlage sowie des Einbauergebnisses variiert werden, um bei sich ändernden Randbedingungen ein optimales Ergebnis des Bauverfahrens DSH-V erreichen zu können.
4. Eine Verschmutzung von anliegenden Verkehrsflächen wird vermieden.

Durch ein auf die Baumaßnahme angepasstes Logistikkonzept ist die wiederkehrende Betankung mit Bitumenemulsion während der Baumaßnahme zu ermöglichen. Das Bindemittel ist vorzugsweise im warmen Zustand anzuliefern, da ein Aufheizen im Bindemitteltank des Fertigers zu viel Zeit in Anspruch nehmen würde. Aufgrund der hohen Flächenleistung muss beachtet werden,

Bild 4 Betanken des Sprühfertigers mit Bitumenemulsion

Kommentar

dass die Anlieferung (siehe *Bild 4*) mehrfach arbeitstäglich erforderlich sein kann. Hierfür ist ausreichend Platz freizuhalten; weiter kann es dadurch zu Arbeitsunterbrechungen kommen.

Für ein gleichmäßiges Ansprühen der Unterlage wird eine gleichbleibend hohe Temperatur im Bindemitteltank benötigt. Beim Bauverfahren DSH-V bestehen gute Erfahrungen mit Ansprühmengen für die Versiegelung zwischen 400 g/m² und 600 g/m² bei dichter Unterlage; bei sehr offener bzw. ausgemagerter Unterlage sind 700 g/m² bis 900 g/m² erforderlich. Wird auf eine neu hergestellte Unterlage aus Asphalt eingebaut, können die Ansprühmengen reduziert werden. Um ein gleichmäßiges Sprühbild zu erzeugen, sollte eine Ansprühmenge von mindestens 400 g/m² nicht unterschritten werden.

Einbau und Verdichtung

Die Mindesteinbaumenge von DSH richtet sich nach dem gewählten Größtkorn. Es liegt bei Gemischen mit 5 mm Größtkorndurchmesser bei 30 kg/m² und mit 8 mm bei 40 kg/m². Meist erfordert die Unterlage zu Erzielung einer ausreichenden Mindestschichtdicke für die Verdichtung aber größere Einbaumengen.

Um bei einer Dünnen Asphaltdeckschicht in Heißbauweise ein gutes Verdichtungsergebnis zu erzielen, ist ein schnellstmöglicher Beginn des Walzens notwendig. Selbst bei günstigen Wetterbedingungen stehen für das Verdichten nur wenige Minuten zur Verfügung. Aus diesem Grund ist sicherzustellen, dass die eingesetzten Walzen direkt hinter dem Fertiger zum Einsatz kommen (siehe *Bild 5*).

Die Art und Anzahl der Walzen ist so zu koordinieren, dass auch das Betanken mit Wasser und Kraftstoff sowie das Beladen mit Abstreumaterial keinen Einfluss auf das Erreichen der gewünschten Verdichtung haben.

Dies ist nur durch gute Organisation der Baustelle, optimierten Geräteeinsatz sowie die konsequente Umsetzung der Vorgaben der Erstprüfung bei der Herstellung des Asphaltmischguts möglich.

Bild 5 Die geringe Schichtdicke erfordert ein gezieltes, zeitnahes Walzmanagement

Kommentar

Für die Walzverdichtung von Dünnen Asphaltdeckschichten in Heißbauweise werden

- oszillierende Glattmantelwalzen und/oder
- statisch wirkende Glattmantelwalzen

eingesetzt.

Sehr gute Erfahrungen bestehen mit **oszillierenden Walzen**, da hierbei die dynamische Energie ohne das Risiko der Schädigung der Unterlage und des Korngerüstes eingetragen werden kann.

Sollen **statische Walzen** eingesetzt werden, sind vorzugsweise schwere Walzen zu wählen. Ein Einsatz solcher Walzen erfordert eine höhere Anzahl von Übergängen als bei oszillierenden Walzen. Aufgrund der geringen Zeit, die für den Verdichtungsvorgang zur Verfügung steht, sind dem alleinigen Einsatz statischer Walzen Grenzen gesetzt.

In der Praxis hat sich der kombinierte Einsatz von oszillierenden und statischen Walzen als besonders geeignet erwiesen.

Vibrationswalzen sollten nicht eingesetzt werden, da hierdurch Schädigungen der Unterlage oder Kornzertrümmerungen der neu einzubauenden Schicht auftreten können.

Vereinzelt wurden in den letzten Jahren auch **kombinierte Walzen** eingesetzt. Bei überwiegend positiven Erfahrungen wurden in einigen Fällen Ebenheitsprobleme und Anreicherungen von Mörtelanteilen an der Oberfläche beobachtet.

Nähte und Fugen

Nähte und Anschlüsse in den Asphaltschichten der Fahrbahn bzw. gegebenenfalls durch die Einbauverhältnisse bedingte Nähte, wie z. B. beim halbseitigen Fertigen der Fahrbahn, sind nach den ZTV Asphalt-StB 09/13, Abschnitte 3.3.2 und 3.3.3 sorgfältig auszuführen. Außerdem gelten die ZTV Fug-StB.

Bild 6 Ansprühen der Flanke mit Heißbitumen

Kommentar

Bild 7 Ausbildung der Naht als Vergussfuge erhöht die Dauerhaftigkeit

Abweichend von den ZTV BEA-StB 09/13, Abschnitt 3.4.3.4 hat es sich in der Praxis als zweckmäßig erwiesen, die Herstellung der Längsnaht nach den ZTV Asphalt-StB auszuführen. Eine gesonderte Behandlung der Längsnaht, z. B. mit einem Nahtkleber (siehe *Bild 6*), erhöht die Dauerhaftigkeit bei DSH-V gegenüber einer mit dem Sprühfertiger angesprühten Naht.

Eine optimale Qualität der Längsnaht lässt sich erzielen, wenn bei bahnweisem Einbau der DSH und DSH-V der hohlraumreichere Randbereich der ersten Bahn ca. 10 cm bis 15 cm zurückgebaut und nach dem Einbau der zweiten Bahn die Längsnaht als Fuge ausgebildet wird.

Werden DSH-V auf eine neu hergestellte Asphaltunterlage eingebaut, so sollten die Längsnähte der Schichten übereinander angeordnet werden und nicht, wie bei dickeren Schichten üblich, überlappend. Als besonders dauerhaft erweisen sich Nähte, wenn bei halbseitiger Bauweise die Asphaltdeckschicht und die Unterlage der 1. Bahn vor dem Einbau der 2. Bahn 10 cm bis 15 cm zurückgebaut werden. Die durch beide Schichten verlaufende Naht wird als Fuge abschließend aufgeweitet (siehe *Bild 7*) und vergossen.

Die Ränder der Dünnen Asphaltschichten in Heißbauweise sind gleichmäßig anzudrücken, sofern keine Randeinfassungen vorhanden sind.

Die Flankenflächen an den höher liegenden Rändern der Schichten sind vollständig mit Heißbitumen abzudichten.

Einbauten

Beim Einbau von Dünnen Walzasphaltdeckschichten in Heißbauweise aus DSH und DSH-V hat es sich als günstig erwiesen, nicht höhengerecht liegende Einbauten erst nach Erkalten der Schicht zu regulieren, da eine gleichmäßige Einbaugeschwindigkeit und sofortige Verdichtung für homogene Schichteigenschaften extrem wichtig sind.

Kommentar

Die Verwendung selbstnivellierender Schachtabdeckungen ist in Verbindung mit Dünnen Asphaltdeckschichten in Heißbauweise aufgrund der geringen Dicke der Schicht nicht möglich. Die Endregulierung ist in einem nachträglichen Arbeitsgang durchzuführen.

Abstumpfen

Um eine hohe Anfangsgriffigkeit der Asphaltdeckschicht sicherzustellen, sind Dünne Walzasphaltdeckschichten in Heißbauweise des Bauverfahrens DSH abzustumpfen. Dabei ist in die Oberfläche vorzugsweise gebrochene Gesteinskörnung der Lieferkörnung 1/3 Kategorie $C_{90/1}$ in einer Menge von 0,5 kg/m² bis 1,0 kg/m² einzuwalzen. Dieses Material eignet sich für alle Asphaltdeckschichten. Um eine gute Einbindung zu sichern, ist das Abstreumaterial sehr frühzeitig während des Verdichtungsvorgangs aufzubringen, da ansonsten die Oberfläche schon erkaltet und daher die Verklebung reduziert sein kann. Es hat sich bewährt, das Abstreumaterial leicht mit Bindemittel zu umhüllen. Werden Anforderungen an die akustischen Eigenschaften der Asphaltdeckschicht gestellt, sollte geprüft werden, ob bei Walzasphaltdeckschichten aus DSH auf ein Abstumpfen verzichtet werden kann. Erfahrungen haben gezeigt, dass bei geeigneter Zusammensetzung des Asphaltmischgutes auch Asphaltdeckschichten aus SMA 5 S, zumindest bei langsam fahrendem Verkehr im kommunalen Bereich, ohne Abstumpfen eine ausreichende Anfangsgriffigkeit erreichen.

Die Oberfläche einer Dünnen Asphaltdeckschicht des Bauverfahrens DSH aus Gussasphalt ist mit leicht mit Bindemittel umhüllter grober Gesteinskörnung 2/5 in einer Menge von 12 kg/m² bis 15 kg/m² abzustreuen und anzuwalzen.

Die Oberfläche einer Dünnen Asphaltdeckschicht in Heißbauweise auf Versiegelung DSH-V weist gegenüber herkömmlichen dichten Asphaltdeckschichten aufgrund der speziellen Asphaltmischgutkonzeption eine offenere Textur

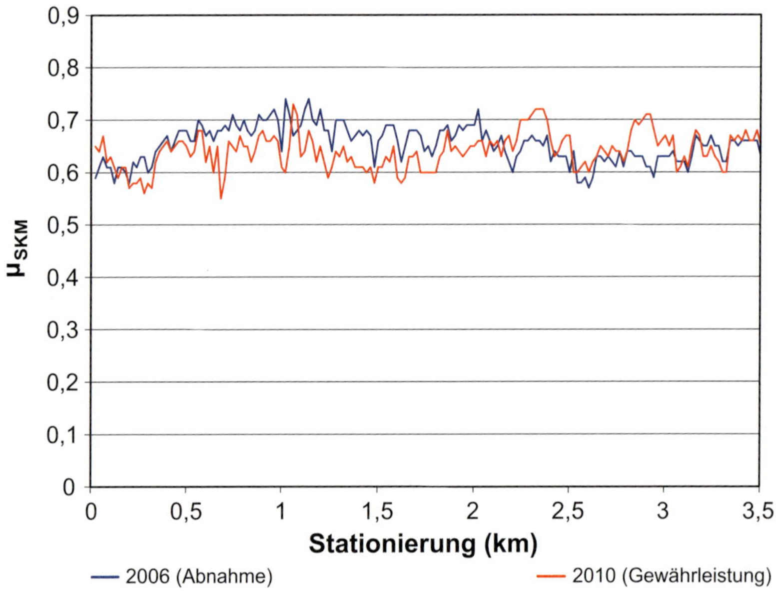

Bild 8 Griffigkeitsmessung auf dem ersten Fahrstreifen einer Autobahn bei 80 km/h

Kommentar

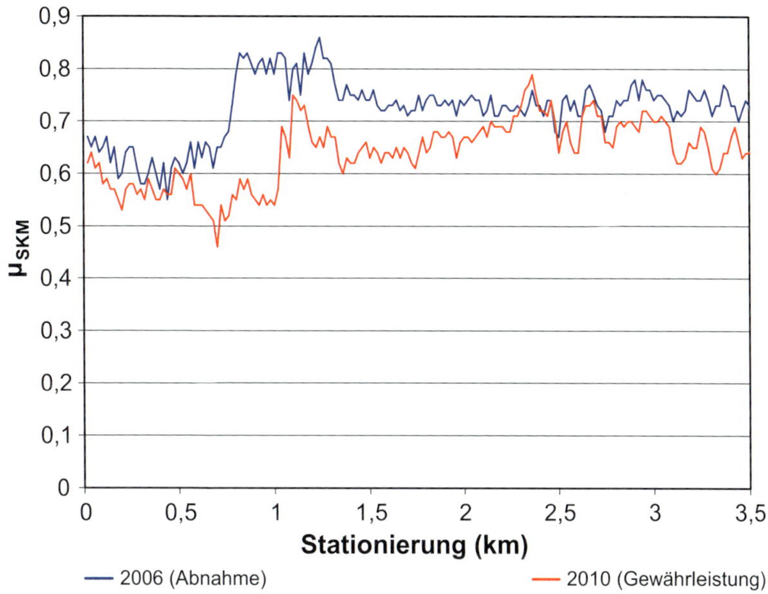

Bild 9 Griffigkeitsmessung auf dem dritten Fahrstreifen einer Autobahn bei 80 km/h

auf. Erfahrungsgemäß wird dadurch eine hohe Anfangsgriffigkeit erreicht, ohne dass ein Abstumpfen erforderlich wird.

Die *Bilder 8* und *9* zeigen beispielhaft die Messungen der Anfangsgriffigkeit von DSH-V auf einer Autobahn, denen Messungen nach vier Jahren Nutzungsdauer gegenübergestellt wurden. Die Anforderung für die Anfangsgriffigkeit liegt bei $\mu_{SKM} \geq 0{,}46$. Ein Vergleich der Werte des ersten und dritten Fahrstreifens zeigt, dass die Anforderungen an die Anfangsgriffigkeit ohne Abstumpfungsmaßnahmen ausnahmslos sehr gut erfüllt werden.

Das im ersten Fahrstreifen erhöhte Verkehrsaufkommen wirkt sich zum Zeitpunkt der Messung (vier bis acht Wochen nach Verkehrsfreigabe) deutlicher aus als im dritten Fahrstreifen.

Nach vier Jahren Nutzungsdauer gleicht sich die Griffigkeit der einzelnen Fahrstreifen an; das Niveau ist weiterhin sehr hoch.

(1.3) Verkehrsfreigabe

Da Dünne Asphaltdeckschichten in Heißbauweise sehr schnell auskühlen, bieten diese Bauverfahren Möglichkeiten für eine flexible Verkehrsorganisation und Befahrbarkeit.

Dies ermöglicht den Einbau z. B. in den Nachtstunden (*Bild 10*) mit anschließender Verkehrsfreigabe am darauffolgenden Morgen.

Bei kühlem Wetter ist eine Freigabe frisch hergestellter Verkehrsflächen bereits ab ca. einer Stunde nach dem Einbau möglich. An heißen Tagen ist diese Frist angemessen zu verlängern. In der Praxis hat sich gezeigt, dass eine frühzeitigere Befahrung als in den ZTV Asphalt-StB angegeben (Mindestsperrfrist 24 Stunden) aufgrund der geringen Dicke der Schicht zu keiner oder nur geringfügiger Verformung führt.

Kommentar

Bild 10 Nachteinbau von DSH als schnelle Bauweise zur Instandsetzung von gealterten Fahrbahnoberflächen

(1.4) Nacharbeiten

Nach dem Einbau der Dünnen Asphaltdeckschichten in Heißbauweise sind konstruktiv vorhandene Fugen nachzuschneiden und zu vergießen. Um die Lage der Fugen in der Unterlage sicher auf der Dünnen Asphaltdeckschicht bestimmen zu können, müssen diese vorher auf geeignete Art und Weise markiert werden.

Alternativ kann auf ein Durchschlagen der Fugen gewartet werden. Der dann entstandene Riss kann daraufhin aufgeweitet und vergossen werden. Der Ver-

Bild 11 Rahmenfräsung zur Anpassung der Dünnen Asphaltdeckschicht an den Bestand

Kommentar

guss sollte in jedem Fall vor Beginn des Winters erfolgen, um ein Eindringen von Wasser in die offenen Risse zu verhindern.

Der Arbeitsaufwand für die Anpassung der DSH und DSH-V an Rinnen und Einbauten hängt wesentlich von der Vorbereitung der Unterlage ab. Wird die Fläche vorgefräst, entsteht kein nennenswerter Aufwand, vorausgesetzt, dass die Lage von Einbauten und Entwässerungseinrichtungen vorher qualitätsgerecht waren.

Bei der Überbauung bestehender Schichten reduziert die geringe Dicke der neu einzubauenden Schicht den Aufwand für die Anpassung der Einbauten auf ein Minimum. Bei Entwässerungsrinnen kann der tieferliegende Rand der einzubauenden Dünnen Asphaltdeckschicht in Heißbauweise in Abhängigkeit von der Schichtdicke der eingebauten Dünnen Asphaltdeckschicht nach dem Auswalzen als Kante im Regelfall stehenbleiben. Bei einseitiger Querneigung und vorhandener Entwässerungsrinne ist ein bündiger Einbau erforderlich, der nur durch das vorherige An- oder Abfräsen der bestehenden Asphaltdeckschicht zielsicher hergestellt werden kann. Vielfach reicht es hier, lediglich eine Rahmenfräsung an den Anschlüssen durchzuführen (*Bild 11*).

(1.5) Anforderungen

Für Dünne Asphaltdeckschichten in Heißbauweise gelten die Anforderungen der ZTV BEA-StB 09/13, Abschnitt 3.4.3 sowie die entsprechenden Absätze in den Abschnitten 4 (Grenzwerte und Toleranzen) und 5 (Prüfungen). Hinsichtlich der Beschaffenheit des **Asphaltmischguts** für das Bauverfahren DSH sind die Anforderungen der ZTV Asphalt-StB maßgebend. Die Anforderungen an das Asphaltmischgut des Bauverfahrens DSH-V sind in den genannten Abschnitten und in den ZTV BEA-StB 09/13, Abschnitt 2.3.2.3 definiert.

Die Anforderung an die **Ebenheit** von Dünnen Asphaltdeckschichten in Heißbauweise ist abhängig von der Ebenheit der Unterlage. Weist die Unterlage Unebenheiten von höchstens 10 mm unter einer 4 m langen Messstrecke auf, so ist die neue Asphaltdeckschicht mit maximalen Unebenheiten von höchstens 6 mm/4 m Messstrecke herzustellen. Werden an die fertige Asphaltdeckschicht Ebenheitsanforderungen von höchstens 4 mm/4 m Messstrecke gestellt, so dürfen in der Unterlage lediglich Unebenheiten von höchstens 6 mm/4 m vorhanden sein. Bei einer Unebenheit der Unterlage von > 10 mm/4 m können keine Anforderungen an die Ebenheit der Dünnen Asphaltdeckschicht in Heißbauweise gestellt werden.

Soll dies trotzdem geschehen, so ist die Ebenheit der Unterlage vor dem Einbau der DSH beispielsweise durch Fräsen oder Vorprofilieren auf die erforderliche Ebenheit zu verbessern.

Für Anforderungen an die **Griffigkeit** der fertigen Asphaltdeckschicht des Bauverfahrens DSH-V sind in den ZTV BEA-StB die gleichen Regelungen enthalten wie in den ZTV Asphalt-StB für Dünne Asphaltdeckschichten des Bauverfahrens DSH.

Der **Verdichtungsgrad** der Dünnen Walzasphaltdeckschichten in Heißbauweise muss mindestens 96 % betragen, sofern die Unterlage eine Ebenheit von höchstens 10 mm/4 m aufweist. Ist die Unebenheit größer, können zum einen keine Anforderungen an den Verdichtungsgrad und Hohlraumgehalt,

Kommentar

zum anderen keine Anforderungen an die Ebenheit der Dünnen Asphaltdeckschicht in Heißbauweise gestellt werden. Dies ist mit den dann technisch begrenzten Möglichkeiten einer homogenen Verdichtung begründet.

Ob und inwieweit **Hohlraumgehalte** geprüft werden können, richtet sich nach der tatsächlichen Einbaudicke der Schicht bzw. nach der Dicke der im Laboratorium zur Verfügung stehenden Messprobe. In den TP Asphalt-StB, Teil 6 (Bestimmung der Raumdichte), Abschnitt 4.1 heißt es: „Die Mindestdicke von Ausbauproben muss das Doppelte der maximalen Nennkorngröße betragen, jedoch mindestens 20 mm.“ Dies bedeutet, dass eine vertraglich relevante Bestimmung des Hohlraumgehalts und Verdichtungsgrads nach TP Asphalt-StB bei Dünnen Asphaltdeckschichten in Heißbauweise in den meisten Fällen nicht möglich sein wird.

Beim Bauverfahren DSH kann der **Schichtenverbund** über den Abscherversuch nicht geprüft werden, da nach den TP Asphalt-StB, Teil 80 eine Mindestdicke der Schicht von 2,5 cm erforderlich ist und die Einbaudicke bei diesem Bauverfahren höchstens 50 kg/m² und damit meist weniger als 2,5 cm beträgt.

Beim Bauverfahren DSH-V wird der Nachweis des Schichtenverbundes über die Messung der Haftzugfestigkeit nach den TP Asphalt-StB, Teil 81 geführt (siehe *Bild 12*). Als Mittel aus drei direkt (im Abstand von 5 cm bis 10 cm) hintereinander entnommenen Bohrkernen muss ein Wert von mindestens 1 N/mm² erreicht werden. Da in der dem Anforderungswert zugrunde liegenden Forschungsarbeit der Bewertungshintergrund aus einem Kollektiv von Dünnen Asphaltdeckschichten in Heißbauweise aus Asphaltbeton und Splittmastixasphalt unterschiedlicher Asphaltmischgutsorten aufgestellt wurde, ist es möglich, dieses Verfahren zu übertragen und bei allen Bauverfahren DSH anzuwenden. Allerdings muss dann ein Anforderungswert im Bauvertrag vereinbart werden.

Die Auswertung einer Vielzahl von Haftzugprüfungen an unterschiedlichsten Baumaßnahmen mit Dünnen Asphaltdeckschichten in Heißbauweise ergab,

Bild 12 Abreißprüfung zur Kontrolle des Schichtenverbundes

Kommentar

dass der Anforderungswert bei sorgfältigem Einbau und anforderungsgerechter Unterlage problemlos erreichbar ist. Wird die Anforderung nicht erreicht, ist im Bruchbild zu prüfen, ob ggf. ein vorzeitiger Abriss in der Unterlage erfolgt ist. Sofern dies der Fall ist, liegt kein Mangel vor.

Mit der Festlegung einer Anforderung an den Schichtenverbund wurde erreicht, messtechnische Probleme, wie z. B. bei der Bestimmung des Verdichtungsgrads sowie des Hohlraumgehalts, die aus der geringen Dicke der Schicht sowie aus dem möglichen Aufsteigen der Bitumenemulsion in die Schicht resultieren, zu kompensieren.

Bei Kontrollprüfungen an Dünnen Asphaltdeckschichten in Heißbauweise aus Gussasphalt (MA), Splittmastixasphalt (SMA), Asphaltbeton für Asphaltdeckschichten (AC D) oder Asphaltmischgut für DSH-V ist grundsätzlich zu beachten, dass die Bestimmung von Zusammensetzung und Hohlraumgehalt am Marshall-Probekörper aus Bohrkernen aufgrund der geringen Schichtdicken nicht möglich ist. Daher sind beim Einbau in ausreichendem Umfang Asphaltmischgutproben nach den TP Asphalt-StB zu entnehmen.

(2) Qualitätssicherung und Prüfung

Für Asphaltmischgut für das Bauverfahren DSH-V ist eine Werkseigene Produktionskontrolle (WPK) entsprechend der DIN EN 13108-21 durchzuführen. Die Prüfhäufigkeiten ergeben sich entsprechend dem betrieblichen Erfüllungsniveau (BEN) für kleinkörniges Asphaltmischgut nach den TL Asphalt-StB 07/13, Tabelle 13. Da es sich aber um spezielles, derzeit nicht in den europäischen Normen abgebildetes Asphaltmischgut handelt, dürfen die Untersuchungsergebnisse nicht zur Ermittlung des BEN herangezogen werden. Lieferscheine für DSH-V sind aus demselben Grund nicht mit CE-Kennzeichen zu versehen.

Für das Asphaltmischgut für das Bauverfahren DSH gelten die Regelungen der ZTV und TL Asphalt-StB (siehe Kommentar zu den ZTV/TL Asphalt-StB).

Mit den ZTV BEA-StB 09/13 wurde eine neue Verfahrensweise bei der Güteüberwachung von DSH-V eingeführt. Da das Produkt, vergleichbar mit OB und DSK, erst auf der Baustelle entsteht, ist in den ZTV BEA-StB 09/13, Abschnitt 5.3 „Eigenüberwachungen" festgelegt, dass hierfür die TL G DSH-V-StB gelten. Die „Technischen Lieferbedingungen für die Bauliche Erhaltung von Verkehrsflächenbefestigungen, Teil: Güteüberwachung, Teil: Ausführung von Dünnen Asphaltdeckschichten in Heißbauweise auf Versiegelung, TL G DSH-V-StB 15, Ausgabe 2015", regeln aber nicht nur die Durchführung der Eigenüberwachung bei der Ausführung von Dünnen Asphaltdeckschichten in Heißbauweise auf Versiegelung (DSH-V). Sie enthalten auch die unabdingbare Voraussetzung, dass ein Ausführender neben dem Erbringen eines Nachweises der Eignung (Betriebsbeurteilung) auch einer Güteüberwachung mit einer Fremdüberwachung unterliegen muss. Die Güteüberwachung umfasst die Werkseigene Produktionskontrolle durch den Ausführenden und die Fremdüberwachung der für die Ausführung von Dünnen Asphaltdeckschichten in Heißbauweise auf Versiegelung vom Ausführenden eingesetzten Produktionseinheiten, Baustoffe und Baustoffgemische. Ein wesentlicher Bestandteil der Eigenüberwachung ist dabei die regelmäßige Kalibrierung des Sprühfertigers und die Kontrolle der einzuhaltenden Toleranzen bei den aufgesprühten Bindemittelmengen und deren Querverteilung (siehe *Bild 13*).

Kommentar

Bild 13 Kalibrieren des Sprühfertigers durch Kontrolle der Bindemittelquerverteilung

Die Fremdüberwachung und die zuvor als Voraussetzung für die Aufnahme der Fremdüberwachung vorgeschaltete Betriebsbeurteilung sind von einer Prüfstelle durchzuführen, die nach den RAP Stra 15 für die Durchführung von Fremdüberwachungsprüfungen für das Fachgebiet F „Oberflächenbehandlungen, Dünne Asphaltdeckschichten in Kaltbauweise, Dünne Asphaltdeckschichten in Heißbauweise auf Versiegelung" anerkannt ist.

Die Erfüllung der in den TL G DSH-V-StB 15 festgelegten Anforderungen an die Güteüberwachung sind ein auch gemäß VOB/A § 6a anzuerkennender Nachweis für die Fachkunde und Leistungsfähigkeit eines Unternehmens.

(3) Abnahme und Abrechnung

Grundsätzlich sind die in dem Eignungsnachweis hinterlegten Angaben vertragliche Grundlage und als solche maßgebend für die Ausführung und **Abnahme** der Bauleistungen.

Für die Abnahme von DSH werden die Regelungen der ZTV Asphalt-StB angewandt. Dabei gelten die Hinweise für Art und Umfang der Kontrollprüfungen nach den ZTV Asphalt-StB 07/13, Tabelle 26 .

Für die Abnahme von Dünnen Asphaltdeckschichten des Bauverfahrens DSH-V sind in den ZTV BEA-StB 09/13, Tabelle 23 Hinweise für Kontrollprüfungen aufgeführt.

Die **Abrechnung** von Dünnen Asphaltdeckschichten in Heißbauweise erfolgt aufgrund der geringen Dicke der Schichten i. d. R. nach Einbaumengen in kg/m². Dabei ist im Rahmen der Abrechnung nachzuweisen, inwieweit die tatsächliche Einbaumenge mit der im Bauvertrag vorgeschriebenen flächenbezogenen Einbaumenge übereinstimmt. Gegebenenfalls ist eine Korrektur des Einheitspreises vorzunehmen.

Kommentar

Der Ermittlung der Einbaumenge ist bei Dünnen Asphaltdeckschichten in Heißbauweise das Gewicht des Asphaltmischguts des gesamten Bauloses zugrunde zu legen. Gleiches gilt sinngemäß für die eingesetzte Menge an Bitumenemulsion zum Ansprühen beim Bauverfahren DSH bzw. für die Versiegelung bei dem Bauverfahren DSH-V.

Der Auftraggeber ist berechtigt, einen Mengennachweis für Teilabschnitte zu verlangen. Die Teilabschnitte sollen dann mindestens einer Tagesleistung entsprechen.

Die Regelung zur Vergütung von Mehreinbaumengen ist in den ZTV BEA-StB 09/13, Abschnitt 7.3.3.2 enthalten. Der Nachweis der Einbaumengen erfolgt über Lieferscheine.

Für DSH gilt nach den ZTV BEA-StB eine **Verjährungsfrist** für Mängelansprüche von zwei Jahren.

Literatur (zu Abschnitt 3.4.3–3.4.3.4.3)

Graf, K., Vassiliou, K., Schneider, M.: Quantifizierung des Schichtenverbundes von Dünnen Asphaltschichten im Heißeinbau mit dem Abziehversuch. Schriftenreihe Forschung Straßenbau und Straßenverkehrstechnik, Heft 830. Bonn 2002.

H SR: Hinweise für das Schließen und die Sanierung von Rissen sowie schadhaften Nähten und Anschlüssen in Verkehrsflächen aus Asphalt, Ausgabe 2003. Forschungsgesellschaft für Straßen- und Verkehrswesen, FGSV Verlag, Köln 2003.

H SVA: Hinweise zur Erzielung eines anforderungsgerechten Schichtenverbundes bei Verkehrsflächenbefestigungen aus Asphalt, Ausgabe 2017. Forschungsgesellschaft für Straßen- und Verkehrswesen, FGSV Verlag, Köln 2017.

M BEB: Merkblatt für die Bauliche Erhaltung von Verkehrsflächen aus Beton, Ausgabe 2009. Forschungsgesellschaft für Straßen- und Verkehrswesen, FGSV Verlag, Köln 2009.

RAP Stra 15: Richtlinien für die Anerkennung von Prüfstellen für Baustoffe und Baustoffgemische im Straßenbau, Ausgabe 2015. Forschungsgesellschaft für Straßen- und Verkehrswesen, FGSV Verlag, Köln 2015.

Schmerbeck, R.: Asphaltmischgut für Dünne Asphaltdeckschichten in Heißbauweise auf Versiegelung. In: Straße und Autobahn 11/2009, S. 723–727.

Schulze, C., Kluth, S., Ruhnau, M., Hübelt, J.: Geräuschminderung von Dünnschichtbelägen. Berichte der Bundesanstalt für Straßenwesen, Fahrzeugtechnik, Heft F 111. Bergisch Gladbach 2015.

TL Asphalt-StB 07/13: Technische Lieferbedingungen für Asphaltmischgut für den Bau von Verkehrsflächenbefestigungen, Ausgabe 2007/Fassung 2013. Forschungsgesellschaft für Straßen- und Verkehrswesen, FGSV Verlag, Köln 2014.

TL BE-StB 15: Technische Lieferbedingungen für Bitumenemulsionen, Ausgabe 2015. Forschungsgesellschaft für Straßen- und Verkehrswesen, FGSV Verlag, Köln 2015.

TL Bitumen-StB 07/13: Technische Lieferbedingungen für Straßenbaubitumen und gebrauchsfertige Polymermodifizierte Bitumen, Ausgabe 2007/Fassung 2013. Forschungsgesellschaft für Straßen- und Verkehrswesen, FGSV Verlag, Köln 2014.

TL G DSH-V-StB 15: Technische Lieferbedingungen für die Bauliche Erhaltung von Verkehrsflächenbefestigungen – Teil: Güteüberwachung, Teil: Ausführung von Dünnen Asphaltdeckschichten in Heißbauweise auf Versiegelung, Ausgabe 2015. Forschungsgesellschaft für Straßen- und Verkehrswesen, FGSV Verlag, Köln 2016.

TL Gestein-StB 04/18: Technische Lieferbedingungen für Gesteinskörnungen, Ausgabe 2004/Fassung 2018. Forschungsgesellschaft für Straßen- und Verkehrswesen, Köln 2018.

TP Asphalt-StB, Teil 6: Technische Prüfvorschriften für Asphalt, Teil 6: Raumdichte von Asphalt-Probekörpern, Ausgabe 2016. Forschungsgesellschaft für Straßen- und Verkehrswesen, FGSV Verlag, Köln 2016.

TP Asphalt-StB, Teil 81: Technische Prüfvorschriften für Asphalt, Teil 81: Haftzugfestigkeit von Dünnen Asphaltdeckschichten, Ausgabe 2009. Forschungsgesellschaft für Straßen- und Verkehrswesen, FGSV Verlag, Köln 2009.

ZTV Asphalt-StB 07/13: Zusätzliche Technische Vertragsbedingungen und Richtlinien für den Bau von Verkehrsflächenbefestigungen aus Asphalt, Ausgabe 2007/Fassung 2013. Forschungsgesellschaft für Straßen- und Verkehrswesen, FGSV Verlag, Köln 2014.

ZTV BEB-StB 15: Zusätzliche Technische Vertragsbedingungen und Richtlinien für die Bauliche Erhaltung von Verkehrsflächenbefestigungen – Betonbauweisen, Ausgabe 2015. Forschungsgesellschaft für Straßen- und Verkehrswesen, FGSV Verlag, Köln 2015.

3.4.4 Rückformen – RF

3.4.4.1 Allgemeines

Als Rückformen wird das Bearbeiten einer Asphaltschicht durch schonendes Aufheizen, Auflockern, Aufnehmen, Mischen und Wiedereinbau bezeichnet.

Sollen die Eigenschaften der Schicht verändert werden, sind Ergänzungsmaterialien wie z. B. Bindemittel, Gesteinskörnungen oder Ergänzungsmischgut einzumischen.

Es werden folgende Verfahren unterschieden:

- Verfahren (a): Rückformen ohne Veränderung der Asphaltzusammensetzung (Reshape),
- Verfahren (b): Rückformen mit Veränderung der Asphaltzusammensetzung (Remix),
- Verfahren (c): Rückformen mit Veränderung der Asphaltzusammensetzung in Verbindung mit dem Einbau einer neuen Asphaltdeckschicht mit zusätzlichem Straßenfertiger (Remix compact).

Das „Merkblatt für das Rückformen von Asphaltschichten" (M RF) ist zu beachten.

3.4.4.2 Anwendung

Die Verfahren zum Rückformen werden dann vorgesehen, wenn die Eigenschaften der obersten Schicht zu verändern sind. Nach Abfräsen können auch tieferliegende Schichten bearbeitet werden.

Hierfür sind außer Gussasphalt und Oberflächenbehandlungen alle gleichmäßig zusammengesetzten und mit Straßenbaubitumen oder bitumenhaltigem Bindemittel gebundenen Schichten geeignet.

Die Verfahren zum Rückformen eignen sich für Verkehrsflächenbefestigungen aller Art, sofern es deren Linienführung, Einbauhöhen und Fahrbahneinbauten zulassen.

In Abhängigkeit vom Zustandsmerkmal, Erscheinungsbild und der Ursache erfolgt die Wahl des Rückformverfahrens nach der Tabelle 17.

Die Wahl der Bearbeitungstiefe hängt von den Schichtgrenzen ab, die vorher festzustellen sind.

Die maximale Auflockerungstiefe soll in der Regel nicht mehr als 4 cm betragen.

Zur Wiederherstellung der Ebenheit im Querprofil soll die Bearbeitungstiefe so festgelegt werden, dass die Schicht bis mindestens 1 cm unter dem tiefsten Punkt (z. B. einer Spurrinne) erfasst wird. Besteht zwischen der zu bearbeitenden und der darunterliegenden Schicht kein Verbund, so soll die Bearbeitungstiefe so festgelegt werden, dass sie mindestens 1 cm unterhalb der Schichtgrenze liegt.

Tabelle 17: Zuordnung von Merkmalsgruppen zu geeigneten Rückformverfahren

Zustandsmerkmal	Erscheinungsbild/ Ursache	Rückformverfahren nach (a)	(b)	(c)
Ebenheit im Längsprofil	Verformung	+[1)]	–	–
Ebenheit im Querprofil	Verformung	+[2)]	+	+
Griffigkeit	Bindemittel-anreicherung	–	+	+
	polierte Kornoberfläche	+[2)]	+	+
Netzrisse		–	+[3)]	–
Ausmagerung		–	+	–
Flickstellen		–	–	–
Kornausbrüche		–	+	–
Einzelrisse		–	–	–

Erläuterungen:
+ *geeignet*
– *nicht geeignet*
1) *nur bei kurzwelligen und/oder periodischen Unebenheiten und bei anforderungsgerechter Asphaltzusammensetzung bedingt geeignet*
2) *nur zeitweilige Verbesserung*
3) *nur bei zu geringem Bindenmittelgehalt und Alterungsrissen geeignet*

Vereinzelte Flickstellen aus warm- oder kalteinbaufähigem Asphaltmischgut sind auszubauen.

Das Entfernen von Fahrbahnmarkierungen aus Folien oder von dickschichtigen Fahrbahnmarkierungen ist vorab von gesonderten Arbeitsgängen vorzusehen.

Sind in der zu bearbeitenden Schicht pechhaltige Stoffe, Gewebe, Gitter oder sonstige störende Einlagerungen vorhanden, können die Verfahren nicht angewendet werden.

Die Zugabemengen der Ergänzungsmaterialien zur Veränderung der Asphaltmischgutzusammensetzung sind gerätebedingt begrenzt.

Kommentar

(1) Grundlagen

Rückformverfahren kommen bei Maßnahmen der Instandsetzung von Verkehrsflächenbefestigungen aus Asphalt zur Anwendung. Dabei werden die vorhandenen rückformbaren Asphaltgemische unter Nutzung ihres Vermögens zur Replastifizierung durch Wärmezufuhr an Ort und Stelle zu 100 % wiederverwendet. Damit wird der Forderung des Kreislaufwirtschaftsgesetzes (KrWG) nach Verwertung von Baustoffen auf höchstmöglichem Niveau entsprochen. In Abhängigkeit vom gewählten Verfahren sind zwar zum Teil Materialtransporte von der Baustelle zur Asphaltmischanlage und zurück

Kommentar

erforderlich, jedoch werden sie auf ein Mindestmaß beschränkt. Rückformverfahren sind in erster Linie in Fahrstreifenbreite anzuwenden. Dabei kommen Großgeräte zum Einsatz. Zur Instandsetzung von Fahrbahnteilbereichen, z. B. von Mittellängsnähten, Grabenschlüssen oder Randbereichen, stehen kleinere Geräte zur Verfügung (siehe *Tabelle 1* in dem Kommentar zu Abschnitt 3.4.4.3).

Die Auswahl von Verkehrsflächen, deren Instandsetzung mit dem Rückformverfahren erfolgen soll, erfordert genaue Kenntnisse bezüglich der Tragfähigkeit der Gesamtbefestigung, der Beschaffenheit der Asphalte sowie des Alterungszustands der im Asphalt enthaltenen Bindemittel. Diese Erkenntnisse sind nur durch umfangreiche Voruntersuchungen zu gewinnen. Die Planung der Erkundungen, die Auswertung der Ergebnisse sowie die Erarbeitung der Instandsetzungskonzeption können nur durch qualifiziertes Ingenieurpersonal mit diesbezüglichen Erfahrungen vorgenommen werden.

Unter Rückformen ist gemäß dem Merkblatt für das Rückformen von Asphaltschichten (M RF 2002) „... die thermische und mechanische Bearbeitung einer Asphaltschicht durch Aufheizen, Auflockern, Aufnehmen, Mischen und Wiedereinbauen des behandelten Materials" zu verstehen.

Bei den im Rahmen der Instandsetzung von Verkehrsflächen anzuwendenden Rückformverfahren werden drei grundsätzliche technologische Varianten unterschieden:

- Verfahren (a) – Rückformen ohne Veränderung der Asphaltzusammensetzung (**Reshape**),
- Verfahren (b) – Rückformen mit Veränderung der Asphaltzusammensetzung (**Remix**),
- Verfahren (c) – Rückformen mit Veränderung der Asphaltzusammensetzung in Verbindung mit dem Einbau einer neuen Deckschicht mit zusätzlichem Fertiger (**Remix compact**).

Bei allen drei Verfahren wird die zu bearbeitende Schicht mit Infrarotstrahlern (siehe *Bild 1*) oder anderen indirekt wirkenden Heizgeräten bis zur vorge-

Bild 1 Infrarotheizgerät

Kommentar

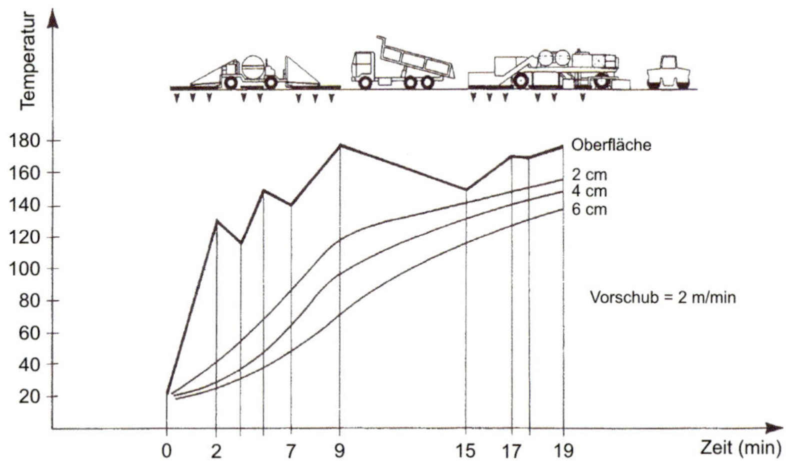

Bild 2
Mit dem Aufheizen erreichbare Temperaturen in der Asphaltdecke

Bild 3
Auflockern der aufgeheizten Deckschicht

sehenen Bearbeitungstiefe von höchstens 4 cm schonend so weit aufgeheizt (siehe *Bild 2*), dass die Asphaltschicht mit geeigneten Vorrichtungen ohne Kornzertrümmerung aufgelockert (siehe *Bild 3*), aufgenommen, dem Mischer des Rückformgeräts zugeführt und dort gemischt werden kann.

Bei Verfahren (a) erfolgt keinerlei Veränderung der Asphaltmischgutzusammensetzung, d. h., es werden keine Ergänzungsmaterialien wie Bitumen oder Ergänzungsmischgut im Mischer zugegeben.

Bei den Verfahren (b) und (c) wird zur Beseitigung von Mängeln in der Asphaltmischgutzusammensetzung im Mischer ein speziell konzipiertes Ergänzungsmischgut und/oder Bindemittel zugegeben.

Nach dem Mischen wird das Asphaltmischgut – bei den Verfahren (b) und (c) auch als resultierendes Asphaltmischgut bezeichnet – mittels Verteilerschnecken über die Einbaubreite querverteilt, mit der Einbaubohle profilgerecht eingebaut und vorverdichtet. Anschließend wird die rückgeformte Schicht mit Walzen verdichtet. In *Bild 4* ist die Verfahrensweise des Remix dargestellt.

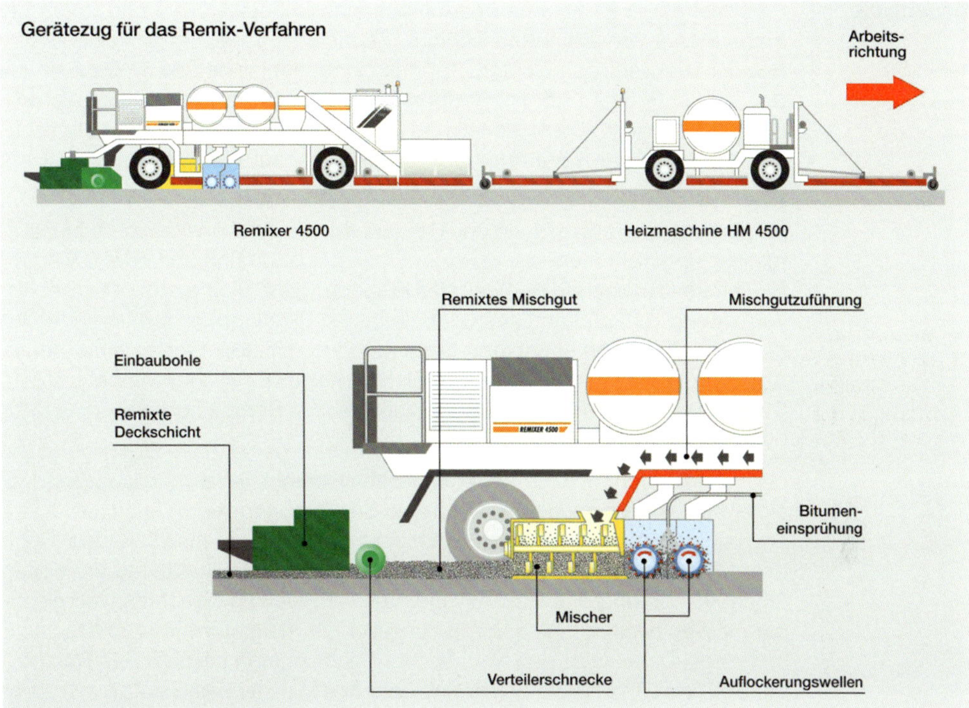

Bild 4 Verfahrensweise des Remix

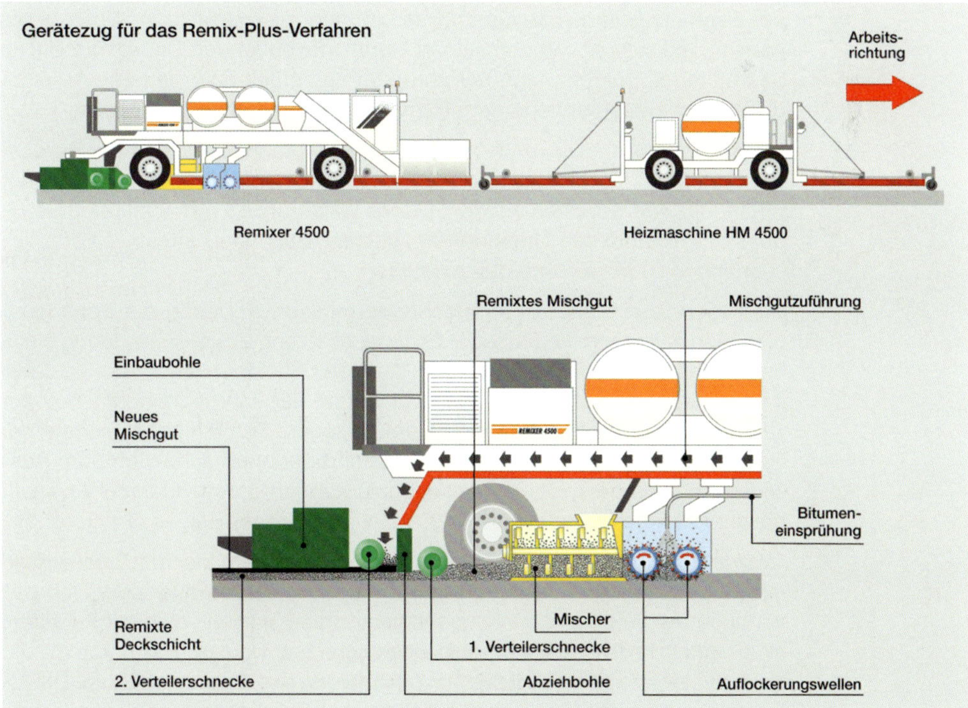

Bild 5 Verfahrensweise des Remix Plus

Kommentar

Beim Verfahren (c) wird darüber hinaus auf die noch warme und durch die Einbaubohle vorverdichtete Schicht mit einem Straßenfertiger eine zweite Schicht aus werksgemischtem Asphalt eingebaut (siehe *Bild* 5). Dabei muss der Straßenfertiger über ein Raupenfahrwerk verfügen, damit keine Verdrückungen auftreten. Die Beschickung des Straßenfertigers mit Asphaltmischgut muss von der Seite erfolgen. Die rückgeformte Schicht darf nicht mit Asphaltmischgutfahrzeugen befahren werden.

In besonderen Fällen, wenn zur Verbesserung der Asphaltmischgutzusammensetzung nicht mehr als 12 kg/m^2 Ergänzungskörnung und/oder 0,5 kg/m^2 Bindemittel zuzugeben sind und das Rückformgerät über eine zweite Einbauvorrichtung verfügt, kann auch das Verfahren „Rückformen mit Veränderung der Asphaltzusammensetzung in Verbindung mit dem Einbau einer neuen Asphaltdeckschicht mit demselben Gerät“ (**Remix Plus**) angewendet werden. Dabei müssen mindestens zwei Heizgeräte zum Einsatz kommen.

Die zuzugebende Gesteinskörnung wird mittels geeignetem Dosiergerät auf der vorgeheizten rückzuformenden Asphaltschicht verteilt. Anschließend ist ein zweiter Heizvorgang erforderlich, bei dem das vorgelegte Gestein erstmals und die zu bearbeitende Asphaltschicht nochmals aufgeheizt werden. Nach dem Mischen und dem Einbau des resultierenden Mischguts mit der ersten Einbauvorrichtung des Rückformgerätes wird werksgemischtes Neumischgut mit der zweiten Einbauvorrichtung auf die rückgeformte Asphaltschicht aufgelegt. Dabei wird das Neumischgut vom Aufnahmekübel des Rückformers mittels Längsfördereinrichtung über den Mischer des Geräts hinweg der zweiten Einbauvorrichtung zugeführt.

Eine weitere Variante stellt das Verfahren „Rückformen ohne Veränderung der Asphaltzusammensetzung in Verbindung mit dem Einbau einer neuen Asphaltdeckschicht mit demselben Gerät“ (**Repave**) dar. Dabei wird die zu bearbeitende Schicht nach Verfahren (a) behandelt und die neue Asphaltdeckschicht entsprechend dem Remix-Plus-Verfahren aufgebracht.

Die Auswahl des anzuwendenden Rückformverfahrens muss unter Berücksichtigung des für das jeweilige Vorhaben maßgeblichen Sanierungs- oder Erhaltungsziels getroffen werden. Dieses wiederum ist vom konkreten Schadensbild und dessen Ursachen abzuleiten. Dazu sind effektive Voruntersuchungen zu planen und durchzuführen.

Die Ergebnisse dieser Untersuchungen müssen eindeutig die Schadensursachen definieren. Grundsätzliche Voraussetzung für die Anwendung eines Verfahrens der Baulichen Erhaltung – auch der Rückformverfahren – ist dabei immer, dass die zu beseitigenden Mängel an der Fahrbahnoberfläche oder zumindest im oberflächennahen Bereich liegen. Tragfähigkeitsmängel der Gesamtbefestigung und deren an der Fahrbahnoberfläche sichtbare Auswirkungen wie beispielsweise Netzrisse können durch Rückformen nicht beseitigt werden.

Trotzdem kann durch Rückformverfahren, sofern größere Mengen Ergänzungsmischgut zugegeben oder im Remix-Compact-, Remix-Plus- oder Repave-Verfahren neue Schichten aus werksgemischtem Asphalt aufgelegt werden, eine begrenzte Tragfähigkeitsverbesserung erzielt werden. Hinzu kommt der tragfähigkeitssteigernde Effekt der Verhinderung des Wasserzutritts zur Befestigung durch die oberflächliche Abdichtung der Fahrbahnbefestigung mit einer neuwertigen, profilgerechten und dichten Asphaltdeckschicht.

Kommentar

(2) Einsatzmöglichkeiten und Grenzen

Voruntersuchungen sind auch vor der Anwendung des **Rückformverfahrens mit Kleingeräten** bei der Sanierung von Fahrbahnteilbereichen wie schadhaften Längsnähten oder Randbereichen sowie Setzungen in Verfüllbereichen längsverlaufender Leitungen anzustellen. Bei der Reparatur geöffneter Nähte von Asphaltdeckschichten ist beispielsweise von Bedeutung, dass Lage und Zustand der zugehörigen Naht der Asphaltbinderschicht erkundet werden. Liegen beide Nähte direkt übereinander oder dicht beieinander und weisen beide Asphaltschichten Risse auf, ist die Sanierung der oberen Naht mittels Rückformverfahren nicht sinnvoll.

Sollen abgesenkte Befestigungen in **Leitungsgrabenbereichen** bearbeitet werden, z. B. um eine funktionsfähige Entwässerung sicherzustellen, ist nachzuweisen, dass die Setzungen der Verfüllung weitestgehend abgeklungen sind. Andernfalls würde der Erfolg des Verfahrens nicht von langfristiger Dauer sein.

Liegt eine zu geringe **Griffigkeit** der Fahrbahnoberfläche vor und ist der Griffigkeitsverlust in der Polierfähigkeit des vorhandenen Gesteins begründet, können mit dem Verfahren (a), dem Rückformen ohne Veränderung der Asphaltzusammensetzung (Reshape), keine nachhaltigen Verbesserungen des Fahrbahnzustands erzielt werden. In diesem Fall wäre die unmittelbar nach der Durchführung des Verfahrens erreichte Verbesserung der Griffigkeit nur von begrenzter Dauer: Die durch die Umwälzung der Gesteinskörner nunmehr an der Oberfläche positionierten, noch unpolierten Gesteinskörner würden durch den Verkehr wiederum poliert, da die Eigenschaften der Gesteinskörnung nicht verändert werden. Auch bei Zugabe von Gesteinskörnungen mit einer höheren Polierresistenz lässt sich die (resultierende) Polierresistenz der Gesteinskomponente nur in begrenztem Umfang verbessern.

Griffigkeitsmängel infolge von **Bindemittelanreicherung** können behoben werden, indem Ergänzungsmischgut mit einem geringeren Bindemittelanteil zugegeben und so das resultierende Asphaltmischgut abgemagert wird.

Für die Beseitigung von Mängeln in der **Ebenheit im Querprofil**, d. h. bei Vorhandensein von Spurrinnen, gilt Ähnliches beim Reshape-Verfahren, sofern die Ursachen für den geringen Verformungswiderstand des Asphalts allein in der zu bearbeitenden Schicht und ihrer Konzeption (z. B. zu weiches Bindemittel, ungeeignete Sieblinie) liegen. In diesem Fall kann das Verfahren nur zeitweilige und kurzfristige Erfolge bringen. Auch die geringfügige Verhärtung des Bindemittels durch die thermische Beanspruchung bei der Bearbeitung verbessert die Verformungsbeständigkeit des Asphalts nur in geringem Umfang. Anders liegen die Dinge, wenn die Verformungen durch eine außergewöhnliche Verkehrsbeanspruchung – etwa durch eine zeitweilig höhere Belastung der Fahrbahn durch Umleitungsverkehr – entstanden sind. Hier kann das Verfahren (a) wirtschaftlich und technisch sinnvoll angewendet werden.

Das Verfahren (b) hingegen kann angewendet werden, obwohl die Ursachen des geringen Verformungswiderstands allein in der zu bearbeitenden Schicht liegen, da die Asphaltzusammensetzung verändert und durch Zugabe von Ergänzungsmaterialien wie Asphaltmischgut und/oder Bindemittel den Anforderungen angepasst werden kann. Durch spezifisch konzipierte Zugaben fehlender Baustoffkomponenten, wie z. B. Grobkorn oder Bindemittel, lassen

Kommentar

sich die Asphalteigenschaften optimieren. Somit lassen sich Mängel im Querprofil dauerhaft beseitigen, wenn sie allein auf die Zusammensetzung der zu bearbeitenden Schicht zurückzuführen sind.

Ähnliches gilt für die Beseitigung von Mängeln der **Ebenheit im Längsprofil**, die beim Einbau der Asphaltdeckschicht – etwa durch vielfachen Fertigerstillstand – entstanden sind, oder für die Behebung von Verdichtungsmängeln, die zur Verweigerung der Abnahme bzw. zu hohen Preisabzügen führen würden. Auch in solchen Fällen ist das Rückformverfahren (a), bei sonst mängelfreiem Asphaltmischgut, zur Anwendung zu empfehlen.

Liegen sowohl **Einbaufehler** als auch Mängel in der Asphaltmischgutzusammensetzung (z. B. ein zu geringer Grobkornanteil) vor, ist der Einsatz des Remix-Verfahrens bei der Beseitigung von Mängeln an neuen Asphaltdeckschichten denkbar.

Substanzmängel wie Ausmagerungen und Kornausbrüche – sofern Letztere nicht auf hohe Anteile an verwittertem Korn zurückzuführen sind – können nicht ohne Veränderung der Asphaltzusammensetzung behoben werden. Somit ist hier das Remix-Verfahren anzuwenden.

Die Beseitigung von **Netzrissen** ist fast immer problematisch, weil sie entweder die Folge mangelhafter Tragfähigkeit oder das Resultat ungenügenden Formänderungsvermögens versprödeter Bindemittel sind. In beiden Fällen sind die Rückformverfahren nicht anzuwenden. Nur wenn die Netzrissbildung eindeutig durch einen zu geringen Bindemittelgehalt verursacht ist, kann das Verfahren (b) mit Aussicht auf Erfolg durchgeführt werden.

Die Varianten „Remix Compact“ (Verfahren (c)) und „Remix Plus“, d. h. das Verändern der Zusammensetzung einer Asphaltschicht in Kombination mit dem Aufbringen einer neuen dünnen Asphaltdeckschicht, sind die am weitestgehenden Formen der **Rückformtechnologien**. Mit ihnen können die Oberflächeneigenschaften durch den Einbau werksgemischten Asphalts vollständig den aktuellen Anforderungen angepasst werden. Die Anwendbarkeit der beiden Verfahren wird maßgeblich durch die Gegebenheiten des jeweiligen Fahrbahnzustands bestimmt.

Für das Verfahren (c) müssen grundsätzlich zwei Fahrstreifen zur Verfügung stehen, weil der für den Einbau der dünnen Asphaltdeckschicht benötigte Straßenfertiger von der Seite beschickt werden muss. Bei der Erneuerung einer zweistreifigen Fahrbahn ist daher eine Vollsperrung erforderlich. Dies ist beim Verfahren „Remix Plus“ nicht der Fall, weil die Beschickung des Aufnahmekübels des Rückformgeräts von der aufgeheizten und noch nicht bearbeiteten Fläche vor dem Remixer erfolgt. Allerdings muss das Rückformgerät beim Remix-Plus-Verfahren über zwei Einbauvorrichtungen verfügen. Gleiches gilt auch für die Anwendung des Verfahrens „Repave“, bei dem die zu bearbeitende Schicht in ihrer Zusammensetzung nicht oder nur in geringem Umfang durch die Zugabe von Bindemittel über die Vorrichtungen des Rückformgeräts verändert werden kann und eine neue dünne Asphaltdeckschicht aufgebracht wird.

Die Rückformverfahren finden Anwendung auf Verkehrswegen aller Belastungsklassen, allerdings gibt es Einschränkungen hinsichtlich der Asphaltart und ihrer Zusammensetzung.

Walzasphaltschichten sind für die Anwendung des Rückformverfahrens geeignet. Gussasphaltschichten können hingegen nicht bearbeitet werden,

Kommentar

weil diese aufgrund des hohen Anteils an hartem Bindemittel Verarbeitungstemperaturen erfordern, die mit dem indirekten Heizverfahren wirtschaftlich nicht erreichbar sind. Weiterhin dürfen Schichten, die teer- oder pechhaltige Bindemittel enthalten, nicht mit Rückformverfahren bearbeitet werden, weil bei ihrer Erwärmung gesundheitsgefährdende Emissionen entstehen.

Das Rückformen von Fahrbahndecken mit Oberflächenbehandlungen ist nicht vorgesehen, weil die Schichten der Oberflächenbehandlungen nach längerer Nutzungsdauer oftmals Bindemittelanreicherungen – speziell in den Rollspuren von Lastfahrstreifen – an der Oberfläche zeigen, die beim Aufheizen in Brand geraten können. Oberflächenbehandlungen sind daher i. d. R. vor dem Rückformen abzufräsen.

Zusammenfassend können die Verfahren des Rückformens auf Fahrbahnen in voller Breite, in Fahrstreifenbreite sowie in Teilbereichen angewendet werden. Sie sind geeignet zur Beseitigung von Mängeln bezüglich der Ebenheit in Längs- und Querrichtung, sofern diese nicht durch Tragfähigkeitsdefizite verursacht sind, zur Behebung von eingetretenen Griffigkeitsmängeln aus polierten Gesteinsoberflächen oder Bindemittelanreicherungen sowie von Oberflächenschäden wie Ausmagerungen und Kornausbrüchen.

Im kleinflächigen Bereich können vornehmlich geöffnete Mittellängs- und Fertigungsnähte in Asphaltdeckschichten sachgerecht und optimal saniert werden. Gleiches gilt für die Instandsetzung von Asphaltbefestigungen in Bereichen verfüllter längsverlaufender Leitungen, die Setzungen und Rissbildungen an den Anschlussbereichen aufweisen. Auch schadhafte Fahrbahnrandbereiche können mit Rückformgeräten instand gesetzt werden.

Im Zuge der Fortschreibung der ZTV BEA-StB 09/13 wird das Rückformen künftig voraussichtlich nicht mehr enthalten sein. Hintergrund dafür ist, dass die praktische Bedeutung des Verfahrens mittlerweile sehr gering ist. Zum einen bedarf das Aufwärmen eines hohen Energieaufwands und birgt bei der unsachgemäßen Durchführung die Gefahr der starken Bindemittelalterung, zum anderen existieren mit den anderen Instandsetzungsverfahren weitere geeignete Möglichkeiten zur Erhaltung, sodass es für das Rückformen kaum noch Anwendungsbereiche gibt. Die Anwendung beschränkt sich derzeit lediglich auf Maßnahmen zur Mängelbeseitigung an Asphaltdeckschichten bei Unebenheiten in Längs- und/oder Querrichtung.

3.4.4.3 Baustoffe, Baustoffgemische

Zu unterscheiden sind:

- *die zu bearbeitende Schicht,*
- *die Baustoffe und Baustoffgemische zur Veränderung der Asphaltmischgutzusammensetzung (Ergänzungsmaterialien),*
- *das resultierende Asphaltmischgut.*

3.4.4.3.1 Zu bearbeitende Schicht

Von der zu bearbeitenden Schicht sollen in der Leistungsbeschreibung mindestens festgelegt werden:

- *Schichtdicke,*
- *Asphaltmischgutart,*
- *Korngrößenverteilung,*
- *Anteil gebrochener Kornoberflächen,*
- *Bindemittelart und -gehalt,*
- *Erweichungspunkt Ring und Kugel,*
- *Gesteinsart.*

Zusätzliche Untersuchungen der Eignung der Gesteinskörnungen sind notwendig, wenn kein güteüberwachtes Gestein eingesetzt wurde.

Der Erweichungspunkt Ring und Kugel des Bindemittels der zu bearbeitenden Schicht darf bei der Herstellung von Asphaltdeckschichten 60 °C und bei Schichten, die überbaut werden, 65 °C nicht überschreiten.

3.4.4.3.2 Ergänzungsmaterialien

Die Baustoffe und Baustoffgemische sind so zu wählen und zu bemessen, dass die Anforderungen an das resultierende Asphaltmischgut erfüllt werden. Dies ist im Rahmen des Eignungsnachweises zu belegen.

Die Zusammensetzung des Ergänzungsmischgutes ist so zu wählen, dass Herstellung, Transportfähigkeit und Verarbeitung gewährleistet sind.

Als Bindemittel dürfen keine weicheren Sorten als Straßenbaubitumen 70/100 verwendet werden.

Das Ergänzungsmischgut unterliegt keiner CE-Kennzeichnung.

3.4.4.3.3 Resultierendes Asphaltmischgut, Schichteigenschaften

Für das resultierende Asphaltmischgut und dessen Schichteigenschaften gelten die Anforderungen der TL Asphalt-StB und der ZTV Asphalt-StB. Das damit vor Ort entstehende Asphaltmischgut unterliegt keiner CE-Kennzeichnung.

In der Leistungsbeschreibung sind festzulegen:

- *Art und Sorte des resultierenden Asphaltmischgutes,*
- *Dicke der fertigen Schicht.*

Kommentar

(1) Baustoffe und Baustoffgemische

Da das resultierende Asphaltmischgut beim Rückformen mit Veränderung der Asphaltmischgutzusammensetzung (Verfahren (b) und (c)) immer auf der Baustelle unter Verwendung von Asphalt der betreffenden Befestigung hergestellt wird, gelten durch den Auftragnehmer vorzulegende Eignungsnachweise für das resultierende Asphaltmischgut ausschließlich für das jeweilige Bauvorhaben. Eine zeitliche Gültigkeit derartiger Nachweise existiert ebenso wenig wie die Möglichkeit der Anwendung für andere Erhaltungsmaßnahmen.

Für die im Remix-Compact-Verfahren (Verfahren (c)) bzw. im Remix-Plus- oder Repave-Verfahren auf die rückgeformte Schicht aufzulegenden werksgemischten Neuasphalte gelten die Regelungen in den TL Asphalt-StB, d. h., die Erstprüfungen haben eine Gültigkeit von höchstens fünf Jahren. Diese Asphalte für die neue Asphaltdeckschicht sind als nicht bauvorhabenbezogen zu betrachten.

Für das Rückformen nach dem Verfahren (a) – Reshape – ist kein **Eignungsnachweis** erforderlich, weil die Zusammensetzung des zu bearbeitenden Asphaltmischguts nicht verändert wird.

Die Untersuchung der Zusammensetzung und der Eigenschaften der ggf. für das Rückformen vorgesehenen Asphaltschicht ist unabdingbare Voraussetzung für eine sachgerechte Entscheidung. Von besonderem Interesse sind dabei die Eigenschaften des Bindemittels. Diese werden u. a. durch den Erweichungspunkt Ring und Kugel – bestimmt nach DIN EN 1427 – charakterisiert. Dieser Kennwert begrenzt zugleich die Anwendbarkeit der Rückformverfahren.

So ist festgelegt, dass der **Erweichungspunkt Ring und Kugel** des Bindemittels der zu bearbeitenden Schicht bei der Herstellung von Asphaltdeckschichten 60 °C bzw. von überdeckten Schichten 65 °C nicht überschreiten darf. Damit soll die Wärmebehandlung zu stark gealterter und versprödeter Straßenbaubitumen ausgeschlossen werden. Dies bedeutet jedoch gleichzeitig, dass die Bearbeitung von Asphalten, die mit gebrauchsfertigen Polymermodifizierten Bitumen hergestellt worden sind, mit Rückformverfahren im Prinzip nicht möglich ist, da ihr Erweichungspunkt bereits bei der Abnahme der neu hergestellten Asphaltschicht oberhalb dieser Grenzwerte liegen kann (vgl. ZTV Asphalt-StB 07/13).

Allerdings wurden bereits Erhaltungsmaßnahmen durchgeführt, bei denen Splittmastixasphalte mit Polymermodifizierten Bitumen rückgeformt wurden. Die Ergebnisse zeigen, dass der Ausschluss von Asphaltmischgut mit Polymermodifiziertem Bitumen technisch nicht erforderlich und daher nicht sinnvoll ist. Schlussfolgernd daraus sollten bei den Voruntersuchungen der Bindemittel bei festgestellten Erweichungspunkten Ring und Kugel über 60 °C bzw. 65 °C ergänzende Bestimmungen der **Elastischen Rückstellung** des Bindemittels durchgeführt werden. Beträgt die Elastische Rückstellung dabei mindestens 40 %, auch bei vorzeitigem Reißen des Fadens (Fadenlänge ist anzugeben), ist das Vorhandensein von wirksamem Polymermodifiziertem Bitumen nachgewiesen.

Die möglichen **Einsatzgrenzen** könnten in diesen Fällen um mindestens 3 K auf 63 °C für Asphaltdeckschichten und 68 °C für überdeckte Schichten angehoben werden. Für das **resultierende Asphaltmischgut** sollten im

Kommentar

Rahmen der Erstprüfung zusätzlich an den zur Bestimmung von Raumdichte und Hohlraumgehalt hergestellten Marshall-Probekörpern vergleichende Spaltzugfestigkeitsprüfungen mit Querdehnungsmessung in Anlehnung an die TP Asphalt-StB durchgeführt werden. Als Bezugsgröße zur Bewertung sind Ergebnisse von Untersuchungen an werksgemischtem neuen Splittmastixasphalt heranzuziehen. Wenn dabei 85 % der Werte des Neumaterials erreicht werden, können erfahrungsgemäß die Anforderungen an das resultierende Asphaltmischgut als erfüllt gelten.

Die im Zuge der Erarbeitung der **Eignungsnachweise** durchzuführenden Berechnung des Erweichungspunktes Ring und Kugel des Bindemittels im resultierenden Asphaltmischgut $T_{R\&Bmix}$ dient lediglich der Schaffung eines Bezugswertes für die Beurteilung der Bindemitteleigenschaften im Rahmen der Eigenüberwachungs- und Kontrollprüfungen. Der Bezugswert darf bei diesen Prüfungen um nicht mehr als 8 K überschritten werden. Da bei der Berechnung von $T_{R\&Bmix}$ der obere Grenzwert der jeweiligen Sortenspanne des separat oder über das Ergänzungsmischgut zuzugebenden Bindemittels zum Ansatz kommt, entsteht – besonders in Grenzfällen – ein Potenzial für Streitigkeiten. Um diese Gefahr zu minimieren, ist zu empfehlen, den Erweichungspunkt $T_{R\&Bmix}$ tatsächlich mit Prüfungen an rückgewonnenem Bindemittel zu bestimmen. Dies ist umso naheliegender, als ohnehin festgelegt ist, die Zusammensetzung des resultierenden Asphaltmischguts durch Extraktion zu überprüfen.

Überdies ist bei der Beurteilung des Formänderungsvermögens eines resultierenden Asphaltmischguts davon auszugehen, dass das „resultierende Bindemittel" aus Bindemittel im zu bearbeitenden Asphalt und Neubindemittel keineswegs so beschaffen ist, wie es im labormäßig aus der Extraktionsbindemittellösung rückgewonnenen Bindemittel den Anschein hat. Im resultierenden Asphaltgemisch findet keine vollständige Durchdringung und Vermischung der beiden Bindemittelkomponenten „alt" und „neu" statt. Es ist auch hier wieder angeraten, spezielle Prüfungen zur Bestimmung des Formänderungsvermögens, wie z. B. Spaltzug- oder axiale Zugfestigkeitsprüfungen in Verbindung mit Dehnungsmessungen sowie Spurbildungstests, in die Voruntersuchungsprogramme einzubeziehen. Diese speziellen Untersuchungen könnten seitens der Auftraggeber über die Leistungsbeschreibungen abgefordert werden.

Von großer Bedeutung bei der Erarbeitung von Eignungsnachweisen durch autorisierte Prüfstellen ist auch die Vorgabe der **technologischen Parameter** wie Arbeitsbreite und -tiefe, der Dicken der zu bearbeitenden und der resultierenden Schicht sowie der möglichen Mischerdurchsatzleistung des zur Verwendung vorgesehenen Rückformgeräts durch das ausführende Unternehmen. Dies gilt insbesondere dann, wenn die gewünschten Veränderungen der Eigenschaften des Asphalts nur durch die Zugabe größerer Mengen Ergänzungsmischgut erreicht werden können, wie z. B. bei der vorgesehenen Nutzung einer Asphaltdeckschicht als Asphaltbinderschicht.

(2) Gerätetechnik

Besonders zu beachten ist, dass die zur Verfügung stehenden Rückformgeräte mit heizbaren Bitumentanks ausgerüstet sind, über die dem resultie-

Kommentar

renden Asphaltmischgut Bitumenanteile zugegeben werden können, die im Ergänzungsmischgut nicht unterzubringen sind.

Für das gesamte Leistungsspektrum stehen spezielle Gerätesysteme zur Verfügung. *Tabelle 1* enthält eine Zusammenstellung der Gerätekombinationen sowie ihrer maßgeblichen technischen Parameter.

Bei den kleinflächig einsetzbaren Rückformgeräten (siehe *Tabelle 1*) ist zu beachten, dass der Remixer 2500, der für Arbeitsbreiten zwischen 1,5 m und 2,5 m ausgelegt ist, über kein eigenes Heizsystem verfügt (siehe *Bild 1* und *Bild 2*). Sämtliche Heizleistungen müssen daher von der vorlaufenden Heizmaschine erbracht werden. Dies bedeutet, dass das Arbeiten bei kühlem Wetter und/oder bei starkem Wind erschwert und ggf. einzustellen ist. Auch verfügt dieses Gerät nicht über einen Zwangsmischer, sondern lediglich

Tabelle 1 Gerätesysteme für das Rückformen von Groß- und Teilflächen – maßgebliche technische Parameter

Gerätesysteme für Rückformen							
Gerätetyp		**Heizmaschine**	**Remixer[1)]**	**Heizmaschine**	**Remixer**	**Remixer[2)]**	**Remixer[2)]**
Gerät		HM 4500	Remixer 4500	Heizmaschine 2500	Remixer 2500	Remixer 600	Remixer 300
Arbeitsbreite	[mm]	3000–4500		1500–2500		600	300
Betriebsgewicht CE	[kg]	19700	47900	8540	15380	4130	3300
Betriebsgew. max.	[kg]	22600	49900	9840	16130	4580	3750
Länge[3)]	[mm]	11100	15600	7500	5800	3950	3950
Breite[3)]	[mm]	2500	3000	1700	2200	1490	1490
Höhe[3)]	[mm]	3000	3000	3000	2500	2460	2460
Mischertyp – Zwangsmischer – Rotormischwelle		 – –	 ja nein	 – –	 nein ja	 nein ja	 nein ja
Bitumentank	[l]	–	1600	–	560	138	138
Gastank	[l]	6000	5300	2650	–	–	–
Gasflaschen 33 kg	[Stck.]	–	–	–	–	6	6
Aufnahmekübel[4)]	[m³]	–	6	–	1,5	0,15	0,15
Arbeitsbreite		variabel[5)]	variabel[6)]	variabel[5)]	variabel[6)]	fest	fest
Heizleistung max.	[kW]	2260	1445	1340	–	305	205

1) mit integrierten Heizelementen
2) sämtliche Heizelemente integriert
3) Verschiffungsmaße
4) für Ergänzungs- oder Neumischgut
5) enggestuft
6) stufenlos

Kommentar

Bild 1 Aufheizen der Deckschicht beim Rückformen von Kleinflächen

Bild 2 Rückformen von Kleinflächen mit Kleinremixer

über eine Rotormischwelle zur Auflockerung des zu bearbeitenden Asphalts sowie zur Einarbeitung des Ergänzungsmischguts und eventuell zuzugebenden Bindemittels.

Die Ausführungen bezüglich des Mischsystems gelten auch für die Nahtremixer, die für eine Arbeitsbreite von 30 cm bzw. 60 cm konzipiert sind.

Allen Gerätekonfigurationen ist gemeinsam, dass die aufgeheizte Fläche beidseitig je 10 cm breiter ist als die Auflockerungs- und Einbaubreite. So wird sichergestellt, dass stets heiß an heiß gebaut und verdichtet wird. Nahtprobleme wie beim Einbau heiß an kalt werden dadurch vermieden.

3.4.4.4 Ausführung

3.4.4.4.1 Herstellen der Schichten

Die Asphaltschichten sind so herzustellen, dass ihre Beschaffenheit gleichmäßig ist.

Zur Ausführung der Bauverfahren sind indirekt wirkende, selbstfahrende, aus mehreren höhenverstellbaren Feldern bestehende Heizgeräte sowie selbstfahrende Spezialmaschinen (Remixer) und Walzen erforderlich.

Die vorhandene Asphaltschicht ist schonend so aufzuheizen, dass eine Bearbeitung bis auf die vorgesehene Tiefe möglich ist. Eine thermische Überbeanspruchung des Bindemittels ist zu vermeiden. Heizleistung und Vortriebsgeschwindigkeit sind so zu wählen, dass in der Asphaltschicht eine für den Verdichtungsvorgang ausreichend hohe Temperatur erreicht wird.

Der Einsatz zusätzlicher Heizgeräte ist bei ungünstigen Wetterverhältnissen oder bei größeren Auflockerungstiefen erforderlich.

Bei mehrstreifigem Einbau ist die Längskante des bereits bearbeiteten Streifens mindestens in der Breite von 5 cm mit aufzunehmen.

Die Oberfläche der zur Wiederverwendung vorgesehenen Schicht muss sauber sein.

Bei Einbauten (Schächte, Schieber usw.) in der Verkehrsflächenbefestigung sowie bei höhengebundenen Randeinfassungen sind die Anschlüsse als Fugen herzustellen.

Hierfür ist im Leistungsverzeichnis eine gesonderte Ordnungszahl aufzunehmen.

Für die bearbeitete Schicht muss vor Verkehrsfreigabe eine Auskühlzeit von mindestens 24 Stunden eingehalten werden.

3.4.4.4.2 Bearbeitung der Oberfläche

Mit dem Rückformverfahren hergestellte Asphaltdeckschichten müssen eine dem Verwendungszweck angemessene Rauheit aufweisen.

Abstumpfungsmaßnahmen sind zur Erhöhung der Anfangsgriffigkeit erforderlich. Eine Abstumpfung kann beispielsweise erreicht werden durch Abstreuen und Einwalzen von rohem oder bindemittelumhülltem Abstreumaterial der Lieferkörnungen 1/3 oder 2/5.

Das Abstreumaterial ist dabei auf die Oberfläche der noch heißen Schicht so frühzeitig aufzubringen, dass es durch das Walzen fest eingedrückt wird. Nicht gebundenes Abstreumaterial ist zu entfernen.

Für das Abstumpfen der Oberfläche ist in der Leistungsbeschreibung eine gesonderte Ordnungszahl vorzusehen. Als Richtwerte für die aufzubringende Menge des Abstreumaterials werden empfohlen:

- *Gesteinskörnung der Lieferkörnung 1/3 mit einem Anteil gebrochener Kornoberflächen der Kategorie $C_{90/1}$ 0,5 bis 1,0 kg/m², *
- *Gesteinskörnung der Lieferkörnung 2/5 mit einem Anteil gebrochener Kornoberflächen der Kategorie $C_{90/1}$ 1,0 bis 2,0 kg/m².*

Bei der Wahl der Lieferkörnung des Abstreumaterials ist zu berücksichtigen, ob zusätzlich lärmtechnische Anforderungen zu erfüllen sind. Dann ist die Lieferkörnung 1/3 festzulegen.

Kommentar

(1) Ausführung

Die Ausführung von Rückformverfahren muss Unternehmen übertragen werden, die einerseits über die gerätetechnischen Voraussetzungen verfügen und andererseits die fachliche Kompetenz, d. h. entsprechende Referenzen, nachweisen können.

Für das Rückformen kommen in erster Linie Asphaltdeckschichten in Betracht. In bestimmten Fällen können nach Abfräsen von Asphaltdeckschichten auch Asphaltbinderschichten mit Rückformverfahren bearbeitet werden. Dies ist beispielsweise dann sinnvoll, wenn in den Voruntersuchungen Mängel in der Zusammensetzung der Asphaltbinderschicht als Ursache für aufgetretene Verformungen festgestellt wurden, die durch die Ergänzung mit Asphaltmischgut behoben werden können. In diesem Fall ist die Asphaltdeckschicht abzufräsen und die Asphaltbinderschicht mittels des Rückformverfahrens (b), des Remix-Verfahrens, den Erfordernissen anzupassen. Gegebenenfalls könnte auch Verfahren (c), das Remix-Compact-Verfahren, angewendet werden. Dabei wäre dann die neue Asphaltdeckschicht mit einem zusätzlichen Fertiger aufzubringen.

Die Dicken der Asphaltdeck- oder Asphaltbinderschichten sind dabei stets unter Berücksichtigung der Art des resultierenden Asphaltmischguts – in Abhängigkeit von Verkehrsbelastung und Größtkorndurchmesser sowie unter Beachtung der Festlegungen in den ZTV Asphalt-StB zu konzipieren.

Zudem ist unbedingt die gerätetechnisch maximale Menge Ergänzungsmischgut, die zugegeben werden kann, in die Betrachtung einzubeziehen. Dabei spielen wegen des Materialdurchsatzes durch den Mischer auch die jeweils vorgesehene Arbeitstiefe und die Arbeitsbreite des Rückformgeräts eine Rolle.

Bei den Verfahren Remix Compact (Verfahren (c)), Remix Plus oder Repave kann die neue Schicht in reduzierter Dicke (2,0 cm bis 2,5 cm) aufgebracht werden. Da der Einbau heiß auf heiß ausgeführt wird, muss keine Kornzertrümmerung bei der Walzverdichtung befürchtet werden. Beide Schichten werden gemeinsam in einem Arbeitsgang verdichtet und damit verzahnt.

Kommentar

(1.1) Unterlage

Im Sinne der ZTV BEA-StB ist die Unterlage der Bereich unter der jeweils herzustellenden bzw. der zu behandelnden Schicht. Für das Rückformen bedeutet dies, dass die Unterlage bei einer vorgesehenen Bearbeitung der Asphaltdeckschicht mit Verfahren (a) – Reshape – bis zu 4 cm Tiefe i. d. R. die Asphaltbinderschicht ist. Erfolgt die Bearbeitung der zu sanierenden Asphaltdeckschicht mit dem Verfahren (b) – Remix –, jedoch nur bis zu einer Tiefe von 2 cm oder 3 cm, so ist der nicht berührte Teil der Asphaltdeckschicht als Unterlage anzusehen. Um eine neue Asphaltdeckschicht in einer Dicke von 4 cm herzustellen, sind dem jeweils aufgenommenen Asphalt dann 50 kg/m² bzw. 25 kg/m² Ergänzungsmischgut zuzugeben.

Die Unterlage muss bei Anwendung aller Rückformverfahren geeignet sein, das bedeutet verformungsbeständig und ausreichend tragfähig. Dies gilt insbesondere in den unteren Bauklassen für den Einsatz von Rückformgroßgeräten, da diese zudem hohe Belastungen in die Konstruktion eintragen.

Beim Rückformen ist die Unterlage vor Beginn der Arbeiten immer vor direkten Wettereinflüssen geschützt. Regenwasser, Schnee oder Eis können sich daher nur an der Oberfläche befinden. Dennoch sind auch dann Rückformarbeiten grundsätzlich nicht auszuführen. Bei besonders dringenden Fällen besteht allerdings die Möglichkeit, vor der eigentlichen Bearbeitung Regenwasser, Schnee und Eis durch zusätzliche Heizgeräte zu verdampfen.

Dabei ist zu berücksichtigen, dass in der zu bearbeitenden Schicht enthaltenes Wasser den Energiebedarf zum Aufheizen erheblich erhöht und die Arbeitsgeschwindigkeit beträchtlich reduziert. Wärmetechnische Berechnungen (Weinert 1994) haben ergeben, dass ein Wasseranteil von 1 % im Asphaltbelag in etwa den gleichen Energieeinsatz erfordert, der für die Erhitzung einer 1 cm dicken Asphaltschicht aufzuwenden ist. Werden in solchen Fällen keine zusätzlichen Heizgeräte eingesetzt, treten erhebliche Leistungsminderungen, d. h. deutliche Reduzierungen des Arbeitsfortschritts, ein.

Fahrbahnmarkierungen aus Plastikmassen oder Folien sind vor der Anwendung der Rückformverfahren abzufräsen oder anderweitig zu beseitigen. Würden diese Stoffe in das resultierende Asphaltmischgut eingearbeitet, wären sie darin Fremdkörper und Ausgangspunkt für künftige Schäden. Farbmarkierungen werden durch die Einwirkungen der Heizgeräte weitgehend zerstört und brauchen nicht entfernt zu werden.

Oberflächenbehandlungen sind aus Sicherheitsgründen (siehe ZTV BEA-StB 09/13, Abschnitt 3.4.4.2) und aufgrund des hohen Bindemittelanteils zuvor abzufräsen. Weiterhin müssen vorhandene Gussasphaltflickstellen oder Flickstellen aus warm- oder kalteinbaufähigem Asphaltmischgut vor dem Rückformen aus Walzasphaltdeckschichten entfernt werden (vgl. ZTV BEA-StB 09/13, Abschnitt 3.4.4.2).

(1.2) Bearbeitungstiefen

Hinsichtlich der Bearbeitungstiefe ist zu beachten, dass diese durch den Schichtenverbund zwischen der zu bearbeitenden und der darunterliegenden Schicht beeinflusst wird. Besteht Verbund, so kann die Bearbeitungstiefe frei gewählt werden. Fehlt der Schichtenverbund, so ist die obere Schicht unbedingt bis zur Schichtgrenze – besser 5 mm tiefer – zu bearbeiten. Werden

Kommentar

nach Abfräsen einer Asphaltdeckschicht Teile dickerer Asphaltbinderschichten rückgeformt, kann der Verbund zur Asphalttragschicht keine Berücksichtigung finden, weil die Bearbeitungstiefe generell auf 4 cm begrenzt bleiben sollte. In Einzelfällen jedoch kann auch eine Bearbeitungstiefe von bis zu 5 cm sinnvoll sein. Für Bearbeitungstiefen darüber hinaus ist das Rückformen nicht geeignet, da für diesen Fall das Aufheizen nur mit sehr langen Verweilzeiten der Heizgeräte auf der Asphaltschicht möglich ist, um über die gesamte Bearbeitungstiefe die ausreichende Asphaltmischguttemperatur zu erreichen. Zudem kann dabei eine thermische Überbeanspruchung des Bindemittels auftreten, was sich im Hinblick auf die Asphaltmischguteigenschaften negativ auswirken kann.

(1.3) Arbeitsgeschwindigkeit

Die Arbeitsgeschwindigkeit der Rückformgeräte richtet sich ausschließlich nach der installierten und wirksamen Heizleistung der Heizgeräte bzw. -elemente. Die Wärme wird an der Oberfläche der Fahrbahn über Wärmestrahlung eingetragen und in der zu bearbeitenden Schicht über Wärmeleitung bis zur Unterlage abgeleitet. Dazu ist Zeit erforderlich. Der Verlauf der Erwärmung der zu bearbeitenden Asphaltschicht kann *Bild 2* des Kommentars zu Abschnitt 3.4.4.1 und 3.4.4.2 entnommen werden. Enthält der Asphalt Wasser, muss zusätzlich Energie zum Verdampfen aufgewendet werden. Dadurch reduziert sich die Arbeitsgeschwindigkeit. Die Heiz- und Arbeitsbreite wirkt sich nicht auf die Vortriebsgeschwindigkeit aus, weil über die gesamte Breite identische Heizelemente installiert sind (siehe *Bild 1*).

Bild 1
Einsatz eines Großremixers mit Heizelementen über die gesamte Fahrstreifenbreite

Kommentar

Vor der Ausführung von Rückformarbeiten ist zu prüfen, ob in der Fahrbahn Einbauten wie Schächte und Schieber vorhanden sind. Wenn dies der Fall ist, so sind diese Einbauten vor der Bearbeitung mit den Rückformgeräten abzusenken und nach Abschluss der Arbeiten wieder zu heben und an die Fahrbahn anzupassen. Seitliche Einbauten wie Abläufe können in ihrer Position verbleiben, da die Aufnahme- und Einbauvorrichtungen der Rückformgeräte seitlich stufenlos verstellbar sind und an den entsprechenden Stellen bei Bedarf ein- und ausgefahren werden können. Bei erheblichem Dickenzuwachs durch Zugabe von größeren Mengen Ergänzungsmischgut und/oder Einbau von neuen Asphaltdeckschichten können allerdings Höhenanpassungen erforderlich werden.

(1.4) Verkehrsfreigabe

Die fertiggestellte rückgeformte Asphaltschicht benötigt vor der Verkehrsfreigabe eine ausreichende Auskühlzeit. Diese ist im Normalfall länger als beim üblichen Asphalteinbau, da beim Rückformen auch die Unterlage mit erwärmt wird und die Schicht dadurch langsamer auskühlt. Dies ist insbesondere unter sommerlichen Wetterbedingungen sowie bei größeren Gesamteinbaudicken unbedingt zu berücksichtigen. Unter Umständen muss die Dauer bis zur Verkehrsfreigabe über die vorgesehenen 24 Stunden hinaus verlängert werden.

Zur Herstellung der erforderlichen Anfangsgriffigkeit sind die gleichen Abstumpfungsmaßnahmen vorzunehmen, die im traditionellen Asphaltdeckenbau vorgesehen sind. In der Leistungsbeschreibung sind dafür die entsprechenden Anforderungen darzustellen.

(2) Qualitätssicherung und Prüfungen

Die Rückformarbeiten erfordern eine ständige und wirksame Eigenüberwachung. Im Rahmen der Eigenüberwachung sind zu kontrollieren und zu protokollieren:

- Lufttemperatur und Temperatur der Fahrbahnoberfläche[1] vor dem Aufheizen,
- Temperatur der freigelegten Unterlage[1] (nur bei Rückformer Remixer 4500 möglich),
- Beschaffenheit der Unterlage nach dem Freilegen hinsichtlich des Auflockerns zerstörter Gesteinskörner[2] (nur bei Rückformer Remixer 4500 möglich),
- Beschaffenheit des Ergänzungsmischguts bei der Anlieferung (visuell),
- Temperatur des Ergänzungsmischguts bei der Anlieferung,
- Beschaffenheit des resultierenden Asphaltmischguts vor der Einbaubohle,
- Temperatur des resultierenden Asphaltmischguts vor der Einbaubohle,
- Beschaffenheit der Oberfläche hinter der Einbaubohle (visuell),
- Einbaudicke der Schicht(en),
- profilgerechte Lage der Schicht(en) sowie
- Maßnahmen zur Erzielung der Anfangsgriffigkeit (Abstumpfung).

1 unter Verwendung berührungsloser Temperaturmessgeräte
2 bindemittelfreie Gesteinsbruchflächen deuten auf zu geringe Asphalttemperatur hin

Kommentar

Es sind Rückstellproben vom angelieferten Ergänzungsmischgut sowie vom hergestellten resultierenden Asphaltmischgut zu entnehmen und luftdicht verschlossen aufzubewahren. Werden Gesteinskörnungen vorgestreut und Bindemittel separat zugegeben, sind von diesen Baustoffen gleichfalls Proben zu entnehmen und rückzustellen. Die Probenahmen sollen mindestens einmal je Arbeitstag erfolgen, bei Tagesleistungen von mehr als 4 000 m^2 zweimal. Entsprechende Probenahmeprotokolle sind zu fertigen.

Im Rahmen der Kontrollprüfungen des Auftraggebers sind in Abhängigkeit vom angewendeten Rückformverfahren folgende Asphaltmischgutuntersuchungen vorgesehen:

Verfahren (a) – Rückformen ohne Veränderung der Asphaltmischgutzusammensetzung:

- Raumdichte und Hohlraumgehalt am Probekörper.

Verfahren (b) und (c) – Rückformen mit Veränderung der Asphaltmischgutzusammensetzung in Verbindung mit dem Einbau einer neuen Asphaltdeckschicht:

- Korngrößenverteilung,
- Zusätze,
- Bindemittelgehalt,
- Erweichungspunkt Ring und Kugel des rückgewonnenen Bindemittels,
- Raumdichte und Hohlraumgehalt am Probekörper.

Diese Untersuchungen sind sowohl für das resultierende Asphaltmischgut der rückgeformten Schicht bei den Verfahren (b) und (c) als auch für das werksgemischte Asphaltmischgut der neuen Asphaltdeckschicht beim Verfahren (c) durchzuführen. Es gelten immer die Anforderungen der TL Asphalt-StB sowie die Grenzwerte und Toleranzen nach den ZTV Asphalt-StB.

Nicht gefordert ist die Bestimmung der Elastischen Rückstellung am rückgewonnenen Bindemittel. Sofern vom Auftraggeber Anforderungen an die Elastische Rückstellung am rückgewonnenen Bindemittel des resultierenden Asphaltmischguts gestellt werden, ist die Ermittlung dieses Kennwertes nötig. Zudem muss dieser Kennwert für das Bindemittel des Asphalts der neuen Asphaltdeckschicht bei Verfahren (c) ermittelt werden, sofern dort ein Polymermodifiziertes Bitumen verarbeitet werden soll.

An der eingebauten Schicht sind für alle Rückformverfahren im Rahmen der Kontrollprüfung folgende Eigenschaften zu prüfen:

- profilgerechte Lage (Querneigung),
- Ebenheit,
- Einbaudicke bzw. Einbaumenge (nur für den Einbau einer neuen Asphaltdeckschicht),
- Hohlraumgehalt sowie
- Griffigkeit.

Für die Einbaudicke bzw. die Einbaumenge gelten die Ausführungen in den ZTV BEA-StB 09/13, Abschnitt 4. Alle anderen Eigenschaften müssen die Anforderungen nach den ZTV Asphalt-StB erfüllen.

3.4.4.5 Anforderungen

Die fertige Asphaltschicht muss den Anforderungen der ZTV Asphalt-StB entsprechen.

Kommentar

Die fertige Asphaltschicht muss die Anforderungen der ZTV Asphalt-StB erfüllen. Dies gilt grundsätzlich für alle Parameter, die im Rahmen von Eigenüberwachungs- und Kontrollprüfungen untersucht werden (siehe auch Abschnitt 3.4.4.4).

Lediglich bezüglich des Erweichungspunkts Ring und Kugel des resultierenden Bindemittels sowie bei der Schichtdicke oder der flächenbezogenen Einbaumenge gelten abweichende Regelungen: Bei der Bewertung des Erweichungspunkts Ring und Kugel gilt nicht der obere Wert der Sortengrenze des eingesetzten Bindemittels für den möglichen Anstieg von 8 K, sondern die entsprechende Angabe für $T_{R\&Bmix}$ im Eignungsnachweis.

Schichtdickennachweise sind beim Rückformen nur dann zu führen, wenn neue Asphaltdeckschichten gemäß Bauverfahren (c) eingebaut werden. In diesen Fällen darf die Einbaudicke bzw. die flächenbezogene Einbaumenge des Neumischguts den Sollwert im Mittel höchstens um 15 % unterschreiten, für die Einzelwerte gilt eine Toleranz von 25 % für die Unterschreitung der Einbaudicke bzw. -menge.

Für alle Leistungen, die mittels Rückformverfahren erbracht wurden, beträgt die Verjährungsfrist für Mängelansprüche zwei Jahre.

Literatur (zu Abschnitt 3.4.4–3.4.4.5)

DIN EN 1427: Bitumen und bitumenhaltige Bindemittel – Bestimmung des Erweichungspunktes – Ring- und Kugel-Verfahren, Ausgabe September 2015. Deutsches Institut für Normung e. V., Beuth Verlag, Berlin 2015.

DIN EN 13398: Bitumen und bitumenhaltige Bindemittel – Bestimmung der elastischen Rückstellung von modifiziertem Bitumen, Ausgabe Februar 2018. Deutsches Institut für Normung e. V., Beuth Verlag, Berlin 2018.

M RF: Merkblatt für das Rückformen von Asphaltschichten, Ausgabe 2002. Forschungsgesellschaft für Straßen- und Verkehrswesen, FGSV Verlag, Köln 2002.

TL Asphalt-StB 07/13: Technische Lieferbedingungen für Asphaltmischgut für den Bau von Verkehrsflächenbefestigungen, Ausgabe 2007/Fassung 2013. Forschungsgesellschaft für Straßen- und Verkehrswesen, FGSV Verlag, Köln 2014.

TP Asphalt-StB 07, Teil 23: Technische Prüfvorschriften für Asphalt, Teil 23: Spaltzugfestigkeit von Asphalt-Probekörpern, Ausgabe 2007. Forschungsgesellschaft für Straßen- und Verkehrswesen, FGSV Verlag, Köln 2008.

Weinert, F.: Darwin Airport – Recyclingarbeiten. Unveröffentlichte Ausarbeitung der Nievelt-Labor Deutschland GmbH, August 1994.

Wirtgen: Material- und verfahrenstechnische Grundlagen der Heiß-Recycling-Verfahren; S. 58. Eigenverlag Firma Wirtgen, Windhagen März 1990.

ZTV Asphalt-StB 07/13: Zusätzliche Technische Vertragsbedingungen und Richtlinien für den Bau von Verkehrsflächenbefestigungen aus Asphalt, Ausgabe 2007/Fassung 2013. Forschungsgesellschaft für Straßen- und Verkehrswesen, FGSV Verlag, Köln 2014.

3.4.5 Ersatz einer Asphaltdeckschicht – EAD

3.4.5.1 Allgemeines

Der Ersatz einer Asphaltdeckschicht erfolgt nach dem Fräsen der vorhandenen Asphaltdeckschicht durch Neueinbau einer Asphaltdeckschicht aus Asphaltbeton, Splittmastixasphalt, Gussasphalt oder Offenporigem Asphalt entsprechend den Anforderungen der ZTV Asphalt-StB, sofern nachfolgend keine anderen Festlegungen getroffen werden.

3.4.5.2 Anwendung

Der Ersatz einer Asphaltdeckschicht ist dann vorzusehen, wenn die Ursachen der Mängel allein auf die Asphaltdeckschicht beschränkt und durch andere Instandsetzungsverfahren nicht wirtschaftlich zu beseitigen sind. Der Ersatz einer Asphaltdeckschicht erfolgt bei:

- *mangelnder Ebenheit infolge von Verformungen im Längs- oder Querprofil,*
- *mangelnder Griffigkeit infolge von Bindemittelanreicherungen oder von polierten Kornoberflächen,*
- *Substanzmängeln.*

Weitere Kriterien für die Anwendung dieses Verfahrens können die Höhenvorgabe durch feste Einbauten, Randeinfassungen sowie Lichte Höhen unter Überführungsbauwerken u. Ä. sein.

Bei der Wahl der Asphaltdeckschichtart und Asphaltmischgutsorte sowie der zu verwendenden Bindemittel sind die ZTV Asphalt-StB 07/13, Tabellen 1 und 2, zu beachten.

Kommentar

Der Ersatz einer Asphaltdeckschicht gilt in der Reihe der Instandsetzungsverfahren als **das** Verfahren mit den größten Erfolgsaussichten im Hinblick auf Beseitigung von Ebenheitsmängeln im Längs- und Querprofil und bei der Beseitigung offensichtlicher Substanz- und Griffigkeitsmängel. Ein weiterer Vorteil besteht darin, dass die hier genannten Zustandsmerkmale mithilfe dieses Verfahrens **gleichzeitig** verbessert werden können. Darüber hinaus werden darunterliegende Schichten im Normalfall vor einem weitergehenden Verfall geschützt.

In der Regel werden auf diese Art, wenn man allein den Oberflächenzustand nach der Ausführung betrachtet, Anforderungen wie beim Neubau erfüllt. Wie bei allen anderen Instandsetzungsverfahren ist aber auch hier die Dauerhaftigkeit vom Zustand der nach dem Fräsen der Asphaltdeckschicht vorhandenen Unterlage und dem erzielten Schichtenverbund abhängig.

Erfahrungsgemäß sollte nicht versucht werden, Tragfähigkeitsdefizite der Unterlage allein durch den Ersatz der Asphaltdeckschicht zu beseitigen. Bei erkennbaren und nachgewiesenen Tragfähigkeitsschäden in Verbindung mit einer Auflösung der unteren Schichten (Asphaltbinder- und/oder Asphalttragschicht) greift dann nur die Erneuerung der gesamten Konstruktion (siehe ZTV BEA-StB 09/13, Abschnitt 3.5).

Kommentar

Außerordentlich gut bewährt hat sich der Ersatz einer Asphaltdeckschicht bei nicht veränderbaren Höhenvorgaben, wie z. B. festen Einbauten, Randeinfassungen sowie bei der Einhaltung lichter Höhen unter Überführungsbauwerken und Regelprofilen in Tunneln.

3.4.5.3 Baustoffgemische

Es gelten die Anforderungen der TL Asphalt-StB 07/13, Abschnitte 3.2.4 bis 3.2.7.

Kommentar

Mit der Übernahme der Anforderungen der TL Asphalt-StB 07/13 in die ZTV BEA-StB 09/13 wird deutlich, dass die neue Asphaltdeckschicht dem Grunde nach die gleichen Anforderungen, die für den Neubau gelten, erfüllen muss und – wie die Praxis beweist – auch erfüllen kann.

3.4.5.4 Vorbereiten der Unterlage

Beim Einbau von Asphaltdeckschichten aus Gussasphalt auf gefräster Unterlage ist eine Reinigung mit Wasserhochdruckreinigungsgeräten mit Absaugeinrichtung vorzusehen. Zur Sicherstellung des Schichtenverbundes ist die Unterlage mit einer polymermodifizierten Bitumenemulsion C60BP4-S in einer Menge von 150 bis 250 g/m² anzusprühen. Hierfür ist in das Leistungsverzeichnis jeweils eine gesonderte Ordnungszahl aufzunehmen.

Kommentar

Die mit Wasserhochdruckreinigungsgeräten nach dem Fräsen gereinigten Flächen sind hinsichtlich des Gehalts an Restfeuchtigkeit eingehend zu prüfen. Das Überbauen noch feuchter Unterlagen mit Gussasphalt ist unbedingt zu vermeiden (Blasenbildung). Zur sicheren Beseitigung etwaiger Restfeuchte auf dem Untergrund hat sich in der Praxis vereinzelt der Einsatz von Heizgeräten bewährt. Gleichzeitig muss auch aus diesem Grund vor dem Einbau von Gussasphalt die Unterlage im Hinblick auf vorhandene Restfeuchtigkeit aus der Bitumenemulsion besonders geprüft werden, sofern die Unterlage für den Schichtenverbund angesprüht wurde.

3.4.5.5 Fertige Schicht

Es gelten die Anforderungen der ZTV Asphalt-StB 07/13, Abschnitte 3.7, 3.8, 3.9 sowie 3.10.

3.4.5.6 Bearbeitung der Oberfläche

Für die Bearbeitung der Oberfläche gelten die Anforderungen der ZTV Asphalt-StB 07/13, Abschnitte 3.7.5, 3.8.5 sowie 3.9.5.

Kommentar

Das Instandsetzungsverfahren „Ersatz einer Asphaltdeckschicht" ist nicht nur aufgrund des relativ hohen Kostenaufwands besonders sorgfältig im Einbauprozess zu begleiten.

Auch der Einbau einer neuen Asphaltdeckschicht selbst auf einer im Normalfall gefrästen Unterlage und das Anschließen an vorhandene feste Einbauten bzw. an vorhandene Randeinfassungen, besonders in Ortsdurchfahrten, setzt eine hohe fachliche Kompetenz der Einbaukolonnen voraus.

Bekanntlich erschweren häufig in der Planung und im Vorfeld kaum erkennbare Abweichungen in der Höhenlage bzw. verdeckte Schäden in der Unterlage den Einbauprozess zusätzlich. Ein immer größeres Problem stellt die oftmals nicht einfach zu lösende Verkehrsführung im unmittelbaren Baustellenbereich dar.

Vollsperrungen im herkömmlichen Sinne sind für derartige Instandsetzungsverfahren nur in Ausnahmefällen, d. h. bei für den Verkehr nicht nutzbaren Fahrbahnquerschnitten, durchsetzbar.

Bei einem halbseitigen Einbau ist jedoch besonders auf die Einhaltung der Anforderungen an die Arbeitssicherheit (u. a. auch die ASR A5.2) zu achten.

Das Befahren der angesprühten Unterlage durch den öffentlichen Verkehr ist aus den bekannten Gründen auszuschließen (Verschmutzungen, teilweiser Verlust des Schichtenverbundes).

In den vergangenen Jahren wurden sehr gute Erfahrungen mit einer diesbezüglich neuen, von DSH-V bekannten Technologie gesammelt. Das Aufbringen der Bitumenemulsion zur Sicherung des Schichtenverbundes (200 bis 300 g/m^2) erfolgt in direktem Verbund mit dem Einbau der Asphaltdeckschicht. Sogenannte „Sprühfertiger" (Fertiger mit SprayJet Modul) für das gleichmäßige anforderungsgerechte Ansprühen mit Bitumenemulsion stehen inzwischen auch mit sehr genau arbeitenden Dosierelementen für die Auftragsmenge zur Verfügung (siehe *Bild 1*).

Die allein an Baustellenfahrzeugen in der Vergangenheit aufgetretenen Fahrzeugverschmutzungen durch an den Reifen haftende und abfallende Bindemittelreste werden nahezu ausgeschlossen. Gerade in Ortsdurchfahrten wird durch die Anwendung dieser Technologie die Akzeptanz der Ausführung wesentlich erhöht. Die Verschmutzung von Geh- und Radfahrwegen bzw. der Randbebauung wird ausgeschlossen.

Im Hinblick auf die Dauerhaftigkeit der Maßnahmen ist auch an dieser Stelle der Verdichtung der Schicht höchste Priorität beizumessen. Trotz der Schwierigkeiten, die durch die vorhandenen Einbaubedingungen (feste Einbauten, Randeinfassungen, Höhenbegrenzungen, Anschlüsse u. a.) unvermeidbar

Kommentar

Bild 1 Einbau einer Asphaltdeckschicht mit einem Sprühfertiger

sind, ist gerade in diesen kritischen Bereichen der Verdichtungsarbeit höchste Aufmerksamkeit zu schenken.

Das heißt, die Gleichmäßigkeit der optimalen Verdichtung – mit entsprechendem Zeitbedarf für das Walzen – über den gesamten Querschnitt muss Vorrang vor dem oftmals angesagten schnellen Baufortschritt und der damit verbundenen Verkehrsfreigabe besitzen.

Die Erfahrungen zeigen an vielen Stellen, dass die Unterschreitung des Verdichtungsgrades im Einklang mit der Überschreitung des geforderten Hohlraumgehalts in der fertigen Asphaltdeckschicht zum relativ schnellen Verschleiß der Asphaltdeckschicht und zur Verkürzung der Nutzungszeit führt.

Außerdem sind neben der geforderten Ebenheit und der notwendigen Rauheit der Fahrbahnoberfläche auch die asphalttechnologischen Kennwerte der Asphaltdeckschicht, d. h. Verdichtungsgrad, Hohlraumgehalt, Bindemittelgehalt etc., der Abnahme zugrunde zu legen. Davon darf es auch und gerade bei Erhaltungsmaßnahmen keine Abstriche geben.

3.5 Erneuerung

3.5.1 Allgemeines

Erneuerung ist die Wiederherstellung des Gebrauchswertes einer Verkehrsflächenbefestigung durch Aufbringen neuer Schichten auf die vorhandene Befestigung oder Teilen davon oder durch den Ersatz entsprechender Schichten.

Nach den RStO 12, Abschnitte 4.3 bis 4.6 wird unterschieden zwischen:

- *Erneuerung bei vollständigem Ersatz der vorhandenen Befestigung,*
- *Erneuerung bei teilweisem Ersatz der vorhandenen Befestigung,*
- *Erneuerung auf der vorhandenen Befestigung.*

3.5.2 Baugrundsätze

Eine Erneuerung ist dann vorzusehen, wenn die Ursachen der Mängel auch in Schichten unterhalb der Asphaltdeckschicht begründet und deshalb durch Maßnahmen der Instandhaltung oder Instandsetzung nicht zu beseitigen sind. Erneuerungsmaßnahmen sind insbesondere dann auszuführen, wenn Mängel aus Verformungen einzelner Schichten unterhalb der Asphaltdeckschicht oder aus Tragfähigkeitsverlusten herrühren.

Bei Erneuerung der Befestigung sind die Art der Erneuerung und die Dicke der neuen Schichten nach den RStO 12, Abschnitte 2.4.2 und 4 zu wählen. Dabei sind in jedem Fall die Beschaffenheit der Unterlage, die verfügbaren Konstruktionshöhen, der Zustand der verbleibenden Befestigung und geänderte Beanspruchungen zu berücksichtigen.

Kommentar

Erneuerungsmaßnahmen sind in der Regel dann erforderlich, wenn nach der visuellen Beurteilung und aus den bekannten Zustands- und Aufbaudaten abzuleiten ist, dass eine Instandsetzungsmaßnahme (OB, DSK, DSH, DSH-V, RF, EAD) aus wirtschaftlicher Sicht (Gebrauchsverhalten im Nutzungszeitraum) nicht zu rechtfertigen ist. Das heißt, die Restsubstanz der Verkehrsfläche ist bereits in einem Umfang geschädigt, dass die beschränkte Leistungsfähigkeit der zuvor genannten Instandsetzungsverfahren es nicht erlaubt, die Befahrbarkeit nach bekanntem Standard auf Dauer zu sichern. Oftmals ist die Ursache für den unzureichenden Fahrbahnzustand in der nicht ausreichenden Dicke des Straßenaufbaus und der damit nicht gewährleisteten Tragfähigkeit zu suchen.

Gestiegene Verkehrsbeanspruchungen (Wechsel der Belastungsklasse in der Nutzungszeit) in Verbindung mit einem nicht frostsicheren Aufbau sind für dieses Schadensbild die Ursache. Die Einhaltung der Mindestdicke des frostsicheren Straßenaufbaus (siehe RStO 12, Abschnitt 3.2) ist in Abhängigkeit von den regional festgelegten Frosteinwirkungszonen und der Frostempfindlichkeitsklasse des Untergrunds/Unterbaus (F 2, F 3), insbesondere bei der Erneuerung von Verkehrsflächen, äußerst bedeutsam und deshalb strikt zu beachten.

Kommentar

Bild 1 Beispiel für die Auswirkung von Frosthebung: Verformung größer 20 cm

Erfahrungen der letzten Jahre haben gezeigt, dass es bei nicht ausreichend frostsicheren Straßenaufbauten und dem Zusammentreffen mehrerer negativer Faktoren, wie einer anhaltenden Frostperiode und durch intensiven Winterdienst schneefreie Fahrbahnoberflächen (Schwarzräumung), zu Frosthebungen größeren Ausmaßes kommen kann. Die daraus entstehende verkehrsgefährdende Wirkung muss an dieser Stelle nicht besonders hervorgehoben werden.

Erneuerungsmaßnahmen auf Straßen der Belastungsklassen Bk100 bis Bk0,3 sollten immer mit dem Ziel geplant werden, die Frostsicherheit nach den RStO 12, Tabelle 6 zu gewährleisten (siehe *Bild 1* und *Bild 2*). In der Regel wird dann auch bei standardgerechtem Aufbau und Ausführung die Tragfähigkeit gesichert.

Bild 2 Beispiel für die Auswirkung von Frosthebung mit Auflösung der Asphaltbefestigung

Kommentar

An dieser Stelle ist ein weiterer Erfahrungswert zu berücksichtigen. Die in den RStO 12, Tafel 5 vorgeschriebenen Erneuerungsdicken in Asphaltbauweise auf vorhandener Befestigung, früher als Hocheinbau bezeichnet, haben nicht nur den Hintergrund, auf die dort beschriebenen und zu berücksichtigenden Zustandsmerkmale (Netzrisse, Risshäufungen, Verformungen) abzuheben. Bemessungsrelevante Ausgangsdaten (Verformungsmodul der vorhandenen Befestigung) begründen dieses Vorgehen. Siehe dazu auch die RStO 12, insbesondere Abschnitt 4.1 „Bewertung der strukturellen Substanz der vorhandenen Befestigung“ und Abschnitt 4.6 „Erneuerung auf der vorhandenen Befestigung“.

Empfehlenswert ist in jedem Fall, örtlich begrenzte Abschnitte mit mangelnder Tragfähigkeit mithilfe intensiverer Voruntersuchungen (Tragfähigkeitsmessungen, Schürfe, Bohrungen u. a.) genauer zu analysieren und danach ausschließlich für diese Bereiche die Erneuerungsdicke gesondert festzulegen. Insofern rechnet sich eine umfassende Voruntersuchung immer.

Die Wirtschaftlichkeit der Erhaltungsprozesse kann erfahrungsgemäß auf diese Weise, d. h. durch die mögliche **Kombination von Erneuerungs- und Instandsetzungsmaßnahmen**, verbessert werden.

Die Bewertung der Tragfähigkeit und der Standfestigkeit bestehender Asphaltstraßen im Hinblick auf die Wahl zweckmäßiger Erhaltungsmaßnahmen spielt in einigen Arbeiten (z. B. Grätz 2009) eine besondere Rolle.

Für die belastungsklassenabhängige Tragfähigkeit wurden dort „Vorläufige Bewertungsdiagramme“ entwickelt. Die besagte Arbeit von Grätz beschreibt ein Verfahren, mit dem im Rahmen der Planung von Erhaltungsmaßnahmen – insbesondere von Erneuerungsmaßnahmen – in Ergänzung zu der in den RStO 12 genannten empirischen Methode die Befestigungsdicken objekt- und abschnittsbezogen dimensioniert werden können. Messungen mit dem Falling Weight Deflectometer (FWD) bilden dafür die Voraussetzung. Darüber hinaus sollten die „Richtlinien für die rechnerische Dimensionierung des Oberbaus von Verkehrsflächen mit Asphaltdeckschicht (RDO Asphalt 09)“ für die Berechnung der Nutzungsdauer bzw. der erforderlichen Schichtdicken herangezogen werden.

3.5.3 Baustoffgemische

Es gelten die Anforderungen der TL Asphalt-StB.

Kommentar

An dieser Stelle ist insbesondere darauf hinzuweisen, dass die Baustoff- und Asphaltmischgutanforderungen, die bei der Herstellung der vorhandenen Befestigung galten, möglicherweise angepasst werden müssen an eine inzwischen gewachsene Beanspruchung bzw. eine zu erwartende höhere Beanspruchung nach der Erneuerungsmaßnahme. Im Hinblick auf die allgemein zu verzeichnende kontinuierliche Erhöhung der Verkehrsbelastung und dort besonders des Schwerverkehrsanteils ist das in der Regel der Fall.

Sogenannte Rückbaumaßnahmen im Zusammenhang mit der Verringerung der zugeordneten Belastungsklasse stellen gegenwärtig Ausnahmefälle dar. Sie werden aber dann erforderlich, wenn im Zuge einer neuen Ortsumgehung z. B. eine bisher genutzte Bundesstraße nach Inbetriebnahme der Ortsumgehung in eine Kommunalstraße umklassifiziert wird.

Daraus und unter der Annahme einer zukünftig tatsächlich geringeren Verkehrsbelastung ergibt sich die Möglichkeit, eine einfache Instandsetzungsmaßnahme, z. B. eine Oberflächenbehandlung oder eine Dünne Asphaltdeckschicht in Kaltbauweise, vorzusehen. Entsprechende Lärmschutzbetrachtungen sollten dabei berücksichtigt werden (insbesondere bei Ortsdurchfahrten).

3.5.4 Ausführung

Erneuerungsmaßnahmen setzen eine ebene, profilgerechte Unterlage voraus, so dass der Einbau der neuen Asphaltschichten in gleichmäßiger Dicke und nach den Anforderungen der ZTV Asphalt-StB erfolgen kann.

Zu diesen Maßnahmen zählen insbesondere die Möglichkeiten, die im Abschnitt 3.5.1 aufgeführt sind.

Die Asphaltschichten sind so sorgfältig auszubauen, dass der Einbau der neuen Asphaltschichten nach den Anforderungen der ZTV Asphalt-StB erfolgen kann.

Lässt die Unterlage einen Einbau in gleichmäßiger Dicke nicht zu, so ist die erforderliche profilgerechte Lage entweder durch Fräsen herzustellen oder aber der Einbau der untersten Schicht in ungleichmäßiger Dicke vorzusehen, wobei dafür die Mindest- und Höchst-Einbaudicken der Tabelle 3 gelten.

Werden hierbei einzelne Asphaltschichten nicht vollständig entfernt, ist zu prüfen, ob ausreichender Verbund mit der Unterlage besteht.

Für den Fall, dass kein Verbund besteht, sind die verbliebenen Teile der Asphaltschicht zu entfernen. Hierfür ist im Leistungsverzeichnis eine entsprechende Ordnungszahl aufzunehmen.

Kommentar

In den ZTV Asphalt-StB und dem zugehörigen Handbuch und Kommentar (Bull-Wasser u. a., 2014) werden umfänglich die konventionellen Ausführungsprozesse beschrieben, sodass diesbezüglich darauf verwiesen wird.

Ergänzend dazu wird in diesem Kommentar auf den in den vergangenen Jahren – besonders bei Erneuerungsvorhaben im Bestand – vielfach angewandten Bau Kompakter Asphaltbefestigungen hingewiesen. Zahlreiche größere Erneuerungsmaßnahmen und die im Zuge dieser Maßnahmen nachgewiesenen positiven Ergebnisse bestätigen die angestrebte Qualitätsverbesserung für den Bau von Verkehrsflächenbefestigungen aus Asphalt.

Bekanntlich impliziert der Bau Kompakter Asphaltbefestigungen das Überbauen einer heißen Asphaltbinderschicht mit einer dünneren Asphaltdeckschicht. Die dafür notwendigen technologischen Linien bestehen im Wesentlichen aus einem Kompaktmodulfertiger (*Bild 1*) oder aus zwei unmittelbar hintereinander fahrenden gekoppelten Fertigern, dem sogenannten InLine-Pave-Verfahren (*Bild 2*)

Beide Verfahren optimieren unter anderem die Verdichtungsmöglichkeiten für die einzelnen Schichten, auch unter ungünstigen Witterungsbedingungen. Die daraus resultierenden Eigenschaftsverbesserungen der Asphaltdecke bestehen nachgewiesenermaßen in einem intensiven Schichtenverbund mit einer vollständigen Verzahnung sowie einer starken Verklebung der beiden so eingebauten Schichten (Asphaltdeck- und Asphaltbinderschicht) und einem sehr hohen Verdichtungsgrad (> 99 %) der Schichten.

Kommentar

Bild 1 Einbau einer kompakten Asphaltbefestigung mit dem Kompaktmodulfertiger

Dadurch weisen die Asphaltschichten einen hohen Verformungswiderstand auf und die Asphaltdeckschicht besitzt eine dichte und geschlossene Oberfläche. Ein weiterer Vorteil dieser Bauweise liegt in der ressourcenschonenden und wirtschaftlichen Verwendung hochwertiger Baustoffe in der dünneren Asphaltdeckschicht.

Im Vergleich zu konventionell hergestellten Asphaltdecken ist für Kompakte Asphaltbefestigungen in der Praxis eine verlängerte Nutzungsdauer festzustellen, insbesondere bei sehr hohen Belastungen durch Wetter und Verkehr.

Nicht zuletzt ist die im Zuge der Planung angestrebte und in der Ausführung von Erneuerungsmaßnahmen (im Bestand!) umzusetzende Bauzeitverkürzung mit dem Bau Kompakter Asphaltbefestigungen möglich.

Wie bei jeder innovativen technologischen Entwicklung im Straßenbau oder bei jedem nicht alltäglichen Bauverfahren ist auch bei diesem Verfahren ein

Bild 2 Einbau einer kompakten Asphaltbefestigung mit dem InLine-Pave-Verfahren

Kommentar

besonderes Augenmerk auf die Vorbereitung, den detaillierten Bauablauf und hier insbesondere die Logistik zu legen. Die Bereitstellung von bis zu 2 500 t Asphalt für die Asphaltbinder- und Asphaltdeckschicht pro Einbautag stellt daneben in jedem Fall eine nicht alltägliche Herausforderung für die Asphalthersteller und Spediteure dar und bedarf auch auf der Baustelle eines strukturierten Handlings.

Literatur (zu Abschnitt 3.5–3.5.4)

Bleßmann, W.: Einbau von Asphaltbinder- und -deckschichten in einem Arbeitsgang (Kompaktasphalt). Schriftenreihe der AG „Asphaltstraßen", Heft 33, S. 44–48. Forschungsgesellschaft für Straßen- und Verkehrswesen, Köln 1997.

Bleßmann, W.: Praktische Erfahrungen beim Einbau und nach kurzer Liegezeit von Kompaktasphalt. In: Straße und Autobahn 3/2000, S. 200–206.

Bull-Wasser, R., Schmidt, H., Weßelborg, H.-H.: ZTV/TL Asphalt-StB, Handbuch und Kommentar. 3. Auflage, einschließlich Aktualisierung zur Ausgabe 2007/Fassung 2013, Kirschbaum Verlag, Bonn 2014.

Grätz, B.: Bewertung der Tragfähigkeit und Standfestigkeit bestehender Asphaltstraßen zur Wahl zweckmäßiger Erhaltungsmaßnahmearten, Habilitationsschrift. Fachgebiet Straßenwesen mit Versuchsanstalt der Technischen Universität Darmstadt, 2009.

M KA: Merkblatt für den Bau Kompakter Asphaltbefestigungen, Ausgabe 2011. Forschungsgesellschaft für Straßen- und Verkehrswesen, FGSV Verlag, Köln 2011.

RStO 12: Richtlinien für die Standardisierung des Oberbaus von Verkehrsflächen, Ausgabe 2012. Forschungsgesellschaft für Straßen- und Verkehrswesen, FGSV Verlag, Köln 2012.

RDO Asphalt 09: Richtlinien für die rechnerische Dimensionierung des Oberbaus von Verkehrsflächen mit Asphaltdeckschicht, Ausgabe 2009. Forschungsgesellschaft für Straßen- und Verkehrswesen, FGSV Verlag, Köln 2009.

Schäfer, V., Rosauer, V.: Kompaktasphalt – eine Bauweise etabliert sich. In: Asphalt 6/2007, S. 65–71.

Technische Regeln für Arbeitsstätten ASR A5.2: Anforderungen an Arbeitsplätze und Verkehrswege auf Baustellen im Grenzbereich zum Straßenverkehr – Straßenbaustellen, Ausgabe Dezember 2018. Bundesanstalt für Arbeitsschutz und Arbeitsmedizin (BAuA), Berlin 2018. Verfügbar: https://www.baua.de/DE/Angebote/Rechtstexteund TechnischeRegeln/Regelwerk/ASR/pdf/ASRA5-2.pdf?__blob=publicationFile&v=3 (abgerufen am 25.2.2019).

4 Grenzwerte und Toleranzen

Die nachfolgend in den Abschnitten 4.1 bis 4.2.4 aufgeführten Grenzwerte und Toleranzen betreffen die Bauverfahren DSK, Dünne Asphaltdeckschichten in Heißbauweise, DSH-V und RF. Der Abschnitt 4.2.5 gilt für alle Bauverfahren.

Die in den ZTV BEA-StB angegebenen Grenzwerte und Toleranzen beinhalten sowohl die Streuungen aus der Probenahme, der Probeteilung und den Prüfungen als auch die arbeitsbedingten Abweichungen, soweit im Einzelfall keine andere Regelung getroffen ist.

4.1 Asphaltmischgut

Es gelten die ZTV Asphalt-StB 07/13, Abschnitt 4.1, sofern nachfolgend keine anderen Regelungen getroffen werden.

Bei Verwendung von Polymermodifiziertem Bindemittel 45/80-50 A darf der Erweichungspunkt Ring und Kugel des rückgewonnenen Bindemittels nicht mehr als 66 °C betragen.

Bei Anwendung des Bauverfahrens Rückformen darf die Erhöhung des Erweichungspunktes Ring und Kugel des resultierenden Bindemittels gegenüber der Angabe im Eignungsnachweis nicht mehr als 8 °C betragen.

Der Bindemittelgehalt jeder aus dem Asphaltmischgut für DSH-V und für DSK (Bindemittelgehalt der Trockenmasse) entnommenen Probe darf von dem angegebenen Wert (Sollwert) und beim arithmetischen Mittel eines Bauloses höchstens um die in der Tabelle 18 angegebenen Toleranzen abweichen. Bei der Mittelwertbildung bleiben die Prüfergebnisse zusätzlicher Kontrollprüfungen unberücksichtigt.

Tabelle 18: Toleranzen für den Einzelwert und das arithmetische Mittel des Bindemittelgehaltes [M.-%] aus Asphaltmischgut für DSK (der Trockenmasse) und für DSH-V

Anzahl der Prüfergebnisse	1	2	3 bis 4	5 bis 8	9 bis 19	ab 20
Asphaltmischgut für DSK	± 0,5	± 0,45	± 0,40	± 0,35	± 0,30	± 0,25
Asphaltmischgut für DSH-V	± 0,4	± 0,40	± 0,35	± 0,30	± 0,25	± 0,20

Die Korngrößenverteilung jeder aus dem Asphaltmischgut für DSH-V und für DSK entnommenen Probe darf von dem angegebenen Wert (Sollwert) und beim arithmetischen Mittel eines Bauloses höchstens um die in der Tabelle 19 angegebenen Toleranzen abweichen. Bei der Mittelwertbildung bleiben die Prüfergebnisse zusätzlicher Kontrollprüfungen unberücksichtigt.

Der Hohlraumgehalt des Marshall-Probekörpers jeder aus dem Asphaltmischgut für DSH-V zu entnehmenden Probe (Durchschnittsprobe nach TP Asphalt-StB, Teil 27) darf die Grenzwerte der

Tabelle 19: Toleranzen für den Einzelwert und das arithmetische Mittel des Anteils an Gesteinskörnungen > 2 mm und 0,063/2 sowie des Fülleranteils < 0,063 mm im Asphaltmischgut für DSK und für DSH-V [M.-%]

Anzahl der Prüfergebnisse	1	2	3 bis 4	5 bis 8	9 bis 19	ab 20
Anteil an Gesteinskörnungen > 2 mm	± 8,0	± 6,1	± 5,0	± 4,1	± 3,3	± 3,0
Anteil an Gesteinskörnungen 0,063/2	± 8,0	± 6,1	± 5,0	± 4,1	± 3,3	± 3,0
Fülleranteil < 0,063 mm	+ 4,0 – 2,0	+ 3,6 – 1,7	+ 3,2 – 1,5	+ 2,8 – 1,4	+ 2,4 – 1,3	+ 2,0 – 1,2

Tabelle 15 um nicht mehr als 1,5 Vol.-% über- oder unterschreiten. Jedoch darf die Durchschnittsprobe nicht aus der fertigen Schicht entnommen werden.

4.2 Asphaltschichten

Es gelten die ZTV Asphalt-StB 07/13, Abschnitt 4.2, sofern nachfolgend keine anderen Regelungen getroffen werden.

4.2.1 Einbaudicke oder Einbaumenge

Die im Bauvertrag vorgeschriebenen Einbaudicken oder Einbaumengen dürfen höchstens um die in der Tabelle 20 angegebenen Grenzwerte unterschritten werden. Die dort für die Asphaltdeckschicht angegebenen Grenzwerte gelten auch für DSK, für Dünne Asphaltdeckschichten in Heißbauweise, für DSH-V und RF nach Verfahren (c).

Tabelle 20: Grenzwerte für Einbaudicke und Einbaumenge

	Unterschreitung der Einbaudicke bzw. der flächenbezogenen Einbaumenge	
	Asphaltdeckschicht	DSK, Dünne Asphaltdeckschicht in Heißbauweise und DSH-V
a) für den Mittelwert der Einbaumenge: 1. bei großen Baulosen über 6000 m² oder bei kommunalen Straßen mit Randbefestigungen über 1000 m² sowie bei Asphaltdeckschichten mit mehr als 50 kg/m²	≤ 10 %	–
2. bei kleinen Baulosen sowie bei Asphaltdeckschichten bis zu 50 kg/m²	–	≤ 15 %
b) für die Einzelwerte der Einbaudicke	≤ 25 %	–

4.2.2 Verdichtungsgrad und Hohlraumgehalt

Bei Maßnahmen zur Profilverbesserung darf bei Asphalttragschichten und Asphaltbinderschichten der Verdichtungsgrad von 96 % nicht unterschritten werden.

Für den Verdichtungsgrad der fertigen Schicht gelten bei Erhaltungsverfahren nach den Abschnitten 3.4.4 (Rückformen – RF), 3.4.5 (Ersatz einer Asphaltdeckschicht – EAD) und 3.5 (Erneuerung) die Anforderungen der ZTV Asphalt-StB. Bei Dünnen Asphaltdeckschichten in Heißbauweise aus Asphaltbeton oder aus Splittmastixasphalt nach dem Abschnitt 3.4.3 darf der Verdichtungsgrad in der fertigen Schicht mit Unebenheiten innerhalb einer 4 m langen Messstrecke von höchstens 10 mm 96 % nicht unterschreiten.

Der Hohlraumgehalt in der fertigen Asphaltdeckschicht nach den Abschnitten 3.2.4, 3.4.4, 3.4.5 und 3.5 darf die für die jeweilige Asphaltmischgutart und -sorte in den ZTV Asphalt-StB angegebenen Grenzwerte nicht überschreiten.

4.2.3 Haftzugfestigkeit bei DSK und DSH-V

Die Haftzugfestigkeit von Dünnen Asphaltdeckschichten in Kaltbauweise muss mindestens 0,5 N/mm² betragen.

Die Haftzugfestigkeit von Dünnen Asphaltdeckschichten in Heißbauweise auf Versiegelung muss mindestens 1,0 N/mm² betragen.

4.2.4 Ebenheit

Für Unebenheiten der Oberfläche von Asphaltschichten innerhalb einer 4 m langen Messstrecke in Längs- und Querrichtung gelten die ZTV Asphalt-StB 07/13, Abschnitt 4.2.5, sofern nachfolgend keine anderen Regelungen getroffen werden.

Nach dem Fräsen von Asphaltschichten darf die Abweichung von der geforderten Querneigung nicht mehr als 0,4 % betragen.

Nach dem Fräsen von Asphaltschichten darf die Unebenheit in Längs- und Querrichtung von nicht höhengebundenen Verkehrsflächenbefestigungen innerhalb einer 4 m langen Messstrecke die Anforderungswerte der Tabelle 21 nicht überschreiten.

Nach dem Fräsen einer Asphaltdeckschicht darf bei Streckenabschnitten mit einschränkenden baulichen Zwangspunkten (z. B. Straßeneinmündungen, Straßen- und Eisenbahnschienen, Brückenübergangskonstruktionen) oder sonstigen Einbauten (z. B. Schieberkappen, Schachtabdeckungen, Rand- und Bordsteinen) die Unebenheit in Längs- und Querrichtung innerhalb einer 4 m langen Messstrecke nicht mehr als 10 mm betragen.

Tabelle 21: Grenzwerte für die Unebenheiten der gefrästen Unterlage bzw. der darauf eingebauten neuen Asphaltschicht

Unebenheit in mm innerhalb einer 4 m langen Messstrecke	
gefräste Unterlage	**neue Asphaltschicht**
≤ 6	≤ 3
≤ 6	≤ 4
≤ 10	≤ 6

Für DSK sowie für Dünne Asphaltdeckschichten in Heißbauweise und DSH-V dürfen die in der Tabelle 22 angegebenen Grenzwerte für Unebenheiten der Oberfläche innerhalb einer 4 m langen Messstrecke in Abhängigkeit von der Unebenheit der Unterlage nicht überschritten werden.

Tabelle 22: Grenzwerte für die Unebenheiten von DSK, Dünnen Asphaltdeckschichten in Heißbauweise und DSH-V

Schicht	Unebenheiten in mm innerhalb einer 4 m langen Messstrecke		
Unterlage	> 10	> 6 bis ≤ 10	≤ 6
fertige Schicht	keine Anforderung	≤ 6	≤ 4

Bei Anwendung der Instandsetzungsverfahren Rückformen gemäß dem Abschnitt 3.4.4 dürfen Unebenheiten der Oberfläche innerhalb einer 4 m langen Messstrecke in Längs- und Querrichtung 4 mm nicht überschreiten.

Bis zum Ablauf der Verjährungsfrist für Mängelansprüche wird für Unebenheiten der Oberfläche der Asphaltdeckschicht innerhalb einer 4 m langen Messstrecke in Querrichtung ein Wert von 7,0 mm festgelegt, sofern eine Anforderung an die fertige Schicht mit einer Unebenheit von ≤ 4 mm gemäß der Tabelle 22 festgelegt ist. Ein Überschreiten dieses Wertes beweist noch keinen Mangel. Der Auftraggeber hat in einem solchen Fall zu prüfen, ob ein Mangel vorliegt und der Auftragnehmer zur Beseitigung verpflichtet ist.

Bei Flächen mit langsamem Verkehr können für die Abnahme größere Toleranzen für die Ebenheit in Längs- und Querrichtung vorgesehen werden, jedoch nicht mehr als 10 mm. Zum Ablauf der Verjährungsfrist für Mängelansprüche wird dann kein Wert festgelegt.

4.2.5 Griffigkeit

Die Griffigkeit der fertigen Oberflächen von Straßen der Belastungsklassen Bk100 bis Bk0,3 darf für das Seitenkraftmessverfahren (SKM) bei der Abnahme die nachfolgend angegebenen Grenzwerte für den Einzelwert eines 100-m-Abschnittes um nicht mehr als 0,03 unterschreiten:

- bei 80 km/h μ_{SKM} = 0,46,
- bei 60 km/h μ_{SKM} = 0,51,
- bei 40 km/h μ_{SKM} = 0,56.

Bis zum Ablauf der Verjährungsfrist für Mängelansprüche werden folgende Werte festgelegt:

- bei 80 km/h μ_{SKM} = 0,40,
- bei 60 km/h μ_{SKM} = 0,45,
- bei 40 km/h μ_{SKM} = 0,49.

Ein Unterschreiten der Werte bis zum Ablauf der Verjährungsfrist für Mängelansprüche beweist noch keinen Mangel. Der Auftraggeber hat in einem solchen Fall zu prüfen, ob ein Mangel vorliegt und der Auftragnehmer zur Beseitigung verpflichtet ist.

Vorstehende Grenzwerte und Werte bis zum Ablauf der Verjährungsfrist für Mängelansprüche für das Messverfahren SKM gelten nicht für Quartierstraßen, Sammelstraßen, Wohnstraßen, Wohnwege, Rad- und Gehwege sowie für Abstellflächen des kommunalen Straßenbaus.

Die Messgeschwindigkeit für das Messverfahren SKM kann im Rahmen von 40, 60, 80 kmlh in Abhängigkeit von den örtlichen Bedingungen gewählt werden und ist in der Leistungsbeschreibung anzugeben.

5 Prüfungen

5.1 Allgemeines

Die Prüfungen werden unterschieden nach:

- Erstprüfungen,
- Eigenüberwachungsprüfungen,
- Kontrollprüfungen.

Die Prüfungen umfassen, soweit erforderlich:

- die Probenahme,
- das versandfertige Verpacken der Probe,
- den Transport der Probe von der Entnahmestelle zur Prüfstelle und die Untersuchung einschließlich Prüfbericht.

Von allen für die Bauausführung vorgesehenen Baustoffen (Lieferkörnungen, Füller, Bindemittel u. a.) sind dem Auftraggeber auf Verlangen ausreichende Probemengen zu übergeben, der diese unter Verschluss aufbewahrt (Rückstellproben). Die Proben sind in einer Niederschrift von den Vertragspartnern anzuerkennen. Sie dienen im Rahmen der Kontrollprüfung zur Beurteilung der vertragsgerechten Lieferung.

Da bei DSK von der fertigen Schicht keine repräsentative Probenahme möglich ist, ist für mögliche Schiedsuntersuchungen jeweils eine zusätzliche Rückstellprobe vom Asphaltmischgut zu entnehmen.

5.2 Erstprüfungen

5.2.1 Allgemeines

Für jede Zusammensetzung eines Asphaltmischgutes muss eine Erstprüfung durchgeführt werden, um nachzuweisen, dass die Anforderungen dieser ZTV BEA-StB erfüllt werden.

Die Erstprüfung umfasst die vollständige Reihe der Prüfungen von repräsentativen Proben, um die Gebrauchstauglichkeit einer Asphaltmischgutsorte zu bestimmen. Die Erstprüfung muss vor der ersten Verwendung durchgeführt werden.

Das „Merkblatt für die Konzeption und die Erstprüfung von Asphaltmischgut für den Bau von Verkehrsflächenbefestigungen" (M KEP) ist zu beachten.

Im Falle der Verwendung von Baustoffen, deren Eigenschaften bereits vom Lieferanten in Übereinstimmung mit den entsprechenden technischen Spezifikationen bestimmt wurden, brauchen diese Eigenschaften nicht erneut beurteilt zu werden, sofern die Gebrauchstauglichkeit der Baustoffe gleich bleibt und im Folgenden nichts anderes festgelegt wird.

5.2.2 Geltungsdauer

Der Erstprüfungsbericht für Asphaltmischgut gemäß den TL Asphalt-StB gilt nur für eine Sollzusammensetzung und für eine

Dauer von bis zu 5 Jahren. Unter folgenden Umständen muss eine erneute Erstprüfung durchgeführt werden:

- Änderung des Gewinnungsortes und/oder des Herstellers einer Gesteinskörnung,
- Änderung der Art einer Gesteinskörnung (petrographischer Typ),
- Änderung einer in den TL Gestein-StB definierten Kategorie,
- Änderung der Rohdichte des resultierenden Gesteinskörnungsgemisches von mehr als 0,05 g/cm^3,
- Änderung der Bindemittelart oder -sorte.

5.2.3 Prüfungen

Für die Prüfung von Asphaltmischgut gelten die TP Asphalt-StB.

Der Nachweis aller Eigenschaften erfolgt durch Validierung im Laboratorium, das heißt die Prüfungen sind an Asphaltmischgut vorzunehmen, das in einem Laboratorium aus Baustoffen hergestellt wurde, die der Sollzusammensetzung entsprechend den TP Asphalt-StB, Teil 35 gemischt wurden.

Der Umfang der Prüfung ist in der Tabelle 2 bzw. in den TL Asphalt-StB 07/13, Tabelle 11, angegeben.

Für sonstige Eigenschaften der Baustoffe gelten die im Rahmen der Werkseigenen Produktionskontrolle des Lieferanten durchgeführten Prüfungen.

Für die Prüfung der Baustoffe gelten die in den jeweiligen Lieferspezifikationen (Normen bzw. Technische Lieferbedingungen) angegebenen Prüfverfahren.

5.2.4 Erstprüfungsbericht

Über die Erstprüfung ist ein Bericht zu erstellen und aufzubewahren. Dieser Erstprüfungsbericht ist im Rahmen der Güteüberwachung vorzulegen. Der Bericht muss die nachfolgenden Angaben enthalten:

a) Allgemeines:

- Name und Anschrift des Asphaltmischgutherstellers,
- Ausgabedatum,
- Bezeichnung der selbstfahrenden Misch- und Verlegemaschine bei Asphaltmischgut für DSK bzw. des Asphaltmischwerkes bei Asphaltmischgut für DSH-V oder des Remixers,
- Bezeichnung der Asphaltmischgutart und -sorte,
- Verweis auf diese ZTV BEA-StB und die TP Asphalt-StB.

b) Baustoffe:

- jede Lieferkörnung: Bezugsquelle und Art,
- Bindemittel: Art und Sorte,
- Füller: Bezugsquelle und Art,
- Zusätze: Bezugsquelle und Art,

- Asphaltschicht: Angaben bei Rückformverfahren gemäß dem Abschnitt 2.3.2.4,
- alle Baustoffe: Prüfergebnisse gemäß der Tabelle 2 bzw. den TL Asphalt-StB 07/13, Tabelle 11.

c) Asphaltmischgut:

- Sollzusammensetzung,
- Ergebnisse der Prüfungen gemäß der Tabelle 2 bzw. den TL Asphalt-StB 07/13, Tabelle 11.

5.3 Eigenüberwachungsprüfungen

Siehe DIN 18317, Abschnitte 2.2.2 und 4.1.3.

Für Oberflächenbehandlungen gelten die TL G OB-StB, für Dünne Asphaltdeckschichten in Kaltbauweise die TL G DSK-StB und für Dünne Asphaltdeckschichten in Heißbauweise auf Versiegelung die TL G DSH-V-StB.

Bei Oberflächenbehandlungen ist eine gemäß den DIN EN 12271 zertifizierte Werkseigene Produktionskontrolle den TL G OB-StB gleichwertig. Bei Dünnen Asphaltdeckschichten in Kaltbauweise ist eine gemäß den DIN EN 12273 zertifizierte Werkseigene Produktionskontrolle den TL G DSK-StB gleichwertig.

Eigenüberwachungsprüfungen sind Prüfungen des Auftragnehmers oder dessen Beauftragten, um festzustellen, ob die Güteeigenschaften der Baustoffe, der Baustoffgemische und der fertigen Leistung den vertraglichen Anforderungen entsprechen.

Der Auftragnehmer hat die Eigenüberwachungsprüfungen während der Ausführung mit der erforderlichen Sorgfalt und im erforderlichen Umfang durchzuführen. Die Ergebnisse sind zu protokollieren. Werden Abweichungen von den vertraglichen Anforderungen festgestellt, sind deren Ursachen unverzüglich zu beseitigen.

Die Ergebnisse der Eigenüberwachungsprüfungen sind dem Auftraggeber auf Verlangen vorzulegen.

Prüfungen beim Einbau:

- Lufttemperatur und Temperatur der Unterlage,
- Temperatur des Bindemittels im Spritzgerät für Oberflächenbehandlungen,
- Beschaffenheit der Gesteinskörnungen für Oberflächenbehandlungen nach Augenschein,
- Gleichmäßige Beschaffenheit der Schlämme nach Augenschein,
- Temperatur des Asphaltmischgutes beim Einbau,
- Beschaffenheit des Asphaltmischgutes nach Augenschein,
- Beschaffenheit des Abstreumaterials nach Augenschein,
- Einbaumengen oder Einbaudicken,
- profilgerechte Lage der einzelnen Asphaltschichten,
- Ebenheit der einzelnen Asphaltschichten,

– Dokumentation der Maßnahmen zur Erzielung der Griffigkeit,
– Verlauf der Fahrbahnränder im Grund- und Aufriss,
– gleichmäßige Beschaffenheit der Oberfläche nach Augenschein,
– Beschaffenheit der Längs- und Quernähte nach Augenschein.

5.4 Kontrollprüfungen

Siehe DIN 18317, Abschnitte 2.2.3 und 4.2.9.

5.4.1 Kontrollprüfungen

Kontrollprüfungen sind Prüfungen des Auftraggebers, um festzustellen, ob die Güteeigenschaften der Baustoffe, der Baustoffgemische und der fertigen Leistung den vertraglichen Anforderungen entsprechen; ihre Ergebnisse werden der Abnahme zugrunde gelegt. Die Probenahme sowie die Prüfungen, die auf der Baustelle erfolgen, führt der Auftraggeber in Anwesenheit des Auftragnehmers durch; sie finden auch in Abwesenheit des Auftragnehmers statt, wenn er den rechtzeitig bekannt gegebenen Termin nicht wahrnimmt.

Sollen die Probenahmen und die versandfertige Verpackung der Proben vom Auftragnehmer hilfsweise durchgeführt werden, so sind diese Leistungen unter einer gesonderten Ordnungszahl in das Leistungsverzeichnis aufzunehmen. Der Versand der Proben und die Durchführung der Prüfungen dürfen nur vom Auftraggeber oder einer von ihm anerkannten Prüfstelle durchgeführt werden; die Prüfstelle bestimmt der Auftraggeber.

Art und Umfang der in der Regel durchzuführenden Kontrollprüfungen sind nachfolgend angegeben:

Gesteinskörnungen

Von den angelieferten Gesteinskörnungen können Durchschnittsproben entnommen und untersucht werden.

Die Probemenge muss mindestens betragen:

- *bei Füller 2 kg,*
- *bei Lieferkörnungen bis 8 mm 5 kg,*
- *bei Lieferkörungen über 8 mm 15 kg.*

Bindemittel (Bitumen und Bitumenemulsionen)

Vom Bindemittel, das verwendet wird, sollen Durchschnittsproben, bestehend aus 3 Teilproben von je 2 kg, entnommen werden. Hiervon wird eine Teilprobe untersucht.

Darüber hinaus ist eine Probe zu entnehmen und zu untersuchen, wenn die äußere Beschaffenheit (Gleichmäßigkeit, Farbe, Glanz, Geruch, Verunreinigung) zu Bedenken Anlass gibt.

Fugenmassen

Von angelieferten Fugenmassen sollen je angefangene Tagesleistung Durchschnittsproben, bestehend aus 3 Teilproben von je 6 kg, entnommen werden. Hiervon wird eine Teilprobe untersucht.

Darüber hinaus ist eine Probe zu entnehmen und zu untersuchen, wenn die äußere Beschaffenheit (Gleichmäßigkeit, Farbe, Glanz, Geruch, Verunreinigung) zu Bedenken an der vertragsgemäßen Beschaffenheit der Fugenmasse Anlass gibt.

Asphaltmischgut und fertige Leistung

Art und Umfang der beim Bauverfahren Anspritzen und Abstreuen, an Oberflächenbehandlungen, an Schlämmen und Porenfüllmassen, an Dünnen Asphaltdeckschichten in Kaltbauweise, an Dünnen Asphaltdeckschichten in Heißbauweise auf Versiegelung sowie bei Rückformverfahren, in der Regel durchzuführenden Kontrollprüfungen sind in der Tabelle 23 angegeben.

Tabelle 23: Art und Umfang der Kontrollprüfungen an Baustoffen, Asphaltmischgut und der fertigen Schicht beim Bauverfahren Anspritzen und Abstreuen, bei OB, bei Schlämmen und Porenfüllmassen sowie bei DSK, DSH-V und Rückformverfahren

Schicht / Art der Prüfung	Anspritzen und Abstreuen, OB	Schlämmen, Porenfüllmassen	DSK	DSH-V	Rückformverfahren (a)	Rückformverfahren (b) und (c)
1. Baustoffe[1]						
1.1 Gesteinskörnung(en) (Lieferkörnung(en))	×	–	–	–	–	–
1.2 Bindemittel						
1.2.1 Erweichungspunkt Ring und Kugel	×[2]	–	–	–	–	–
1.2.2 elastische Rückstellung	×[2]	–	–	–	–	–
2. Asphaltmischgut[3]						
2.1 Korngrößenverteilung	–	×	×	×	–	×
2.2 Zusätze	–	–	–	–	–	×
2.3 Bindemittelgehalt	–	×	×	×	–	×
2.4 Erweichungspunkt Ring und Kugel des rückgewonnenen Bindemittels	–	–	×[2]	×	–	×
2.5 elastische Rückstellung	–		×[2]	×	–	–
2.6 Raumdichte und Hohlraumgehalt am Probekörper	–	–	–	×	–	×
3. Fertige Schicht						
3.1 Schichtenverbund/ Haftzugfestigkeit[3]	–	–	×	×	–	–
3.2 profilgerechte Lage (Querneigung)	–	–	×	×	×	×
3.3 Ebenheit	–	–	×	×	×	×
3.4 Einbaudicke bzw. Einbaumenge	×	×	×	×	–	×
3.5 Hohlraumgehalt[3]	–	–	–	–	×	×
3.6 Griffigkeit	×	×	×	×	×	×

1) je angefangene Tagesleistung und je angefangene 12 000 m² Einbaufläche
2) des aus der Bitumenemulsion rückgewonnenen Bindemittels
3) außerorts je angefangene 6 000 m² Einbaufläche; innerorts je angefangene 3 000 m²

Proben von Asphaltmischgut für Dünne Asphaltdeckschichten in Kaltbauweise sind nur aus dem Mischerauslauf und für jede Schicht zu entnehmen.

Art und Umfang der in der Regel durchzuführenden Kontrollprüfungen bei Anwendung der Verfahren Dünne Asphaltschichten in Heißbauweise aus AC D, SMA und MA richten sich nach den Angaben der ZTV Asphalt-StB 07/13, Tabelle 26, für die jeweilige Asphaltmischgutart.

Bei den Rückformverfahren sind Asphaltschichten mit unterschiedlicher Zusammensetzung getrennt zu untersuchen.

Bei der Kontrollprüfung der Griffigkeit kann auf eine Messung mit SKM verzichtet werden, wenn bei der Prüfung der Griffigkeit mit der kombinierten Messmethode – SRT-Pendel/Ausflussmessung – folgende Richtwerte eingehalten werden:

- *SRT-Wert [–] ≥ 60*
- *Ausflusszeit [s] ≤ 30.*

Ist der SRT-Wert kleiner oder die Ausflusszeit größer als der jeweilige Richtwert, ist eine Messung mit SKM notwendig.

Das Messverfahren SRT ist nicht für die Festlegung von Anforderungen an die Griffigkeit bis zum Zeitpunkt der Verjährung von Mängelansprüchen geeignet.

Die Prüfung der fertigen Asphaltdeckschicht und der Oberflächenbehandlung erfolgt für die Abnahme 4 bis 8 Wochen nach Verkehrsfreigabe.

Für Kontrollprüfungen können, soweit möglich und zweckmäßig, auch die gemeinsamen Feststellungen für die Abrechnung (siehe Abschnitt 7) herangezogen werden.

5.4.2 Zusätzliche Kontrollprüfungen

Wenn anzunehmen ist, dass das Ergebnis einer Kontrollprüfung nicht kennzeichnend für die ganze zugeordnete Fläche ist, ist der Auftragnehmer berechtigt, die Durchführung zusätzlicher Kontrollprüfungen zu verlangen.

Die Orte der Entnahme und die zuzuordnenden Teilflächen bestimmen Auftraggeber und Auftragnehmer gemeinsam. Wenn die der ursprünglichen Prüfung zuzuordnende Teilfläche nicht eindeutig und einvernehmlich, z.B. nach Augenschein, oder aufgrund von Ergebnissen radiometrischer Messverfahren, abgegrenzt werden kann, soll sie nicht kleiner als 20 % der ursprünglichen Fläche sein.

Das Recht des Auftraggebers, nach seinem Ermessen zusätzliche Kontrollprüfungen durchzuführen, bleibt unberührt.

Für die Abnahme sind die Ergebnisse der ursprünglichen und der zusätzlichen Kontrollprüfungen für die ihnen nunmehr zugeordneten Teilflächen maßgebend.

Die Kosten für die vom Auftragnehmer beantragten zusätzlichen Kontrollprüfungen trägt der Auftragnehmer.

5.4.3 Schiedsuntersuchungen

Eine Schiedsuntersuchung ist die Wiederholung einer Kontrollprüfung, an deren sachgerechter Durchführung begründete Zweifel des Auftraggebers oder Auftragnehmers (z.B. aufgrund eigener Untersuchungen) bestehen.

Sie ist auf Antrag eines Vertragspartners durch eine anerkannte Prüfstelle*), die nicht die Kontrollprüfung durchgeführt hat, vorzunehmen. Ihr Ergebnis tritt an die Stelle des ursprünglichen Prüfergebnisses.

Die Kosten der Schiedsuntersuchung zuzüglich aller Nebenkosten trägt derjenige, zu dessen Ungunsten das Ergebnis ausfällt.

Der Antrag auf Durchführung einer Schiedsuntersuchung bezüglich des Hohlraumgehaltes und/oder des Verdichtungsgrades bzw. der Haftzugfestigkeit ist bis spätestens 2 Monate nach Eingang der Mängelrüge des Auftraggebers zu stellen.

5.5 Prüfverfahren

5.5.1 Allgemeines

Siehe DIN 18317, Abschnitt 2.2.4.

Für die Probenahme und Prüfung der Gesteinskörnungen, Bindemittel und Zusätze gelten die Verfahren, die in den jeweiligen Technischen Lieferbedingungen und Normen (siehe Abschnitte 2.1 und 2.2) aufgeführt sind.

Für die Probenahme und Prüfung von Asphaltmischgutproben und Ausbaustücken gelten die „Technischen Prüfvorschriften für Asphalt" (TP Asphalt-StB).

Asphaltmischgutproben aus Dünnen Asphaltdeckschichten in Kaltbauweise werden nach den TP Asphalt-StB, Teil 27, entnommen.

Die Bohrkernentnahme für die Prüfung des Schichtenverbundes an DSK und DSH-V erfolgt frühestens 6 Wochen nach Verkehrsfreigabe.

Bei der Bestimmung des Bindemittelgehaltes von DSK ist das Rückgewinnungsverfahren nach den TP Asphalt-StB, Teil 3, anzuwenden.

Eine zu prüfende Schicht ist gegebenenfalls in Prüflagen zu unterteilen. Die Anforderungen müssen in jeder Prüflage erfüllt werden.

---

*) Darunter fallen die Prüfstellen, die nach den RAP Stra für die Durchführung von Schiedsuntersuchungen anerkannt sind.

Für die Prüfungen an der fertigen Schicht wird je Entnahmestelle nur eine Teilprobe für den Auftraggeber entnommen. Wenn das Prüfergebnis negativ ausfällt, kann eine weitere Teilprobe für den Auftragnehmer nachträglich entnommen werden.

Der Hohlraumgehalt der fertigen Schicht ist aus der Raumdichte des Ausbaustücks (Bohrkern) und der Rohdichte des aus dem Ausbaustück (Bohrkern) wiedergewonnenen Materials zu ermitteln.

Für die Prüfung der Eigenschaften von Straßenbaubitumen und gebrauchsfertigen Polymermodifizierten Bitumen sowohl im Anlieferungszustand als auch für rückgewonnene Bindemittel gelten die in den TL Bitumen-StB angegebenen Prüfverfahren.

Für die Prüfung der Eigenschaften von Bitumenemulsionen und von gebrauchsfertigen polymermodifizierten Fluxbitumen (Fm9BP2, Fv9BP3) gelten die in den TL BE-StB angegebenen Prüfverfahren.

Für die Prüfung der Eigenschaften von rückgewonnenen Gesteinskörnungen gelten die in den TL Gestein-StB angegebenen Prüfverfahren.

In der Regel erfolgt die Bestimmung der Gesteinskörnungsarten nach Augenschein.

Für die Prüfung der Eigenschaften von Fugenfüllstoffen gelten die in den TL Fug-StB angegebenen Prüfverfahren.

5.5.2 Raumdichte und Verdichtungsgrad

Die Bestimmung der Raumdichte gemäß den TP Asphalt-StB, Teil 6 wird nur an Bohrkernscheiben mit einer Mindestdicke von 2,0 cm durchgeführt. Die Berechnung des Verdichtungsgrades erfolgt gemäß den TP Asphalt-StB, Teil 8.

5.5.3 Schichtenverbund bei DSK und DSH-V

Die Prüfung des Schichtenverbundes von DSK sowie von DSH-V erfolgt durch Ermittlung der Haftzugfestigkeit als Mittelwert aus der Prüfung von drei Bohrkernen mit einem Durchmesser von 150 mm je Probenahmestelle. Die Bohrkerne sind unmittelbar hintereinander mit einem Abstand zwischen den Bohrkernrändern von jeweils ca. 250 mm im Abstand von 800 mm vom Fahrbahnrand zu entnehmen. Die Dicke der Bohrkerne muss mindestens 60 mm betragen. Eine Beschädigung der Bohrkernmantel- und Bohrkernstirnfläche während der Bohrkernentnahme ist zu vermeiden. Beschädigte Bohrkerne sind zu verwerfen. Die Prüfung erfolgt nach den TP Asphalt-StB, Teil 81.

5.5.4 Einbaudicke

Für die Prüfung der Einbaudicken gelten die TP D-StB.

5.5.5 Profilgerechte Lage

Die profilgerechte Lage wird durch Nivellement geprüft; die Querneigung kann auch mit einem Neigungsmesser geprüft werden.

5.5.6 Ebenheit

Es gelten die „Technischen Prüfvorschriften für Ebenheitsmessungen auf Fahrbahnoberflächen in Längs- und Querrichtung, Teil: Berührende Messungen" (TP Eben – Berührende Messungen).

Die Ebenheit der Asphaltschichten wird mit der 4 m langen Richtlatte oder einem entsprechenden Ebenheitsprüfgerät geprüft. Die Durchführung der Messung in Längsrichtung erfolgt in der Mitte der Fahrstreifen und des Seitenstreifens. Als Maß der Überschreitung der zulässigen Unebenheit gilt ohne Rücksicht auf ihre Länge die jeweils größte Abweichung vom Grenzwert.

5.5.7 Griffigkeit

Für die Prüfung der Griffigkeit bei der Kontrollprüfung gelten die „Technischen Prüfvorschriften für Griffigkeitsmessungen im Straßenbau, Teil: Seitenkraftmessverfahren (SKM)" (TP Griff-StB (SKM)).

Die Prüfung der fertigen Asphaltdeckschicht erfolgt für die Abnahme 4 bis 8 Wochen nach Verkehrsfreigabe.

Für Prüfungen der Griffigkeit mit der kombinierten Messmethode – SRT-Pendel/Ausflussmessung – gelten die „Technischen Prüfvorschriften für Griffigkeitsmessungen im Straßenbau, Teil: Messverfahren (SRT)" (TP Griff-StB (SRT)).

6 Mängelansprüche

Siehe §§ 12 und 13 VOB/B.

6.1 Behandlung von Mängeln

Unterschreiten bei der Abnahme einzelne 100-m-Einzelwerte den jeweiligen Grenzwert μ_{SKM} für die Griffigkeit um mehr als 0,03, so liegt ein Mangel vor. Der Auftragnehmer kann in diesem Fall eine erneute Kontrollprüfung mit dem Messverfahren SKM verlangen. Das Ergebnis der erneuten Kontrollprüfung tritt an die Stelle des ursprünglichen Kontrollprüfungsergebnisses. Die Festlegungen in den Abschnitten 5.3.2 und 5.3.3 bleiben hiervon unberührt. Die Kosten für die erneute Kontrollprüfung trägt der Auftragnehmer.

Werden bei der Abnahme Unterschreitungen des Grenzwertes μ_{SKM} um mehr als 0,06 festgestellt oder werden bei der erneuten Kontrollprüfung die Anforderungen an die Griffigkeit nicht erfüllt, hat der Auftragnehmer die Ursachen des Mangels festzustellen und dauerhaft wirksame griffigkeitsverbessernde Maßnahmen durchzuführen.

Die Behandlung von Mängeln ist z. B. im „Handbuch für die Vergabe und Ausführung von Bauleistungen im Straßen- und Brückenbau (HVA B-StB)", Abschnitt 3.10 Mängelansprüche geregelt.

Der Auftraggeber kann bei Über- bzw. Unterschreitungen von Grenzwerten der Einbaudicke, der Einbaumenge, des Bindemittelgehaltes, des Verdichtungsgrades oder der Ebenheit, die einen Sachmangel nach § 13 Absatz 1 VOB/B darstellen, dem Aufragnehmer anbieten, im Rahmen einer einzelvertraglichen Vereinbarung die Geltendmachung von Mängelansprüchen (§ 13 Absatz 5 VOB/B) vorerst zurückzustellen und dafür als Ausgleich einen Abzug vorzunehmen. Die Höhe des Abzugs bemisst sich dann nach den in den ZTV Asphalt StB 07/13, Anhang A, angegebenen Abzugsformeln.

6.2 Verjährungsfristen

Für Verjährungsfristen gelten die Angaben der ZTV Asphalt-StB, sofern nachfolgend keine anderen Regelungen getroffen werden.

Die Verjährungsfrist beträgt:

- 1 Jahr für alle Verfahren der Instandhaltung sowie
- 2 Jahre für Oberflächenbehandlungen, Dünne Asphaltdeckschichten in Kaltbauweise, Dünne Asphaltdeckschichten in Heißbauweise, Dünne Asphaltdeckschichten in Heißbauweise auf Versiegelung und das Rückformen.

7 Aufmaße und Abrechnung

7.1 Allgemeines

In der Leistungsbeschreibung ist vorzuschreiben, ob die Abrechnung nach Einbaudicke oder nach flächenbezogener Einbaumenge erfolgen soll. Bei Einbauflächen unter 6 000 m² sowie bei Einbaudicken bis 2,0 cm ist in der Regel die Abrechnung nach flächenbezogener Einbaumenge vorzuschreiben. Wird die Abrechnung nach Einbaudicke vorgeschrieben, ist die Art des Messverfahrens anzugeben.

Die einzelnen Schichten sind nach den Vorgaben des Bauvertrages abzurechnen.

Mehr-Breiten, -Längen, -Einbaudicken und -Einbaumengen werden über die nachfolgenden Bestimmungen hinaus nur vergütet, wenn ihre Ausführung vom Auftraggeber schriftlich angeordnet worden ist. Die Anordnung hat der Auftragnehmer rechtzeitig zu beantragen, wenn Mehrmengen aus Gründen, die er nicht zu vertreten hat, erforderlich werden.

Für die Abrechnung gemeinsam entnommene Proben sind dem Auftraggeber auf Verlangen zu übergeben.

7.2 Aufmaße

Siehe DIN 18317, Abschnitt 5.

7.2.1 Einbaubreite

Die Breite der ausgeführten Asphaltschichten wird bei abgeschrägten Rändern bis zur Mitte der mit einer Neigung von 2 zu 1 anzunehmenden Linie berücksichtigt.

7.2.2 Einbaudicke

Die Messung der Einzelwerte der Einbaudicke erfolgt an regelmäßig über die Einbaufläche verteilten Messstellen.

Der Längsabstand der Messprofile hat in der Regel gleichmäßig 50 m zu betragen; bei Bohrkernen kann er bis auf 200 m vergrößert werden. Es müssen jedoch mindestens 20 Messstellen erfasst werden.

Die Anzahl der Messstellen kann bei kleineren Losen oder im kommunalen Straßenbau verringert werden.

Bei der Dickenmessung durch Nivellement sind je Messprofil drei Messstellen und zwar in der Fahrbahnachse sowie in den beiden äußeren Drittelspunkten der halben Fahrbahnbreite (bei 7,50 m breiter Fahrbahn 2,50 m von der Fahrbahnachse entfernt) zu erfassen.

Bei den Dickenmessungen nach den TP D-StB 12 mit dem Puls-Induktionsverfahren oder mittels Bohrkernen ist je Messprofil nur eine Messstelle abwechselnd rechts, mittig und links der Fahrbahnachse zu erfassen.

7.3 Abrechnung

Siehe § 14 VOB/B.

7.3.1 Abrechnung von Fräsleistungen

Für die Ermittlung der Fräsfläche gilt bei teil- oder vollflächiger Ausführung nur die vereinbarte gefräste Fläche.

Für die Ermittlung der Frästiefe sind die Hochpunkte der Frässtruktur maßgebend.

7.3.2 Abrechnung nach Einbaudicke

7.3.2.1 Dickennachweis

Sind im Bauvertrag für Asphaltbefestigungen Einbaudicken (cm) vorgeschrieben, so ist für jede Schicht nachzuweisen, inwieweit die Einbaudicke mit der im Bauvertrag vorgeschriebenen Einbaudicke übereinstimmt.

Die Einbaudicke der auf einer Fräsfläche eingebauten Schicht wird auf den Hochpunkten der Frässtruktur der Unterlage gemessen.

Als Einbaudicke gilt das arithmetische Mittel aller Messungen der jeweiligen Schicht über das gesamte Baulos.

Ein Mengennachweis entfällt.

7.3.2.2 Mehr-Einbaudicken, Minder-Einbaudicken

Mehr-Einbaudicken der Asphaltdeckschicht auf vorhandener oder gefräster Unterlage werden bei Einbaudicken größer 2 cm bis zu 5 % der im Bauvertrag geforderten Einbaudicke vergütet. Minder-Einbaudicken werden abgezogen.

7.3.2.3 Anpassung des Einheitspreises

Ist eine Mehr- oder eine Minder-Einbaudicke bei der Abrechnung zu berücksichtigen, so wird der vereinbarte Einheitspreis entsprechend dem Verhältnis der zu vergütenden Einbaudicke zu der geforderten Einbaudicke geändert und der Abrechnung zugrunde gelegt (Abrechnungseinheitspreis).

7.3.3 Abrechnung nach Einbaumenge

7.3.3.1 Nachweis der Einbaumenge

Ist im Bauvertrag eine flächenbezogene Einbaumenge [kg/m^2] vorgeschrieben, ist für jede Schicht nachzuweisen, inwieweit die Einbaumenge mit der im Bauvertrag geforderten Einbaumenge übereinstimmt. Bei Dünnen Asphaltdeckschichten in Kaltbauweise wird ein zweischichtiger Einbau als eine Schicht abgerechnet.

Der Ermittlung der Einbaumenge für die jeweilige Schicht ist die Einbaumenge des gesamten Bauloses zugrunde zu legen. Der Auftraggeber ist berechtigt, einen Mengennachweis für Teilabschnitte zu verlangen. Die Teilabschnitte sollen dann mindestens einer Tagesleistung entsprechen.

Die Ermittlung der Einbaumenge erfolgt beim Bauverfahren Anspritzen und Abstreuen sowie bei Oberflächenbehandlungen über die Menge des angelieferten Bindemittels und der Gesteinskörnungen unter Abzug nicht verbrauchter Restmengen.

Die Ermittlung der Einbaumenge für DSK erfolgt über die Menge aller angelieferten Gesteinskörnungen einschließlich der Zusätze anhand von Liefernachweisen unter Abzug nicht verbrauchter Restmengen und Hinzurechnung des aus der Kontrollprüfung ermittelten mittleren Bindemittelgehaltes (ohne Wasseranteil) in der Trockenmasse.

7.3.3.2 Mehr-Einbaumengen, Minder-Einbaumengen

Mehr-Einbaumengen werden bei folgenden Bauverfahren und Schichten bei Einbaumengen bis 50 kg/m² bis zu 10 % und bei Einbaumengen über 50 kg/m² bis zu 5 % der im Bauvertrag vorgeschriebenen flächenbezogenen Einbaumengen beziehungsweise des Ergänzungsmischgutes vergütet:

- Anspritzen und Abstreuen,
- Oberflächenbehandlungen,
- Dünnen Asphaltdeckschichten in Kaltbauweise auf vorhandener oder gefräster Unterlage,
- Dünnen Asphaltdeckschichten in Heißbauweise auf vorhandener oder gefräster Unterlage,
- Dünnen Asphaltdeckschichten in Heißbauweise auf Versiegelung auf vorhandener oder gefräster Unterlage,
- Rückformen, einschließlich der neuen Asphaltdeckschicht beim Verfahren (c).

Bei Ersatz einer Asphaltdeckschicht mit Einbaumengen über 50 kg/m² werden Mehr-Einbaumengen bis zu 5 % vergütet.

Minder-Einbaumengen werden abgezogen.

Auf einer vorhandenen oder gefrästen Unterlage mit Unebenheiten über 10 mm wird bei einer neuen Asphaltschicht in Heißbauweise (bei mehreren Schichten nur die unterste Schicht) eine über die vereinbarte Einbaumenge hinausgehende Mehr-Einbaumenge nach der Tabelle 24 abgerechnet, soweit diese nicht vom Auftragnehmer zu vertreten ist. Die Mehr-Einbaumengen sind über Lieferscheine nachzuweisen.

Tabelle 24: Mögliche Mehr-Einbaumengen auf vorhandener oder gefräster Unterlage mit Unebenheiten über 10 mm

Vereinbarte Einbaumenge [kg/m²]	Mögliche Mehr-Einbaumenge [kg/m²]
bis 75	bis 25
über 75	bis 15

Bei Erneuerungsmaßnahmen gelten die ZTV Asphalt-StB 07/13, Abschnitt 7.3.1.2.

7.3.3.3 Anpassung des Einheitspreises

Ist eine Mehr- oder eine Minder-Einbaumenge bei der Abrechnung zu berücksichtigen, so wird der vereinbarte Einheitspreis entsprechend dem Verhältnis der zu vergütenden Einbaumenge zu der geforderten Einbaumenge geändert und der Abrechnung zugrunde gelegt (Abrechnungseinheitspreis).

7.4 Vom Auftraggeber beigestellte Baustoffe

Werden Baustoffe vom Auftraggeber beigestellt, so gelten für die Abrechnung von Mehr-Einbaudicken und Minder-Einbaudicken die Abschnitte 7.3.2.2 und 7.3.2.3 sowie von Mehr-Einbaumengen und Minder-Einbaumengen die Abschnitte 7.3.3.2 und 7.3.3.3 entsprechend.

Bei der Änderung wird der Einheitspreis für die vom Auftragnehmer zu erbringende Leistung zugrunde gelegt.

Kommentar

Die Kommentierung der Abschnitte 4 (Grenzwerte und Toleranzen), 5 (Prüfungen), 6 (Mängelansprüche) und 7 (Aufmaße und Abrechnung) erfolgt sofern erforderlich in Zusammenhang mit der Kommentierung der in Abschnitt 3 beschriebenen Erhaltungsbauweisen.

8 Besonderheiten

Kommentar

8.1 Hinweise zur Instandsetzung und Erneuerung von Verkehrsflächen aus Beton in Asphaltbauweise

8.1.1 Allgemeines

Es kann sehr unterschiedliche Gründe geben, eine Verkehrsfläche in Betonbauweise mit einer Asphaltbauweise instand zu setzen oder zu erneuern. In den ZTV BEB-StB 15 wird im Abschnitt „Erneuerung im Hocheinbau" darauf hingewiesen, dass gemäß den RStO 12 diese Erneuerung auch durch eine Asphaltbefestigung erfolgen kann. Eine Instandsetzung von Verkehrsflächen in Betonbauweise mit Asphalt ist in den ZTV BEB-StB nicht detailliert beschrieben. Das „Merkblatt für die Erhaltung von Verkehrsflächen aus Beton" (MEB), Ausgabe 1994, enthielt noch Hinweise zum Überbauen mit Dünnen Asphaltschichten in Heiß- und Kaltbauweise sowie mit Asphaltdeckschichten, wobei hier die Dünnen Asphaltschichten als Sonderbauweisen erwähnt wurden. Das „Merkblatt für die Bauliche Erhaltung von Verkehrsflächen aus Beton" (M BEB), Ausgabe 2009, hingegen beinhaltet nur noch die Erneuerung im Hocheinbau gemäß den RStO 01, Tafel 5 sowie das Überbauen mit Splittmastixasphalt (SMA) als Maßnahme zur Griffigkeitsverbesserung und zur Lärmminderung. Für das Überbauen mit SMA werden Hinweise zur Ausführung gegeben. U. a. werden hier Schichtdicken mit 3,0 cm bis 4,0 cm zur Ausführung empfohlen, um eine Spurrinnenbildung zu vermeiden. Für dünne Schichten aus SMA gab das MEB, Ausgabe 1994, Hohlraumgehalte am Marshall-Probekörper (MPK) von 1,5 Vol.-% bis 2,5 Vol.-% vor. Diese Werte waren jedoch erfahrungsgemäß als kritisch anzusehen. Das M BEB in der Ausgabe von 2009 enthält nun den Hinweis, dass der Hohlraumgehalt in der fertigen Asphaltdeckschicht 3,0 Vol.-% nicht unterschreiten sollte. Sinnvoll ist es in der Praxis, den Hohlraumgehalt in der fertigen Asphaltdeckschicht an den ZTV Asphalt-StB 07/13 zu orientieren. Hinsichtlich der Verdichtung wird darauf verwiesen, dass diese vorzugsweise ohne Vibration zu erfolgen hat. In der Praxis hat sich die oszillierende Verdichtung bewährt.

Das Überbauen von Verkehrsflächen aus Beton mit Asphalt ist noch immer mit einigen, z. T. nicht endgültig gelösten Problemen verbunden, sodass diese Bauweise noch als eine Sonderbauweise betrachtet werden muss. An dieser Stelle soll auf bisherige Erfahrungen und Probleme hingewiesen werden.

8.1.2 Erneuerung von Verkehrsflächen aus Beton in Asphaltbauweise

Die Erneuerung einer Verkehrsfläche in Betonbauweise im Hocheinbau mit einer Asphaltbefestigung ist bei Einhaltung der Anforderungen aus den TL Asphalt-StB 07/13 und den ZTV Asphalt-StB 07/13 relativ unproblematisch, wenn die alte Betondecke gemäß den ZTV BEB-StB 15 entspannt wurde. Der Abstand der infolge der Entspannung entstehenden Querrisse darf höchstens 1,0 m betragen. Anschließend ist die entspannte Betondecke nachzuverdichten. Die zur Nachverdichtung verwendete Walze muss ein Dienstgewicht von mindestens 8 t haben. Das Abwalzen muss mit Vibration oder Oszillation erfolgen. Vor dem Einbau der Ausgleichsschicht ist die entspannte Betondecke mit einer selbstaufnehmenden Kehrmaschine zu reinigen. Wegen der Unebenheiten, die nach dem Entspannen und Verdichten vorhanden sind, ist die Anordnung einer Ausgleichsschicht aus Asphalttragschichtmischgut AC 16 T N bzw. AC 16 T L

Kommentar

sinnvoll. Jede Schicht Asphalt verbessert bei einem fachgerechten Einbau die Ebenheit der folgenden Schichten. Die Ausgleichsschicht kann aber auch durch eine dickere Asphalttragschicht ersetzt werden (einschichtiger Einbau), sofern die Unebenheiten der Unterlage 20 mm nicht überschreiten.

Das für die Bauliche Erhaltung von Fahrbahndecken aus Beton geltende Technische Regelwerk enthält für das dünnschichtige Überbauen mit Asphalt keine Angaben. Für dickere Asphaltüberbauungen wird in den RStO 12, Abschnitt 4.6.2, Tafel 5 eine belastungsklassenabhängige Mindestdicke für den Asphaltüberbau für die Bk0,3 bis 3,2 auf einer entspannten Betondecke angegeben. Für Verkehrsflächen der Belastungsklassen Bk10 bis Bk100 ist eine Einzelfallbetrachtung vorgesehen. Für diese Belastungsklassen können, auf bisherigen Erfahrungen aufbauend, die ursprünglich in den RStO 01, Tafel 5 enthaltenen Überbauungsdicken für die Bauklassen II bis SV herangezogen werden (*Tabelle 1*). Die RStO 12 sehen die Unterscheidung der Erneuerungsklassen jedoch nicht mehr vor. Nach der heutigen Vorgehensweise kann davon abweichend die Dicke der Asphaltdeckschicht und Asphaltbinderschicht unter Berücksichtigung der Gesamtdicke der Asphaltdecke angepasst werden. Für das Festlegen der Erneuerungsklasse gelten die in *Tabelle 2* enthaltenen Definitionen von Zustandsmerkmalen, die ebenfalls in den RStO 01 geregelt waren.

Die RDO Asphalt 09 enthält den Hinweis, dass zur Sicherung gegen Reflexionsrissbildung die Mindestdicken der Asphaltschichten über systematisch gerissenen, hydraulisch gebundenen Tragschichten von

- 14 cm bei Verkehrsbelastungen entsprechend den Bauklassen III bis VI sowie
- 18 cm bei Verkehrsbelastungen entsprechend den Bauklassen SV bis II

gemäß den RStO 01 einzuhalten sind.

Tabelle 1 Überbauungsdicken für Asphaltschichten auf Betondecken nach RStO 01

Erneuerungsklasse	Bauklasse		SV	I	II
	Äquivalente 10-t-Achsübergänge in Mio.	B	> 32	> 10 - 32	> 3 - 10
1	Asphaltdeckschicht Asphaltbinderschicht Asphalttragschicht als Ausgleichsschicht vorhandene Befestigung		4 8 ≥16 ≥28	4 8 ≥12 ≥24	4 8 ≥8 ≥20
2	Asphaltdeckschicht Asphaltbinderschicht Asphalttragschicht als Ausgleichsschicht vorhandene Befestigung		4 8 ≥12 ≥24	4 8 ≥8 ≥20	4 4 ≥8 ≥16

Tabelle 2 Erneuerungsklassen in Abhängigkeit von den Zustandsmerkmalen der vorhandenen Betonbefestigung bei einer Erneuerung in Asphaltbauweise im Hocheinbau

Erneuerungsklasse	Zustandsmerkmale der vorhandenen Betonbefestigung
1	Häufung von Quer- und Längsrissen Plattenversatz
2	Eckabbrüche, Kantenschäden

Kommentar

Unter Bezug auf die Belastungsklassen der RStO 12 werden für eine Erneuerung auf der vorhandenen Befestigung in Asphaltbauweise folgende Mindestdicken vorgeschlagen:

- 14 cm bei Verkehrsbelastungen entsprechend den Belastungsklassen Bk0,3 bis Bk1,8,
- 16 cm bei Verkehrsbelastungen entsprechend der Belastungsklasse Bk3,2 sowie
- 18 cm bei Verkehrsbelastungen entsprechend den Belastungsklassen Bk10 bis Bk100.

In der Praxis hat sich eine Dicke des Asphaltüberbaus von mindestens 20 cm, unter Berücksichtigung einer Asphaltausgleichsschicht, als geeignet erwiesen.

8.1.3 Instandsetzung von Verkehrsflächen aus Beton mit Asphalt

Das Überbauen einer Verkehrsfläche mit z. T. wesentlich dünneren Schichten aus Asphalt als in den RStO 12 für die Ausführung der jeweiligen Schicht empfohlen, wird hier als „Instandsetzung" bezeichnet, weil i. d. R. nicht die Nutzungsdauer einer Erneuerung zu erwarten, aber der Aufwand höher als bei einer Instandhaltung ist.

Die Gründe für ein solches Überbauen von Betondecken können u. a. in zu hohen Kosten für eine Erneuerung zum Zeitpunkt der Notwendigkeit dieser Maßnahme, in einer Begrenzung der Dicke für das Überbauen wegen Einhaltung der wirksamen Höhe von Betongleitwänden und Ähnlichem liegen. In den letzten Jahren wurde u. a. ein dünnschichtiges Überbauen von durch Alkali-Kieselsäure-Reaktionen (AKR) geschädigten Fahrbahndecken aus Beton mit Asphalt angewendet. Hierdurch soll das Eindringen von Niederschlagswasser und von Alkalien aus Auftaumitteln vermieden werden, um den Prozess der Betonzerstörung zu verlangsamen und den daraus resultierenden Erneuerungsbedarf an den betroffenen Verkehrsflächen zu verzögern. Es wurde mit dieser Verfahrensweise eine Verlängerung der Nutzungsdauer von bis zu neun Jahren erreicht. Hinweise zu den Erhaltungsmaßnahmen sind in den mit Rundschreiben vom Bundesministerium für Verkehr, Bau und Stadtentwicklung herausgegebenen „Empfehlungen für die Schadensdiagnose und die Bauliche Erhaltung von AKR-geschädigten Fahrbahndecken aus Beton", Fortschreibung April 2012, enthalten.

Bei einem dünnschichtigen Überbauen von Betondecken mit Asphalt entstehen in der Asphaltschicht immer Risse infolge thermisch induzierter Horizontalbewegungen der Betonplatten unter dem Asphalt. Eine Möglichkeit zur Vermeidung unkontrollierter Rissbildungen besteht darin, über den Fugen der Betondecke unmittelbar nach dem Asphalteinbau Fugen in den Asphalt zu

Kommentar

schneiden und diese fachgerecht zu schließen. Die Fugen können aber auch nach dem „Durchschlagen“ nachgeschnitten und verschlossen werden. Allerdings besteht hier das Risiko, dass unkontrollierte Risse auftreten können. Ohne weitere Maßnahmen, die das Risiko einer Reflexionsrissbildung verringern oder gar vermeiden, ist ein deutlich dickeres Überbauen mit Asphalt erforderlich.

Als langjährig bewährte Möglichkeit zur Vermeidung von Rissen aus Horizontalbewegungen ist das Aufbringen einer SAMI-Schicht (SAMI: Stress Absorbing Membran Interlayer), einer spannungsabbauenden Zwischenschicht, zu nennen. Diese Zwischenschicht baut die Spannungen ab, die sich sonst aus den Bewegungen der Betonplatten in die darüber liegende Asphaltschicht übertragen würden. Eine Reflexionsrissbildung wird so vermieden bzw. deutlich zeitlich verzögert. Die SAMI-Schicht soll die Verklebung zwischen Betonplatten und überbautem Asphalt gewährleisten und gleichzeitig als Gleitschicht dienen, die in gewissem Umfang eine Beweglichkeit der überbauten Betonplatten ermöglicht. Eine weitere wichtige Funktion wird oft nicht beachtet: Die SAMI-Schicht soll den Deckenbeton auch abdichten (versiegeln), damit bei aufsteigender Feuchtigkeit im Beton keine Bedingungen entstehen können, die zu „wachsenden Blasen“ im Asphalt führen. In den ZTV BEA-StB 09 wurde die SAMI-Schicht erstmals in einem Technischen Regelwerk für den Straßenbau geregelt. Sie wird hier als „bitumenhaltige Zwischenschicht“ bezeichnet. In den ZTV BEA-StB 09/13, Abschnitt 3.2.3 „Schichtenverbund, Nähte, Anschlüsse und Fugen, Randausbildung“ sind vertragsrelevante Angaben für die zu wählenden Baustoffe und die Bauausführung enthalten.

Die SAMI-Schicht kann aber nur Horizontalbewegungen aufnehmen. Sehr problematisch wird es, wenn die relativen Vertikalbewegungen zwischen benachbarten Platten zu groß sind. Die daraus entstehenden Spannungen kann die SAMI-Schicht nicht abbauen, sodass beim Überschreiten eines Grenzwertes die Risse trotz SAMI-Schicht durchschlagen. Der Grenzwert an zulässigen Vertikalbewegungen ist von der Dicke der Asphaltüberbauung abhängig. Allgemein gilt: Je dicker die Überbauung, desto größere Vertikalbewegungen können schadlos aufgenommen werden. Aber auch Viskosität und Elastizität des Bitumens im Asphalt sind wichtige Kenngrößen. Höher Polymermodifiziertes Bitumen 40/100-65 A ist deswegen besser geeignet als „normale“ Polymermodifizierte Bitumen.

Im Allgemeinen ist festzustellen, dass beim dünnschichtigen Überbauen von Betonflächen mit ca. 4 cm Asphalt und einer SAMI-Schicht eine relative Vertikalbewegung von 0,06 mm schadlos aufgenommen werden kann. Es ist vertretbar, bis 0,10 mm vertikale Fugenbewegungen mit 4 cm Asphalt und SAMI-Schicht zu überbauen und evtl. durchschlagende Risse über den Fugen im Beton nachträglich als Fugen zu schneiden und zu vergießen.

Bei Fugenbewegungen > 0,10 mm muss zur Vermeidung von unkontrollierten Rissen der Asphalt über den Betonfugen geschnitten und fachgerecht Fugen ausgebildet und verschlossen werden oder beim Überbauen eine größere Dicke als 4 cm gewählt werden. Bei einer Dicke des Überbauens von 12 cm und einer SAMI-Schicht dürfen die relativen Plattenbewegungen den Wert von 0,30 mm nicht übersteigen. Bei bis zu 10 % Überschreitungen dieser z. B. mit Falling-Weight-Deflectometer (FWD) oder Benkelman-Balken gemessenen Werte müssen einzelne Platten ausgebaut und ersetzt werden. Dazu kann ein Beton oder auch eine hydraulisch gebundene Tragschicht mit gleicher Schichtdicke eingesetzt werden. Liegen von den Messwerten

Kommentar

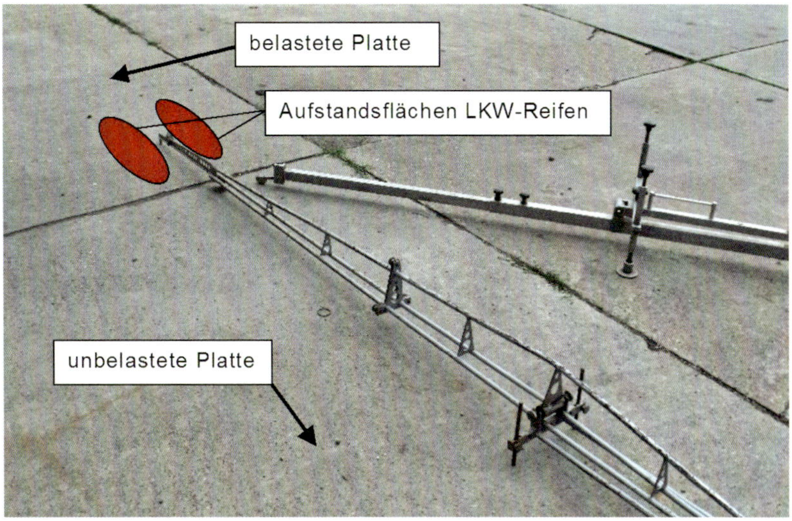

Bild 1 Prinzipdarstellung der Benkelman-Balken-Messung

mehr als 10 % über 0,30 mm, sollte auf diese Art des Überbauens verzichtet werden und eine Erneuerung im Hocheinbau, wie bereits beschrieben, zur Anwendung kommen. Hinsichtlich der Ausführungen der Messungen mit dem Benkelman-Balken ist anzumerken, dass dabei die Tastspitze des einen Balkens in der Radmitte des Belastungsfahrzeugs am Rand der belasteten Betonplatte stehen muss und die Tastspitze des zweiten Balkens am Rand der benachbarten Betonplatte (*Bild 1*).

Vor dem Einbau der SAMI-Schicht sind ggf. Kantenschäden nach den ZTV BEB-StB instand zu setzen. In technologisch notwendigen Bereichen zur Anpassung des überbauten Asphalts an Brücken- oder Bestandsbereiche ist die Unterlage in entsprechender Dicke zu fräsen. Auf gefräster Unterlage kann eine geeignete Haftbrücke erforderlich sein. Empfohlen wird hier das Auftragen von Bitumenemulsion C40B5-S in einer Menge von 200 g/m^2. Dadurch wird noch vorhandener Staub gebunden und die Haftung der SAMI-Schicht zur Unterlage verbessert. Geeignet sind Polymermodifizierte Bitumenemulsionen nach den TL BE-StB 15, Abschnitt 2.2. Auf das Ansprühen der Unterlage mit einer Haftbrücke kann verzichtet werden, wenn die Unterlage vor dem Aufbringen der SAMI mit einer Hochdruckreinigung mit unmittelbarer Absaugung gereinigt wird.

Auf nicht gefräster, aber wie vorstehend gründlich gereinigter Unterlage ist keine Haftbrücke erforderlich.

Eine SAMI-Schicht besteht im Allgemeinen aus 2,5 kg/m^2 Polymermodifiziertem Bitumen 40/100-65 A und einer vorbituminierten Lieferkörnung 8/11 als Abstreumaterial. Das Bindemittel der SAMI-Schicht muss auf eine trockene, wie beschrieben vorbehandelte Betonoberfläche bei mindestens 15 °C aufgebracht werden (*Bild 2*). Die Herstellung eines Probefeldes zur Ausführung der SAMI wird empfohlen, um die Ausführung auf die jeweiligen Witterungsbedingungen anzupassen.

Der Feuchtegehalt des Deckenbetons sollte 3 % bis 4 % nicht überschreiten. Um Kondenswasser auf der Betonoberfläche zu vermeiden, sollte die Oberflächentemperatur mindestens 3 K über der Taupunkttemperatur der umgebenden Luft

Kommentar

Bild 2 Anspritzen des Polymermodifizierten Bitumens 40/100-65A für die SAMI-Schicht

liegen. Eine Nichtbeachtung dieser Zusammenhänge kann zu Blasenbildungen unter der SAMI-Schicht und zu Haftungsproblemen führen. Daher wird die Ausführung der SAMI-Schicht nur von Anfang Mai bis Ende September empfohlen, wenn die Feuchte des Betons gering ist. In diesem Zusammenhang ist darauf hinzuweisen, dass z. B. Beton der Druckfestigkeitsklasse C 30/37 bis zu einem Liter Wasser pro Quadratmeter und cm Dicke aufnehmen kann. Die Verwendung von Trocknungsgeräten hat sich als nicht geeignet erwiesen.

Im Allgemeinen wird unmittelbar nach dem Aufbringen der Bindemittelschicht diese mit 8 bis 10 kg/m^2 einer gebrochenen, entstaubten und vorbituminierten Gesteinskörnung 8/11 (ca. 0,3 bis 0,5 M.-% Bitumen) abgestreut (*Bild 3*) und mit einer Walze angedrückt. Je nach Wetter sollte die Temperatur des

Bild 3 Abstreuen der angespritzten Oberfläche

Kommentar

Bild 4 Oberflächenbild einer fertiggestellten SAMI-Schicht

Abstreumaterials zwischen 110 °C und 140 °C liegen. Das Abstreuen soll das Ankleben des Bitumens der SAMI-Schicht an den Reifen der Fahrzeuge für den Antransport des Asphaltmischguts verhindern. Ein zu dichtes Abstreuen verhindert den Haftverbund zum Asphalt und erhöht dessen Rissempfindlichkeit erheblich. Es sollten etwa 50 % bis 70 % der Fläche der Bindemittelschicht mit der gebrochenen Gesteinskörnung bedeckt sein (*Bild 4*). Nicht gebundenes Abstreumaterial ist nach dem Erkalten der SAMI-Schicht mittels Saugkehrmaschinen aufzunehmen.

Als Walzasphalt ist ein SMA 11 S mit einem Polymermodifizierten Bitumen 40/100-65 A in einer Schichtdicke von mindestens 4 cm oder 100 kg/m^2 geeignet (*Bild 5*). Die Anforderungen der TL Asphalt-StB und der ZTV Asphalt-

Bild 5 Asphalteinbau auf SAMI-Schicht

Kommentar

Bild 6 Eingebaute untere Schicht DSK 3 auf BAB

StB sind einzuhalten. Der Hohlraumgehalt in der Erstprüfung sollte an der oberen Grenze der TL Asphalt-StB 07/13 orientiert sein.

Die Verdichtung der Asphaltschicht sollte aufgrund der geringen Schichtdicke und der starren Unterlage oszillierend erfolgen.

Zwischenschichten aus aufgeklebten Gittern bzw. Vliesen nach dem Arbeitspapier „Verwendung von Vliesstoffen, Gittern und Verbundstoffen im Asphaltstraßenbau“ oder Kombinationen hiervon sind nicht zweckmäßig, da das Wasser aus der zur Verklebung mit der Unterlage erforderlichen Bitumenemulsion auch in die Poren der Betondecke eindringt und nicht mehr entweichen kann. Später können sich hier Blasen bilden.

Bild 7 Streifenweiser Einbau der oberen Schicht der DSK 5 auf einer Betondecke

Kommentar

Zur Verzögerung von sich im Anfangsstadium befindender AKR wurden in Sachsen-Anhalt auf einigen Streckenabschnitten der BAB 14 und der BAB 9 auch Dünne Asphaltdeckschichten in Kaltbauweise (DSK, siehe ZTV BEA-StB 09/13, Abschnitt 3.4.2) eingebaut. Die Vorbereitung der Flächen wie eventuell notwendige Kantensanierungen, gründliche Reinigung (geeignet: Hochdruckwasserstrahl mit Absaugvorrichtung) und Anspritzen (ca. 250 g/m^2 C60BP4-S) sind analog zu der Kombination SAMI-Schicht und SMA umzusetzen.

Der Einbau der DSK erfolgte zweischichtig in einer Gesamtdicke von ca. 10 mm. Dabei wurde in der unteren Schicht eine DSK 3 (*Bild 6*) und in der oberen Schicht eine DSK 5 (*Bild 7*) eingebaut. Es gelten die Anforderungen an die Baustoffe und Baustoffgemische sowie der fertigen Schicht nach den ZTV BEA-StB. Für eine gute Verklebung auf der Unterlage sollte beim zweischichtigen Einbau die untere Schicht 0,3 M.-% bis 0,4 M.-% mehr Bindemittel enthalten als die obere Schicht. Um die untere Schicht zu verdichten, sollte sie vor dem Aufbringen der oberen Schicht vom Verkehr befahren werden. Entsprechend der Fugenlage in der Betondecke sind die Längs- und Querfugen in die fertiggestellte DSK zu übertragen. Die Versuchsstrecken in Sachsen-Anhalt erreichten eine zusätzliche Nutzungsdauer von bis zu acht Jahren. Durch den Einsatz der DSK wurde eine Nutzung der betroffenen AKR-geschädigten Strecken bei weiterem moderaten Instandhaltungsaufwand bis zur planmäßigen Erneuerung erreicht.

Literatur (zu Abschnitt 8.1)

Arbeitspapier Verwendung von Vliesstoffen, Gittern und Verbundstoffen im Asphaltstraßenbau, Ausgabe 2006/Fassung 2013. Forschungsgesellschaft für Straßen- und Verkehrswesen, FGSV Verlag, Köln 2013.

Empfehlungen für die Schadensdiagnose und die Bauliche Erhaltung von AKR-geschädigten Fahrbahndecken aus Beton, Fortschreibung April 2012. Rundschreiben BMBVS vom 30.4.2012, Bonn.

M BEB: Merkblatt für die Bauliche Erhaltung von Verkehrsflächen aus Beton, Ausgabe 2009. Forschungsgesellschaft für Straßen- und Verkehrswesen, FGSV Verlag, Köln 2009.

MEB: Merkblatt für die Erhaltung von Betonstraßen, Ausgabe 1994. Forschungsgesellschaft für Straßen- und Verkehrswesen, FGSV Verlag, Köln 1994.

Michalski, C.: Wachsende Blasen in Schichten aus Asphalt unter besonderer Berücksichtigung von Brückenbelägen – Teil 1: Entstehen wachsender Blasen. In: Straße und Autobahn 5/1997 S. 251 ff. (Teil 1) und 7/1997 S. 371 ff. (Teil 2).

RDO Asphalt 09: Richtlinien für die rechnerische Dimensionierung des Oberbaus von Verkehrsflächen mit Asphaltdeckschicht, Ausgabe 2009. Forschungsgesellschaft für Straßen- und Verkehrswesen, FGSV Verlag, Köln 2009.

RStO 01: Richtlinien für die Standardisierung des Oberbaus von Verkehrsflächen, Ausgabe 2001. Forschungsgesellschaft für Straßen- und Verkehrswesen, FGSV Verlag, Köln 2001.

RStO 12: Richtlinien für die Standardisierung des Oberbaus von Verkehrsflächen, Ausgabe 2012. Forschungsgesellschaft für Straßen- und Verkehrswesen, FGSV Verlag, Köln 2012.

TL Asphalt-StB 07/13: Technische Lieferbedingungen für Asphaltmischgut für den Bau von Verkehrsflächenbefestigungen, Ausgabe 2007/Fassung 2013. Forschungsgesellschaft für Straßen- und Verkehrswesen, FGSV Verlag, Köln 2014.

TL BE-StB 15: Technische Lieferbedingungen für Bitumenemulsionen im Straßenbau, Ausgabe 2015. Forschungsgesellschaft für Straßen- und Verkehrswesen, FGSV Verlag, Köln 2015.

TL Bitumen-StB 07/13: Technische Lieferbedingungen für Straßenbaubitumen und gebrauchsfertige Polymermodifizierte Bitumen, Ausgabe 2007/Fassung 2013. Forschungsgesellschaft für Straßen- und Verkehrswesen, FGSV Verlag, Köln 2014.

ZTV Asphalt-StB 07/13: Zusätzliche Technische Vertragsbedingungen und Richtlinien für den Bau von Verkehrsflächenbefestigungen aus Asphalt, Ausgabe 2007/Fassung 2013. Forschungsgesellschaft für Straßen- und Verkehrswesen, FGSV Verlag, Köln 2014.

ZTV BEB-StB 15: Zusätzliche Technische Vertragsbedingungen und Richtlinien für die Bauliche Erhaltung von Verkehrsflächen – Betonbauweisen, Ausgabe 2015. Forschungsgesellschaft für Straßen- und Verkehrswesen, FGSV Verlag, Köln 2015.

Kommentar

8.2 Besonderheiten auf Landstraßen – Zwischenausbau

8.2.1 Randbedingungen

Der relativ schlechte Befahrbarkeitszustand zahlreicher Landstraßen erfordert bekanntlich Maßnahmen der baulichen Erhaltung größeren Umfangs. Die Maßnahmeart „Erneuerung" wird diesem Umstand am besten gerecht und sollte aus bautechnischer und wirtschaftlicher Sicht in diesen Fällen auch angewendet werden. Dennoch muss bei der Erneuerung dieser Verkehrsflächen auch ein sogenannter Zwischenausbau meist aus Finanzierungsgründen in die Überlegungen mit einbezogen werden. Bekanntlich ist der Zwischenausbau jedoch nur geeignet, mittelfristig eine Verbesserung des Befahrbarkeitszustands und damit der Verkehrssicherheit herbeizuführen. Der Zwischenausbau kann nach Auffassung der Autoren in keinem Fall die Erneuerung bzw. den Neubau ersetzen und ist nur für die Belastungsklassen Bk0,3 bis Bk3,2 anwendbar.

Daher muss das Ziel der Erneuerung mit der vollständigen Herstellung des Gebrauchswertes trotz Nutzung der Möglichkeiten, die der Zwischenausbau bietet, weiter verfolgt werden. Eine ausreichende Tragfähigkeit, d.h. die Gewährleistung eines frostsicheren Straßenoberbaus in Verbindung mit einer dauerhaft ebenen und griffigen Straßenoberfläche, sind nur mithilfe der Erneuerung möglich.

Der an dieser Stelle zu behandelnde Zwischenausbau beinhaltet die teilweise Wiederherstellung des Gebrauchs- und Substanzwerts einer vorhandenen Verkehrsflächenbefestigung bei weitgehend regelgerechter Gestaltung des Profils in Längs- und Querrichtung. Das Aufbringen eines Profilausgleichs sowie mindestens einer Asphalttragschicht und einer Versiegelung sind wesentliche Bestandteile des Zwischenausbaus. Die Linienführung wird in der Regel im Grund- und Aufriss nicht verändert.

Die Zwischenausbaumaßnahmen sind so anzulegen, dass bei Bereitstellung der finanziellen Mittel bzw. verkehrsbedingter Notwendigkeit die Erneuerung nach den RStO 12, Abschnitt 4 durch das Aufbringen weiterer Schichten, wie z.B. Asphaltbinder- und Asphaltdeckschicht, in der Folge problemlos möglich ist.

Zur Verbesserung der Verkehrssicherheit sind im Zuge des Zwischenausbaus Fahrbahnbreiten unter 5,50 m auf mindestens 5,50 m zu verbreitern. Fahrbahnbreiten über 5,50 m können ohne weitere Verbreiterung in den Zwischenausbau mit einbezogen werden. Die Beseitigung zu geringer Kurven- und Kuppenradien ist hier nur im Ausnahmefall vorzunehmen. Als Interimslösung sind z.B. geschwindigkeitsbeschränkende Maßnahmen zweckmäßig und haben sich bisher bewährt.

8.2.2 Restsubstanz – Feststellung der Zustandsmerkmale

Die in den ZTV BEA-StB 09/13, Bild 2 dargestellten Zustandsmerkmale sind gleichlautend auch für den hier zu behandelnden Zwischenausbau im Zuge der Erneuerung von Landstraßen heranzuziehen. In Übereinstimmung mit den in den RStO 12 genannten Kriterien

- Oberflächenzustand,
- Tragfähigkeit,

Kommentar

- Art und Zustand der vorhandenen Befestigung sowie
- Entwässerung

sind die Zustandsmerkmale

- Ebenheit,
- Griffigkeit und
- Substanzmängel

im Detail darzustellen.

Die Bewertung des Oberflächenzustands erfolgt anhand des vorhandenen Schadensbilds in Anlehnung an die RStO 12, Abschnitt 4.1.2. Dabei werden die Zustandsmerkmale

- Einzelrisse,
- Netzrisse,
- Risshäufung,
- Längs- und Querunebenheiten (Spurrinnen) sowie
- Verformungen infolge unzureichender Tragfähigkeit (Absackung)

erfasst.

Substanzmängel, wie Kornausbrüche und Ausmagerungen, sind weitere Kriterien, die am Rande in die Beurteilung mit einbezogen werden. In diesem Zusammenhang sind Bindemittel- und Mörtelanreicherungen ebenfalls mit zu erfassen.

Fahrbahnbreiten

Zwischenausbaumaßnahmen können erfahrungsgemäß bei vorhandenen Fahrbahnbreiten über 5,50 m ohne weitere Verbreiterungsmaßnahmen ausgeführt werden. Bewährt hat sich in diesem Zusammenhang, vorhandene, ausreichend tragfähige Fahrbahnrandbefestigungen, wie z. B. Tiefborde, Packlage u. Ä., in die neue Fahrbahnbefestigung mit einzubeziehen.

Bild 1 Beidseitige Verbreiterung der Fahrbahn als Zwischenausbaulösung vor dem Aufbringen des Vorprofils und der Asphalttragschicht über die gesamte Breite

Kommentar

Bei vorhandenen Fahrbahnbreiten unter 5,50 m muss in Abhängigkeit von der bemessungsrelevanten Beanspruchung $DTV^{(SV)}$ der Verbreiterungsbedarf geprüft werden.

Bei notwendigen Verbreiterungen wird empfohlen, geotechnische Untersuchungen vorzunehmen. Auf der Grundlage der daraus ermittelten Ergebnisse ist die Oberbaudicke im Verbreiterungsbereich nach den Vorgaben der RStO 12 festzulegen.

Zwischenausbaulösungen, wie in *Bild 1* dargestellt, wurden insbesondere in den neuen Bundesländern vielfach mit Erfolg angewandt. Es wurde i. d. R. zunächst nur die Verbreiterung bis zur Oberkante der Asphalttragschicht ausgeführt und zur befristeten Nutzung freigegeben. Der für den standardgerechten Oberbau notwendige Hocheinbau mit Asphaltbinder- und Asphaltdeckschicht erfolgt zu einem späteren Zeitpunkt.

Tragfähigkeit

Die Tragfähigkeit kann u. a. mithilfe von Einsenkungsmessungen mit dem Benkelman-Balken gemäß den Arbeitspapieren AP Trag B1 und AP Trag C1 ermittelt werden. Dem Prinzip des Messverfahrens folgend wird die Einsenkung während der Entlastung an der Messstelle ermittelt. Dabei entspricht die gemessene Rückverformung weitgehend dem elastischen Verformungsanteil.

Nach Leykauf (1991) werden die in *Tabelle 1* gegebenen **belastungsklassenabhängigen Einsenkungsgrenzwerte** für die Bauweise „Asphaltaufbau auf Tragschichten“ ohne Bindemittel angegeben.

Unter Berücksichtigung der in den RStO 12, Tafel 5 angegebenen Asphaltdicken werden die in *Tabelle 2* enthaltenen Empfehlungen für die Festlegung der Erneuerungsklassen gegeben.

Liegen Einsenkungswerte in den angegebenen Von-bis-Bereichen vor, so sind nach bisherigen Erfahrungen Erneuerungsmaßnahmen notwendig. In Abhängigkeit vom Schädigungsgrad können diese zeitlich gestaffelt, d. h. mit vorgeschalteten Zwischenausbaumaßnahmen vorbereitet und ausgeführt werden. Weist eine Straße, wie in *Bild 2* sichtbar, zahlreiche Schadstellen auf, die nach Augenschein mit großer Wahrscheinlichkeit auf ungenügende Frostsicherheit und mangelnde Tragfähigkeit zurückzuführen sind, müssen entsprechende Tragfähigkeitsmessungen (Benkelman, FWD) vorgesehen werden.

Ebenheit

An die Ebenheit der Straßenoberfläche werden in den ZTV Asphalt-StB und in den ZTV BEA-StB Anforderungen für den Neubau bzw. die Bauliche Erhaltung gestellt. Unterschieden werden Ebenheitsabweichungen in Längsrichtung (parallel zur Achse der Straße) und in Querrichtung (rechtwinklig zur Achse der Straße). Die Spurrinnen sind eine besondere Form der Querunebenheit und bedürfen einer gesonderten Untersuchung im Hinblick auf ihre Ursachen.

Tabelle 1 Grenzwerte für die Einsenkungswerte in Abhängigkeit der Belastungsklasse (in mm)

	Belastungsklasse			
	Bk3,2	Bk1,8	Bk1,0	Bk0,3
Einsenkungswerte [mm]	0,41	0,44	0,48	0,57

Kommentar

Bild 2 Landstraße mit zahlreichen Substanz- und Tragfähigkeitsschäden

Vorhandene Unebenheiten in Längs- bzw. Querrichtung größer 3 cm je 4 m Messstrecke sowie Abweichungen von der Sollquerneigung größer 1,0 % rechtfertigen in jedem Fall einen Zwischenausbau.

Schichtenaufbau

Der Schichtenaufbau der vorhandenen Straßenbefestigung wird mithilfe von Bohrkernentnahmen bestimmt. Die Anzahl der zu entnehmenden Bohrkerne richtet sich nach der Länge der Untersuchungsstrecke. Bei außerörtlichen Streckenlängen unter 1 000 m sind im Regelfall zwei Bohrkerne und darüber hinaus drei Bohrkerne je km vorzusehen. Bei erkennbaren Unregelmäßigkeiten im Schichtenaufbau ist die Bohrkernentnahme zu erweitern.

Neben den absoluten Schichtdicken ist am Bohrkern der Verbund zwischen den einzelnen Schichten zu erfassen bzw. festzustellen. Anhand der Bohrkernproben selbst können außerdem asphalttechnologische Kenngrößen ermittelt werden. Es empfiehlt sich, zur Beurteilung der Rissempfindlichkeit und des Kälteverhaltens bzw. der Verformungsbeständigkeit einer Asphaltkonstruktion die Baustoffzusammensetzungen sowie die Bindemitteleigenschaften zu ermitteln und zu bewerten. Außerdem bilden die Hohlraumgehalte eine wichtige Entscheidungsgrundlage zur Festlegung einer sinnvollen Erhaltungsmaßnahme.

Tabelle 2 Empfohlene Erneuerungsklassen in Abhängigkeit von der Belastungsklasse und den Einsenkungswerten (in mm)

Erneuerungsklasse	Merkmale	Belastungsklasse			
		Bk3,2	Bk1,8	Bk1,0	Bk0,3
1	Netzrisse, Risshäufung	≥ 0,73 bis < 0,83	≥ 0,72 bis < 0,83	≥ 0,67 bis < 0,82	≥ 0,70 bis < 0,85
2	Längsunebenheiten, Spurrinnen	≥ 0,41 bis < 0,73	≥ 0,44 bis < 0,72	≥ 0,48 bis < 0,67	≥ 0,57 bis < 0,70

Tabelle 3 **Empfohlene Asphaltmischgutart und Mindestdicken für den Profilausgleich in Abhängigkeit von der Belastungsklasse**

Belastungsklasse	Asphaltmisch-gutart	Straßenbau-bitumen	Mindestdicke [cm]
Bk3,2	AC 22 T S	50/70	8
Bk1,8	AC 16 T N	70/100	8
Bk1,0	AC 16 T N	70/100	6
Bk0,3	AC 16 T N	70/100	5

Kommentar

Erfahrungsgemäß sind sehr hohlraumarme Asphalte (< 2,5 Vol.-%) in Verbindung mit einem relativ weichen Bindemittel sehr verformungsanfällig. Weist das Bitumen alterungsbedingt einen Erweichungspunkt Ring und Kugel größer 71 °C auf, so ist von einer hohen Kälteempfindlichkeit und damit einer hohen Rissempfindlichkeit auszugehen. In Zweifelsfällen sollte dies gesondert untersucht werden.

In jedem Fall ermöglicht die Bohrkernentnahme darüber hinaus, Rissverläufe in unter der Asphaltdeckschicht liegenden Konstruktionsteilen festzustellen und damit den Gesamtschädigungsgrad weiter zu quantifizieren.

■ Entwässerung

Bei Zwischenausbaumaßnahmen ist die Funktionsfähigkeit der Entwässerungseinrichtungen als Voraussetzung für den Erfolg entsprechender Maßnahmen zu prüfen und bei Bedarf wiederherzustellen. Die Ableitung des Wassers über die Straßenoberfläche und die Entwässerung des Untergrunds ist gemäß der Richtlinie für die Anlage von Straßen, Teil: Entwässerung (RAS-Ew 2005) so weit wie möglich abzusichern.

8.2.3 Hinweise zur Ausführung des Zwischenausbaus

■ Profilausgleich und Asphalttragschicht

In Abhängigkeit vom Profil und der Ebenheit der vorhandenen Unterlage (vorhandene Fahrbahn) sowie des zu erreichenden Sollprofils wird für den Zwischenausbau der Profilausgleich mit einer mittleren Einbaumenge in kg/m^2 vorgegeben. Die Festlegung der mittleren Einbaumenge in kg/m^2 für den Profilausgleich sollte eine Mindestschichtdicke am höchsten Punkt der vorhandenen Fahrbahn von 4 cm berücksichtigen. Der einlagige Einbau des Profilausgleichs ist bis zu einer Schichtdicke von 10 cm möglich. Bei größeren Dicken ist der zweilagige Einbau vorzusehen. In Abhängigkeit von der **Belastungsklasse** haben sich die in *Tabelle 3* gegebenen Einbaudicken in Verbindung mit den genannten Asphaltmischgutarten bewährt. Abweichend von den Regelungen in den ZTV BEA-StB 09/13 wird bei dem Zwischenausbau vorrangig Asphalttragschichtmischgut zur Profilverbesserung eingesetzt.

Die Einbaumengen in kg/m^2 sind in Abhängigkeit von der Asphaltmischgutart aus den Einbaudicken abzuleiten.

Ist aus Gründen mangelnder Tragfähigkeit neben dem Profilausgleich auch die Anordnung einer Asphalttragschicht erforderlich, so sind die gleichen

Tabelle 4 Empfohlene Baustoffe und Verbrauchsmengen zur Versiegelung von Asphalttragschichten mit Oberflächenbehandlungen mit doppelter Abstreuung

Bindemittelart und -sorte	Lage	Bindemittelmenge [kg/m²]	Grobe Gesteinskörnung [kg/m²]		
			8/11	5/8	2/5
Unstabile Bitumenemulsion C67B3-OB	1. Lage 2. Lage	1,6 bis 2,2 –	10 bis 13 –	– 3* bis 6*	– 3 bis 6
Polymermodifizierte unstabile Bitumenemulsion C69BP3-OB-1 C69BP3-OB-2	1. Lage 2. Lage	1,4 bis 1,8 –	– –	10 bis 12 –	– 3 bis 6
Polymermodifiziertes Fluxbitumen Fm9BP2 Fv9BP3	1. Lage 2. Lage	1,3 bis 1,5 –	10 bis 13 –	– 3* bis 5*	– 2 bis 5
	1. Lage 2. Lage	1,1 bis 1,4 –	– –	9 bis 12 –	– 2 bis 5

* Alternativ möglich

Kommentar

Asphaltmischgutarten wie in *Tabelle 3* zu verwenden. Es gelten in der Regel die in den ZTV Asphalt-StB für Asphalttragschichten genannten Anforderungen.

Darüber hinaus sind die freien Ränder der eingebauten Schichten durch Kantenschrägformer am Fertiger und durch Kantenandrückrollen an den Walzen während des Einbau- und Verdichtungsvorgangs in einem Verhältnis 2 : 1 geradlinig abzuschrägen und gleichmäßig anzudrücken. Die höherliegenden Ränder sind mit Polymermodifiziertem Bitumen 25/55-55 A abzudichten.

Bewährt hat sich die Anforderung, einen Hohlraumgehalt von höchstens 8 Vol.-% in der fertigen Schicht nicht zu überschreiten. Diese Forderung ist sowohl auf den Profilausgleich als auch auf die Asphalttragschicht zu beziehen. Im Hinblick auf die zwischenzeitliche Nutzung und ein späteres Überbauen dürfen Unebenheiten auf der fertigen Tragschicht 6 mm in einer 4 m langen Messstrecke nicht überschreiten; die Ebenheit sollte die Anforderungen, die an eine Asphaltbinderschicht gestellt werden, erfüllen.

■ Versiegelung der Asphalttragschicht

In den ZTV BEA-StB 09/13 sind Möglichkeiten für das Versiegeln vorhandener Asphaltkonstruktionen aufgezeigt. Diese können auch für das Versiegeln von im Rahmen des Zwischenausbaus hergestellten Asphalttragschichten genutzt werden. Die ZTV BEA-StB sehen folgende Varianten vor:

- Oberflächenbehandlungen

  Für die Versiegelung von Asphalttragschichten sind vorzugsweise Oberflächenbehandlungen mit doppelter Abstreuung anzuwenden. Es haben sich die in *Tabelle 4* genannten Baustoffe und Verbrauchsmengen bewährt und sind zu empfehlen.

  Die Griffigkeitsanforderungen der ausgeführten Oberflächenbehandlungen müssen die Zielgrößen der ZTV Asphalt-StB erfüllen.

- Dünne Asphaltdeckschichten in Kaltbauweise

  Vorzugsweise sollten folgende Asphaltmischgutsorten zur Anwendung kommen und sind zu empfehlen:

Kommentar

Asphaltmischgutsorte	Trockenmasse [kg/m²]
DSK 3	10 bis 15
DSK 5	16 bis 25.

Die Verkehrsfreigabe der hergestellten Flächen kann erst nach dem vollständigen Abschluss des Brechvorgangs der Bitumenemulsion erfolgen. Ein Andrücken der Dünnen Asphaltdeckschicht in Kaltbauweise mit Glattmantelwalze wird empfohlen.

- Dünne Asphaltdeckschichten in Heißbauweise

Geeignet für Dünne Asphaltdeckschichten in Heißbauweise sind laut ZTV BEA-StB Asphaltbetone (AC 5 D L), Splittmastixasphalte (SMA 5 N, SMA 5 S), Gussasphalte (MA 5 S, MA 8 S) sowie Asphaltmischgut für Dünne Asphaltdeckschichten in Heißbauweise auf Versiegelung (DSH-V 8, DSH-V 5).

Die Einbaumengen für alle Asphaltmischgutsorten liegen zwischen 30 kg/m^2 und 50 kg/m^2.

Sind die Unebenheiten der Unterlage im Ausnahmefall größer als 10 mm auf einer 4 m langen Messstrecke, so können auch größere Einbaumengen erforderlich werden. Erfahrungsgemäß sollten sie aber 10 % der vorgeschriebenen Einbaumenge im Einzelfall nicht überschreiten (Verformungsgefahr). Zur Sicherung der Anfangsgriffigkeit ist ein Abstumpfen der Oberfläche mit den Lieferkörnungen 1/3 (0,5 kg/m^2 bis 1,0 kg/m^2) oder 2/5 (1,0 kg m^2 bis 2,0 kg/m^2) durchzuführen.

8.2.4 Abnahme und Abrechnung

Für die Abnahme der Asphaltschichten in Einheit mit den hier aufgeführten Versiegelungen gelten die ZTV Asphalt-StB sowie die ZTV BEA-StB. Die Abrechnung des Profilausgleichs und der Asphalttragschicht ist auf der Grundlage der mittleren Einbaumenge in kg/m^2 vorzunehmen. Das gilt auch, wenn der Profilausgleich und die einlagige Asphalttragschicht bis zu einer Dicke von 10 cm ausgeführt wurden. Für die Abrechnung gelten die ZTV BEA-StB 09/13, Abschnitt 7.3.3.

Mehr- und Mindereinbaumengen sind nach den dortigen Vorgaben zu berücksichtigen.

Die Verjährungsfrist beträgt für Zwischenausbaumaßnahmen 2 Jahre.

Literatur (zu Abschnitt 8.2)

AP Trag B1: Arbeitspapier Tragfähigkeit von Verkehrsflächenbefestigungen – Teil B1: Benkelman-Balken: Gerätebeschreibung, Messdurchführung, Ausgabe 2014. Forschungsgesellschaft für Straßen- und Verkehrswesen, FGSV Verlag, Köln 2014.

AP Trag C1: Arbeitspapier Tragfähigkeit von Verkehrsflächenbefestigungen – Teil C1: Benkelman-Balken: Auswertung und Bewertung von Einsenkungsmessungen, Ausgabe 2014. Forschungsgesellschaft für Straßen- und Verkehrswesen, FGSV Verlag, Köln 2014.

Leykauf, G.: Verstärkung von Asphaltstraßen – Bemessung durch Einsenkungsmessung. In: Straßen- und Tiefbau 4/1991, S. 6–14.

RAS-Ew: Richtlinien für die Anlage von Straßen – Teil: Entwässerung, Ausgabe 2005. Forschungsgesellschaft für Straßen- und Verkehrswesen, FGSV Verlag, Köln 2005.

RStO 12: Richtlinien für die Standardisierung des Oberbaus von Verkehrsflächen, Ausgabe 2012. Forschungsgesellschaft für Straßen- und Verkehrswesen, FGSV Verlag, Köln 2012.

RZL LSBB 2015: Regelungen zur mittelfristigen Gebrauchswertverbesserung von Landesstraßen in Sachsen-Anhalt (Zwischenausbaurichtlinien), Ausgabe 2015. Landesstraßenbaubehörde Sachsen-Anhalt, 2015.

TL Asphalt-StB 07/13: Technische Lieferbedingungen für Asphaltmischgut für den Bau von Verkehrsflächenbefestigungen, Ausgabe 2007/Fassung 2013. Forschungsgesellschaft für Straßen- und Verkehrswesen, FGSV Verlag, Köln 2014.

ZTV Asphalt-StB 07/13: Zusätzliche Technische Vertragsbedingungen und Richtlinien für den Bau von Verkehrsflächenbefestigungen aus Asphalt, Ausgabe 2007/Fassung 2013. Forschungsgesellschaft für Straßen- und Verkehrswesen, FGSV Verlag, Köln 2014.

Kommentar

8.3 Besonderheiten auf Straßen innerorts

8.3.1 Grundlagen

Es gibt etwa 400 000 Kilometer Straßen, die in der Obhut (Baulast) von Gemeinden liegen (womit die Straßen des Bundes, der Länder und der Kreise an Länge deutlich überschritten werden). Daher ist es notwendig, dass auch dort für die Bauliche Erhaltung von Verkehrsflächen in Asphaltbauweisen ein technisch und bauvertraglich neuzeitliches Regelwerk zur Verfügung steht.

In diesem Abschnitt werden die Möglichkeiten aufgezeigt, die ZTV BEA-StB im Zusammenhang mit der Erhaltung von asphaltierten **Innerortsstraßen** und anderen asphaltierten Verkehrsflächen des örtlichen Verkehrs in **bebauten Bereichen** als Bestandteil von Bauverträgen einzusetzen.

Die ZTV BEA-StB enthalten neben verbindlichen bauvertraglichen Regelungen zu den einzelnen Bauverfahren in Richtlinienform (kursiv gedruckter Text) wichtige Hinweise für die Ausschreibenden, die bei der Vorbereitung und Abwicklung des jeweils zweckmäßigsten Bauverfahrens auch in Gemeinden beachtet werden sollten. Wenn im Folgenden der Begriff „Gemeinde", dem der gelegentlich gebrauchte Begriff „Kommunen" gleichkommt, verwendet wird, sind damit Gemeinden jeglicher Größe, also auch Städte, gemeint.

Gemeindeverbindungsstraßen unterscheiden sich im Hinblick auf die Bautechnik prinzipiell nicht von den Straßen des überörtlichen Verkehrs; sie werden daher hier nicht gesondert behandelt.

Der Begriff „Straße" umfasst in diesem Zusammenhang nicht nur Fahrbahnen für Kraftfahrzeuge, sondern auch straßenbegleitende oder selbstständig geführte Geh- und Radwege sowie andere Verkehrsflächen wie Plätze und sonstige Wege, z. B. in Grünanlagen.

■ Systematische Straßenerhaltung – wachsende Aufgabe der Gemeinden

Das Alter der Straßen und ihre Beanspruchungen durch den Verkehr nehmen zu. Daher wird die Notwendigkeit zur systematischen Straßenerhaltung auch in den Gemeinden immer dringender. Das ist bislang wohl nur Fachleuten in den Bauämtern bewusst gewesen. Inzwischen wird die Notwendigkeit aber auch von der breiteren Öffentlichkeit wahrgenommen, worauf Leserbriefe und Berichte in der Presse über einen schlechten Straßenzustand schließen lassen.

Das „Neue Kommunale Finanzmanagement" (NKF) wurde angesichts leerer Kassen in fast allen Gemeinden mit der Zielsetzung geschaffen, realistischere Aussagen über Effektivität und Wirtschaftlichkeit des Verwaltungshandelns treffen zu können, als das bisher möglich war.

Umso wichtiger ist es, auch die Vorgehensweise der gemeindlichen Finanz- und Bauverwaltungen auf eine solide straßenbautechnische Basis stellen zu können, da für die Finanzierung der Straßenerhaltung gerade auf kommunaler Ebene tiefgreifende Entscheidungen getroffen werden müssen.

Mit dem NKF einhergehend, aber auch schon bei der bisherigen kameralistischen Vorgehensweise, hat in den letzten Jahren eine Entwicklung zum „Asset Management System" (AMS) für Straßen eingesetzt (Kochs, Jaeger, 2008). Der deutsche Begriff dafür ist „Anlagegüter-Verwaltungssystem". Damit soll

Kommentar

das bisher überwiegend intuitive Vorgehen bei der Straßenerhaltung von möglichst objektiven Vorgehensweisen (Erhaltungsstrategien) abgelöst werden.

Erfahrungsgemäß ist es aber in Gemeinden in vielen Fällen nicht möglich, die Straßenerhaltung allein von Erhaltungsstrategien leiten zu lassen. Die Entscheidungsfindung, welche Erhaltungsmaßnahmen wann und wo zu treffen sind, muss sich innerorts leider oft an mehr Zwangspunkten nicht technischer Art als außerorts orientieren.

Ein noch so sorgfältig geplantes Vorgehen, das die für die Straßenerhaltung Zuständigen beabsichtigen, kann durch zahlreiche Randbedingungen von außen beeinflusst werden. Verkehrsbetriebe verweisen z. B. gelegentlich darauf, dass sie im Bereich der Gleise von Straßenbahnen Baumaßnahmen beabsichtigen und bitten darum, Maßnahmen der Instandhaltung in den Verkehrsflächen seitlich daneben zurückzustellen, bis ihre Vorhaben verwirklicht werden können. Ähnliches tritt auf, wenn Betreiber von Versorgungsleitungen (Gas, Wasser, Abwasser, Kabel für Elektrizität oder Nachrichtenübermittlung usw.) auf eigene Absichten der Neuverlegung oder der Erneuerung hinweisen und der Straßenbaulastträger daher seine beabsichtigten Maßnahmen zurückstellen soll. Oft ist aber auch politische Unentschlossenheit die Ursache für die jahrelange Verschiebung eigentlich notwendiger Maßnahmen der Straßenerhaltung. Politische Unentschlossenheit über die Zukunft von Straßenbahngleisen (*Bild 1*) verzögert seit mehr als 20 Jahren in einer Großstadt die erforderliche Erneuerung der Fahrbahn einer Bundesstraße. Immer wieder sind verlorene Aufwendungen erforderlich, um die Befahrbarkeit einigermaßen zu gewährleisten.

Oft erklären sich Anwohner betroffener Straßen mit beabsichtigten Maßnahmen der Instandsetzung oder der Erneuerung nicht einverstanden. Aus ihrer laienhaften Sicht halten sie die beabsichtigten Arbeiten für „nicht notwendig“, sofern kein Schlagloch vorhanden ist. Auch andere deutliche Schadensbilder

Bild 1 **Beispiel für einen erhaltungsbedürftigen Fahrbahnzustand bei unklaren Vorstellungen über die zukünftige Nutzung von Straßenbahngleisen**

Kommentar

erkennen sie – anders als die Fachleute – vielfach nicht. Schon gar nicht können sie die Entwicklung abschätzen, ob und wie schnell solche Schäden in Zukunft noch zunehmen werden oder Folgeschäden dadurch verursacht werden können, dass die Verkehrssicherheit nicht mehr gegeben ist.

In anderen Fällen fürchten sie, dass sie zur Zahlung von Straßenbeiträgen herangezogen werden könnten. Es kann dazu kommen, dass sie über politische Einflussnahmen das beabsichtigte Vorgehen der Verwaltung zum Erliegen bringen, selbst dann, wenn das beabsichtigte Vorgehen aus straßenbautechnischer Sicht noch so notwendig und sinnvoll wäre (siehe auch Abschnitt 8.3.7).

■ Grundlage für die Zustandserfassung und -bewertung von Innerortsstraßen

Der Geltungsbereich der ZTV BEA-StB ist nicht auf Außerortsstraßen beschränkt. Er umfasst ganz allgemein „Verkehrsflächenbefestigungen mit Asphalt".

Daher sollte nicht nur das übergeordnete Straßennetz (u. a. Bundes- und Landesstraßen) mit modernen systematischen Methoden der Zustandserfassung und -bewertung untersucht werden, sondern auch die Straßen in den Gemeinden – nicht nur in den größeren Städten. Schließlich sollen die zuständigen Mitarbeiter überall wirtschaftliches Vorgehen gewährleisten. Nicht nur das Prinzip der Doppik, sondern das öffentliche Haushaltsrecht ganz allgemein erfordert ein derartiges Vorgehen der Bauämter, um die Grundlagen für wirklich planmäßiges Handeln zu haben.

Ein entscheidender Schritt in diese Richtung wurde mit der Herausgabe der „Empfehlungen für das Erhaltungsmanagement von Innerortsstraßen" (E EMI 2003) gegangen. Einige Großstädte hatten diesen Weg schon davor mit gutem Erfolg beschritten und dafür die Entwurfsfassungen der E EMI herangezogen (Best 2004). Inzwischen liegt die Ausgabe 2012 der E EMI vor.

Nur in wenigen Fällen ist es selbst in großen Städten, geschweige denn in kleineren Gemeinden, möglich, auch nur die minimalen Datenvoraussetzungen, die in den E EMI 2003, Anhang 2 bzw. nun E EMI 2012, Abschnitt 3 formuliert sind, für das Erhaltungsmanagement zu erfüllen. Es mangelt häufig an Aufzeichnungen über Aufbaudaten wie Art, Dicke und Einbaujahr der Fahrbahndecke und der gebundenen Tragschicht. Auch das Jahr der letzten Instandsetzungs- oder Erneuerungsmaßnahme ist vielfach nicht bekannt bzw. den Akten zu entnehmen. Schwierig ist es auch, fundierte Zahlen im Hinblick auf die Verkehrsstärke (DTV) oder gar die des Schwerverkehrs zu erhalten.

Die Verantwortlichen für das Erhaltungsmanagement sind dort, wo die Mindestanforderungen an die Daten nicht erfüllt werden können, auf fachmännische Schätzungen und Bewertungen angewiesen. Ob es zielfördernd sein könnte, nicht bekannte Schichtdicken von Innerortsstraßen durch zahlreiche Kernbohrungen ermitteln zu wollen, muss für jeden Einzelfall sorgfältig abgewogen werden. Das wird auf begründete Ausnahmen beschränkt bleiben müssen.

Daher ist bei Verkehrsflächen in geschlossener Ortslage (Innerortsstraßen) auch die Benennung von Belastungsklassen nach RStO 12 schwierig. Die RStO 12 bieten zwar mit der Tabelle 2, worin bestimmte Straßenkategorien den Belastungsklassen zugeordnet werden, eine Hilfe an. Diese Hilfe ist aber begrenzt, da die Einordnung bestimmter Straßen in eine der in der Tabelle 2 aufgeführten Straßenarten mit erheblichen Unschärfen verbunden ist. Ist z. B.

Kommentar

eine bestimmte Straße als Wohnstraße (Belastungsklasse Bk0,3 oder Bk1,0) oder als Sammelstraße (Belastungsklasse Bk1,0 bis Bk3,2) einzustufen? Die Einstufung in die Belastungsklasse Bk3,2 kann zu der Schlussfolgerung führen, dass vielleicht die Bauweise Oberflächenbehandlung dort nicht mehr eingesetzt werden könnte. Schließlich sehen die ZTV BEA-StB 09/13, Abschnitt 3.4.1.2 beispielsweise vor, dass Oberflächenbehandlungen „vorwiegend auf Verkehrsflächen der Belastungsklassen Bk1,8 bis Bk0,3 eingesetzt werden". Andererseits bedeutet „vorwiegend", dass diese Bauweise durchaus auch bei Belastungsklasse Bk3,2 oder sogar noch darüber eingesetzt werden könnte – zwar nachrangig, aber doch, falls wichtige Gründe dafür sprechen. Im Hinblick auf die niedrigeren Geschwindigkeiten, die normalerweise auf Gemeindestraßen gefahren werden, kann das durchaus in Betracht kommen.

Der Ausschreibende muss sich zum Zeitpunkt der Ausschreibung darüber klar sein, ob die von ihm vorgesehene Bauweise bei den örtlichen und verkehrlichen Gegebenheiten wirklich als optimale Bauweise in Betracht kommt. Um den Bietern die erforderliche Klarheit zu verschaffen, sollte der Ausschreibende die aus seiner Sicht zugrunde zu legende Belastungsklasse nach den RStO 12 in der Leistungsbeschreibung ausdrücklich benennen. Das entbindet die Bieter aber keinesfalls von ihrer bauvertraglichen Pflicht, zu prüfen, ob die Bauweise den gegebenen verkehrlichen Beanspruchungen ausreichend lange standhalten dürfte (siehe auch Abschnitt 8.3.5).

Es kann der Sache manchmal dienen, wenn der Ausschreibende im Rahmen des ihm zustehenden Ermessens bei besonderen Gegebenheiten die Verjährungsfrist für Mängelansprüche von zwei Jahren nach den ZTV BEA-StB 09/13, Abschnitt 6.2 auf ein Jahr reduziert. Er entbindet seinen Auftragnehmer dadurch etwas von dem Risiko, das dieser bei seinen Leistungen eingeht, da bei Gemeindestraßen z. B. über den Zustand der Unterlage oft weniger als bei Außerortsstraßen bekannt ist.

8.3.2 Zielsetzung der ZTV BEA-StB bei Innerortsstraßen

Innerortsstraßen sind hinsichtlich Ausbauart und -standard durchweg vielfältiger als Außerortsstraßen. Sie sind fast immer flächenmäßig kleinteiliger, auf engem Raum sehr unterschiedlich in ihrem Aufbau und außerdem durch Leitungen der öffentlichen Ver- und Entsorgung und den damit verbundenen Eingriffen in die Straßenkonstruktion belastet.

Man trifft daher innerorts auf engem Raum in vielen Fällen sehr unterschiedliche, vielfach durchaus auch veraltete Bauweisen an (*Bild 2*). Deswegen ist es nur selten möglich, größere und technisch gleichmäßige Abschnitte zu definieren, auf denen eine bestimmte Maßnahme der Erhaltung sachgerecht und wirtschaftlich angewandt werden kann.

Bei allen Maßnahmen der Baulichen Erhaltung spielen nicht nur die Belange der Verkehrsteilnehmer, sondern auch die der Anlieger eine große Rolle, die nicht unnötig unter Lärm und Erschütterungen leiden wollen, die von unebenen Fahrbahnen oder gar von Fahrbahnen mit Schlaglöchern ausgehen können. Aber nicht nur die Belange der Wohnbevölkerung sollen seitens der Bauverwaltungen gewahrt werden. Auch Radfahrer und Fußgänger verlangen, möglichst uneingeschränkt „freie Bahn" zu haben. Zusätzlich müssen Einzelhandel und Gewerbebetriebe mit ihren durchaus berechtigten Ansprü-

Kommentar

Bild 2 Schäden, die u. a. durch enge Fahrstreifen und eine nachträglich eingebaute Verkehrsinsel verursacht wurden. Rechter Fahrstreifen: Setzpacklage als Unterlage (ca. 1935), linker Fahrstreifen: Rüttelschotter (ca. 1960), zwischenzeitlich DSK (ca. 1978)

chen auf möglichst störungsfreie Erreichbarkeit ihrer Grundstücke berücksichtigt werden.

Die Ziele der Bauverfahren der Baulichen Erhaltung sind innerorts prinzipiell die gleichen wie außerorts; allenfalls liegen die Schwerpunkte etwas anders. Es geht hier wie dort um das Bewahren der Substanz der Verkehrsflächenbefestigung, das Bewahren oder Wiederherstellen der Ebenheit und/oder der Rauheit (Griffigkeit) und um das Beheben von Substanzmängeln.

Es geht aber auch in vielen Fällen um die Reduzierung der Lärmentwicklung durch die Kraftfahrzeuge. Das bedeutet aber auch, dass nicht unbedingt jede Art von Verkehrsflächenbefestigung ohne genauere Prüfung im Rahmen der Baulichen Erhaltung durch Asphaltbauweisen zu ersetzen ist. Städtebaulich relevante Pflasterflächen z. B. sollten nicht ohne eingehende Abwägung der Gegebenheiten mit Asphalt überbaut werden.

Die Straßen innerorts enthalten einige spezielle Verkehrsflächen, wovon Kreisverkehrsflächen (vgl. Merkblatt für die Anlage von Kreisverkehren) und Busverkehrsflächen (vgl. Merkblatt für den Bau von Busverkehrsflächen) besonderen verkehrlichen Beanspruchungen unterliegen. Ihre Instandhaltung bzw. Instandsetzung erfordern aber innerorts keine anderen Vorgehensweisen als außerhalb. Gleisbereiche (vgl. Merkblatt für die Ausführung von Verkehrsflächen in Gleisbereichen von Straßenbahnen) stellen baulich eine weitere Besonderheit dar, die sich aber überwiegend auf Straßen größerer Städte beschränkt. Zunehmend werden diese Verkehrsflächen in den letzten Jahren mit Asphaltdeckschichten anstatt Pflastersteinen versehen; ihre Instandhaltung bzw. Instandsetzung erfordert in technischer Hinsicht keine Vorgehensweisen, die sich prinzipiell von den in den ZTV BEA-StB verankerten unterscheiden.

Kommentar

Bild 3 Gestörte Unterlage der Asphaltbefestigung durch Aufgrabung, ein Rückschnitt der Asphaltbefestigung ist unumgänglich

Innerortsstraßen sind fast durchweg auch durch Leitungen der Ver- und Entsorgung beansprucht: „Jede Aufgrabung stellt eine dauerhafte Störung der Lagerungsdichte, der Schichtenfolge und des Schichtenverbundes der Verkehrsflächenbefestigung dar" (siehe ZTV A-StB 12, Abschnitt 1.3). Daher ist beim Wiederverfüllen und beim Schließen der Verkehrsflächenbefestigung sorgfältig vorzugehen. Seitlich der eigentlichen Aufgrabung sind Rückschnitte erforderlich, sobald die Tragschichten ohne Bindemittel eingebaut sind, um spätere Schäden, die sich noch nach Jahren an der Oberfläche zeigen können, zu vermeiden (*Bild 3*).

8.3.3 Begriffe

Auch für die Erhaltung von Straßen innerorts gelten die Begriffsbestimmungen der ZTV BEA-StB 09/13, Abschnitt 1.2 gleichermaßen. Somit umfasst die „Bauliche Erhaltung" innerorts wie außerorts Maßnahmen der

- Instandhaltung,
- Instandsetzung sowie der
- Erneuerung

von Verkehrsflächen mit Asphalt in Abhängigkeit von deren Zustand und dem angestrebten Erhaltungsziel.

Dabei spielt es keine Rolle, welche Art von Fläche (Fahrbahn, Geh- oder Radweg) die jeweilige Maßnahme umfasst.

8.3.4 Bauverfahren der Instandhaltung

Diejenigen Bauverfahren, die unter der Überschrift „Instandhaltung" der ZTV BEA-StB 09/13, Abschnitt 3.3 genannt werden, sind:

- Anspritzen und Abstreuen
- Aufbringen von bitumenhaltigen Schlämmen und Porenfüllmassen
- Ausbessern mit Asphaltmischgut

Kommentar

- Verfüllen und Vergießen (von Rissen)
- Aufrauen
- Abfräsen von Unebenheiten.

Welche dieser Bauverfahren beim Vorliegen entsprechender Zustandsmerkmale anwendbar sind, kann man gleichermaßen wie für Außerortsstraßen auch für Innerortsstraßen den ZTV BEA-StB 09/13, Tabelle 4 entnehmen. Außer zum Verfahren „Abfräsen von Unebenheiten" liefern die ZTV BEA-StB zu den genannten Bauverfahren die notwendigen Vertragsbedingungen und/ oder zusätzlich erläuternde Richtlinien für den Ausschreibenden.

Grundsätzlich sind diese Verfahren für innerörtliche Verkehrsflächen mit Schäden kleineren Umfangs geeignet. Die Höhenvorgaben, die dort fast überall beachtet werden müssen, lassen sich durch diese Verfahren fast ausnahmslos erfüllen.

Schlaglöcher oder Abplatzungen sind regelmäßig ein eindeutiger Hinweis auf tiefgreifende Schäden an der Asphaltbefestigung. Das Ausbessern kann mit Heißmischgut, mit Kaltmischgut oder dort, wo zahlreiche Schlaglöcher entstanden sind, durch Patchen geschehen. Beschränken sich die Schäden auf die Asphaltdeckschicht und können durch andere Instandsetzungsverfahren nicht beseitigt werden, ist die Asphaltdeckschicht zu ersetzen. Ist der Gebrauchswert der Asphaltbefestigung insgesamt erschöpft, ist eine Erneuerung der Asphaltbefestigung nach ZTV BEA-StB 09/13, Abschnitt 3.5 durchzuführen. Bereits bei Ersatz der Asphaltdeckschicht und besonders bei Erneuerung der Asphaltbefestigung wird die Lebensdauer der Verkehrsflächenbefestigung deutlich verlängert.

Abfräsen von Unebenheiten kommt innerorts in erster Linie vor Lichtsignalanlagen (*Bild 4*) wegen der dort gehäuft auftretenden Brems- und Anfahr-

Bild 4 Unebenheiten, die Regenwasser nicht mehr zügig in die Rinne abfließen lassen, eine grundhafte Erneuerung ist unumgänglich

Kommentar

vorgänge in Betracht. Auch können schmale Fahrstreifen oder Steigungs- oder Gefällstrecken dazu führen, dass sich Unebenheiten (Wellen oder Wülste) bilden, die sogar die Sicherheit der Verkehrsteilnehmer beeinträchtigen oder Fußgänger belästigen, da Regenwasser in diesen Unebenheiten stehen bleiben kann. Fußgänger auf dem Gehweg können auf diese Weise durch Spritzwasser, das durch (zu) schnell vorbeifahrende Fahrzeuge verursacht wird, belästigt werden oder sogar zu Schaden kommen.

Rechtzeitiges Verfüllen und Vergießen von klaffenden Rissen, Anschlüssen oder Fugen bzw. Nähten in sonst noch schadensfreien Asphaltdeckschichten kann deren Lebensdauer beträchtlich verlängern und u. U. auch die Sicherheit von Zweiradfahrern erhöhen, für die Längsrisse oder offene Fugen eine Gefahr darstellen können.

8.3.5 Bauverfahren der Instandsetzung

Durch Verkehrszunahme einerseits und durch zunehmendes Altern der Straßen andererseits treten Maßnahmen der „Instandsetzung" gegenüber der „Instandhaltung" zwangsläufig auch innerorts immer mehr in den Vordergrund. Die Zielsetzung ist die Beseitigung von Schäden größeren Umfangs.

Die ZTV BEA-StB 09/13, Tabelle 7 nennen diejenigen Instandsetzungsverfahren, die beim Vorliegen entsprechender Zustandsmerkmale angewendet werden können:

- Oberflächenbehandlungen (OB)
- Dünne Asphaltdeckschicht in Kaltbauweise (DSK)
- Dünne Asphaltdeckschicht in Heißbauweise (DSH und DSH-V)
- Rückformen (RF)
- Ersatz einer Asphaltdeckschicht (EAD).

Die Kombination dieser Verfahren oder mit Verfahren der Instandhaltung kann in manchen Fällen sinnvoll sein.

Als besonders wichtig für die Sicherheit der Verkehrsteilnehmer soll das Thema der „Rauheit" („Griffigkeit") herausgegriffen werden. Bei Straßen innerorts, die normalerweise nicht mit Geschwindigkeiten höher als 50 km/h befahren werden dürfen, werden nur in seltenen Fällen allein im Hinblick auf die Rauheit (Griffigkeit) Maßnahmen der Instandsetzung ausgelöst. An Stellen, an denen z. B. ungünstige Trassierungselemente gegeben sind, kann es trotzdem dazu führen, dass griffigkeitsverbessernde Maßnahmen erfolgen müssen. Spätestens dann, wenn an einer Stelle ansteigendes Unfallgeschehen bei Nässe beobachtet wird, können solche Maßnahmen erforderlich werden. Dazu können die fünf genannten Instandsetzungsverfahren oder das Aufrauen als Bauverfahren der Instandhaltung nach den ZTV BEA-StB 09/13, Abschnitt 3.3.2.5 eingesetzt werden – welches das am besten geeignete und wirtschaftlichste Verfahren ist, muss anhand der Gegebenheiten im Einzelfall entschieden werden. Das kann z. B. vom sonstigen Zustand der Asphaltbefestigung abhängen. Dort, wo der Asphalt nur wenige Zentimeter dick ist und auf heute veraltetem Rüttelschotter liegt, kommt Rückformen nicht in Betracht.

Nach mehreren Leitungsverlegungen auf engem Raum kann u. U. durch den Einsatz einer Oberflächenbehandlung oder einer dünnen Schicht mit verhältnismäßig geringem Aufwand ein einheitliches Erscheinungsbild erreicht werden (*Bild 5*). Dabei darf nicht übersehen werden, dass die unterschiedlichen

Kommentar

Bild 5 Heterogenes Erscheinungsbild kann z. B. durch Aufbringen einer Dünnen Asphaltdeckschicht verbessert werden

Tragfähigkeiten um Aufgrabungen herum häufig zu leichten Setzungen führen und dass die damit verbundenen Unebenheiten sich auch nach Überbauen mit einer Oberflächenbehandlung oder einer Dünnen Asphaltdeckschicht in Heiß- oder Kaltbauweise an der Oberfläche erneut abbilden können. Auch die Reflexion einzelner Risse und je nach Zustand einzelner Fugen ist möglich. Trotzdem sind solche Instandsetzungsmaßnahmen in aller Regel sinnvoll, weil sie die häufig im Handeinbau hergestellten und damit heterogen beschaffenen Deckschichten in Aufgrabungen zusätzlich vor Witterungseinflüssen schützen und damit die Haltbarkeit der Fläche verlängern.

Das Überbauen von Pflasterdecken mit Asphalt kann auch heute noch durchaus in Betracht kommen, wenn es wegen der Minderung von Rollgeräuschen oder zur Behebung baulicher Mängel der Pflasterdecke geschieht und es die sonstigen Randbedingungen zulassen. Es stellt im weiteren Sinn somit auch ein Bauverfahren der Instandsetzung dar, obwohl es in den ZTV BEA-StB nicht ausdrücklich behandelt wird und zukünftig auch nur als Ausnahme anzusehen ist. Zudem sollten Pflastersteine besser wiederverwendet als überbaut werden.

Für das Rückformen liegen bei Straßen innerorts in der Regel nicht die notwendigen Voraussetzungen vor, z. B. wegen fester Einbauten, wechselnder Fahrbahnbreiten oder kurzer Bauabschnitte.

Oberflächenbehandlungen (OB)

Unumgänglich ist, dass bereits in der Leistungsbeschreibung vom Ausschreibenden darauf hingewiesen wird, in welche Belastungsklasse die zu behandelnde Verkehrsfläche eingestuft ist. Genauso wichtig ist, dass sich der Auftragnehmer davon überzeugt, dass das vorgesehene Bindemittel, die Bindemittelmenge und die anderen Baustoffe für die Verkehrsfläche wirklich geeignet sind. Bei dieser Prüfung ist es notwendig, wegen des fast immer fahrstreifengebundenen Fahrens der Verkehrsteilnehmer die Einstufung in

Kommentar

eine Belastungsklasse am realen Verkehrsaufkommen an Ort und Stelle selbst zu beurteilen. Die alleinige Einstufung nach den RStO 12, Tabelle 2 kann für die Belange einer einwandfreien Bauausführung in einzelnen Fällen nicht ausreichend sein.

In den ZTV BEA-StB 09/13, Tabelle 8 werden die drei Verfahren für Oberflächenbehandlungen in Abhängigkeit vom Erscheinungsbild der Unterlage detailliert aufgeführt: Oberflächenbehandlungen

- mit einfacher Abstreuung (OB-eA),
- mit doppelter Abstreuung (OB-dA) sowie
- die doppelte Oberflächenbehandlung (OB-dO).

In der Vergangenheit angebotene andere Arten von Oberflächenbehandlungen z. B. durch vorgelegte Abstreuung werden in den ZTV BEA-StB nicht mehr behandelt, da sie in der Praxis selten Anwendung finden. Zudem ist ihre Anwendung innerorts umstritten.

Dünne Asphaltdeckschichten in Kaltbauweise (DSK)

Dünne Asphaltdeckschichten in Kaltbauweise können auf den Fahrbahnen der innerörtlichen Straßen auf allen Belastungsklassen als bewährte Bauverfahren der Instandsetzung angesehen werden. Frühere vermeintliche oder tatsächliche Unsicherheiten hinsichtlich der Eignung der verwendeten Baustoffe können als behoben angesehen werden. Im Rahmen von Kontrollprüfungen werden die verwendeten Baustoffe und die fertige Leistung auf Übereinstimmung mit dem Bauvertrag geprüft. Besonderes Augenmerk sollte auf die Prüfung des Schichtenverbundes durch Ermittlung der Haftzugfestigkeit gelegt werden.

Die Lebensdauer der DSK kann auf Fahrbahnen der seinerzeitigen Bauklassen III oder IV innerorts durchaus 10 bis 20 Jahre und mehr betragen. Beispielsweise traten auf einer innerstädtischen Hauptverkehrsstraße die Schä-

Bild 6 Fahrbahn einer Anliegerstraße mit Oberflächenbehandlung

Bild 7 Instandsetzung eines asphaltierten Gehwegs innerorts mit „DSK im Handeinbau“

den an der Asphaltdeckschicht, die in den 70er-Jahren mit DSK behoben wurden, erst um das Jahr 2000 – also fast 30 Jahre später – wieder zutage.

Vorteile der DSK liegen im raschen Baufortschritt in Fahrstreifenbreite und in der nur verhältnismäßig kurzzeitigen Verkehrsbeeinträchtigung, die der Einbau verursacht. Sie benötigen keine Auskühlzeit. Der Notwendigkeit, Grundstücke von Gewerbebetrieben, Einzelhandel oder anderen Anliegern möglichst ohne Unterbrechungen anfahren zu können, wird in hohem Maß Folge geleistet.

Es hat sich gezeigt, dass die Einbauflächen bei günstigen Wetterbedingungen bereits nach 20 Minuten befahren werden können; im Bauvertrag sollte festgelegt sein, dass die DSK spätestens 30 Minuten nach dem Herstellen wieder befahrbar sein müssen, falls hohes Verkehrsaufkommen oder die Erreichbarkeit von Grundstücken eine solche Forderung sinnvoll machen. Da als Bindemittel Bitumenemulsionen verwendet werden, behindert eine feuchte Unterlage den Einbau normalerweise nicht, wodurch bei leichtem Regenwetter nicht unbedingt ein Baustopp mit nachteiligen Auswirkungen auf den Verkehrsablauf eintreten muss. Lediglich bei Temperaturen der Unterlage unter 5 °C dürfen DSK nicht eingebaut werden.

Kommentar

Weitere Vorteile liegen darin, dass die Regeleinbaumenge von 10 kg/m² bis etwa 25 kg/m² kein aufwendiges Anpassen von Einbauten und Entwässerungseinrichtungen erfordert. Das ist gerade bei typischen Innerortsstraßen mit ihren vielen Einbauten und Randeinfassungen ein großer Vorteil. Müssen größere Unebenheiten behoben werden, können auch höhere Einbaumengen in Betracht kommen; gegebenenfalls können auch zwei Arbeitsgänge notwendig sein.

Es hat sich gezeigt, dass auch die Instandsetzung von Gehwegen mit Asphaltbefestigungen innerorts erfolgreich mit der Asphaltmischgutsorte DSK 3 vorgenommen werden kann. Dabei sind die Zeiten mit Behinderungen für die Anlieger nur kurz. Der Einbau kann bei schmalen Gehwegen von Hand erfolgen (siehe *Bild 7*), obwohl DSK normalerweise maschinell verlegt werden.

Dünne Asphaltdeckschichten in Heißbauweise (DSH und DSH-V)

Dünne Asphaltdeckschichten in Heißbauweise können genauso wie DSK auf den Fahrbahnen und anderen Verkehrsflächen innerorts auf allen Belastungsklassen als bewährte Bauverfahren der Instandsetzung angesehen werden.

Kommentar

Hauptsächlich wegen der etwas längeren Sperrzeiten für den Fahrzeugverkehr werden sie innerorts weniger oft gebaut als z. B. DSK, obwohl sie zu einer Lärmminderung führen können (siehe auch Abschnitt 8.4).

Aufgrund der etwas größeren Einbaudicke als bei DSK kann es in etwas größerem Maß notwendig werden, Einbauten anzupassen oder z. B. entlang von Randeinfassungen einen schmalen Streifen anzufräsen. Wie bei DSK auch ist es notwendig, die Unterlage vor dem Einbau der neuen Schicht gründlich zu reinigen. Außerdem ist die Unterlage anzusprühen, damit eine einwandfreie Haftung auf der Unterlage erreicht wird. Bei ungünstigem Wetter kann Trocknen und Vorwärmen der Unterlage in Betracht kommen.

Gegenüber DSK sind bei ungünstigen Wetterbedingungen Maßnahmen zu ergreifen, die das rasche Auskühlen der DSH verhindern. Außerdem sind DSH aus Walzasphalt auch innerorts zum Erreichen der notwendigen Anfangsgriffigkeit abzustumpfen; DSH-V sind nicht abzustumpfen.

■ Rückformen

Das Bauverfahren des Rückformens kommt für Straßen innerorts allenfalls dann in Betracht, wenn sich keine oder nur wenige Einbauten (z. B. Straßenkappen) in der Fahrbahn befinden. Das Bauverfahren wird daher in erster Linie auf Straßen außerorts angewandt. Zu geeigneten Straßen können aber auch z. B. anbaufreie Straßen zählen, die den Charakter von Außerortsstraßen tragen.

■ Ersatz einer Asphaltdeckschicht

Während man bei den bisher geschilderten Bauverfahren der Instandsetzung ohne Fräsen auskommt – beim Bau von Dünnen Schichten kann es allenfalls in Randbereichen usw. notwendig werden – erfolgt innerorts (wie auch außerorts) der Einbau der neuen Asphaltdeckschicht grundsätzlich nach dem Ausfräsen der schadhaften Asphaltdeckschicht, d. h. bei teilweisem Ersatz der vorhandenen Befestigung. Splittmastixasphalt, Asphaltbeton, Gussasphalt oder Offenporiger Asphalt als Asphaltmischgut nach den Anforderungen der TL Asphalt-StB und den ZTV Asphalt-StB kommen für die neue Asphaltdeckschicht in Betracht.

Ob der Ersatz einer Asphaltdeckschicht oder ein anderes der genannten Bauverfahren zur Instandsetzung zweckmäßigerweise erfolgt, ist von vielen Gesichtspunkten abhängig und mit Sorgfalt abzuwägen. In den ZTV BEA-StB 09/13, Abschnitt 3.4.5.2 werden als Entscheidungskriterien z. B. mangelnde Ebenheit infolge von Verformungen im Längs- oder Querprofil, mangelnde Griffigkeit infolge von Bindemittelanreicherungen oder Höhenvorgaben durch Einbauten und Randeinfassungen, die einzuhalten sind, genannt.

8.3.6 Überbauen von Pflasterdecken mit Asphalt

Viele Gemeinden lehnen das Überbauen von Pflasterdecken mit Asphalt grundsätzlich ab. Sie stufen Pflasterdecken aus Naturstein aus städtebaulich-gestalterischen Gründen fast immer als erhaltenswürdig ein. Das Überbauen von Pflasterdecken aus Betonpflastersteinen dürfte nur selten in Betracht kommen. Deswegen liegen dazu bislang auch keine ausreichenden Erfahrungen vor.

Überbaut werden Pflasterdecken gelegentlich aber auch heute noch dort, wo die Rollgeräusche der Fahrzeuge zu mindern sind, um die Lebensqualität

Kommentar

der Anwohner der betroffenen Straße zu erhöhen. Die Lärmentwicklung ist auf solchen meist älteren Pflasterflächen in der Regel höher als auf Asphaltdeckschichten.

Das Überbauen mit Asphalt kann auch bei Pflasterdecken ohne ausreichende Griffigkeit oder mit größeren Unebenheiten durchaus in Betracht kommen, wenn es die Randbedingungen, z. B. die Bordsteinhöhen, zulassen.

Standfeste Pflasterdecken sind durchaus geeignete Unterlagen für Asphaltdeckschichten, die noch Jahrzehnte den Verkehrsbeanspruchungen standhalten. Falls es notwendig ist, müssen sie vorprofiliert werden. Das bedeutet, dass das Pflaster in den neu zu profilierenden Teilbereichen aufgenommen und neu gepflastert wird. Das Vorprofilieren mit Asphaltmischgut sollte hingegen möglichst vermieden werden. Das gilt auch für den Ersatz der Pflastersteine in Teilbereichen durch Asphalttragschichten.

Hierfür kommen Asphaltdeckschichten in Heißbauweise zum Überbauen von Pflasterdecken in Betracht; vorher muss das Pflaster angesprüht werden, um den notwendigen Schichtenverbund zu erhalten. Werden in Einzelfällen Pflasterdecken mit Dünnen Asphaltdeckschichten in Kaltbauweise (DSK) überbaut, ist auf das Ansprühen der Pflasterdecke zu verzichten.

Wegen der sehr unterschiedlichen Gegebenheiten sind ins Einzelne gehende Empfehlungen an dieser Stelle nicht möglich. Ausschreibende sollten sich an ihren örtlich gewonnenen Erfahrungen orientieren oder von Fachbetrieben oder Sachverständigen beraten lassen.

8.3.7 Erneuerung

Falls Maßnahmen der Instandsetzung nicht mehr in Betracht kommen, muss die Erneuerung in Betracht gezogen werden. Bei der über den Ersatz einer Asphaltdeckschicht hinausgehenden Erneuerung von Verkehrsflächen aus Asphalt richtet sich die Ausführung in erster Linie nach den ZTV Asphalt-StB.

Bild 8 Fahrbahn einer städtischen Hauptverkehrsstraße am Ende der Nutzungsdauer, erforderliche Erneuerung nach mehreren Instandsetzungsmaßnahmen

Kommentar

Die ZTV BEA-StB kennen Erneuerung bei vollständigem oder teilweisem Ersatz der vorhandenen Befestigung sowie die Erneuerung auf der vorhandenen Befestigung.

Innerorts kommt hauptsächlich die **Erneuerung bei vollständigem Ersatz der Befestigung** – früher als Tiefeinbau bezeichnet – in Betracht, da das Bauen im Bestand innerorts von vielen höhenmäßigen Randbedingungen abhängt. Es kann daher nur selten „nach oben“ von bisherigen Höhenvorgaben abgewichen werden.

Der Erneuerung bei vollständigem Ersatz der Befestigung geht die Beseitigung von vorhandenen Schichten voraus. Das darf aber nicht bedeuten, dass durchaus verwendbare Schichten nur entfernt werden, um einen RStO-gemäßen Schichtenaufbau zu erzielen. Innerorts sind gelegentlich Straßen mit alten Setzpacklagen anzutreffen, die sehr standfest und trotzdem wasserdurchlässig sind. Es wäre nicht angemessen, sie zu entfernen, solange sie nicht z. B. durch Aufgrabungen für Leitungsverlegungen in ihrer Substanz bereits geschädigt sind. Eine intensive Voruntersuchung wird in diesen Fällen empfohlen.

8.3.8 Straßenbeitragspflicht

In den Gemeinden, in denen eine Straßenbeitragspflicht der Anlieger besteht, können die Anlieger zu den Kosten herangezogen werden, die aufgrund von Maßnahmen der Erneuerung entstehen. In diesem Fall kann eine Straßenbeitragspflicht grundsätzlich entstehen, falls mehr als nur die Asphaltdeckschicht erneuert wurde.

Das hat gelegentlich zur Folge, dass Erneuerungsmaßnahmen hinausgeschoben werden, weil aus politischen Gründen die finanzielle Belastung der Anlieger nicht angeraten erscheint. Stattdessen wird versucht, mit Maßnahmen der Instandhaltung oder Instandsetzung, die finanziell nicht von den Anliegern über deren Straßenbeiträge, sondern von allen Einwohnern der entsprechenden Gemeinde getragen werden müssen, über die Runden zu kommen.

Bei dieser Vorgehensweise der hinausgeschobenen Erneuerung wird oft nicht abgewogen, ob sie letzten Endes infolge der verlorenen Kosten für die zwischenzeitlichen Maßnahmen der Instandhaltung oder Instandsetzung volkswirtschaftlich gerechtfertigt ist.

Es müsste der politischen Führung gelingen, bei der Bevölkerung das erforderliche Bewusstsein dafür zu wecken, dass jegliche gemeindliche Infrastruktur, also auch die Straßen, der ständigen Pflege bedarf (Instandhaltung bzw. Instandsetzung) und auch ihre kostenträchtige, aber notwendige Erneuerung nicht immer vermieden werden kann.

In jüngster Zeit ist eine verstärkte Diskussion dieses Problems festzustellen. Von der Bevölkerung wird immer öfter verlangt, dass nicht alleine die betroffenen Anliegergrundstückseigentümer mit den Kosten für die grundhaften Erneuerungen von Straßen konfrontiert werden, sondern dass alle Bürger eines Gemeinwesens diese finanziellen Auswirkungen zu tragen haben.

Abschließend sei nochmals ausdrücklich darauf hingewiesen, dass Kosten für Maßnahmen der Instandhaltung und der Instandsetzung nicht auf die Anlieger umgelegt werden dürfen.

Kommentar

8.3.9 Fazit

Auch die Straßenerhaltung innerorts ist im Hinblick auf die bevorstehenden umfangreichen Aufgaben einem neuzeitlichen Management zu unterwerfen, um allen Anforderungen, besonders auch denen der Wirtschaftlichkeit, gewachsen zu sein. Dabei ist zu bedenken, dass gerade im kommunalen Bereich dieser Gesichtspunkt der Wirtschaftlichkeit bislang oft nicht ausreichend beachtet werden konnte.

Es sollte daher auch über neue Möglichkeiten zur zweckmäßigeren Gestaltung der Finanzierung von Erhaltungsmaßnahmen an gemeindlichen Verkehrsflächen nachgedacht werden. Lange Zeit folgten viele Gemeinden der Vorgabe: „Straßenerhaltung ist das, was wir bezahlen können“. Umso wichtiger ist es, die Vorgehensweise der Verwaltungen auf eine solide fachliche Basis zu stellen, da für die Finanzierung der Straßenerhaltung gerade in Gemeinden tiefgreifende Entscheidungen getroffen werden müssen.

Die Basis für straßenbaufachlich sachgerechtes Vorgehen bei der Abfassung von Leistungsbeschreibungen und bei der Abwicklung darauf basierender Bauverträge sind in Gemeinden jeder Größe die ZTV BEA-StB.

Literatur (zu Abschnitt 8.3)

Best, B.: Systematische Straßenerhaltung jetzt auch in Kommunen. In: Straße und Autobahn 1/2004, S. 24–29.

E EMI 2012: Empfehlungen für das Erhaltungsmanagement von Innerortsstraßen, Ausgabe 2012. Forschungsgesellschaft für Straßen- und Verkehrswesen, FGSV Verlag, Köln 2012.

Kochs, A., Jaeger, J.: Asset Management für kommunale Straßen. In: Straße und Autobahn 4/2008, S. 189–194.

Merkblatt für den Bau von Busverkehrsflächen, Ausgabe 2000. Forschungsgesellschaft für Straßen- und Verkehrswesen, FGSV Verlag, Köln 2000.

Merkblatt für die Anlage von Kreisverkehren, Ausgabe 2006. Forschungsgesellschaft für Straßen- und Verkehrswesen, FGSV Verlag, Köln 2006.

Merkblatt für die Ausführung von Verkehrsflächen in Gleisbereichen von Straßenbahnen, Ausgabe 2006. Forschungsgesellschaft für Straßen- und Verkehrswesen, FGSV Verlag, Köln 2006.

RStO 12: Richtlinien für die Standardisierung des Oberbaus von Verkehrsflächen, Ausgabe 2012. Forschungsgesellschaft für Straßen- und Verkehrswesen, FGSV Verlag, Köln 2012.

ZTV A-StB 12: Zusätzliche Technische Vertragsbedingungen und Richtlinien für Aufgrabungen im Straßenbau, Ausgabe 2012. Forschungsgesellschaft für Straßen- und Verkehrswesen, FGSV Verlag, Köln 2012.

Kommentar

8.4 Besonderheiten bei lärmtechnisch optimierten Asphaltdeckschichten

8.4.1 Allgemeines

Zur Reduzierung von Verkehrslärm werden im Straßenbau Asphaltdeckschichten mit lärmtechnisch optimierten Eigenschaften eingesetzt. Im Vergleich zu den konventionellen Asphaltdeckschichten aus Asphaltbeton, Splittmastixasphalt und Gussasphalt nach ZTV Asphalt-StB lassen sich die Geräuschemissionen bei Asphaltdeckschichten mit lärmtechnisch optimierten Eigenschaften in der Reifenaufstandsfläche deutlich reduzieren. In den „Richtlinien für den Lärmschutz an Straßen“ (RLS 90) sind für konventionelle Walzasphaltdeckschichten nach den ZTV Asphalt-StB für Außerortsstraßen und bei Geschwindigkeiten > 60 km/h negative Korrekturwerte (mindernde Werte für Schallpegel – D_{StrO}) formuliert. Bei geringeren Geschwindigkeiten und für Straßen innerorts sind hingegen keine Korrekturwerte genannt. Asphaltdeckschichten mit lärmtechnisch optimierten Eigenschaften können jedoch erfahrungsgemäß aktiv zur Lärmminderung beitragen und kommen insbesondere bei der Umsetzung der Forderungen aus Planfeststellungsbeschlüssen in Kommunen und größeren Ballungsräumen in den letzten Jahren immer mehr zum Einsatz.

Der Beitrag zur Lärmminderung wird bei Asphaltdeckschichten mit lärmtechnisch optimierten Eigenschaften über zwei unterschiedliche Wirkungskonzepte erzielt:

❶ Bei der Wirkungsweise über eine optimierte Textur werden Asphaltdeckschichten so konzipiert, dass eine grobraue, porige und sehr ebene Oberfläche („Plateau mit Schluchten“) entsteht. Solche Oberflächen ermöglichen der in der Reifenaufstandsfläche durch den rollenden Reifen eingeschlossenen Luft entlang der Oberfläche zu entweichen und tragen somit zur aktiven Reduzierung von Schalldruckpegeln bei (*Bild 1*).

❷ Bei der Wirkungsweise über die Hohlraumstruktur handelt es sich um Asphaltdeckschichten, die ein auf die lärmmindernde Wirkung abgestimmtes Hohlraumvolumen mit untereinander verbundenen Hohlräumen über die gesamte Schichtdicke aufweisen. Über das abgestimmte Hohlraumvolumen sind solche Asphaltdeckschichten in der Lage, den in der Reifenaufstandsfläche hervorgerufenen Schall über das Porensystem innerhalb der Schicht zu absorbieren und auf diese Weise zur aktiven Minderung von Schalldruckpegeln beizutragen (siehe *Bild 1*).

Zu den Asphaltdeckschichten mit lärmtechnisch optimierter Textur zählen in Deutschland vorwiegend Asphaltbeton (AC D LOA), Splittmastixasphalt Lärmarm (SMA LA) und Gussasphalt mit offenporiger Oberfläche (PMA). Splittmastixasphalt Lärmarm besitzt neben der lärmtechnisch optimierten Textur ein in sich abgestimmtes Hohlraumvolumen mit zugänglichen Hohlräumen, die in der Lage sind, den Schall teilweise zu absorbieren, und damit zusätzlich zur Lärmminderung beitragen.

Dünne Asphaltdeckschichten in Heißbauweise auf Versiegelung (DSH-V) zählen aufgrund ihrer Textur und ihrer Hohlraumstruktur ebenfalls zu lärmtechnisch optimierten Deckschichten, obwohl sie zur Instandsetzung entwickelt wurden und vornehmlich eingesetzt werden. Der zusätzlich positive Effekt der Lärmminderung wird allerdings lediglich in der Fachliteratur und nicht in

Kommentar

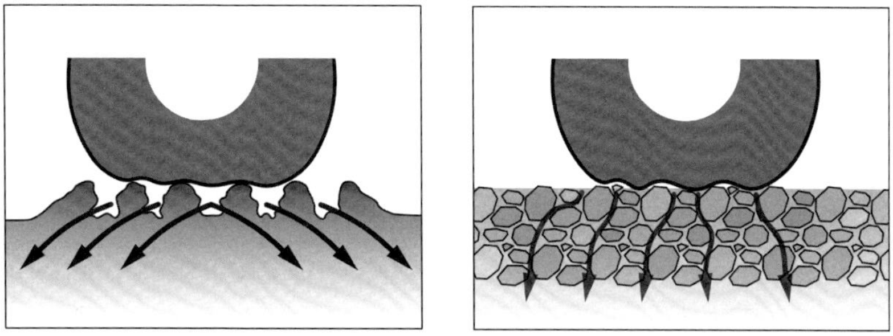

Wirkungsweise ❶ Wirkungsweise ❷

Bild 1 Schematische Darstellung der Wirkungsweise zur Lärmminderung unterschiedlicher Asphaltdeckschichtarten

den ZTV BEA-StB beschrieben und ist daher nur wenig bekannt. Soll eine Asphaltdeckschicht durch eine Instandsetzung nach ZTV BEA-StB überbaut werden, sollte deshalb unbedingt geprüft werden, ob man mit einer DSH-V nicht noch zusätzliche Vorteile der Lärmminderung erzielen kann.

Der Offenporige Asphalt (PA) weist das höchste Potenzial zur Lärmminderung auf und leistet mit seinem ausgeprägten Hohlraumsystem mit zugänglichen und großenteils miteinander verbundenen Hohlräumen über die gesamte Schichtdicke den größten Beitrag zur Schallabsorption.

Mit den „Empfehlungen für die Planung und Ausführung von lärmtechnisch optimierten Asphaltdeckschichten aus AC D LOA und SMA LA" (E LA D) steht dem Anwender seit dem Jahr 2014 eine Technische Veröffentlichung für diese speziellen Asphalte zur Verfügung. Für den Gussasphalt mit offenporiger Oberfläche (PMA) liegt seit 2015 das „Arbeitspapier für die Ausführung von Asphaltdeckschichten aus PMA" (AP PMA) vor. Dünne Asphaltdeckschichten in Heißbauweise auf Versiegelung (DSH-V) sind in den ZTV BEA-StB seit der Ausgabe 2009 enthalten.

Offenporiger Asphalt ist mit seiner Aufnahme in die TL und ZTV Asphalt-StB 07 zu einer lärmmindernden Regelbauweise geworden. Er ist jedoch aufgrund seiner begrenzten Dauerhaftigkeit im Vergleich zu anderen Asphaltdeckschichten primär für Anwendungen bei besonders hohen Anforderungen an die Minderung von Verkehrslärm sinnvoll und systembedingt allein auf schneller befahrenen Straßen (zulässige Höchstgeschwindigkeit $v \geq 60$ km/h) zweckmäßig. Mit dem ARS Nr. 14/1991 vom 25.4.1991 wurde Asphaltdeckschichten aus Offenporigem Asphalt mit 8 mm Größtkorn ein Korrekturwert $D_{StrO} = -5{,}0$ dB(A) zugewiesen. Die lärmmindernde Wirksamkeit ist nach dem ARS Nr. 3/2009 vom 31.3.2009 inzwischen mit 8 Jahren eingestuft. Erfahrungen in der Praxis zeigen aber, dass mit Asphaltdeckschichten aus Offenporigem Asphalt durchaus höhere Nutzungsdauern von bis zu 15 Jahren bei gegebener lärmtechnischer Wirksamkeit erzielt werden können (Gidde, Schäfer, 2013).

Gussasphalt mit offenporiger Oberfläche gehört zur jüngsten Generation von lärmtechnisch optimierten Asphaltdeckschichten. Durch den bisher relativ geringen Anwendungszeitraum liegen noch unzureichende Erfahrungen vor, weshalb er bei der nachfolgenden Ausführung nur kurz behandelt wird.

Erfahrungen mit der Anwendung von lärmmindernden Asphaltdeckschichtbauweisen AC D LOA und SMA LA zeigen trotz eines Anwendungszeitraumes

Kommentar

von mittlerweile über 10 Jahren immer noch ungelöste Probleme bei der Herstellung, dem Bau und der Dauerhaftigkeit sowie vor allem bei der Baulichen Erhaltung auf, so dass diese Beläge bis heute noch als spezielle Bauweisen für besondere Anwendungsfälle angesehen werden.

Dünne Asphaltdeckschichten in Heißbauweise auf Versiegelung (DSH-V) werden dagegen nach über 20 Jahren der Erfahrungssammlung sicher hergestellt. Allerdings sind derzeit die hierfür erforderlichen Einbaugeräte (Sprühfertiger) regional unterschiedlich stark verbreitet.

8.4.2 Anwendung von lärmmindernden Asphaltbauweisen

Lärmtechnisch optimierte Asphaltdeckschichten werden in einer Straßenbefestigung i. d. R. eingesetzt, wenn Anforderungen an die Lärmminderung des Straßenverkehrs gestellt werden. Bisherige Erfahrungen zeigen, dass mit diesen Asphaltbelägen eine dauerhafte Lärmminderung von bis zu –3 dB(A) möglich ist. Bei hohen Anforderungen an die Lärmminderung werden Offenporige Asphalte in ein- oder zweischichtiger Bauweise angewendet. Um den Forderungen nach Lärmminderung gerecht zu werden, werden Instandsetzungsmaßnahmen an bestehenden Straßenbefestigungen innerorts und außerorts oft mit lärmmindernden Asphaltdeckschichtbelägen durchgeführt. Da Erneuerungsmaßnahmen mit lärmminderndem Asphalt oft über den Ersatz einer Asphaltdeckschicht hinausgehen, sollte sich die Ausführung von neu aufzubringenden Asphaltschichten unter Berücksichtigung der Vorgaben der ZTV BEA-StB auch nach den ZTV Asphalt-StB richten.

Für die Planung und Ausschreibung von Baumaßnahmen mit lärmtechnisch optimierten Asphaltdeckschichten und Offenporigem Asphalt sind die E LA D, das AP PMA sowie das M OPA abhängig von dem jeweiligen Anwendungsfall ergänzend zu den ZTV BEA-StB und ZTV Asphalt-StB unbedingt zu beachten.

Unter Berücksichtigung des Lärmschutzes reichen die Erfahrungen mit dem Einsatz von lärmtechnisch optimierten Asphaltdeckschichten von kommunalen Straßen mit mittlerer Belastung bis zu Straßen mit den höchsten Belastungsklassen nach RStO 12. Abhängig von den Empfehlungen der ZTV Asphalt-StB hinsichtlich belastungsklassenbezogener Anwendung von Asphaltbeton wurden Asphaltdeckschichten aus AC D LOA bisher auf Straßen bis Belastungsklasse Bk32 nach den RStO 12 vorwiegend im kommunalen

Tabelle 1 Lärmtechnisch optimierte Asphaltdeckschichtbeläge und lärmmindernde Asphaltdeckschichten abhängig von der zulässigen Höchstgeschwindigkeit (zul. v_{max}) im betroffenen Straßenabschnitt

Zulässige Höchstgeschwindigkeit [km/h]	30 < zul. v_{max} ≤ 50	50 < zul. v_{max} ≤ 80	80 < zul. v_{max}
Zweckmäßige Asphaltmischgutart und -sorte	AC 5 D LOA SMA 5 LA PMA 5 DSH-V 5	AC 5 D LOA SMA 5 LA SMA 8 LA PMA 5 DSH-V 5	SMA 8 LA PA 8 PA 11 PMA 5 PMA 8 DSH-V 5

SMA 8 LA | AC 5 D LOA | PMA 5

Bild 2 Oberflächen von lärmtechnisch optimierten Asphaltdeckschichten

Straßenbau eingesetzt. Asphaltdeckschichten aus SMA LA sind hingegen auch für höhere und höchste Beanspruchungen geeignet.

Die lärmmindernde Wirkung ist dabei auch von der Geschwindigkeit und der Verkehrsart (Pkw oder Lkw) abhängig. Deshalb ist die Auswahl der zweckmäßigen Art der Asphaltdeckschicht nicht nur von der Verkehrsbelastung und vom Anteil des Schwerverkehrs, sondern auch von der zulässigen Höchstgeschwindigkeit in dem zu sanierenden Straßenabschnitt festzulegen. *Tabelle 1* zeigt eine Zuordnung von zweckmäßigen Asphaltmischgutarten und -sorten zu den zulässigen Höchstgeschwindigkeiten auf den betroffenen Straßenabschnitten. Dabei ist zu beachten, dass bei Geschwindigkeiten bis 30 km/h der Einsatz einer lärmtechnisch optimierten Asphaltdeckschicht aufgrund der bei geringen Geschwindigkeiten dominierenden Antriebsgeräusche nicht zielführend ist.

Das AP PMA enthält im Hinblick auf die zulässige Höchstgeschwindigkeit keine Hinweise oder Empfehlungen für den zweckmäßigen Einsatz von Gussasphalt mit offenporiger Oberfläche PMA. In der Praxis hat sich der Einsatz von PMA auf Außerortsstraßen bei Geschwindigkeiten von mehr als 50 km/h im Hinblick auf die Lärmminderung bisher als geeignet erwiesen.

Bei der Planung von Baumaßnahmen mit Offenporigem Asphalt sind zahlreiche Randbedingungen für seinen Einsatz zu beachten. Das M OPA behandelt in Ergänzung zu den ZTV Asphalt-StB die Anwendungsmöglichkeiten von PA und beschreibt Empfehlungen für die Anwendung, die Planung, den Bau sowie die Betriebliche und Bauliche Erhaltung dieser Bauweise.

Die Randbedingungen und Besonderheiten von DSH-V sind dagegen in den ZTV BEA-StB behandelt und werden im Abschnitt 3.4.3 beschrieben.

Für die Planung von Sanierungsmaßnahmen mit lärmmindernden Asphaltdeckschichtbauweisen sind aufgrund der bisherigen Erfahrung eine Reihe von Randbedingungen und Besonderheiten zu beachten.

So vermindern Unregelmäßigkeiten in der Fahrbahn, wie z. B. Unebenheiten, querende Fugen, Einbauten und Querungen/Aufgrabungen, die lärmmindernde Wirkung und sollten deshalb vermieden werden. Die lärmtechnisch optimierten Asphaltdeckschichten eignen sich daher besonders auf langen Straßenabschnitten ohne große Steigungen oder Gefälle. Die Einbauabschnitte sollen dabei so gewählt werden, dass Arbeitsunterbrechungen und

Kommentar

die damit verbundenen Fugenausbildungen soweit wie möglich vermeidbar sind. Um Stillstände vom Straßenfertiger zu minimieren und die Ebenheit der Fahrbahnoberfläche durch das Andocken der Lieferfahrzeuge nicht zu gefährden, ist der Einsatz von einem Beschicker zu prüfen und ggf. zu fordern.

Um die für die Lärmminderung zwingend erforderliche sehr ebene Fahrbahnoberfläche zu erhalten, werden an die Ebenheit der Unterlage einer lärmtechnisch optimierten Asphaltdeckschicht erhöhte Anforderungen gestellt. Abweichend von den ZTV BEA-StB 09/13 dürfen Unebenheiten einer Unterlage innerhalb einer 4 m langen Messstrecke 4 mm nicht überschreiten, um die erhöhten Anforderungen an die Ebenheit einer lärmtechnisch optimierten Asphaltdeckschicht (Unebenheiten < 3 mm innerhalb einer 4 m langen Messstrecke) zielsicher erfüllen zu können. Bei der Durchführung von Erhaltungsmaßnahmen mit Verwendung einer lärmtechnisch optimierten Asphaltdeckschicht kann es daher zusätzlich erforderlich werden, die vorhandene Unterlage zu erneuern oder die Bestandsunterlage mittels Feinfräsen entsprechend vorzubereiten. Auch bei Einbauten in Asphaltdeckschichten aus AC D LOA und SMA LA müssen geeignete Maßnahmen getroffen werden, um die Ebenheitsanforderungen in diesen Bereichen zu erfüllen. Hier haben einwalzbare, selbstnivellierende Schieberkappen/-deckel und Schächte sich bisher als gut geeignet erwiesen.

Lärmtechnisch optimierte Asphaltdeckschichten mit Hohlraumgehalten über 5,5 Vol.-% gelten als „Semidichte Bauweisen“, deren lärmmindernde Wirkung vor allem aus der Oberflächentextur und nicht aus einem miteinander verbundenen hohen Hohlraumvolumen basiert. Sie werden noch nicht, wie bei PA, nach TL Asphalt-StB von Oberflächenwasser vollständig durchdrungen, sind aber auch nicht vollständig wasserundurchlässig konzipiert. Bei Neuherstellung der Unterlage für lärmtechnisch optimierte Asphaltdeckschichten haben sich nach den bisherigen Erfahrungen deshalb Asphaltbinderschichten nach den „Hinweisen für die Planung und Ausführung von alternativen Asphaltbinder-

Bild 3 Angesprühte Oberfläche einer Asphaltbinderschicht nach „Alternativem Asphaltbinderschichtkonzept“ nach den H Al ABi 15

Kommentar

Bild 4 Einbau einer Asphaltdeckschicht AC 5 D LOA mit ausgespartem Bereich im Abbiegerradius mit höchster Schubbeanspruchung an der Oberfläche für den späteren Einbau von konventionellem Gussasphalt MA 8 S

schichten“ (H Al ABi) als geeignet erwiesen. Weil bei SMA LA mit eindringendem Wasser bis in die Unterlage zu rechnen ist (siehe *Bild 1* und *Bild 2*), soll für diese Asphaltdeckschicht erfahrungsgemäß ein dichter Asphaltbinder nach dem Splittmastixprinzip (SMA B S) nach den H Al ABi als Unterlage eingesetzt werden. Beim Überbauen der Unterlage ist schließlich darauf zu achten, dass die dort befindlichen Nähte in die lärmtechnisch optimierte Asphaltdeckschicht übernommen und dabei als Fuge ausgeführt werden müssen. Zur Sicherstellung des anforderungsgerechten Schichtenverbundes muss die Unterlage mit Polymermodifizierter Bitumenemulsion angesprüht werden (*Bild 3*). Die anzusprühende Menge sollte sich dabei zunächst nach den Vorgaben der ZTV Asphalt-StB richten. Bei Asphaltdeckschichten aus SMA LA wird in den E LA D vorgegeben, abweichend von den ZTV Asphalt-StB 07/13 eine Ansprühmenge zwischen 350 g/m^2 und 450 g/m^2 zu wählen.

Lärmtechnisch optimierte Asphaltdeckschichten sind aufgrund ihrer Konzeption empfindlich gegen Schubbeanspruchungen an der Oberfläche, sodass es oft z. B. in Bereichen mit engen Kurvenradien (Wende- und Abbiegerverkehr) zu Kornausbruch und Substanzverlust kommt. Daher empfiehlt es sich, beim Bau einer lärmtechnisch optimierten Asphaltdeckschicht solche Bereiche zunächst freizulassen und diese hinterher mit einer konventionellen Asphaltdeckschicht z. B. aus Gussasphalt zu schließen (*Bild 4*).

Die Textur beeinflusst maßgebend die lärmmindernde Wirkung einer lärmtechnisch optimierten Asphaltdeckschicht. Um die erforderliche Oberflächentextur der Fahrbahn sowie maßgebende Eigenschaften der fertigen Schicht zielsicher und sachgerecht zu erhalten, sind Handeinbauflächen unbedingt zu vermeiden. Bereits bei der Planung von Ausführungsarbeiten ist daher für maschinelles Einbauen mit Straßenfertiger auf eine vollständige Flächenausschöpfung zu achten. Dabei können eine tiefgreifende Planung der Baustellenlogistik (Anlieferung von Asphaltmischgut, Straßenfertiger- und

Kommentar

Bild 5 Gestörte Oberflächentextur nach nicht sachgerecht vorbereiteter Einbaubohle beim Einbau einer Asphaltdeckschicht aus AC 5 D LOA

Walzeneinsatz) und Erstellung von Einbauplänen für den Straßenfertiger insbesondere bei komplizierten Einbaubereichen zielführend sein. Der Straßenfertiger und insbesondere die Einbaubohle müssen vollständig vorbereitet und für den Einbau des entsprechenden Asphaltmischgutes gerüstet sein. Die Einbaubohle muss so vorbereitet und eingestellt sein, dass die einzubauende Asphaltschicht über die gesamte Einbaubreite eine gleichmäßige Beschaffenheit aufweist. Eine nicht sachgerecht vorbereitete und auf das spezielle Asphaltmischgut nicht abgestimmte Einbaubohle kann eine ungeeignete Oberflächentextur der Fahrbahn erzeugen, bei der keine Lärmminderung mehr gegeben ist (siehe *Bild 5*). Wenn noch keine ausreichenden Erfahrungen mit dem Einbau von lärmtechnisch optimiertem Asphaltmischgut vorliegen, sollten unbedingt Probemischungen im Asphaltmischwerk und ein Probefeld unter den tatsächlich vorliegenden Randbedingungen der Baumaßnahme ausgeführt werden.

Um Verschmutzungen, Beschädigungen u. ä. zu vermeiden, sollten vor dem Einbau einer lärmtechnisch optimierten Asphaltdeckschicht alle Erd- und Ausstattungsarbeiten sowie Arbeiten auf den angrenzenden Verkehrsflächenbefestigungen (z. B. Geh-/Radwege) abgeschlossen sein. Andernfalls sind geeignete Oberflächenschutzmaßnahmen für die lärmtechnisch optimierte Asphaltdeckschicht vorzusehen und dann mit gesonderter Ordnungszahl im Leistungsverzeichnis zu berücksichtigen.

Abstumpfungsmaßnahmen werden bei lärmtechnisch optimierten Asphaltdeckschichten nicht durchgeführt, um die Textur der fertigen Oberfläche hinsichtlich der Lärmminderung nicht nachteilig zu beeinflussen und bei hohlraumreichen Asphaltdeckschichten die für die Funktionstüchtigkeit erforderlichen Hohlräume nicht zu verstopfen. Bisherige Erfahrungen mit der Anwendung dieser Asphaltdeckschichten zeigen, dass Abstumpfungsmaßnahmen zur Herstellung der Anfangsgriffigkeit bei lärmtechnisch optimierten Asphaltdeckschichten nicht erforderlich sind. Der an der Oberfläche nach der

Kommentar

Herstellung vorhandene Bindemittelfilm kann zwar eine geringere Anfangsgriffigkeit bewirken, wird aber nach der Verkehrsfreigabe i. d. R. relativ schnell von der Oberfläche abgefahren.

Asphaltdeckschichten aus PMA und AC D LOA gehören zu den dichten Asphaltdeckschichten mit lärmtechnisch optimierter Textur und entwässern deshalb über ihre Oberfläche, sodass für diese Bauweisen keine besonderen Entwässerungseinrichtungen vorzusehen sind. Asphaltdeckschichten aus SMA LA weisen hingegen ein semidichtes Asphaltgefüge auf, wodurch ein Eindringen von Oberflächenwasser in das Schichtinnere während der Nutzungsdauer möglich ist. Bisherige Erfahrungen mit der Anwendung von SMA LA haben aber gezeigt, dass bei dieser Bauweise auch auf besondere Entwässerungseinrichtungen verzichtet werden kann.

Bei Asphaltdeckschichten aus Offenporigem Asphalt muss jedoch die Entwässerung der Schicht sichergestellt werden, um der Funktionstüchtigkeit der fertigen Schicht dauerhaft gerecht zu werden. Im Bereich von Randeinfassungen und längsangeordneten Einbauten müssen deshalb zusätzliche, geeignete Entwässerungseinrichtungen nach dem M OPA angeordnet werden. Solche Entwässerungseinrichtungen bedürfen dann im Leistungsverzeichnis einer gesonderten Ordnungszahl. Weiterhin ist für die Unterlage einer Asphaltdeckschicht aus Offenporigem Asphalt eine wasserdichte Abdichtung entsprechend den ZTV Asphalt-StB und dem M OPA vorzusehen.

8.4.3 Baugrundsätze, Bautechnik, Ausführung und Betriebliche Erhaltung

Lärmtechnisch optimierte Asphaltdeckschichten sind dünnschichtige Asphaltbeläge, die aufgrund der geringen Schichtdicke beim Einbau schnell auskühlen und deshalb bei Lufttemperaturen unterhalb von 10 °C und bei Temperaturen der Unterlage unterhalb von 8 °C nicht eingebaut werden dürfen.

Konzeptionsbedingt weisen lärmtechnisch optimierte Asphaltgemische AC D LOA und SMA LA im Vergleich zu konventionellen Asphaltdeckschichten dünnere Bindemittelfilme auf, sodass während der Herstellung und des Transports dieses Asphaltmischguts die in der *Tabelle 2* angegebenen Grenzwerte für die Asphaltmischguttemperatur einzuhalten sind.

Tabelle 2 Niedrigste und höchste Temperatur des lärmtechnisch optimierten Asphaltmischgutes

Bindemittelart und -sorte im Asphaltmischgut	Temperatur des Asphaltmischgutes [°C][1]
25/55-55 A	150 bis 180
45/80-50 A	140 bis 180
40/100-65 A[2]	150 bis 180[3]

1 Die unteren Grenzwerte gelten für das Asphaltmischgut bei Anlieferung auf der Baustelle; die oberen Grenzwerte gelten für das Asphaltmischgut bei Herstellung und beim Verlassen des Asphaltmischers bzw. des Silos.
2 Die Angaben des Bindemittelherstellers sind zusätzlich zu beachten.
3 Bei Verwendung im Offenporigem Asphalt gilt: „140 bis 170“.

Kommentar

Besonders wichtig für die gleichmäßige Beschaffenheit von lärmtechnisch optimiertem Asphaltmischgut ist, dass die Asphaltmischgutherstellung nicht durch die Produktion anderer Asphaltmischgutarten unterbrochen wird. Dabei ist auf die Einhaltung einer Gesamtmischzeit von mindestens 50 Sekunden und auf eine kontinuierliche Eingangsprüfung der zu verwendenden Baustoffe besonders zu achten. Außerdem sollen die Transportwege möglichst kurz sein, sodass die Zeitspanne von 90 Minuten zwischen der Herstellung des Asphaltmischgutes und dem Einbau nicht überschritten wird.

Die E LA D geben Richtwerte für die Asphaltmischgutzusammensetzung von AC D LOA und SMA LA. Diese Richtwerte wurden aus einer aufwendigen Datenauswertung abgeleitet und basieren auf bisherigen Erfahrungen mit dem Bau lärmtechnisch optimierter Asphaltdeckschichten. In *Tabelle 3* sind

Tabelle 3 Richtwerte für die Zusammensetzung von Asphaltmischgut für lärmtechnisch optimierte Asphaltdeckschichten AC D LOA und SMA LA nach den E LA D

Eigenschaft	Einheit	Asphaltart/-sorte		
		AC 5 D LOA	SMA 5 LA	SMA 8 LA
Baustoffe				
Korngruppen/Lieferkörnungen		$C_{100/0}$; $C_{95/1}$; $C_{90/1}$	$C_{100/0}$; $C_{95/1}$; $C_{90/1}$	$C_{100/0}$; $C_{95/1}$; $C_{90/1}$
Widerstand gegen Polieren		*PSV* (51)	*PSV* (51)	*PSV* (51)
Bindemittelart und -sorte		25/55-55 A (40/100-65 A)	40/100-65 A 45/80-50 A[3] (25/55-55 A)[3]	40/100-65 A 45/80-50 A[3] (25/55-55 A)[3]
Mindestanteil von Lieferkörnungen 0/2 mit $E_{CS}35$			100	100
Gesteinskörnungsgemisch	M.-%			
Siebdurchgang bei 11,2 mm				100
8 mm		100	100	90–100
5,6 mm		90–100	85–100	20–30
2 mm		30–40	20–30	15–20
0,125 mm		12–18		
0,063 mm		10–13	7–10	6–8
Bindemittelgehalt[1]		$B_{min\,5,8}$	$B_{min\,7,0}$	$B_{min\,6,6}$
Bindemittelvolumen	Vol.-%	≥ 12,5		
Bindemittelträger	M.-%		≥ 0,15	≥ 0,3
Asphaltmischgut	%			
min. Hohlraumgehalt MPK[2]		$V_{min\,4,0}$	$V_{min\,9,0}$	$V_{min\,9,0}$
max. Hohlraumgehalt MPK[2]		$V_{max\,6,0}$	$V_{max\,11,0}$	$V_{max\,11,0}$
Hohlraumausfüllungsgrad		65–75		
max. proportionale Spurrinnentiefe		$PRD_{Luftmax\,4,0}$		

1 Die angegebenen Werte sind entsprechend der Rohdichte des verwendeten Gesteinskörnungsgemisches mit dem Faktor α (α = 2,650/Rohdichte des Gesteinskörnungsgemisches) zu multiplizieren.
2 Bestimmung der Raumdichte mit dem Verfahren B gemäß den TP Asphalt-StB, Teil 6.
3 Bei Verkehrsflächen mit einer Belastungsklasse von maximal Bk1,8.

Tabelle 4 Richtwerte für lärmtechnisch optimierte Asphaltdeckschichten

Eigenschaften der fertigen Asphaltschicht		AC 5 D LOA	SMA 5 LA	SMA 8 LA
Unebenheit (4-m-Messstrecke)	mm	≤ 3		
Einbaudicke	cm	2,0 bis 2,5	2,0 bis 3,0	2,5 bis 4,0
Hohlraumgehalt	Vol.-%	4,0 bis 9,0	9,0 bis 14,0	
Verdichtungsgrad	%	≥ 97,0		

Kommentar

die Richtwerte für Asphaltmischgut AC D LOA und SMA LA dargestellt. Bei der Aufstellung eines Konzeptes für die Zusammensetzung des Asphaltmischgutes ist darauf zu achten, dass die Verwendung von Asphaltgranulat bei allen lärmtechnisch optimierten Asphaltgemischen ausgeschlossen ist.

Bei lärmtechnisch optimierten Asphaltdeckschichten SMA LA und AC D LOA handelt es sich um dünnschichtige Asphaltbauweisen. In *Tabelle 4* sind Richtwerte für die Eigenschaften der fertigen Asphaltdeckschicht enthalten, die aus den bisherigen Erfahrungen abgeleitet wurden. Die Erfahrungen mit dem Einsatz dieser Asphaltdeckschichtbauweisen zeigen, dass für die lärmtechnische Wirksamkeit die Einbaudicken am unteren Grenzwert bereits ausreichend sind. Hier sollte jedoch beachtet werden, dass sich geringe Einbaudicken nachteilig auf die Verdichtbarkeit und das Auskühlverhalten beim Einbau des Asphaltmischgutes auswirken können. Bei kühleren Jahreszeiten sollte der Einbau einer lärmtechnisch optimierten Asphaltdeckschicht daher erst ab einer Lufttemperatur von mindestens 10 °C begonnen werden.

Hohe sommerliche Lufttemperaturen führen oft zum Aufheizen der angesprühten Asphaltunterlage, sodass es zum Aufziehen des Bindemittels aus der aufgesprühten Bitumenemulsion durch Fahrzeugreifen des Baustellenverkehrs kommen kann. Um diesem Effekt entgegenzuwirken, kann ein Aufsprühen von Wassernebel als Trennmittel auf die Fahrbahnoberfläche hilfreich sein.

Die Verdichtung einer lärmtechnisch optimierten Asphaltdeckschicht erfolgt mit Glattmantelwalzen mit einem Betriebsgewicht von 6 t bis 13 t. Dabei sollte bei der Auswahl der Walze auf den Einsatz einer höheren Linienlast besonders geachtet werden. Um die geforderten Eigenschaften in der fertigen Schicht trotz eines schnelleren Auskühlens prozesssicher zu erhalten, sollte bei der Walzverdichtung stets auf einen geringen Abstand zum Straßenfertiger geachtet und bis möglichst nah an die Einbaubohle heran gewalzt werden. Um die Gleichmäßigkeit der Schicht nicht zu gefährden, darf von Lieferfahrzeugen oder vom Fertigerkübel heruntergefallenes Asphaltmischgut nicht überbaut werden (siehe *Bild 6*).

Beim Bau von lärmtechnisch optimierten Asphaltdeckschichten sollte auf eine angepasste Ausführung der Randausbildung besonders geachtet werden. Die ZTV Asphalt-StB 07/13 schreiben bei höhengleichen Randeinfassungen einen Einbau der Asphaltdeckschicht in der Art vor, dass die Oberfläche der fertigen Asphaltdeckschicht zwischen 0,5 cm und 1,0 cm über der Randeinfassung liegt. Da die lärmtechnisch optimierten Asphaltbeläge deutlich empfindlicher auf Schubbeanspruchungen an der Oberfläche reagieren und bei solchen Belastungen bzw. dem Überrollen der überhöhten Ränder an

Kommentar

Bild 6 Verlorene, ausgekühlte Kleinmengen von Asphaltmischgut am Fertigerkübel

diesen Stellen zu Kornausbruch und Substanzverlust neigen (siehe *Bild 7*), sollte eine lärmtechnisch optimierte Asphaltdeckschicht erfahrungsgemäß mit einem Randüberstand am unteren Grenzwert (0,5 cm) hergestellt werden.

Oberflächen von lärmtechnisch optimierten Asphaltdeckschichten müssen neben den üblichen Gebrauchseigenschaften auch hohe Anforderungen an die Lärmminderung erfüllen. Aufgrund der damit verbundenen Oberflächengestalt und dem Asphaltgefüge gestaltet sich die Betriebliche Erhaltung dieser Flächen äußerst aufwendig. So können beim Winterdienst keine abstumpfenden Streustoffe verwendet werden. Bei der Schneeräumung ist zwingend darauf zu achten, dass keine mechanische Beschädigung der Fahr-

Bild 7 Substanzverlust beim AC 5 D LOA am erhöhten Randüberstand an einer Pflasterrinne

Kommentar

bahn herbeigeführt wird. Bei Eindringen von Feststoffen, Chemikalien, Ölen oder Kraftstoffen ist dafür Sorge zu tragen, dass die betroffenen Flächen unverzüglich gereinigt oder ggf. vollständig erneuert werden. Kleinflächige Schadstellen sollen umgehend ausgebessert oder beseitigt werden.

Literatur (zu Abschnitt 8.4)

AP PMA: Arbeitspapier für die Ausführung von Asphaltdeckschichten aus PMA, Ausgabe 2015. Forschungsgesellschaft für Straßen- und Verkehrswesen, FGSV Verlag, Köln 2015.

E LA D: Empfehlungen für die Planung und Ausführung von lärmtechnisch optimierten Asphaltdeckschichten aus AC D LOA und SMA LA, Ausgabe 2014. Forschungsgesellschaft für Straßen- und Verkehrswesen, FGSV Verlag, Köln 2014.

Gidde, C., Schäfer, V.: Grundsätze und Erfahrungen – Asphaltdeckschichten aus Offenporigem Asphalt in Niedersachsen. In: Asphalt 8/2013, S. 34–38.

H Al ABi: Hinweise für die Planung und Ausführung von alternativen Asphaltbinderschichten, Ausgabe 2015. Forschungsgesellschaft für Straßen- und Verkehrswesen, FGSV Verlag, Köln 2015.

M OPA: Merkblatt für Asphaltdeckschichten aus Offenporigem Asphalt, Ausgabe 2013. Forschungsgesellschaft für Straßen- und Verkehrswesen, FGSV Verlag, Köln 2014.

RStO 12: Richtlinien für die Standardisierung des Oberbaus von Verkehrsflächen, Ausgabe 2012. Forschungsgesellschaft für Straßen- und Verkehrswesen, FGSV Verlag, Köln 2012.

TL Asphalt-StB 07/13: Technische Lieferbedingungen für Asphaltmischgut für den Bau von Verkehrsflächenbefestigungen, Ausgabe 2007/Fassung 2013. Forschungsgesellschaft für Straßen- und Verkehrswesen, FGSV Verlag, Köln 2014.

TP Asphalt-StB 07, Teil 6: Technische Prüfvorschriften für Asphalt, Teil 6: Raumdichte von Asphalt-Probekörpern, Ausgabe 2016. Forschungsgesellschaft für Straßen- und Verkehrswesen, FGSV Verlag, Köln 2016.

ZTV Asphalt-StB 07/13: Zusätzliche Technische Vertragsbedingungen und Richtlinien für den Bau von Verkehrsflächenbefestigungen aus Asphalt, Ausgabe 2007/Fassung 2013. Forschungsgesellschaft für Straßen- und Verkehrswesen, FGSV Verlag, Köln 2014.

Anhang A Eigenschaften und geforderte Gesteinskörnungen für das Bauverfahren Anspritzen und Abstreuen sowie für die Bauverfahren OB, DSK und DSH-V*)

TL Gestein-StB 04/07, Abschnitt	Anwendung für / Eigenschaft	Anspritzen und Abstreuen, Oberflächenbehandlung (OB)	Asphaltmischgut für Dünne Asphaltdeckschichten in Kaltbauweise (DSK)	Asphaltmischgut für Dünne Asphaltdeckschichten in Heißbauweise auf Versiegelung (DSH-V)
2.1.1	Stoffliche Kennzeichnung	ist anzugeben		
2.1.2	Rohdichte	ist anzugeben		
2.2	**Grobe und feine Gesteinskörnungen**			
2.2.2	Korngrößenverteilung (KGV)			
	Korngruppen/Lieferkörnungen gemäß Tabelle 2 der TL Gestein-StB 04, Ausgabe 2004/Fassung 2007	G_C90/10 (Zeile 3); G_C90/15 (Zeile 4); G_C90/15 (Zeile 5)	G_F85 (Zeile 2); G_C90/10 (Zeile 3) ; G_C90/15 (Zeile 4) für Lieferkörnung 1/3 gilt G_C90/10	G_F85 (Zeile 2); G_C90/10 (Zeile 3); G_C90/15 (Zeile 4)
	zusammengefasste Korngruppen gemäß Tabelle 3 der TL Gestein-StB 04, Ausgabe 2004/Fassung 2007	–		
	Toleranz für KGV gemäß Tabelle 4 der TL Gestein-StB 04, Ausgabe 2004/Fassung 2007	G_{TC}NR		
2.2.3	Gehalt an Feinanteilen gemäß Tabelle 5 der TL Gestein-StB 04, Ausgabe 2004/Fassung 2007	$f_{0,5}$	für 0/2: ist anzugeben für 1/3, 2/5 und 5/8: f_2	für 0/2: ist anzugeben für 2/5 und 5/8: f_2
2.2.4	Qualität der Feinanteile gemäß Tabelle 6 der TL Gestein-StB 04, Ausgabe 2004/Fassung 2007	–	Zeile 1	–
2.2.5	Kornform von groben Gesteinskörnungen	SI_{15} / FI_{15} ; SI_{20} / FI_{20}		SI_{15} / FI_{15}
2.2.6	Anteil gebrochener Kornoberflächen	$C_{90/1}$; $C_{95/1}$; $C_{100/0}$	$C_{90/1}$; $C_{95/1}$; $C_{100/0}$	$C_{90/1}$; $C_{95/1}$; $C_{100/0}$
2.2.7	Fließkoeffizient Korngruppe 0/2	–	E_{CS} 35	E_{CS} angegeben; E_{CS} 35
2.2.9	Widerstand gegen Zertrümmerung	SZ_{18} / LA_{20}		

*) Bei Widersprüchen zwischen dem Anhang A der ZTV BEA-StB 09/13 und dem Anhang F1 der TL Gestein-StB 04, Ausgabe 2004/Fassung 2007 gehen die Regelungen der ZTV BEA-StB 09/13, Anhang A, vor.

Anhang A (Fortsetzung)

TL Gestein-StB 04/07, Abschnitt	Eigenschaft \ Anwendung für	Anspritzen und Abstreuen, Oberflächenbehandlung (OB)	Asphaltmischgut für Dünne Asphaltdeckschichten in Kaltbauweise (DSK)	Asphaltmischgut für Dünne Asphaltdeckschichten in Heißbauweise auf Versiegelung (DSH-V)
2.2.10	Widerstand gegen Polieren	$PSV_{\text{angegeben}}$ (48); $PSV_{\text{angegeben}}$ (51)		
2.2.14.1	Wasseraufnahme	W_{cm} 0,5		
2.2.14.2	Widerstand gegen Frostbeanspruchung	F_1		
2.2.14.3	Widerstand gegen Frost-Tausalz-Beanspruchung	Masseverlust ≤ 8 M.-%[a)]		
2.2.15	Widerstand gegen Hitzebeanspruchung	–	–	ist anzugeben
2.2.16	Affinität	ist anzugeben		
2.2.17	„Sonnenbrand" von Basalt	SB_{SZ} / SB_{LA}		
2.2.18	Organische Verunreinigungen	m_{LPC}0,10		
2.2.19.3	Raumbeständigkeit bei SWS	$V_{3,5}$	$V_{3,5}$	$V_{3,5}$
2.3	**Füller**			
2.3.1	Korngrößenverteilung Füller	–	–	TL Gestein-StB 04, Ausgabe 2004/Fassung 2007, Tabelle 26
2.3.2	Schädliche Feinanteile	–	–	Wert ist anzugeben
2.3.3	Wassergehalt	–	–	≤ 1 M.-%
2.3.4.1	Hohlraumgehalt (Ridgen)	–	–	$V_{28/45}$; $V_{44/55}$
2.3.4.2	Erhöhung EP	–	–	$\Delta_{R\&B}$8/25; $\Delta_{R\&B}$25
2.3.5	Wasserlöslichkeit	–	–	WS_{10}
2.3.6	Wasserempfindlichkeit	–	–	ist anzugeben
2.3.7	Carbonatgehalt Kalksteinfüller	–	–	CC_{70}; CC_{80}; CC_{90}
2.3.8	Calciumhydroxidgehalt	–	–	Ka_{10}; Ka_{20}; Ka_{25}
2.4	**Umweltrelevante Merkmale**	siehe Abschnitt 2.4 und Anhang D der TL Gestein-StB 04, Ausgabe 2004/Fassung 2007		

a) ab Frosteinwirkungszone III (RStO 12) ≤ 5 M.-%

Kommentar

In die ZTV BEA-StB 09/13 inhaltlich eingearbeitet und in deren Anhang abgedruckt sind die **ATV DIN 18299** und die **ATV DIN 18317** jeweils in der Ausgabe des Jahres 2012. Nach der Neuausgabe der VOB im September 2016 wurden für die Kommentierung des vorliegenden Handbuches allerdings bereits die Ausgaben 2016 herangezogen. In den nachfolgenden Anhängen B und C sind deshalb diese Normen in den Fassungen September 2016 abgedruckt.

Anhang B

VOB Teil C:
Allgemeine Technische Vertragsbedingungen für Bauleistungen (ATV)

Allgemeine Regelungen für Bauarbeiten jeder Art DIN 18299*)

Ausgabe September 2016

Inhalt

0 Hinweise für das Aufstellen der Leistungsbeschreibung

Diese Hinweise für das Aufstellen der Leistungsbeschreibung gelten für Bauarbeiten jeder Art; sie werden ergänzt durch die auf die einzelnen Leistungsbereiche bezogenen Hinweise in den ATV DIN 18300 bis ATV DIN 18459, Abschnitt 0, sowie den Anhang Begriffsbestimmungen. Die Beachtung dieser Hinweise und des Anhangs ist Voraussetzung für eine ordnungsgemäße Leistungsbeschreibung gemäß §§ 7 ff., §§ 7 EU ff. beziehungsweise §§ 7 VS ff. VOB/A.

In die Vorbemerkungen zum Leistungsverzeichnis ist aufzunehmen:

„Soweit in der Leistungsbeschreibung auf Technische Spezifikationen, z. B. nationale Normen, mit denen Europäische Normen umgesetzt werden, europäische technische Zulassungen, gemeinsame technische Spezifikationen, Internationale Normen, Bezug genommen wird, werden auch ohne den ausdrücklichen Zusatz: „oder gleichwertig" immer gleichwertige Technische Spezifikationen in Bezug genommen."

Die Hinweise werden nicht Vertragsbestandteil.

In der Leistungsbeschreibung sind nach den Erfordernissen des Einzelfalls insbesondere anzugeben:

0.1 Angaben zur Baustelle

0.1.1 *Lage der Baustelle, Umgebungsbedingungen, Zufahrtsmöglichkeiten und Beschaffenheit der Zufahrt sowie etwaige Einschränkungen bei ihrer Benutzung.*

---

*) DIN 18299, Ausgabe 09/2016, ist mit Erlaubnis des DIN Deutsches Institut für Normung e. V. abgedruckt worden. Dieser Abdruck lässt das Urheberrecht an DIN 18299 unberührt fortbestehen. Diese Norm ist beim Beuth Verlag GmbH, Burggrafenstraße 6, 10787 Berlin, erschienen und erhältlich.

DIN 18299

0.1.2 Besondere Belastungen aus Immissionen sowie besondere klimatische oder betriebliche Bedingungen.

0.1.3 Art und Lage der baulichen Anlagen, z. B. auch Anzahl und Höhe der Geschosse.

0.1.4 Verkehrsverhältnisse auf der Baustelle, insbesondere Verkehrsbeschränkungen.

0.1.5 Für den Verkehr freizuhaltende Flächen.

0.1.6 Art, Lage, Maße und Nutzbarkeit von Transporteinrichtungen und Transportwegen, z. B. Montageöffnungen.

0.1.7 Lage, Art, Anschlusswert und Bedingungen für das Überlassen von Anschlüssen für Wasser, Energie und Abwasser.

0.1.8 Lage und Ausmaß der dem Auftragnehmer für die Ausführung seiner Leistungen zur Benutzung oder Mitbenutzung überlassenen Flächen und Räume.

0.1.9 Bodenverhältnisse, Baugrund und seine Tragfähigkeit. Ergebnisse von Bodenuntersuchungen.

0.1.10 Hydrologische Werte von Grundwasser und Gewässern. Art, Lage, Abfluss, Abflussvermögen und Hochwasserverhältnisse von Vorflutern. Ergebnisse von Wasseranalysen.

0.1.11 Besondere umweltrechtliche Vorschriften.

0.1.12 Besondere Vorgaben für die Entsorgung, z. B. Beschränkungen für die Beseitigung von Abwasser und Abfall.

0.1.13 Schutzgebiete oder Schutzzeiten im Bereich der Baustelle, z. B. wegen Forderungen des Gewässer-, Boden-, Natur-, Landschafts- oder Immissionsschutzes; vorliegende Fachgutachten oder dergleichen.

0.1.14 Art und Umfang des Schutzes von Bäumen, Pflanzenbeständen, Vegetationsflächen, Verkehrsflächen, Bauteilen, Bauwerken, Grenzsteinen und dergleichen im Bereich der Baustelle.

0.1.15 Im Bereich der Baustelle vorhandene Anlagen, insbesondere Abwasser- und Versorgungsleitungen.

0.1.16 Bekannte oder vermutete Hindernisse im Bereich der Baustelle, z. B. Leitungen, Kabel, Dräne, Kanäle, Bauwerksreste und, soweit bekannt, deren Eigentümer.

0.1.17 Bestätigung, dass die im jeweiligen Bundesland geltenden Anforderungen zu Erkundungs- und gegebenenfalls Räumungsmaßnahmen hinsichtlich Kampfmitteln erfüllt wurden.

0.1.18 Gegebenenfalls gemäß der Baustellenverordnung getroffene Maßnahmen.

0.1.19 Besondere Anordnungen, Vorschriften und Maßnahmen der Eigentümer (oder der anderen Weisungsberechtigten) von Leitungen, Kabeln, Dränen, Kanälen, Straßen, Wegen, Gewässern, Gleisen, Zäunen und dergleichen im Bereich der Baustelle.

0.1.20 Art und Umfang von Schadstoffbelastungen, z. B. des Bodens, der Gewässer, der Luft, der Stoffe und Bauteile; vorliegende Fachgutachten oder dergleichen.

0.1.21 Art und Zeit der vom Auftraggeber veranlassten Vorarbeiten.

0.1.22 Arbeiten anderer Unternehmer auf der Baustelle.

0.2 Angaben zur Ausführung

0.2.1 Vorgesehene Arbeitsabschnitte, Arbeitsunterbrechungen und Arbeitsbeschränkungen nach Art, Ort und Zeit sowie Abhängigkeit von Leistungen anderer.

DIN 18299

0.2.2 *Besondere Erschwernisse während der Ausführung, z. B. Arbeiten in Räumen, in denen der Betrieb weiterläuft, Arbeiten im Bereich von Verkehrswegen oder bei außergewöhnlichen äußeren Einflüssen.*

0.2.3 *Besondere Anforderungen für Arbeiten in kontaminierten Bereichen, gegebenenfalls besondere Anordnungen für Schutz- und Sicherheitsmaßnahmen.*

0.2.4 *Besondere Anforderungen an die Baustelleneinrichtung und Entsorgungseinrichtungen, z. B. Behälter für die getrennte Erfassung.*

0.2.5 *Besonderheiten der Regelung und Sicherung des Verkehrs, gegebenenfalls auch, wieweit der Auftraggeber die Durchführung der erforderlichen Maßnahmen übernimmt.*

0.2.6 *Besondere Anforderungen an das Auf- und Abbauen sowie Vorhalten von Gerüsten.*

0.2.7 *Mitbenutzung fremder Gerüste, Hebezeuge, Aufzüge, Aufenthalts- und Lagerräume, Einrichtungen und dergleichen durch den Auftragnehmer.*

0.2.8 *Wie lange, für welche Arbeiten und gegebenenfalls für welche Beanspruchung der Auftragnehmer Gerüste, Hebezeuge, Aufzüge, Aufenthalts- und Lagerräume, Einrichtungen und dergleichen für andere Unternehmer vorzuhalten hat.*

0.2.9 *Verwendung oder Mitverwendung von wiederaufbereiteten (Recycling-) Stoffen.*

0.2.10 *Anforderungen an wiederaufbereitete (Recycling-)Stoffe und an nicht genormte Stoffe und Bauteile.*

0.2.11 *Besondere Anforderungen an Art, Güte und Umweltverträglichkeit der Stoffe und Bauteile, auch z. B. an die schnelle biologische Abbaubarkeit von Hilfsstoffen.*

0.2.12 *Art und Umfang der vom Auftraggeber verlangten Eignungs- und Gütenachweise.*

0.2.13 *Unter welchen Bedingungen auf der Baustelle gewonnene Stoffe verwendet werden dürfen oder müssen oder einer anderen Verwertung zuzuführen sind.*

0.2.14 *Art, Zusammensetzung und Menge der aus dem Bereich des Auftraggebers zu entsorgenden Böden, Stoffe und Bauteile; Art der Verwertung oder bei Abfall die Entsorgungsanlage; Anforderungen an die Nachweise über Transporte, Entsorgung und die vom Auftraggeber zu tragenden Entsorgungskosten.*

0.2.15 *Art, Anzahl, Menge oder Masse der Stoffe und Bauteile, die vom Auftraggeber beigestellt werden, sowie Art, genaue Bezeichnung des Ortes und Zeit ihrer Übergabe.*

0.2.16 *In welchem Umfang der Auftraggeber Abladen, Lagern und Transport von Stoffen und Bauteilen übernimmt oder dafür dem Auftragnehmer Geräte oder Arbeitskräfte zur Verfügung stellt.*

0.2.17 *Leistungen für andere Unternehmer.*

0.2.18 *Mitwirken beim Einstellen von Anlageteilen und bei der Inbetriebnahme von Anlagen im Zusammenwirken mit anderen Beteiligten, z. B. mit dem Auftragnehmer für die Gebäudeautomation.*

0.2.19 *Benutzung von Teilen der Leistung vor der Abnahme.*

0.2.20 *Übertragung der Wartung während der Dauer der Verjährungsfrist für die Mängelansprüche für maschinelle und elektrotechnische sowie elektronische Anlagen oder Teile davon, bei denen die Wartung Einfluss auf die Sicherheit und die Funktionsfähigkeit hat (vergleiche § 13 Absatz 4 Nummer 2 VOB/B), durch einen besonderen Wartungsvertrag.*

0.2.21 *Abrechnung nach bestimmten Zeichnungen oder Tabellen.*

DIN 18299

0.3 Einzelangaben bei Abweichungen von den ATV

0.3.1 *Wenn andere als die in den ATV DIN 18299 bis ATV DIN 18459 vorgesehenen Regelungen getroffen werden sollen, sind diese in der Leistungsbeschreibung eindeutig und im Einzelnen anzugeben.*

0.3.2 *Abweichende Regelungen von der ATV DIN 18299 können insbesondere in Betracht kommen bei*

Abschnitt 2.1.1, wenn die Lieferung von Stoffen und Bauteilen nicht zur Leistung gehören soll,

Abschnitt 2.2, wenn nur ungebrauchte Stoffe und Bauteile vorgehalten werden dürfen,

Abschnitt 2.3.1, wenn auch gebrauchte Stoffe und Bauteile geliefert werden dürfen.

0.4 Einzelangaben zu Nebenleistungen und Besonderen Leistungen

0.4.1 Nebenleistungen

Nebenleistungen (Abschnitt 4.1 aller ATV) sind in der Leistungsbeschreibung nur zu erwähnen, wenn sie ausnahmsweise selbständig vergütet werden sollen. Eine ausdrückliche Erwähnung ist geboten, wenn die Kosten der Nebenleistung von erheblicher Bedeutung für die Preisbildung sind; in diesen Fällen sind besondere Ordnungszahlen (Positionen) vorzusehen.

Dies kommt insbesondere für das Einrichten und Räumen der Baustelle in Betracht.

0.4.2 Besondere Leistungen

Werden Besondere Leistungen (Abschnitt 4.2 aller ATV) verlangt, ist dies in der Leistungsbeschreibung anzugeben; gegebenenfalls sind hierfür besondere Ordnungszahlen (Positionen) vorzusehen.

0.5 Abrechnungseinheiten

Im Leistungsverzeichnis sind die Abrechnungseinheiten für die Teilleistungen (Positionen) gemäß Abschnitt 0.5 der jeweiligen ATV anzugeben.

1 Geltungsbereich

Die ATV DIN 18299 „Allgemeine Regelungen für Bauarbeiten jeder Art" gilt für alle Bauarbeiten, auch für solche, für die keine ATV in VOB/C – ATV DIN 18300 bis ATV DIN 18459 – bestehen.

Abweichende Regelungen in den ATV DIN 18300 bis ATV DIN 18459 haben Vorrang.

2 Stoffe, Bauteile

2.1 Allgemeines

2.1.1 Die Leistungen umfassen auch die Lieferung der dazugehörigen Stoffe und Bauteile einschließlich Abladen und Lagern auf der Baustelle.

2.1.2 Stoffe und Bauteile, die vom Auftraggeber beigestellt werden, hat der Auftragnehmer rechtzeitig beim Auftraggeber anzufordern.

2.1.3 Stoffe und Bauteile müssen für den jeweiligen Verwendungszweck geeignet und aufeinander abgestimmt sein.

2.2 Vorhalten

Stoffe und Bauteile, die der Auftragnehmer nur vorzuhalten hat, die also nicht in das Bauwerk eingehen, dürfen nach Wahl des Auftragnehmers gebraucht oder ungebraucht sein.

DIN 18299

2.3 Liefern

2.3.1 Stoffe und Bauteile, die der Auftragnehmer zu liefern und einzubauen hat, die also in das Bauwerk eingehen, müssen ungebraucht sein. Wiederaufbereitete (Recycling-)Stoffe gelten als ungebraucht, wenn sie den Bedingungen gemäß Abschnitt 2.1.3 entsprechen.

2.3.2 Stoffe und Bauteile, für die DIN-Normen bestehen, müssen den DIN-Güte- und DIN-Maßbestimmungen entsprechen.

2.3.3 Stoffe und Bauteile, die nach den deutschen behördlichen Vorschriften einer Zulassung bedürfen, müssen amtlich zugelassen sein und den Bestimmungen ihrer Zulassung entsprechen.

2.3.4 Stoffe und Bauteile, für die bestimmte technische Spezifikationen in der Leistungsbeschreibung nicht genannt sind, dürfen auch verwendet werden, wenn sie Normen, technischen Vorschriften oder sonstigen Bestimmungen anderer Staaten entsprechen, sofern das geforderte Schutzniveau in Bezug auf Sicherheit, Gesundheit und Gebrauchstauglichkeit gleichermaßen dauerhaft erreicht wird.

Sofern für Stoffe und Bauteile eine Überwachungs- oder Prüfzeichenpflicht oder der Nachweis der Brauchbarkeit, z. B. durch allgemeine bauaufsichtliche Zulassung, allgemein vorgesehen ist, kann von einer Gleichwertigkeit nur ausgegangen werden, wenn die Stoffe und Bauteile ein Überwachungs- oder Prüfzeichen tragen oder für sie der genannte Brauchbarkeitsnachweis erbracht ist.

3 Ausführung

3.1 Wenn Verkehrs-, Versorgungs- und Entsorgungsanlagen im Bereich der Baustelle liegen, sind die Vorschriften und Anordnungen der zuständigen Stellen zu beachten. Kann die Lage dieser Anlagen nicht angegeben werden, ist sie zu erkunden. Leistungen zur Erkundung derartiger Anlagen sind Besondere Leistungen (siehe Abschnitt 4.2.1).

3.2 Die für die Aufrechterhaltung des Verkehrs bestimmten Flächen sind freizuhalten. Der Zugang zu Einrichtungen der Versorgungs- und Entsorgungsbetriebe, der Feuerwehr, der Post und Bahn, zu Vermessungspunkten und dergleichen darf nicht mehr als durch die Ausführung unvermeidlich behindert werden.

3.3 Werden Schadstoffe vorgefunden, z. B. in Böden, Gewässern, Stoffen oder Bauteilen, ist dies dem Auftraggeber unverzüglich mitzuteilen. Bei Gefahr im Verzug hat der Auftragnehmer die notwendigen Sicherungsmaßnahmen unverzüglich durchzuführen. Die weiteren Maßnahmen sind gemeinsam festzulegen. Die erbrachten und die weiteren Leistungen sind Besondere Leistungen (siehe Abschnitt 4.2.1).

4 Nebenleistungen, Besondere Leistungen

4.1 Nebenleistungen

Nebenleistungen sind Leistungen, die auch ohne Erwähnung im Vertrag zur vertraglichen Leistung gehören (§ 2 Absatz 1 VOB/B).

Nebenleistungen sind demnach insbesondere:

4.1.1 Einrichten und Räumen der Baustelle einschließlich der Geräte und dergleichen.

4.1.2 Vorhalten der Baustelleneinrichtung einschließlich der Geräte und dergleichen.

DIN 18299

4.1.3 Messungen für das Ausführen und Abrechnen der Arbeiten einschließlich des Vorhaltens der Messgeräte, Lehren, Absteckzeichen und dergleichen, des Erhaltens der Lehren und Absteckzeichen während der Bauausführung und des Stellens der Arbeitskräfte, jedoch nicht Leistungen nach § 3 Absatz 2 VOB/B.

4.1.4 Schutz- und Sicherheitsmaßnahmen nach den staatlichen und berufsgenossenschaftlichen Regelwerken zum Arbeitsschutz, ausgenommen Leistungen nach den Abschnitten 4.2.4 und 4.2.5.

4.1.5 Beleuchten, Beheizen und Reinigen der Aufenthalts- und Sanitärräume für die Beschäftigten des Auftragnehmers.

4.1.6 Heranbringen von Wasser und Energie von den vom Auftraggeber auf der Baustelle zur Verfügung gestellten Anschlussstellen zu den Verwendungsstellen.

4.1.7 Liefern der Betriebsstoffe.

4.1.8 Vorhalten der Kleingeräte und Werkzeuge.

4.1.9 Befördern aller Stoffe und Bauteile, auch wenn sie vom Auftraggeber beigestellt sind, von den Lagerstellen auf der Baustelle oder von den in der Leistungsbeschreibung angegebenen Übergabestellen zu den Verwendungsstellen und etwaiges Rückbefördern.

4.1.10 Sichern der Arbeiten gegen Niederschlagswasser, mit dem normalerweise gerechnet werden muss, und seine etwa erforderliche Beseitigung.

4.1.11 Entsorgen von Abfall aus dem Bereich des Auftragnehmers sowie Beseitigen der Verunreinigungen, die von den Arbeiten des Auftragnehmers herrühren.

4.1.12 Entsorgen von Abfall aus dem Bereich des Auftraggebers bis zu einer Menge von 1 m³, soweit der Abfall nicht schadstoffbelastet ist.

4.2 Besondere Leistungen

Besondere Leistungen sind Leistungen, die nicht Nebenleistungen nach Abschnitt 4.1 sind und nur dann zur vertraglichen Leistung gehören, wenn sie in der Leistungsbeschreibung besonders erwähnt sind. Besondere Leistungen sind z. B.:

4.2.1 Leistungen nach den Abschnitten 3.1 und 3.3.

4.2.2 Beaufsichtigen der Leistungen anderer Unternehmer.

4.2.3 Erfüllen von Aufgaben des Auftraggebers (Bauherrn) hinsichtlich der Planung der Ausführung des Bauvorhabens oder der Koordinierung gemäß Baustellenverordnung.

4.2.4 Leistungen zur Unfallverhütung und zum Gesundheitsschutz für Mitarbeiter anderer Unternehmen.

4.2.5 Besondere Schutz- und Sicherheitsmaßnahmen bei Arbeiten in kontaminierten Bereichen, z. B. messtechnische Überwachung, spezifische Zusatzgeräte für Baumaschinen und Anlagen, abgeschottete Arbeitsbereiche.

4.2.6 Leistungen für besondere Schutzmaßnahmen gegen Witterungsschäden, Hochwasser und Grundwasser, ausgenommen Leistungen nach Abschnitt 4.1.10.

4.2.7 Versicherung der Leistung bis zur Abnahme zugunsten des Auftraggebers oder Versicherung eines außergewöhnlichen Haftpflichtwagnisses.

4.2.8 Besondere Prüfung von Stoffen und Bauteilen, die der Auftraggeber liefert.

4.2.9 Aufstellen, Vorhalten, Betreiben und Beseitigen von Einrichtungen zur Sicherung und Aufrechterhaltung des Verkehrs auf der Baustelle, z. B. Bauzäune, Schutzgerüste, Hilfsbauwerke, Beleuchtungen, Leiteinrichtungen.

DIN 18299

4.2.10 Aufstellen, Vorhalten, Betreiben und Beseitigen von Einrichtungen außerhalb der Baustelle zur Umleitung, Regelung und Sicherung des öffentlichen und Anliegerverkehrs sowie das Einholen der hierfür erforderlichen verkehrsrechtlichen Genehmigungen und Anordnungen nach der StVO.

4.2.11 Bereitstellen von Teilen der Baustelleneinrichtung für andere Unternehmer oder den Auftraggeber.

4.2.12 Leistungen für besondere Maßnahmen aus Gründen des Umweltschutzes sowie der Landes- und Denkmalpflege.

4.2.13 Entsorgen von Abfall über die Leistungen nach den Abschnitten 4.1.11 und 4.1.12 hinaus.

4.2.14 Schutz der Leistung, wenn der Auftraggeber eine vorzeitige Benutzung verlangt.

4.2.15 Beseitigen von Hindernissen.

4.2.16 Zusätzliche Leistungen für die Weiterarbeit bei Frost und Schnee, soweit sie dem Auftragnehmer nicht ohnehin obliegen.

4.2.17 Leistungen für besondere Maßnahmen zum Schutz und zur Sicherung gefährdeter baulicher Anlagen und benachbarter Grundstücke.

4.2.18 Sichern von Leitungen, Kabeln, Dränen, Kanälen, Grenzsteinen, Bäumen, Pflanzen und dergleichen.

5 Abrechnung

Die Leistung ist aus Zeichnungen zu ermitteln, soweit die ausgeführte Leistung diesen Zeichnungen entspricht. Sind solche Zeichnungen nicht vorhanden, ist die Leistung aufzumessen.

Begriffsbestimmungen zu den Allgemeinen Technischen Vertragsbedingungen für Bauleistungen

Aussparungen sind bei Bauteilen Querschnittsschwächungen, deren Tiefe kleiner oder gleich der Bauteiltiefe sein kann. Aussparungen sind bei Flächen nicht zu behandelnde bzw. nicht herzustellende Teile. Aussparungen entstehen, z. B. durch Öffnungen (auch raumhoch), Durchbrüche, Durchdringungen, Nischen, Schlitze, Hohlräume, Leitungen, Kanäle.

Unterbrechungen sind bei der Ermittlung der Längenmaße trennende, nicht zu behandelnde bzw. nicht herzustellende Abschnitte. Unterbrechungen durch Bauteile sind bei der Ermittlung der Flächenmaße trennende, nicht zu behandelnde bzw. nicht herzustellende Teilflächen geringer Breite, z. B. Fachwerkteile, Vorlagen, Lisenen, Gesimse, Entwässerungsrinnen, Einbauten.

Anarbeiten: Heranführen an begrenzende Bauteile ohne Anpassen oder Anschließen.

Anpassen: Heranführen an begrenzende Bauteile durch Bearbeiten des heranzuführenden Baustoffes, so dass dieser der Geometrie des begrenzenden Bauteils folgt.

Anschließen: Heranführen an begrenzende Bauteile und Sicherstellen einer definierten technischen Funktion, z. B. Winddichtheit, Wasserdichtheit, Kraftschluss.

Das kleinste umschriebene Rechteck: Das kleinste umschriebene Rechteck ergibt sich aus dem kleinsten Rechteck, das eine Fläche beliebiger Form umschließt.

Anhang C

VOB Teil C:
Allgemeine Technische Vertragsbedingungen für Bauleistungen (ATV)

Verkehrswegebauarbeiten – Oberbauschichten aus Asphalt DIN 18317*)

Ausgabe September 2016

Inhalt

0 Hinweise für das Aufstellen der Leistungsbeschreibung

Diese Hinweise ergänzen die ATV DIN 18299 „Allgemeine Regelungen für Bauarbeiten jeder Art“, Abschnitt 0. Die Beachtung dieser Hinweise ist Voraussetzung für eine ordnungsgemäße Leistungsbeschreibung gemäß §§ 7 ff., §§ 7 EU ff. beziehungsweise §§ 7 VS ff. VOB/A.

Die Hinweise werden nicht Vertragsbestandteil.

In der Leistungsbeschreibung sind nach den Erfordernissen des Einzelfalls insbesondere anzugeben:

0.1 ***Angaben zur Baustelle***

0.1.1 *Art und Beschaffenheit der Unterlage.*

0.1.2 *Gründungstiefen, Gründungsarten, Lasten sowie Konstruktion benachbarter Bauwerke.*

0.1.3 *Art und Beschaffenheit vorhandener Einfassungen.*

0.2 ***Angaben zur Ausführung***

0.2.1 *Aufbau des Oberbaus.*

0.2.2 *Verwendungszweck, besondere Nutzung sowie klimatische Einflüsse.*

0.2.3 *Beanspruchung, Verkehrsbelastung sowie örtliche Besonderheiten.*

0.2.4 *Anzahl, Art, Maße und Ausbildung der Anschlüsse an Bauwerke, Bauteile und Oberbauschichten.*

0.2.5 *Anzahl, Art, Lage und Maße von herzustellenden oder zu schließenden Aussparungen.*

0.2.6 *Anzahl, Art, Lage, Maße und Massen von Einbauten.*

0.2.7 *Anzahl, Art, Lage, Maße und Ausbildung von Bewegungsfugen.*

0.2.8 *Gestaltung und Einteilung von Flächen. Oberflächeneigenschaften.*

---

*) DIN 18317, Ausgabe 09/2016, ist mit Erlaubnis des DIN Deutsches Institut für Normung e.V. abgedruckt worden. Dieser Abdruck lässt das Urheberrecht an DIN 18317 unberührt fortbestehen. Diese Norm ist beim Beuth Verlag GmbH, Burggrafenstraße 6, 10787 Berlin, erschienen und erhältlich.

DIN 18317

0.3 Einzelangaben bei Abweichungen von den ATV

0.3.1 *Wenn andere als die in dieser ATV vorgesehenen Regelungen getroffen werden sollen, sind diese in der Leistungsbeschreibung eindeutig und im Einzelnen anzugeben.*

0.3.2 *Abweichende Regelungen können insbesondere in Betracht kommen bei*

Abschnitt 2.1.1, wenn die Verwendung bestimmter Gesteinskörnungen eingeschränkt werden soll,

Abschnitt 2.1.3, wenn die Verwendung von Asphaltgranulat eingeschränkt werden soll,

Abschnitt 2.1.4.1, wenn die Zusammensetzung des Asphaltes dem Auftragnehmer nicht überlassen bleiben soll,

Abschnitt 3.3.1, wenn bei Asphalttragschichten, Asphalttragdeckschichten, Asphaltbinderschichten, Deckschichten oder Schutzschichten aus Walzasphalt für die profilgerechte Lage, für die Ebenheit oder für die Dicke andere Werte festgelegt oder wenn bei fester Fahrbahn im Gleisbau andere Anforderungen berücksichtigt werden sollen,

Abschnitt 3.3.2, wenn bei Deckschichten oder Schutzschichten aus Gussasphalt für die Ebenheit oder für die Dicke andere Werte festgelegt werden sollen,

Abschnitt 3.3.3, wenn bei Oberflächenbehandlungen für das Ausfüllen der Pflasterfugen eine andere Ausführung festgelegt werden soll,

Abschnitt 3.3.4, wenn bei dünnen Asphaltdeckschichten in Kaltbauweise die Unterlage mit einem Bindemittel angesprüht werden soll,

Abschnitt 3.3.5 wenn bei dünnen Asphaltdeckschichten in Heißbauweise eine andere Einbaumasse festgelegt werden soll.

0.4 Einzelangaben zu Nebenleistungen und Besonderen Leistungen

Keine ergänzende Regelung zur ATV DIN 18299, Abschnitt 0.4.

0.5 Abrechnungseinheiten

Im Leistungsverzeichnis sind die Abrechnungseinheiten, getrennt nach Art, Stoffen und Maßen, wie folgt vorzusehen:

- *Nachverdichten der Unterlage nach Flächenmaß (m²),*
- *Herstellen der planmäßigen Höhenlage, Neigung und der festgelegten Ebenheit der Unterlage aus Asphalt nach Masse (t),*
- *Reinigen nach Flächenmaß (m²),*
- *Ansprühen mit bitumenhaltigem Bindemittel nach Flächenmaß (m²) oder nach Masse (t),*
- *Schichten zum Angleichen oder Ausgleichen der Höhenlage nach Masse (t),*
- *Asphalttragschichten, Asphalttragdeckschichten, Asphaltbinderschichten, Deckschichten und Schutzschichten aus Asphalt, Oberflächenbehandlungen nach Flächenmaß (m²), Masse (t) oder nach Raummaß (m³),*
- *Bearbeiten der Oberflächen von Deckschichten aus Asphalt nach Flächenmaß (m²),*
- *Fugenherstellung und Fugenverguss nach Längenmaß (m),*
- *Probenahmen für Kontrollprüfungen nach Anzahl (St).*

1 Geltungsbereich

1.1 Die ATV DIN 18317 „Verkehrswegebauarbeiten – Oberbauschichten aus Asphalt" gilt für das Befestigen von Straßen und Wegen aller Art, Plätzen, Höfen, Flugbetriebsflächen, Bahnsteigen und Gleisanlagen mit

DIN 18317

- Asphalttragschichten,
- Asphalttragdeckschichten,
- Asphaltbinderschichten und
- Deckschichten aus Asphalt

sowie für Oberflächenbehandlungen, Schutzschichten und Deckschichten aus Asphalt auf Brücken.

1.2 Die ATV DIN 18317 gilt nicht für

- das Herstellen von Schichten mit teer- oder pechhaltigen Ausbaustoffen,
- das Herstellen von Schutzschichten auf Bauwerksabdichtungen, Abdichtungen, Dichtflächen und Estrichen aus Gussasphalt (siehe ATV DIN 18354 „Gussasphaltarbeiten").

1.3 Ergänzend gilt die ATV DIN 18299 „Allgemeine Regelungen für Bauarbeiten jeder Art", Abschnitte 1 bis 5. Bei Widersprüchen gehen die Regelungen der ATV DIN 18317 vor.

2 Stoffe, Bauteile

Ergänzend zur ATV DIN 18299, Abschnitt 2, gilt:

Für die gebräuchlichsten Stoffe sind die Anforderungen in den nachstehend genannten Regelwerken aufgeführt.

2.1 Anforderungen

2.1.1 Gesteinskörnungen

Es gelten die Technischen Lieferbedingungen für Gesteinskörnungen im Straßenbau (TL Gestein-StB)[1].

Hausmüllverbrennungsasche (HMVA), Recycling-Baustoffe (RC) mit Inhaltsstoffen nach Anhang B der TL Gestein-StB[1]) und Lavaschlacke dürfen für die Herstellung von Asphalt nicht verwendet werden.

Gießereirestsand (GRS) und Gießerei-Kupolofenstückschlacke (GKOS) dürfen für die Herstellung von Asphaltbinderschichten und Deckschichten aus Asphalt nicht verwendet werden.

2.1.2 Bindemittel

Es gelten:

- Technische Lieferbedingungen für Straßenbaubitumen und gebrauchsfertige Polymermodifizierte Bitumen (TL Bitumen-StB)[1],
- Technische Lieferbedingungen für Bitumenemulsionen (TL BE-StB)[1].

Bindemitteln nach TL Bitumen-StB[1]) und TL BE-StB[1]) dürfen geeignete Zusätze und Naturasphalt nach DIN EN 13108-4 „Asphaltmischgut – Mischgutanforderungen – Teil 4: Hot Rolled Asphalt" zugegeben werden.

2.1.3 Ausbauasphalt

Es gelten die Technischen Lieferbedingungen für Asphaltgranulat (TL AG-StB)[1]. Das Bindemittelgemisch des mit Asphaltgranulat hergestellten Asphaltes muss geeignet sein.

---

1) FGSV Forschungsgesellschaft für Straßen- und Verkehrswesen e.V., An Lyskirchen 14, 50676 Köln, www.fgsv.de. Zu beziehen durch: FGSV Verlag GmbH, Verlag der Forschungsgesellschaft für Straßen- und Verkehrswesen e.V., Wesselinger Straße 17, 50999 Köln, www.fgsv-verlag.de

DIN 18317

2.1.4 Asphalt

2.1.4.1 Allgemeines

DIN EN 12273 Dünne Asphaltdeckschichten in Kaltbauweise – Anforderungen

DIN EN 13108 (alle Teile) Asphaltmischgut – Mischgutanforderungen

Die Zusammensetzung des Asphaltes bleibt dem Auftragnehmer überlassen. Er hat dabei die Angaben zu Verwendungszweck, Verkehrsmengen und Verkehrsarten, klimatischen Einflüssen und örtlichen Verhältnissen zu berücksichtigen.

Im Asphalt muss das Bindemittel die Gesteinskörner vollständig umhüllen und dauerhaft haften.

Die Temperaturen der Gesteinskörnungen und der Bindemittel sind so zu wählen, dass die Qualität nicht schädlich beeinflusst wird und der Asphalt einwandfrei verarbeitet werden kann.

Zur Verwendung kommen in Betracht für

2.1.4.2 Asphalttragschichten

Gesteinskörnungen nach Anhang F der TL Gestein-StB[1]) für Asphalttragschichtmischgut.

Bindemittel: Straßenbaubitumen.

2.1.4.3 Asphalttragdeckschichten

Gesteinskörnungen nach Anhang F der TL Gestein-StB[1]) für Asphalttragdeckschichtmischgut.

Bindemittel: Straßenbaubitumen.

2.1.4.4 Asphaltbinderschichten

Gesteinskörnungen nach Anhang F der TL Gestein-StB[1]) für Asphaltbinder.

Bindemittel: Straßenbaubitumen, polymermodifizierte Bitumen.

2.1.4.5 Asphaltdeckschichten aus Asphaltbeton

Gesteinskörnungen nach Anhang F der TL Gestein-StB[1]) für Asphaltbeton für Asphaltdeckschichten.

Bindemittel: Straßenbaubitumen, polymermodifizierte Bitumen.

2.1.4.6 Asphaltdeckschichten und Schutzschichten aus Splittmastixasphalt

Gesteinskörnungen nach Anhang F der TL Gestein-StB[1]) für Splittmastixasphalt.

Bindemittel: Straßenbaubitumen, polymermodifizierte Bitumen.

Stabilisierende Zusätze.

2.1.4.7 Asphaltdeckschichten und Schutzschichten aus Gussasphalt

Gesteinskörnungen nach Anhang F der TL Gestein-St B[1]) für Gussasphalt.

Bindemittel: Straßenbaubitumen, Gemisch aus Straßenbaubitumen und Naturasphalt, polymermodifizierte Bitumen.

Viskositätsverändernde Zusätze.

2.1.4.8 Asphaltdeckschichten aus offenporigem Asphalt

Gesteinskörnungen nach Anhang F der TL Gestein-StB[1]) für offenporigen Asphalt.

Bindemittel: polymermodifizierte Bitumen.

Stabilisierende Zusätze.

2.1.4.9 Dünne Asphaltdeckschichten in Kaltbauweise

Gesteinskörnungen nach Anhang F der TL Gestein-StB[1]) für Asphaltmischgut für dünne Asphaltdeckschichten in Kaltbauweise.

Bindemittel: polymermodifizierte Bitumenemulsion.

Zusätze zur Steuerung des Brechvorganges.

DIN 18317 **2.1.4.10** Dünne Asphaltdeckschichten in Heißbauweise auf Versiegelung

Gesteinskörnungen nach Anhang F der TL Gestein-StB[1]) für dünne Asphaltdeckschichten in Heißbauweise auf Versiegelung.

Bindemittel: Straßenbaubitumen, polymermodifizierte Bitumen.

2.1.5 Oberflächenbehandlungen

Gesteinskörnungen nach Anhang F der TL Gestein-StB[1]) für Oberflächenbehandlungen.

Bindemittel: Bitumenemulsionen, polymermodifizierte Bitumenemulsionen.

2.2 Prüfungen

2.2.1 Eignungsnachweis

Der Auftragnehmer hat sich vor Beginn der Ausführung zu vergewissern und dem Auftraggeber auf Verlangen nachzuweisen, dass die Stoffe und Stoffgemische für den vorgesehenen Verwendungszweck geeignet sind.

2.2.2 Eigenüberwachungsprüfung

Der Auftragnehmer hat sich während der Ausführung zu vergewissern und dem Auftraggeber auf Verlangen nachzuweisen, dass die verwendeten Stoffe und Stoffgemische den vertraglichen Anforderungen entsprechen.

2.2.3 Kontrollprüfung

Die Verpflichtung des Auftragnehmers nach den Abschnitten 2.2.1 und 2.2.2 wird durch die Kontrollprüfungen des Auftraggebers nicht eingeschränkt.

2.2.4 Durchführen der Prüfungen

2.2.4.1 Gesteinskörnungen

Technische Prüfvorschriften für Asphalt (TP Asphalt-StB)[1])

Teil 0 Statistische Grundlagen zur Auswertung der Untersuchungen, Schiedsuntersuchungen, Allgemeine Angaben zum Prüfbericht

Teil 2 Korngrößenverteilung

Teil 27 Probenahme

Weiterhin gelten die in den TL Gestein-StB[1]) angegebenen Prüfverfahren.

2.2.4.2 Bindemittel

Für die Prüfung von Bindemitteln gelten die in den jeweiligen Technischen Lieferbedingungen nach Abschnitt 2.1.2 angegebenen Prüfverfahren.

2.2.4.3 Asphalt

DIN EN 13108-20 Asphaltmischgut – Mischgutanforderungen – Teil 20: Erstprüfung

DIN EN 13108-21 Asphaltmischgut – Mischgutanforderungen – Teil 21: Werkseigene Produktionskontrolle

Weiterhin gelten:

- Technische Prüfvorschriften für Asphalt (TP Asphalt-StB)[1])
- Technische Lieferbedingungen für Asphalt im Straßenbau – Teil: Güteüberwachung; Teil: Mischgut für Dünne Schichten im Kalteinbau (TLG Asphalt-DSK-StB)[1])
- Technische Lieferbedingungen für Asphalt im Straßenbau – Teil: Güteüberwachung – Teil: Ausführung von Oberflächenbehandlungen (TLG Asphalt-OB-StB)[1]).

DIN 18317

3 Ausführung

Ergänzend zur ATV DIN 18299, Abschnitt 3, gilt:

3.1 Allgemeines

Oberbauschichten aus Asphalt und Oberflächenbehandlungen dürfen bei ungeeigneten Witterungsbedingungen, z. B. bei Nässe oder niedriger Lufttemperatur, nur ausgeführt werden, wenn sichergestellt ist, dass die Güte der Leistung nicht beeinträchtigt wird.

3.2 Unterlage

Als Bedenken nach § 4 Abs. 3 VOB/B können insbesondere in Betracht kommen:

- ungenügende Tragfähigkeit oder Beschaffenheit des Untergrundes,
- Abweichungen von der planmäßigen Höhenlage, Neigung oder Ebenheit,
- schädliche Verschmutzungen,
- Fehlen notwendiger Entwässerungseinrichtungen,
- ungeeignete Witterungsbedingungen (siehe Abschnitt 3.1),
- fehlende Bezugspunkte.

3.3 Herstellen, Anforderungen

3.3.1 Asphalttragschichten, Asphalttragdeckschichten, Asphaltbinderschichten, Asphaltdeckschichten aus Asphaltbeton, Splittmastixasphalt und offenporigem Asphalt sowie Schutzschichten aus Walzasphalt

3.3.1.1 Einbauen

Der Asphalt ist auf der sauberen Unterlage gleichmäßig und so zu verteilen, dass er sich nicht entmischt.

Die Nähte der Schichten und Lagen sind gegeneinander um mindestens 15 cm zu versetzen. Die Nähte der Deckschicht aus Asphalt sind geradlinig, Längsnähte der Linienführung der Straßen angepasst, auszuführen. Durch geeignete Maßnahmen sind gleichmäßige und dichte Anschlüsse sicherzustellen.

Zwischen den Schichten oder Lagen muss ausreichender Verbund erreicht werden.

Die einzelnen Schichten oder Lagen dürfen erst eingebaut werden, wenn die Unterlage ausreichend standfest und tragfähig ist.

3.3.1.2 Verdichten

Die Schichten oder Lagen müssen auf der ganzen Fläche gleichmäßig und ausreichend verdichtet werden.

3.3.1.3 Oberfläche

Die Oberfläche der einzelnen Schichten muss eine gleichmäßige Beschaffenheit aufweisen. Die Oberfläche der Asphalttragdeckschicht und der Deckschichten aus Asphalt muss eine dem Verwendungszweck angemessene Textur und Rauheit aufweisen. Die Oberfläche der Asphalttragdeckschicht, der Asphaltdeckschichten aus Asphaltbeton und Splittmastixasphalt sowie der Schutzschichten aus Walzasphalt muss gleichmäßig geschlossen sein.

3.3.1.4 Profilgerechte Lage

Die Schichten sind höhengerecht und im vereinbarten Längs- und Querprofil herzustellen. Abweichungen der Oberfläche von der Sollhöhe dürfen an keiner Stelle mehr als 3 cm betragen.

3.3.1.5 Ebenheit

Unebenheiten der Oberfläche der Schichten innerhalb einer 4 m langen Messstrecke dürfen bei Asphalttragschichten nicht größer als 2 cm, bei Asphalttragdeckschichten nicht größer als 1,5 cm und bei Asphaltbinderschichten und Deckschichten aus Asphalt nicht größer als 1 cm sein.

DIN 18317

3.3.1.6 Dicke

Folgende Schichtdicken sind auszuführen:

- Asphalttragschichten: im Mittel 6 cm, an keiner Stelle unter 4 cm,
- Asphalttragdeckschichten: im Mittel 7 cm, an keiner Stelle unter 5 cm,
- Asphaltbinderschichten: im Mittel 4 cm, an keiner Stelle unter 3 cm,
- Deckschichten aus Asphalt: im Mittel 2,5 cm, an keiner Stelle unter 1,5 cm, mindestens jedoch das 2,5-fache des Größtkorns,
- Schutzschichten aus Walzasphalt: im Mittel 2,5 cm, an keiner Stelle unter 1,5 cm, mindestens jedoch das 2,5-fache des Größtkorns.

3.3.2 Deckschichten und Schutzschichten aus Gussasphalt

3.3.2.1 Einbauen

Abschnitt 3.3.1.1 gilt sinngemäß. Die Anschlüsse an kalten Gussasphalt sind als Fuge auszubilden.

3.3.2.2 Oberfläche

Die Oberfläche der Schichten aus Gussasphalt muss eine gleichmäßige Beschaffenheit aufweisen. Die Deckschicht aus Gussasphalt ist beim Einbau aufzurauen oder abzustumpfen.

3.3.2.3 Ebenheit

Unebenheiten der Oberfläche der Schichten aus Gussasphalt innerhalb einer 4 m langen Messstrecke dürfen nicht größer als 1 cm sein.

3.3.2.4 Dicke

Schichten aus Gussasphalt sind im Mittel 2,5 cm dick, an keiner Stelle unter 1,5 cm dick auszuführen.

3.3.3 Oberflächenbehandlungen

Oberflächenbehandlungen sind so auszuführen, dass sie die saubere Unterlage vollflächig bedecken und eine gleichmäßige Beschaffenheit aufweisen. Pflasterfugen sind vor dem Herstellen der Oberflächenbehandlung bis zur Höhe der oberen Pflastersteinkanten mit groben Gesteinskörnungen auszufüllen. Unmittelbar nach dem Aufspritzen des Bindemittels ist das Abstreumaterial gleichmäßig verteilt aufzustreuen und durch Walzen anzudrücken.

3.3.4 Dünne Asphaltdeckschichten in Kaltbauweise

Das Mischgut für dünne Asphaltdeckschichten in Kaltbauweise ist maschinell herzustellen und ein- oder mehrlagig oder mehrschichtig einzubauen. Für dünne Asphaltdeckschichten in Kaltbauweise gelten die Abschnitte 3.3.1.1 und 3.3.1.3 sinngemäß.

3.3.5 Dünne Asphaltdeckschichten in Heißbauweise

Für dünne Asphaltdeckschichten in Heißbauweise, bestehend aus Asphaltbeton für Asphaltdeckschichten, Splittmastixasphalt und Asphaltmischgut für dünne Asphaltdeckschichten in Heißbauweise auf Versiegelung, gelten sinngemäß die Abschnitte 3.3.1.1, 3.3.1.2 und 3.3.1.3.

Für dünne Asphaltdeckschichten in Heißbauweise aus Gussasphalt gelten sinngemäß die Abschnitte 3.3.2.1 und 3.3.2.2. Dünne Asphaltdeckschichten in Heißbauweise sind im Mittel mit 35 kg/m² herzustellen.

3.3.6 Rückformen von Asphaltschichten

Die vorhandenen Schichten und gegebenenfalls zusätzlich erforderliche Gesteinskörnungen, Bindemittel oder Asphalt müssen für den vorgesehenen

DIN 18317

Verwendungszweck geeignet sein. Das Aufheizen der vorhandenen Schichten hat schonend zu erfolgen.

Für das Rückformen gelten sinngemäß die Abschnitte 3.3.1.1 bis 3.3.1.5.

4 Nebenleistungen, Besondere Leistungen

4.1 **Nebenleistungen** sind ergänzend zur ATV DIN 18299, Abschnitt 4.1, insbesondere:

4.1.1 Feststellen des Zustands der Straßen- und Geländeoberflächen, der Vorfluter und dergleichen nach § 3 Abs. 4 VOB/B.

4.1.2 Herstellen von behelfsmäßigen Zugängen, Zufahrten und dergleichen, ausgenommen Leistungen nach Abschnitt 4.2.2.

4.1.3 Prüfungen einschließlich Probenahmen zum Nachweis der Eignung und Güte von Stoffen und Stoffgemischen nach den Abschnitten 2.2.1 und 2.2.2, soweit die Stoffe vom Auftragnehmer geliefert oder hergestellt werden.

4.2 **Besondere Leistungen** sind ergänzend zur ATV DIN 18299, Abschnitt 4.2, z.B.:

4.2.1 Vorbereiten der Unterlage, z.B. Nachverdichten, Herstellen der planmäßigen Höhenlage, Beseitigen von schädlichen Verschmutzungen, Ansprühen mit Bindemitteln, soweit die Notwendigkeit solcher Leistungen nicht vom Auftragnehmer verursacht ist.

4.2.2 Herstellen, Vorhalten und Beseitigen von Verkehrssicherungseinrichtungen und Befestigungen zur Aufrechterhaltung des öffentlichen und Anliegerverkehrs, insbesondere aufgrund behördlicher Anordnungen.

4.2.3 Maßnahmen zum Verbund der Schichten und besondere Ausführung und Vorbehandlung der Längsnähte, soweit die Notwendigkeit solcher Leistungen nicht vom Auftragnehmer verursacht ist.

4.2.4 Maßnahmen zum Aufrauen oder Abstumpfen von Deckschichten aus Asphalt, soweit die Notwendigkeit solcher Leistungen nicht vom Auftragnehmer verursacht ist.

4.2.5 Herstellen von Aussparungen, die nach Anzahl, Art und Maßen nicht in der Leistungsbeschreibung angegeben sind.

4.2.6 Schließen von Aussparungen sowie Einsetzen von Einbauteilen.

4.2.7 Herstellen von Anschlüssen an bestehende Bauteile und Oberbauschichten durch Schneiden, Fräsen, Ausbilden von Fugen oder sonstige besondere Konstruktionen und Ausführungen.

4.2.8 Umweltrelevante Untersuchungen zum Nachweis der Eignung und Eigenüberwachungsprüfungen, soweit sie über Leistungen nach Abschnitt 4.1.3 hinaus verlangt oder die Stoffe vom Auftraggeber gestellt oder vorgeschrieben werden.

4.2.9 Kontrollprüfungen einschließlich der Probenahmen und zugehörige Leistungen.

4.2.10 Räumen von Schnee und Abstumpfen bei Glätte zur Aufrechterhaltung des Verkehrs.

5 Abrechnung

Ergänzend zur ATV DIN 18299, Abschnitt 5, gilt:

5.1 Allgemeines

Keine Regelungen.

DIN 18317

5.2 Ermittlung der Maße/Mengen

Keine Regelungen.

5.3 Übermessungsregeln

Übermessen werden:

Bei Abrechnung nach Flächen- oder Raummaß:

- Aussparungen oder Einbauten ≤ 1 m^2 Einzelgröße,
- Fugen sowie
- Schienen.

5.4 Einzelregelungen

Keine Regelungen.

Anhang D Abbildungen der Sieblinienbereiche

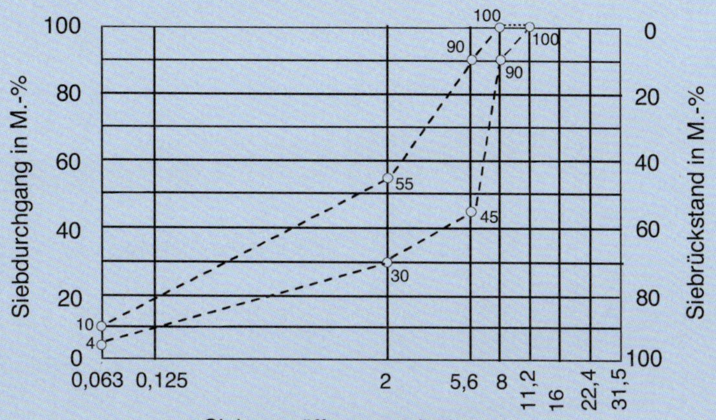

Bild D 1: DSK 8

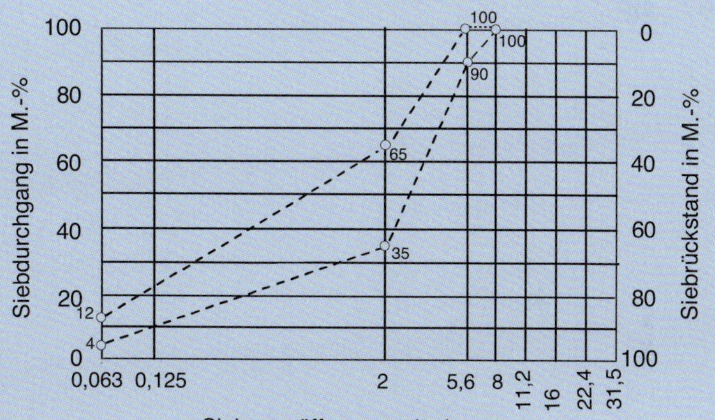

Bild D 2: DSK 5

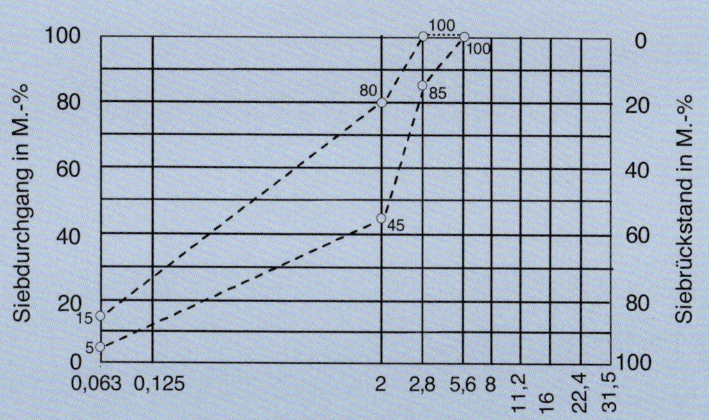

Bild D 3: DSK 3

Anhang D (Fortsetzung)

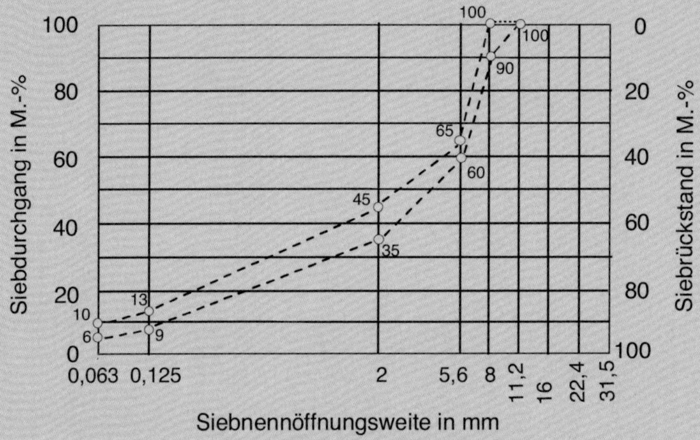

Bild D 4: DSH-V 8

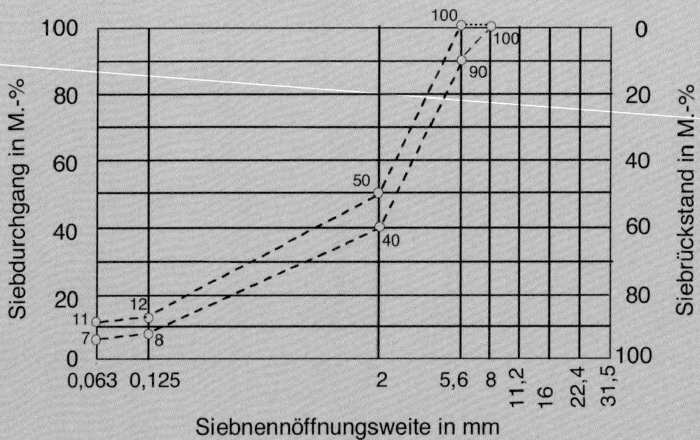

Bild D 5: DSH-V 5

Anhang E Abkürzungen und Regelwerke

Abkürzungen

Abkürzung	Bedeutung
ATV	Allgemeine Technische Vertragsbedingungen für Bauleistungen (VOB/C)
BASt	Bundesanstalt für Straßenwesen
BMVI	Bundesministerium für Verkehr und digitale Infrastruktur
DIN	Deutsches Institut für Normung e.V.
DSH-V	Dünne Asphaltdeckschichten in Heißbauweise auf Versiegelung
DSK	Dünne Asphaltdeckschichten in Kaltbauweise
EAD	Ersatz einer Asphaltdeckschicht
EN	Europäische Norm
FGSV	Forschungsgesellschaft für Straßen und Verkehrswesen e.V.
OB	Oberflächenbehandlungen
RF	Rückformen
TRGS	Technische Regeln für Gefahrstoffe
VOB	Vergabe- und Vertragsordnung für Bauleistungen

Regelwerke

DIN[1])	VOB/B	Vergabe- und Vertragsordnung für Bauleistungen – Teil B: Allgemeine Vertragsbedingungen für die Ausführung von Bauleistungen – DIN 1961
	VOB/C– DIN 18299	Vergabe- und Vertragsordnung für Bauleistungen – Teil C: Allgemeine Technische Vertragsbedingungen für Bauleistungen (ATV); Allgemeine Regelungen für Bauarbeiten jeder Art – DIN 18299
	VOB/C– DIN 18317	Vergabe- und Vertragsordnung für Bauleistungen – Teil C: Allgemeine Technische Vertragsbedingungen für Bauleistungen (ATV); Verkehrswegebauarbeiten – Oberbauschichten aus Asphalt – DIN 18317
DIN[1])[2])	DIN EN 197-1	Zement – Teil 1: Zusammensetzung, Anforderungen und Konformitätskriterien von Normalzement

Regelwerke (Fortsetzung)

DIN[1]) [2])	DIN EN 933-1	Prüfverfahren für geometrische Eigenschaften von Gesteinskörnungen – Teil 1: Bestimmung der Korngrößenverteilung; Siebverfahren
	DIN EN 933-10	Prüfverfahren für geometrische Eigenschaften von Gesteinskörnungen – Teil 10: Beurteilung von Feinanteilen; Kornverteilung von Füller (Luftstrahlsiebung)
	DIN EN 1097-6	Prüfverfahren für mechanische und physikalische Eigenschaften von Gesteinskörnungen – Teil 6: Bestimmung der Rohdichte und der Wasseraufnahme
	DIN EN 1097-7	Prüfverfahren für mechanische und physikalische Eigenschaften von Gesteinskörnungen – Teil 7: Bestimmung der Rohdichte von Füller
	DIN EN 1426	Bitumen und bitumenhaltige Bindemittel – Bestimmung der Nadelpenetration
	DIN EN 1427	Bitumen und bitumenhaltige Bindemittel – Bestimmung des Erweichungspunktes – Ring- und Kugel-Verfahren
	DIN EN 12271	Oberflächenbehandlung – Anforderungen
	DIN EN 12273	Dünne Asphaltdeckschichten in Kaltbauweise – Anforderungen
	DIN EN 13108-4	Asphaltmischgut – Mischgutanforderungen – Teil 4: Hot Rolled Asphalt, Anhang B: Naturasphalt
	DIN EN 13108-21	Asphaltmischgut – Mischgutanforderungen – Teil 21: Werkseigene Produktionskontrolle
	DIN EN 13398	Bitumen und bitumenhaltige Bindemittel – Bestimmung der elastischen Rückstellung von modifiziertem Bitumen
FGSV[2])	H FA	Hinweise für das Fräsen von Asphaltbefestigungen und Befestigungen mit teer-/pechtypischen Bestandteilen (FGSV 769)
	H SR	Hinweise für das Schließen und die Sanierung von Rissen sowie schadhaften Nähten und Anschlüssen in Verkehrsflächen aus Asphalt (FGSV 777)
	M KEP	Merkblatt für die Konzeption und die Erstprüfung von Asphaltmischgut für den Bau von Verkehrsflächenbefestigungen (FGSV 751)
	M OPA	Merkblatt für Asphaltdeckschichten aus Offenporigem Asphalt (FGSV 750)

Regelwerke (Fortsetzung)

FGSV[2])	M RF	Merkblatt für das Rückformen von Asphaltschichten (FGSV 786/1)
		Merkblatt für griffigkeitsverbessernde Maßnahmen an Verkehrsflächen aus Asphalt (FGSV 763)
	RAP Stra	Richtlinien für die Anerkennung von Prüfstellen für Baustoffe und Baustoffgemische im Straßenbau (FGSV 916)
	RStO	Richtlinien für die Standardisierung des Oberbaus von Verkehrsflächen (FGSV 499)
	RuVA-StB	Richtlinien für die umweltverträgliche Verwertung von Ausbaustoffen mit teer-/pechtypischen Bestandteilen sowie für die Verwertung von Ausbauasphalt im Straßenbau (FGSV 795)
	TL Asphalt-StB	Technische Lieferbedingungen für Asphaltmischgut für den Bau von Verkehrsflächenbefestigungen (FGSV 797)
	TL BE-StB	Technische Lieferbedingungen für Bitumenemulsionen (FGSV 793)
	TL Bitumen-StB	Technische Lieferbedingungen für Straßenbaubitumen und gebrauchsfertige Polymermodifizierte Bitumen (FGSV 794)
	TL Fug-StB	Technische Lieferbedingungen für Fugenfüllstoffe in Verkehrsflächen (FGSV 897/2/3)
	TL Gestein-StB	Technische Lieferbedingungen für Gesteinskörnungen im Straßenbau (FGSV 613)
	TL Sbit	Technische Lieferbedingungen für Porenfüllmassen und Regeneriermittel auf Bitumenbasis (FGSV 785)
	TL G DSH-V-StB	Technische Lieferbedingungen für die Bauliche Erhaltung von Verkehrsflächenbefestigugen, Teil: Güteüberwachung, Teil: Ausführung von Dünnen Asphaltdeckschichten in Heißbauweise auf Versiegelung (FGSV 790/3)
	TL G DSK-StB	Technische Lieferbedingungen für die Bauliche Erhaltung von Verkehrsflächenbefestigungen, Teil: Güteüberwachung, Teil: Ausführung von Dünnen Asphaltdeckschichten in Kaltbauweise (FGSV 790/1)
	TL G OB-StB	Technische Lieferbedingungen für die Bauliche Erhaltung von Verkehrsflächenbefestigungen, Teil: Güteüberwachung, Teil: Ausführung von Oberflächenbehandlungen (FGSV 790/2)

Regelwerke (Fortsetzung)

FGSV[2])	TP Asphalt-StB	Technische Prüfvorschriften für Asphalt (FGSV 756) Teil 1: Bindemittelgehalt Teil 2: Korngrößenverteilung Teil 3: Rückgewinnung des Bindemittels – Rotationsverdampfer Teil 5: Rohdichte von Asphalt Teil 6: Raumdichte von Asphalt-Probekörpern Teil 8: Volumetrische Kennwerte von Asphalt-Probekörpern und Verdichtungsgrad Teil 27: Probenahme Teil 28: Vorbereitung von Proben Teil 30: Herstellung von Asphalt-Probekörpern mit dem Marshall-Verdichtungsgerät (MVG) Teil 35: Asphaltmischgutherstellung im Laboratorium Teil 81: Haftzugfestigkeit von Dünnen Asphaltdeckschichten Teil 91: Handrührtest Teil 92: Indikator-Test (Methylenblau-Verfahren) Teil 93: Schüttel-Abriebprüfung an Probekörpern aus Asphaltmischgut für Dünne Asphaltdeckschichten in Kaltbauweise (DSK)
	TP D-StB	Technische Prüfvorschriften zur Bestimmung der Dicken von Oberbauschichten im Straßenbau (FGSV 774)
	TP Eben – Berührende Messungen	Technische Prüfvorschriften für Ebenheitsmessungen auf Fahrbahnoberflächen in Längs- und Querrichtung, Teil: Berührende Messungen (FGSV 404/1)
	TP Fug-StB	Technische Prüfvorschriften für Fugenfüllstoffe in Verkehrsflächen (FGSV 897/2/3)
	TP Gestein-StB	Technische Prüfvorschriften für Gesteinskörnungen im Straßenbau (FGSV 610) Teil 3.2.2: Rohdichte Teil 4.1.2: Bestimmung der Korngrößenverteilung durch Siebung Teil 4.1.4: Bestimmung der Korngrößenverteilung von Füller (Luftstrahlsiebung)
	TP Griff-StB	Technische Prüfvorschriften für Griffigkeitsmessungen im Straßenbau, Teil: Seitenkraftmessverfahren (SKM) – TP Griff-StB (SKM) (FGSV 408/1) Teil: Messverfahren SRT – TP Griff-StB (SRT) (FGSV 408/2)

Regelwerke (Fortsetzung)

FGSV[2])	ZTV Asphalt-StB	Zusätzliche Technische Vertragsbedingungen und Richtlinien für den Bau von Verkehrsflächenbefestigungen aus Asphalt (FGSV 799)
	ZTV BEA-StB	Zusätzliche Technische Vertragsbedingungen und Richtlinien für die Bauliche Erhaltung von Verkehrsflächenbefestigungen – Asphaltbauweisen (FGSV 798)
	ZTV Fug-StB	Zusätzliche Technische Vertragsbedingungen und Richtlinien für Fugen in Verkehrsflächen (FGSV 897/1)
	ZTV LW	Zusätzliche Technische Vertragsbedingungen und Richtlinien für die Befestigung ländlicher Wege (FGSV 675)
BMVI[2])[3])	HVA B-StB	Handbuch für die Vergabe und Ausführung von Bauleistungen im Straßen- und Brückenbau (FGSV 941 B)
BAuA[4])	TRGS 559	Technische Regeln für Gefahrstoffe – Mineralischer Staub

Bezugsquellen

1) **Beuth Verlag GmbH**
Anschrift: Burggrafenstraße 6, 10787 Berlin
Tel.: 030/2601-2260, Fax: 030/2601-1260
E-Mail: info@beuth.de, Internet: www.beuth.de

2) **FGSV Verlag GmbH**
Anschrift: Wesselinger Straße 7, 50999 Köln
Tel.: 02236/384630, Fax: 02236/384640
E-Mail: info@fgsv-verlag.de, Internet: www.fgsv-verlag.de

3) **Bundesministerium für Verkehr und digitale Infrastruktur**
Anschrift: Internet: www.bmvi.de → Verkehr und Mobilität → Verkehrsträger → Straße → Vergabehandbücher → HVA B-StB

4) **Bundesanstalt für Arbeitsschutz und Arbeitsmedizin – Ausschuss für Gefahrstoffe**
Anschrift: Friedrich-Henkel-Weg 1–25, 44149 Dortmund
Tel.: 0231/9071-0, Fax: 0231/90712454
E-Mail: poststelle@baua.bund.de, Internet: www.baua.bund.de

Alle aufgeführten FGSV-Regelwerke sind auch enthalten im umfassenden Abo-Service „FGSV – Technisches Regelwerk – Digital"

Stichwortverzeichnis

Die Ziffern bezeichnen die Seiten des Kommentars, die halbfett in Blau gesetzten Ziffern weisen auf die Seiten mit den Texten des Regelwerks der ZTV BEA-StB hin.

A

B

C

D

G

N

O

P

Q

R

S

T

W

Z